U0383562

海洋低温酶的发现与发掘

迟乃玉 著

科学出版社

北京

内 容 简 介

本书是一本介绍海洋低温酶研究的书籍，分别介绍了低温纤维素酶、低温脂肪酶、低温淀粉糖化酶、低温生淀粉糖化酶、低温木聚糖酶、低温葡萄糖氧化酶、低温植酸酶、低温纤溶酶和低温超氧化物歧化酶的来源、酶学性质、相关生物学特性、国内外研究进展及其应用前景。

本书可供海洋生物学、生物化学专业的师生和科研人员阅读，也可供制药业、农业、医学和食品工业中从事低温酶研究的科技工作者参考。

图书在版编目（CIP）数据

海洋低温酶的发现与发掘/迟乃玉著. —北京：科学出版社，2023.3
ISBN 978-7-03-075233-8

Ⅰ.①海… Ⅱ.①迟… Ⅲ.①海洋微生物–酶–研究 Ⅳ.①Q55 ②Q939

中国国家版本馆 CIP 数据核字（2023）第 047023 号

责任编辑：马　俊　田明霞／责任校对：严　娜
责任印制：吴兆东／封面设计：无极书装

科 学 出 版 社 出版
北京东黄城根北街 16 号
邮政编码：100717
http://www.sciencep.com
北京建宏印刷有限公司 印刷
科学出版社发行　各地新华书店经销
*
2023 年 3 月第 一 版　　开本：787×1092　1/16
2024 年 1 月第二次印刷　印张：20
字数：474 000
定价：198.00 元
（如有印装质量问题，我社负责调换）

前　言

海洋是人类的一笔巨大财富，海洋占地球表面积的 3/4。随着陆地微生物资源研究的深入，微生物来源新产品的发现与开发进入瓶颈期，海洋逐渐成为世界各国资源开发的新领域。海洋是人类的"大药房""大粮仓""大矿场""大能源库"。20 世纪初期，美国、日本等国家就已率先开展海洋生物资源的开发与利用工作。我国是世界沿海大国之一，领海面积约占我国领土总面积的 33%。得天独厚的海洋资源优势使我国今天有机会与条件去开发海洋生物资源。近年来，我国高度重视海洋事业发展，强调建设海洋强国，深化海洋科学研究，对海洋资源的开发与利用成为推动我国建设海洋强国的重要举措，具有非常重要的社会现实意义，会产生巨大的经济效益。

现如今，应用于工农业生产的中温酶、高温酶主要源于陆地微生物，但其最适作用温度在 50℃以上，在自然条件下应用效果差，由于在生产中必须维持其最适作用温度，故而出现高耗能、高成本、低效率等问题。而海洋微生物生长于高压、高碱、高盐、低温、寡营养的条件下，其中嗜冷微生物生产的酶最适作用温度接近自然环境温度 5～20℃。在工业生产中，低温酶的活化能低，最适作用温度低，具有节约资源、保护环境、高效、作用周期短等优势，这些优势使其获得了国内外研究人员的广泛关注，并使其具有独特的应用前景。

20 世纪末，海洋极端微生物的工业用酶已经成为美国海洋生物技术研究的重要领域，而我国从 20 世纪 80 年代才开始踏入海洋微生物低温酶研究领域。自我国实施"九五"国家科技攻关计划以来，研究海洋低温酶的项目与日俱增，涵盖几丁质酶、纤维素酶、果胶酶等。"十二五"国家科技攻关计划实施以后，我国海洋基础研究水平和关键核心技术逐步进入世界先进行列，自主创新能力明显增强，对低温酶研究的资助大幅提高，在拓展海洋低温酶的开发利用上产生了显著效果，部分低温酶已投入实际生产。辽宁省（大连市）海洋微生物工程技术研究中心自 1980 年响应国家号召，开始海洋低温酶的初步探索，对海洋嗜冷微生物的研究取得了一定进展，并完成了海洋低温酶发现、发掘、中试等产业化的一系列研发工作，建立了新的科研体系，为国内低温酶的开发利用作出了贡献。

在本书的撰写过程中，吴家葳、鲁明杰、周姝静、李盼盼投入了大量的精力与时间，在资料收集、整理及校正等方面做了大量努力，在此一并感谢。感谢科学出版社在本书出版过程中给予的支持。

本书作者是从事微生物学理论研究及教学的相关人员，但由于条件、经验等因素限制，书中难免存在不足之处，敬请读者批评指正。

迟乃玉

2022 年 12 月

目　　录

第一章　低温纤维素酶

第一节　概　　述

石油等不可再生能源的枯竭，使得可再生生物质能源的开发异常紧迫。我国作为农业大国，每年都会囤积大量农作物秸秆。截至 2009 年，我国农作物秸秆可收集资源量达到 $6.87×10^8$ t，理论资源量达到 $8.20×10^8$ t，占世界秸秆总量的 20%～30%。目前，我国秸秆主要用于还田、制备粗饲料和肥料，以及生产食用菌，但农作物秸秆在短时间内很难被分解利用，导致其实际用量不超过总量的 40%，大量被闲置或焚烧，带来了严重的资源浪费和环境污染。

农作物秸秆之所以难以被分解，缘于高等植物细胞壁中含有大量的纤维素、半纤维素、木质素，这些结构通过非共价键及共价键紧密连接，形成木质纤维素这种复合物，占植物干重的 70%～75%。一般来说，水稻等农作物秸秆中的纤维素含量为 30%～35%，半纤维素含量为 25%～30%，木质素含量为 20%～25%。棉花中的纤维素含量将近 100%，为纯天然的纤维素来源。纤维素功能众多，可用于制造人造棉和人造丝、炸药、胶卷、塑料、牲畜饲料，以及生产乙醇。但纤维素难以被降解，若能被酶高效附着并酶解，则会产生大量能量，以供生产利用。而在这些组分中，纤维素占比较半纤维素和木质素有明显优势，有很大的利用空间。

纤维素在环境中比较稳定，是地球上分布最广、最为廉价的可再生资源，可用于生产生物质能源。它是葡萄糖以 β-1,4 糖苷键结合形成的直链高分子化合物，经验式为 $(C_6H_{10}O_5)_n$，其中 n 是糖苷键数目，称为聚合度（DP），纤维素的聚合范围宽，可以从几百到 15 000 左右，甚至更大。纤维素密度大、结构复杂，特别是结晶纤维素，若不使用化学或机械等方法预处理，则难以被水解。纤维素主要由排列整齐而规则的结晶区（crystalline）和相对不规则、松散的非结晶区（amorphism）两部分组成，结晶度一般在 30%～80%，结晶区分子链内、链间及分子链与表面分子之间形成的氢键，使纤维素分子结构稳定难以被降解，非结晶区纤维素结构比较疏松，容易被分解利用。

自 1906 年在蜗牛消化液中被发现起纤维素酶就受到世界各国的重视。20 世纪 60 年代，研究人员发现，利用微生物所产纤维素酶分解纤维素是一种相对高效且无污染的方法。纤维素酶是一类能够将纤维素降解为葡萄糖的多组分酶的总称，是复合诱导酶，它们协同作用，分解纤维素产生寡糖和纤维二糖，最终水解为葡萄糖。纤维素酶系主要包括内切葡聚糖酶[简称 C1 或 EG，如内切 1,4-β-D-葡聚糖酶（EC 3.2.1.4)]、纤维二糖水解酶（外切葡聚糖酶)[简称 CX 或 CBH，如外切 1,4-β-D-葡聚糖酶(EC 3.2.1.91)]和 β-1,4-葡糖苷酶（简称 BG，EC 3.2.1.21）3 种水解酶，在不同微生物合成的纤维素酶系中，3 种酶所占比例不同。自然界中产纤维素酶微生物以真菌居多，细菌较少。前者所产纤维素酶活性高，但最适作用温度普遍较高，后者中有更多菌种能够产生耐低温性能较好的酶，但产纤维素酶活性较低。

目前的诸多工业生产及应对环境污染问题都有纤维素酶的参与。而低温纤维素酶因其反应所需能量低，更是被认为应用前景不可估量。

一、来源及分布

纤维素酶的来源十分广泛，自然界中的部分细菌、真菌、动物和植物等都具有合成纤维素酶的能力。国外于 20 世纪 40～50 年代就对产纤维素酶的微生物进行了大量的分离筛选工作，建立了较为完整的分离筛选方法。我国对纤维素酶的研究开始于 20 世纪 60 年代，选育出了一批纤维素酶菌种。目前，用于生产纤维素酶的微生物大多属于真菌，研究得较多的有木霉属（*Trichoderma*）、曲霉属（*Aspergillus*）、青霉属（*Penicillium*）。产生纤维素酶的细菌主要有梭菌属（*Clostridium*）、纤维单胞菌属（*Cellulomonas*）、芽孢杆菌属（*Bacillus*）、高温单孢菌属（*Thermomonospora*）、瘤胃球菌属（*Ruminococcus*）、拟杆菌属（*Bacteroides*）、欧文氏菌属（*Erwinia*）、小双孢菌属（*Microbispora*）和链霉菌属（*Streptomyces*）等。其中纤维单胞菌（*Cellulomonas fimi*）和高温单孢菌（*Thermomonospora fusca*）是被广泛研究的两种产生纤维素酶的细菌。

纤维素酶的分子特征和催化活性随来源而变化。近来，随着可持续、节能理念的提出，低温纤维素酶的研究逐渐增多，与同类型常温酶（最适作用温度多为 45～65℃）相比，低温纤维素酶普遍存在最适作用温度低、低温（≤40℃）催化效率高、热稳定性差等特性，生产上只需较低温度的热处理即可使酶失活，既缩短了处理时间又节省了成本，更适合工业应用，部分低温纤维素酶的来源及性质如表 1-1 所示。

表 1-1　部分低温纤维素酶的来源及性质

菌株	菌株来源	最适生长温度（℃）	酶学性质	
			最适作用温度（℃）	最适作用 pH
耐冷交替假单胞菌 BSw20308（曾胤新等，2005）	北极楚科奇海海水	10	35	8.0
交替假单胞菌 DY3（熊鹏钧和文建军，2004）	西太平洋暖池深海底部	25	40	6.0～7.0
交替假单胞菌 Z6（吕明生等，2007）	连云港高公岛海域	25	30	8.0
交替假单胞菌 MB1（吕明生等，2010）	黄海深海海泥	20	35	6.0
交替假单胞菌 545（钱文佳等，2010）	南极海冰	10	35	9.0
Penicillium sp. FS010441（游银伟和汪天虹，2005）	黄海深海海泥	15	50	4.2
Paenibacillus sp. BME-14（Fu *et al.*，2010）	厦门浅海海域	—	35	6.5
海洋普鲁兰类酵母（张亮，2008）	青岛东风盐场表层海水	28	40	5.6
Clavibacter sp. CF11（Du *et al.*，2015）	内蒙古种植地	—	22	—
Exiguobacterium antarcticum B7（Crespim *et al.*，2016）	南极土壤	—	30	—
Verticillium sp.（Wang *et al.*，2013a）	南极土壤	15	38	5.3
Sphingomonas sp. FLX-7（Li *et al.*，2016）	土壤	10.4	25	5.4

注："—"表示无数据。

国外于 1999 年即发现低温纤维素酶，国内低温纤维素酶研究较晚。吕明生等（2007）从连云港高公岛海域的样品中筛选得到一株产低温纤维素酶的菌株。对该菌生物学特性进行研究发现，其为革兰氏阴性杆菌，有荚膜，无芽孢，生长温度为 4～35℃，最适生长温度为 25℃，最适生长 pH 为 8.0，最适 NaCl 浓度为 3%，所产低温纤维素酶的最适作用温度为 30℃，该酶在 10℃仍具有较高活性，很有潜在的工业应用价值。最终鉴定菌株 Z6 为食鹿角菜交替假单胞菌（*Pseudoalteromonas carrageenovora*）。

王玢等（2003）从黄海的深海海底泥样中筛选出一株产低温纤维素酶的海洋细菌，鉴定为革兰氏阴性杆菌。该菌既能产生羟甲基纤维素酶（CMCase），又能降解微晶纤维素，且有淀粉酶活性。研究人员对该菌生长特征及所产低温纤维素酶的性质进行了初步研究。该菌最适生长温度为 20℃，最高生长温度为 40℃，在 0℃也能生长，是典型的嗜冷菌。该菌所产低温纤维素酶最适作用温度为 35℃，在 10℃仍有较高活性，最适作用 pH 为 6.0，属酸性酶。2003 年，有人从 15℃的牲畜粪肥沼气池中分离到一种芽孢梭菌属细菌 PXYL1，该菌生长温度为 5～50℃，最适生长温度为 20℃，被认为是耐冷菌。该菌分泌包括内切葡聚糖酶和滤纸纤维素酶在内的多种胞外水解酶，且这些酶最适作用温度均为 20℃。

曾胤新等（2005）从北极楚科奇海海水中分离出一株产低温纤维素酶的耐冷交替假单胞菌 BSw20308，该菌最适生长温度为 10℃，35℃不生长； pH 7.0～8.0、含 2.0%～3.0% NaCl 的培养基最适宜菌株生长与产酶；可溶性淀粉、酵母浸出液分别是有利于菌株生长及产酶的碳源、氮源物质；蔗糖、可溶性淀粉、麦芽糖及麸皮对羟甲基纤维素酶（CMCase）的合成具有明显诱导作用；羟甲基纤维素钠（CMC-Na）、麸皮、可溶性淀粉及麦芽糖对滤纸纤维素酶的合成有一定诱导作用，单糖与部分双糖（蔗糖、纤维二糖及乳糖）则起阻遏作用；在指数生长后期至稳定早期，大量产 CMCase；发酵液含 CMCase、滤纸纤维素酶及葡糖苷酶，以 CMCase 活力最高；胞外 CMCase 活力占总 CMCase 活力的 74.1%左右；酶最适作用温度为 35℃，5℃时酶活性保留 50%左右；酶对热敏感，35℃半衰期为 3 h，25℃下酶活性稳定；酶最适作用 pH 为 8.0。

刘秀华等（2012）从采集的腐殖质土样中发现一株纤维弧菌，其具有琼脂液化和降解能力，所产低温纤维素酶最适作用温度为 40℃，在 0℃时的残留酶活性为最高酶活性的 60%。

海洋是地球上最大的低温区域，从其中筛选低温酶为菌种开发新途径。在该生态系统中，产低温纤维素酶的低温菌几乎都属于交替假单胞菌属，而从其他环境中筛选出的菌属则有所不同。

二、国内外研究概况

国内外关于产低温纤维素酶菌株的研究主要集中在菌株的分离筛选、鉴定、培养条件的优化、生长特性、产酶条件优化、酶学性质研究及酶基因的克隆和表达方面。

（一）发展历程

自 1906 年纤维素酶在蜗牛消化液中被发现，其研究经历了三个阶段。

第一阶段：从 1906 年发现纤维素酶到 1980 年，主要研究纤维素酶的分离纯化。

第二阶段：1981～1988 年，主要研究纤维素酶的基因克隆及一级结构预测。

第三阶段：1989 年至今，主要研究纤维素酶的结构和功能。

早在 1906 年，Seilliere 就在蜗牛的消化液中发现了纤维素酶。20 世纪 70 年代，一些学者提出需要多种纤维素酶协同作用，才能表现出很强的纤维素分解能力，之后有研究分离到协同作用的 3 种纤维素酶。2007 年，美国能源部联合基因组研究所（Joint Genome Institute）与诺维信（Novozymes）公司美国研究部等多家机构首次发表了里氏木霉野生菌株 QM6a 的全基因组测序结果。2009 年以来，中国科学院上海生命科学研究院植物生理生态研究所与山东大学合作，开展了一株产纤维素酶青霉及其突变株的比较基因组研究，找到并验证了高产纤维素酶突变株的大量突变位点，包括纤维素酶编码基因启动子、蛋白酶表达调控因子和淀粉酶表达调控因子上的突变，并验证了存在多个增强子结合位点。

目前，主要是利用结构生物学及蛋白质工程的方法对纤维素酶分子的结构和功能进行研究，包括纤维素酶结构域的拆分、解析，功能性氨基酸的确定，水解双置换机制的确立，分子折叠和催化机制关系的探讨，以及关于纤维素酶检测方法的研究（Johnsen and Krause，2014）。

我国在 20 世纪就已经开始规模化生产纤维素酶。20 世纪 90 年代初，黑龙江省海林市万力达集团公司首条年产 2000 t 纤维素酶生产线正式投产，我国成为继美国、日本、丹麦之后世界上第四个能生产纤维素酶的国家。我国对纤维素酶的需求量很大，年需求量在 3000～4000 t，虽然 90 年代后建成了一些纤维素酶生产厂，但目前国内主要研究集中在纤维素酶的特性、作用机制、培养条件、应用试验等方面，至今大多仍未能规模化生产，满足不了市场的需要。

（二）纤维素酶的理化性质

纤维素酶作为复合酶，在不同微生物中的分泌比例存在差异，即使同一菌株，在不同的底物、不同的培养基、不同的温度、不同的 pH 等生长条件下，所分泌的三种组分比例也不相同。纤维素酶的理化性质包括分子量、等电点、最适作用条件等，不同纤维素酶的分子量差异很大，等电点等也不尽相同，因此最适作用条件也存在差异。

结构决定性质，纤维素酶分子大小范围很广。一般内切酶分子质量为 23～146 kDa，外切酶为 38～118 kDa，β-葡糖苷酶为 90～100 kDa（胞内酶）和 47～76 kDa（胞外酶）。但也有一些酶的分子量比较特殊，如纤维黏菌的内切酶仅为 6.3 kDa，而蚕豆腐皮镰孢霉的 β-葡糖苷酶的分子质量却高达 400 kDa。纤维素酶的等电点也存在较大差别。真菌纤维素酶的等电点一般在 7 以下，细菌纤维素酶的等电点一般大于 7 或在 7 左右。培养条件也会对酶的等电点产生影响，例如，棘孢曲霉产的纤维素酶，在液体培养时各组分的等电点为酸性；但在固体培养基中，酶组分的等电点为 3.5～10.0，几乎散布在等电聚焦的两性电解质载体上。大部分真菌产的纤维素酶一般偏酸性，大多数纤维素酶组分的最适作用 pH 在 5 左右，但也存在一些耐碱或嗜碱纤维素酶被用于洗涤行业。

大部分纤维素酶的最适作用温度为 45～65℃，低温纤维素酶最适作用温度可低至 20℃。高活性低温酶的市场占比低，因此筛选高活性低温纤维素酶意义重大。

木霉和青霉可大量分泌胞外纤维素酶，但该酶对天然纤维素的降解能力弱；担子菌也可分泌胞外纤维素酶，该酶活性低但降解能力强；细菌所产纤维素酶位于细胞壁，分解天然纤维素能力强。

通过序列比对对纤维素酶的一级结构进行分析，可观察序列的同源性，因为同一家族的纤维素酶往往具有高度保守的氨基酸序列，所以同源性较高，易于判断和发现酶的种类与功能。现阶段的酶工程学将来自不同物种的作用于不同碳水化合物的酶根据碳水化合物活性酶数据库（CAZy）分成不同的酶家族，将氨基酸序列相似度超过 30%的归为同一家族。现已经发现的 131 个家族中，纤维素酶占据了糖苷水解酶家族的大部分，共有超过 17 个水解酶家族被发现。大多数纤维素酶分布在糖苷水解酶 5、6、7、8、9、12、26、44、45、48、60 和 61 家族。对不同家族的三维立体结构建模分析发现，高级结构的保守性高于一级结构的保守性。因此，可以推测出，尽管作用于同一底物的纤维素酶在氨基酸序列上的同源性较低甚至没有同源性，但在高级结构上依然表现出了较高的同源性。这是因为纤维素酶的活性位点都是高度保守的，所以同一家族的酶在高级结构上也具有高度的保守性，同样在功能上也具有相似的水解活性。

（三）纤维素酶催化机制

纤维素酶降解纤维素的过程较为复杂，至今没有统一说法，普遍认为是纤维素酶各组分协同作用的结果。目前，主要存在如下观点。

（1）C_1-C_x假说

该假说于 1950 年由 Reese 提出，其认为纤维素的水解过程开始于 C_1 酶作用于纤维素结晶区。C_1 酶使纤维素膨胀变性后，使其成为无定形态，C_x 酶进一步将其分解为可溶性纤维素和葡萄糖。之前人们对 C_1 酶水解纤维素的作用机制并不十分明确，提出了一系列的作用机制假设，如 C_1 酶的作用位点是纤维素长链之间的氢键，或者少数的 β-1,4 糖苷键，或者除此之外的一些不规则的弱键等，从而将纤维素长链水解，但始终没有分离得到 C_1 酶。直到 C_1 酶被分离得到，才转变了人们对 C_1 酶非水解活性的定义。研究人员认为 C_1 酶是一种纤维素水解酶类，它对可溶性的羧甲基纤维素的水解能力较弱，但是能够很好地水解结晶纤维素、磷酸膨胀纤维素等底物，产物为大量的纤维二糖，因此认为 C_1 酶为纤维二糖水解酶。随后 β-葡糖苷酶继续将可溶性纤维素分解为葡萄糖。该假说中 C_1 酶的作用机制至今还不是很清晰，学者们对此仍在继续探索。

（2）顺序作用假说

该假说认为，首先，C_x 外切葡聚糖酶对不溶性的纤维素进行分解，产物为可溶性的纤维二糖以及纤维糊精；其次，C_1 内切葡聚糖酶随机对纤维糊精进行切割，生成大量的纤维二糖；最后，β-葡聚糖酶将纤维二糖分解成葡萄糖。通过这一系列的反应，最终将长链的纤维素分解为葡萄糖，但是，在试验条件下顺序作用假说尚未得到有效的证实。

（3）短纤维形成理论

该理论认为短纤维的形成与两种组分有关，即内切 β-葡聚糖酶和一种相关活性组分，其中后者不同于其他低温纤维素酶，不具备液化功能。短链纤维素形成后在其他低温纤维素酶的作用下继续被水解。

（4）协同作用机制

目前，该机制普遍被人们认可，该理论现有外切 β-葡聚糖酶和外切 β-葡聚糖酶、内切 β-葡聚糖酶和外切 β-葡聚糖酶、外切 β-葡聚糖酶和 β-葡糖苷酶、分子内催化结构域和碳水化合物结合组件（CBM）结构域 4 种协同机制。对于内切、外切 β-葡聚糖酶间的协同作用，研究人员认为是参与催化反应的几个酶组分混合在一起，按顺序进行反应，即后者转化前者的产物，在除去前者产物空间阻碍效应的同时，间接提高了整体反应速率。两者的催化功能为：外切 β-葡聚糖酶首先改变结晶纤维素的表面构造，之后内切 β-葡聚糖酶进行催化反应。但两者的协同作用机制目前仍存在一些疑问待解释。

对于低温纤维素酶各组分的具体催化作用表述如下。

低温纤维素酶的催化区（CD）和底物吸附区（CBD）与常温纤维素酶相似，都是依靠 CBD 与纤维素分子链结合，然后依靠连接区的柔性，使 CD 可以有机会接触到纤维素链产生作用。

内切纤维素酶 CD 的活性部位是一个开放的裂隙，可结合于纤维素链的任何部位，随机切断非结晶区的糖链（β-1,4 糖苷键），将长链纤维素分子切成短链，产生系列寡糖与新的还原端。

外切纤维素酶作用于多糖链尾部，其 CD 的活性部位是一条孔道，纤维素的一条单链通过穿过该孔道与 CD 结合，沿着纤维素链向结晶区单方向持续性催化，依次水解纤维素分子非还原端的 β-1,4 糖苷键，产物一般为纤维二糖，因此又称为纤维二糖水解酶。

β-葡糖苷酶可将纤维糊精小分子和纤维二糖水解为葡萄糖分子。

虽然科学家对纤维素酶的研究已经持续了 100 多年，但是对纤维素酶结构与功能的研究近十几年来才有所发展，这与科技的进步和研究的积累密切相关。现代酶工程学借助高科技仪器和方法，如蛋白质纯化设备、X 射线衍射仪、高效液相色谱、离子色谱和飞行质谱等，使得酶学科研工作者在蛋白质一级结构和高级结构甚至功能研究方面都有了突破性的进展，取得了非常大的进步。

纤维素酶全酶分子呈蝌蚪状，由具有独立活性的两个结构域和连接序列构成，即具有催化功能的催化区（CD）和具有结合纤维素功能的底物吸附区（CBD）。CBD 在纤维素酶中位于氨基端或羧基端，其上有一段与 CD 相连的高度糖基化连接桥（linker）。一般认为长连接肽在低温纤维素酶适冷机制中发挥了至关重要的作用，低温纤维素酶主要是通过氢键和盐键的修饰，增加连接区的柔性，极大地扩大与酶分子相结合的纤维素的表面积，从而使其在低温环境下亦具有较强的酶活性（Gerday *et al.*，2008）。但近来在海洋细菌 *Paenibacillus* sp. BME-14 Cel9P 中却发现没有长连接肽，其结构的灵活性可能是由活性位点周围的氨基酸残基造成的，活性位点附近的氨基酸残基被小氨基酸代替，降低了位阻，便于底物在低能耗时与酶结合（Fu *et al.*，2010）。

细菌所产纤维素酶主要是内切酶，量少，大多数对结晶纤维素没有活性，且多数不能分泌到细胞外，常聚集形成多酶复合体。真菌所产纤维素酶酶系全面，量多，能分泌到胞外，一般不聚集成多酶复合体，且相互间能够发生强烈的协同作用。

纤维素晶体结构对纤维素的降解影响最大，同时，同一物种的不同变种所含木质素不同，从而使纤维素降解率不同。例如，低温碱处理可破坏甜高粱渣中的木质素，从而使被包裹的纤维素组分释放出来，易于酶接触催化；甜高粱棕色中脉突变体（BMR）因较正常体含有较少的木质素，BMR 渣对低温碱处理更敏感，有更高的酶水解率（Wu *et al.*，2011）。

（四）基因工程及代谢调控

纤维素酶可降解纤维素，自被发现以来，已得到广泛应用研究。由于目前发现的微生物产纤维素酶能力普遍较低，因此对其进行调控以提高产量显得尤为重要。

纤维素酶同源性基因序列在相近种属中被大量发现。目前有大量内切葡聚糖酶和β-葡糖苷酶基因在大肠杆菌中得到表达，但这些酶大多量少、不能被分泌到胞外。为得到胞外酶，一些纤维素酶基因已在枯草芽孢杆菌、嗜热脂肪芽孢杆菌、乳酸发酵短杆菌等中得到有效表达，但因异源宿主表达中蛋白酶水解和糖基化等问题，酶的大量生产还不能实现。

纤维素酶为多酶体系，代谢调控复杂，科研人员对其合成的调节机制了解不够。由于实验技术水平的快速提升，目前已证明在真菌中存在组成型纤维素酶。真菌中存在的组成型纤维素酶主要包括外切葡聚糖纤维二糖水解酶 Ⅰ 、 Ⅱ （CBHⅠ、CBHⅡ）。但对于酶的诱导合成存在两种观点：一种认为组成型纤维素酶通过外切-外切协同作用对纤维素进行最初的降解，所产生的二糖（纤维二糖、δ-纤维二糖-1,5-内酯）被真菌菌丝吸收，诱导纤维素酶的进一步合成；另一种认为固有的组成型纤维素酶可识别环境中的纤维素，再将信息传递给细胞以合成纤维素酶，起"信号受体"的重要作用。

纤维素酶合成的调节发生于预翻译水平，诱导物的加入引起纤维素酶基因表达，表达和调节是协同发生的。以纤维二糖为唯一碳源或加入胞外葡糖苷酶抑制剂阻止纤维二糖的水解时，纤维二糖能促进纤维素酶的高效合成。槐糖对某些纤维素酶的诱导合成作用是微晶纤维素等其他诱导物的几十到几千倍，主要原因为槐糖对纤维素酶合成的诱导作用依赖于结合 β-葡糖苷酶，转化为其他胞内更有潜力的诱导物；但另一些纤维素酶的合成并不受槐糖的诱导，而是受 β-龙胆二糖的诱导；另外，山梨糖也能诱导一些纤维素酶的合成。诱导物的具体作用机制复杂，对参与诱导过程的目的基因及其作用模式的研究，将有助于在分子水平上揭示纤维素酶的合成诱导机制。

纤维素降解最终产生的葡萄糖，以及其他易代谢碳源引起的降解物阻遏效应，是影响纤维素酶产量提高的主要限制性因素，其中葡萄糖抑制纤维素酶的从头合成，而非酶的分泌。为此，美国的 Montenecourt 和 Eveleigh（1977）、我国山东大学的曲音波等（1984）改进了抗阻遏菌株的筛选方法，获得了具有明显抗阻遏特性的菌株。

程艳飞（2009）将基因组改组技术应用于 JU-A10 菌株，经过两轮基因组改组获得了 3 株优良的融合子，较出发菌株酶活性提高了 2 倍以上。离子表面活性剂会引起纤维素酶结构发生变化，而非离子表面活性剂在水溶液中通过氢键与纤维素酶作用，不会引起纤维素酶结构的改变（于跃和张剑，2016）。Ca^{2+}、Mg^{2+}、Mn^{2+} 能够提高海洋细菌 *Paenibacillus* sp. BME-14 内切葡聚糖酶活性，Hg^{2+}、Cu^{2+}、EDTA 抑制其酶活性（Fu *et al.*，2010）。Cel9P 在 5℃酶活性保留 65%，有潜在的工业应用价值。嗜冷菌交替假单胞菌（*Pseudoalteromonas* sp.）DY3 的 *celX* 基因能够编码胞外低温纤维素酶（Zeng *et al.*，2006），该酶含 492 个氨基酸残基，分子质量为 52.7 kDa，N 端催化结构域属于糖苷水解酶家族 5，C 端纤维素结合域属于糖结合模块，对碱有很好的耐受性。Mario 等（2016）

从土壤中分离到多株耐冷酵母,其产生的纤维素酶大部分在 pH 6.2 和 22~37℃时有很高的酶活性。Yang 等(2015)发现,*Trichoderma koningii* 中 *cre1* 基因的沉默会促进纤维素酶的表达,他们还确定了嗜热毁丝菌 *Myceliophthora thermophila* ATCC42464 中 *cre1* 基因的作用,认为或许在嗜热真菌中纤维素酶合成的调控机制类似于嗜温真菌。这个观点或许也应该在低温微生物中进行验证(Wang *et al.*,2013b)。

(五)分离纯化技术

工业上纤维素酶的粗酶制剂的生产常采用硫酸铵盐析、乙醇沉淀、丹宁沉淀和离心喷雾干燥等方法。在纤维素酶分析研究中主要采用一系列的蛋白质分离纯化技术,如分级沉淀、色谱法、电泳法等。其中值得注意的是亲和色谱分离纤维素酶的进展,如 1985 年,Beldman Gerrit 等用晶体纤维素柱色谱分离绿色木霉中的外切葡聚糖酶,得到 Exo Ⅱ 和 Exo Ⅲ 两个组分。1986 年,Woodward 等用刀豆蛋白 A-琼脂糖分离黑曲霉中的内切酶和 β-葡糖苷酶,以葡萄糖溶液洗脱 β-葡糖苷酶,以甘露糖溶液洗脱内切酶。1992 年,Watanabe 等用异丁烯酸胺-*N*-双-异丁烯酸胺共聚化合物的色谱纯化 β-葡糖苷酶。亲和色谱是在分析研究纤维素酶时针对其组分复杂、难以纯化而采用的手段,到目前未见有关亲和色谱在工业上应用的报道。目前普遍用于纤维素酶分离和提纯的工艺为:菌种筛选→斜面培养→孢子悬液制备→种子罐保藏→发酵罐发酵→发酵液离心→上清液提取→盐析→沉淀离心→浓缩→DEAE-Sephadex 离子交换树脂层析→Sephadex 凝胶层析→电泳。但是,目前纤维素酶的结晶还不纯,有淀粉酶、聚木糖酶等杂质,还很少能得到无其他酶杂质的纯纤维素酶。

(六)应用及展望

纤维素作为地球上碳元素储存量最大的能源,每年为地球提供了大约 13%的能源。纤维素酶于 20 世纪 60 年代就已实现商品化。纤维素酶因具有可再生的特性,可直接应用,或间接生成产物,用于纺织业、造纸工业、洗衣和洗涤剂工业、动物饲料业、食品加工业、提取植物活性成分、生物炼制业、医药业等。近几十年来,随着各国科学家对纤维素酶研究的不断深入,其应用的范围和前景不断扩大,尤其是利用纤维素酶水解纤维素产生寡糖后,经过发酵产生丙酮、乙醇、丁醇等燃料和化工原料,已经成为目前纤维素酶应用的主要方向。

1. 在食品工业中的应用

在速溶茶饮料加工过程中,结合沸水浸泡与酶法制茶,可提高水溶性较差的茶单宁、咖啡因等的抽提率,缩短抽提时间,最大程度地保持原有新鲜茶叶的天然特性,所产的茶饮料稳定性强,没有沉淀。白酒酿造所用原料中纤维素含量较大,使用纤维素酶后,可同时将淀粉和纤维素转化为糖,再经酵母分解全部转化为乙醇,提高出酒率 3%~5%,使酒体质量纯正,淀粉和纤维素利用率高达 90%。在啤酒酿造过程中加入纤维素酶,有助于大麦萌芽及改善啤酒性能,使啤酒的口感更加纯正。在酱油酿造时加入纤维素酶,能够缩短生产周期,可提高酱油全氮含量、氨基酸含量和产出率。在饮料生产时添加纤维素酶,有利于固形物的溶解和汁液的提取,让汁液更加澄清透明。在果蔬加工过程中加入纤维素酶，可使植物组织软化膨松，可消化性提高，成本降低，产品口感优良，出汁率高，避免了一般加热蒸煮、酸碱处理造成的果蔬香味和维生素损失。

2. 在饲料业中的应用

纤维素是植物细胞壁最重要的组成成分，但是纤维素在被利用之前，需要经过一系列的多糖降解酶处理，才可以被降解为单糖。在近几年的畜牧业发展过程中，纤维素酶被应用到饲料添加剂的使用当中。在动物饲料中加入纤维素酶，能够将饲料中的纤维素分解成易消化的葡萄糖，破坏细胞壁释放内容物，便于动物消化吸收，增进食欲，促进发育，提高畜禽饲料的消化率与利用率，进而节省饲料用量，提高经济效益，在饲料业生产上有着广阔的应用前景。在青贮饲料中添加 0.01%～0.25%的纤维素酶可以保持青贮饲料的优势，减少其营养损失，并且纤维素酶安全无毒，可方便使用。在鸡饲料中添加纤维素酶，可以显著增加肉仔鸡的体重。将纤维素酶加入秸秆中，可以明显增加羊羔体重。将纤维素酶混入饲料中，可以明显改善奶牛对饲料的消化，增加奶牛食欲。将纤维素酶加入草鱼的饲料中，不仅可以显著改善草鱼对饲料的食用率，而且可以减少投入的饵料量。

3. 在洗涤、纺织业中的应用

1985 年，利用腐殖根霉发酵制得了世界上第一种含纤维素酶的洗涤剂 Cellulase；1987 年出现了一种含纤维素酶的洗衣粉 Attack。之后纤维素酶正式加入洗涤剂行业。在洗涤剂中加入纤维素酶，可增白、软化衣物，使衣物色泽鲜亮，并且可去除衣物在洗涤或者穿着过程中形成的纤维颗粒，使得衣物穿着舒适。新型洗涤剂用酶的开发也极为活跃，碱性纤维素酶可以直接作用于棉纤维的非结晶区，不仅可以去除附着在织物表面的尘埃、皮脂，还可以去除侵入织物内部的尘土、皮脂，洗涤效果更令人满意。

纤维素酶是最早在纺织品后整理过程中得到应用的酶。生物打磨（bio-stoning）和生物抛光（bio-polishing）是目前纤维素酶在纺织工业中的主要应用。在纺织加工过程中加入纤维素酶，可以改善纤维织物的表面特性，从而使纤维织物获得更好的外观和手感。牛仔服加工仿旧处理时加入纤维素酶，可分解织物表面的纤维素，产生水洗石磨样的外观，相比于传统的浮石，其有不易堵塞下水道、降低织物设备损耗、劳动强度低、工艺简单等特点。纤维素酶和果胶酶相结合，能改善彩色棉针织物表面粗糙、棉结较多的现象。纤维素酶在亚麻纱中用于湿纺工艺路线的脱胶阶段，有效地改善了纤维微结构，使其机械性能发生变化，从而纺出柔软度好、强度高、毛羽少、条干均匀的纱线，开发出高档、轻薄亚麻机织、针织用纱，纤维素酶可代替次氯酸钠，成为理想的选择。利用纤维素酶对棉进行精炼，能显著改善棉纤维的润湿性，使织物白度提高，但需与果胶酶结合，对纤维素类杂质、果胶、灰分、色素等能有效去除，精炼效率提高。通过纤维素酶的作用使纤维素水解，可提高织物的柔软性、吸湿性和弹性，其光泽也更柔和。采用纤维素酶去除羊毛中的纤维素类杂质，不会损伤羊毛中的蛋白质，使羊毛质量可靠、性能优良，且不影响后续工序。

4. 在造纸工业中的应用

目前，造纸工业面临着原料短缺、能源紧张、污染严重等问题。纤维素酶可用于旧纸脱墨，改善磨浆性能、纸浆性能，以及纤维成纸性能。报刊和废书是废纸的主要来源，其再生纤维的品质直接受到脱墨性能的影响。酶法脱墨较化学脱墨效果更好。酶法脱墨处理废纸后，不仅使浆料的物理性能有所提升，如产品的白度高和残存墨粉少等，而且酶法脱墨处理的可漂性能更好，所需费用也低，化学药品使用量明显减少，从而降低了生产成本，提高了收益。酶法脱墨还显著减少了造纸行业对生态环境的污染，有着巨大的社会效益。在酶法脱墨过程中，可以对油墨粒子的大小、分布和形状等指标进行控制，控制这些变量的因素包括所用水解酶系的组成、酶的用量、酶发挥作用的 pH、处理时间、处理温度等。同时，酶法脱墨还能够明显改善浮选脱墨过程，进而非常有效地除去一些不规则的油墨。研究表明，在处理凸版印刷和彩色胶版印刷的新闻纸的过程中，加入半纤维素酶和纤维素酶组合，控制 pH 为 5.5，会使凸版印刷纸的增白度最大，并且纤维素酶处理过的纸浆中的残余油墨面积最小。经酶法脱墨后，可以有效地将彩色胶印纸当中的水基油墨基本除去，处理后的纸浆的色泽也比普通处理后的脱墨浆更加明亮。此外，随着处理过程中酶的加入量及处理时间的不断延长，纸浆白度也随之提高。

5. 在生物质能源开发上的应用

纤维素酶在石油开采、塑料降解、水产业、地质钻井及活性物质提取等方面也有着广泛的应用价值。能源用量的增加、有限的不可再生能源及传统能源对环境的严重污染，都使得新型能源的寻找迫在眉睫。纤维素被纤维素酶水解为还原糖后可转化为可再生能源，取代不可再生能源。

生物乙醇被普遍认为是可取代化石燃料的产品。乙醇除了作为能源工业的基础原料、燃料（燃烧值为 26 900 kJ/kg），还能广泛应用于食品、军工、日用化工和医药卫生等领域。生物乙醇的开发对于能源、环境都意义重大。早期生物乙醇以糖类生物质原料如甘蔗、玉米、红薯等经济作物为原料经发酵而成，其中很多作物如玉米、红薯等都为重要的食物来源，且其生产需要占用耕地，长期使用会引起"与人争粮、与粮争地"的问题，国家也出台了相应政策以发展可再生资源。目前已出现利用新一代生物质藻类生产燃料乙醇。Wang 等（2015）对来自假单胞菌 NJ64 的低温纤维素酶进行固定化，用其对海带纤维素进行水解，发现水解产物中乙醇浓度达 37.37%，低温纤维素酶有望在我国乙醇生产中得到应用。

低温纤维素酶由于低温特性，更是可以很好地应用于多种行业，减少能源的消耗。例如，低温纤维素酶与动物体温相近，因此可以很好地应用于饲料业，补充动物内源酶，促进纤维素的消化吸收，激活胃蛋白酶，减少纤维素、半纤维素等形成抗营养因子。目前，对纤维素酶应用方面的研究颇多，作者实验室筛选出的低温纤维素酶更是促进了低温酶的开发应用（金城，2011）。

但是目前出现的纤维素酶几乎都为中性、碱性酶，不能很好地用于酸性环境，以后应注意完善该方面的研究。

第二节　菌株选育

一、酶活性测定

（一）葡萄糖标准曲线绘制

葡萄糖标准液配制：取 100 mg 无水葡萄糖（预先在 105℃下干燥至恒重），加蒸馏水配制成浓度为 1 mg/ml 的标准液。取 10 支试管分别编号后按表 1-2 加样，沸水浴 5 min，立即冷却至室温，摇匀，测定 OD_{520} 值。

表 1-2　葡萄糖标准液配比

溶液	0	1	2	3	4	5	6	7	8	9
葡萄糖标准液（ml）	0	0.2	0.4	0.6	0.8	1.0	1.2	1.4	1.6	2.0
葡萄糖（mg）	0	0.2	0.4	0.6	0.8	1.0	1.2	1.4	1.6	2.0
蒸馏水（ml）	2.5	2.3	2.1	1.9	1.7	1.5	1.3	1.1	0.9	0.5
3,5-二硝基水杨酸（ml）	2.5	2.5	2.5	2.5	2.5	2.5	2.5	2.5	2.5	2.5

根据实验结果绘制葡萄糖标准曲线，见图 1-1。该标准曲线的拟合方程为

$$y = 0.5221x - 0.0117 \tag{1-1}$$

该标准曲线的线性相关系数为 0.9998，符合标准曲线的要求，可用来计算酶解产物中葡萄糖的量。

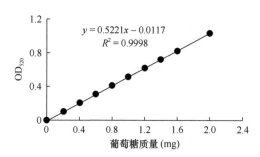

图 1-1　低温纤维素酶活性测定葡萄糖标准曲线

（二）酶活性测定方法

滤纸酶活法：菌株在 20℃、145 r/min 条件下液体发酵规定时间，取 2 ml 发酵液，在 4℃、8000 r/min 条件下离心 15 min，将上清液作为粗酶液；取 1 ml 粗酶液加入 9 ml 蒸馏水稀释 10 倍，取稀释后的酶液 0.5 ml，加入 2 ml 柠檬酸-柠檬酸钠缓冲液（pH 4.8），然后加入一条 1 cm×6 cm 的滤纸条，30℃水浴 1 h，然后加入与反应液等体积的 DNS（2.5 ml），沸水浴 5 min 终止反应，测 OD_{520} 值（董硕等，2011）。

酶活性定义：1 min 内降解滤纸生成 1 μg 还原糖所需要的酶量为一个酶活性单位。以上酶活性均扣除发酵液中还原糖含量。

酶活性公式为

1 ml 粗酶液中酶活性（U/ml）= 生成葡萄糖量（μg/ml）×5×2×A/60

式中，5 为反应液最后总体积 5 ml；2 为取稀释后的酶液量 0.5 ml，故乘 2；A 为粗酶液稀释倍数；60 为反应时间 60 min。

二、筛选

（一）样品来源

采集长白山常年低温区腐殖土，以及黄海长海县附近海泥样品 5 个、水样 5 个（东经 122°，北纬 39°）。

（二）培养基

分离培养基：上层微晶纤维素（或 CMC-Na）10 g、琼脂 18 g、蒸馏水 1000 ml；下层马铃薯 200 g、葡萄糖 20 g、琼脂 18 g、蒸馏水 1000 ml，0.1 MPa，121℃灭菌 20 min。

纯化培养基：马铃薯 200 g、葡萄糖 20 g、琼脂 18 g、蒸馏水 1000 ml，0.1 MPa，121℃灭菌 20 min。

试管斜面保藏培养基：同纯化培养基。

种子培养基：马铃薯 200 g、葡萄糖 20 g、蒸馏水 1000 ml，0.1 MPa，121℃灭菌 20 min。

发酵培养基：秸秆粉 20 g、麸皮 15 g、硫酸铵 6 g、磷酸二氢钾 6 g、蒸馏水 1000 ml，0.1 MPa，121℃灭菌 20 min。

（三）方法及结果

将样品稀释涂布于分离培养基，20℃培养 3～7 天。刚果红染色法初筛低温纤维素酶产生菌，纯化得单菌落。根据刚果红染色结果，筛选出透明圈直径较大的菌株，液体发酵测定其酶活性，复筛出酶活性最大的菌株。斜面保藏分离到的菌株并编号。

从腐殖土中筛选出透明圈直径最大、酶活性最高为 69.408 U/ml 的霉菌 B。从海泥、海水样品中获得一株产低温纤维素酶菌株 SWD-28，最高酶活性为 38.7 U/ml。两株菌株都能在低温下生长，但由于霉菌 B 酶活性较大，因此后续继续进行诱变，以期获得酶活性更高的突变体。

三、霉菌 B 诱变

（一）生长曲线测定

利用干重法测定霉菌 B 生长曲线：将霉菌 B 菌株孢子悬液接种于种子培养基中，20℃、145 r/min 培养，每次取培养液 2 ml，5000 r/min 离心 15 min，弃掉上清液，收集沉淀并用蒸馏水洗涤 1～5 次，100℃下烘干到恒重，称重，得生长曲线（图 1-2）。

由图 1-2 可以看出，该菌株生长曲线各段区分明显，0～8 h 为延滞期；9～24 h 为对数期；24～48 h 为稳定期；48 h 以后由于形成菌丝球，所取培养液中菌丝量减少，60 h 测定终止。

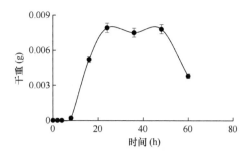

图 1-2 霉菌 B 生长曲线

（二）紫外线诱变

霉菌 B 菌株斜面活化至长满孢子，用 10 ml 无菌水将孢子洗下，倒入 250 ml 规格的装有 90 ml 无菌水的锥形瓶内，然后充分振荡均匀，调整孢子浓度为 10^7 个/ml 左右。

紫外灯预热 30 min，取调整好浓度的孢子悬液 7 ml 置于直径 9 cm 的无菌培养皿中。再将培养皿置于磁力搅拌器上进行紫外线诱变。诱变条件为紫外灯 30 W，照射距离 15 cm。分别诱变 1 min、3 min、5 min、7 min、9 min、11 min。黑暗中静置 2 h，然后取不同诱变时间的孢子悬液，梯度稀释涂平板。以未经紫外线处理的孢子悬液稀释涂平板作为对照。20℃培养 3~5 天，至菌落长满青色孢子。刚果红染色，筛选出 3 株透明圈直径比（透明圈直径与菌落直径的比值）最大的菌株，并利用液体摇瓶发酵测定酶活性，结果如表 1-3 所示，相对于出发菌株 B，菌株 B9 酶活性显著增加，提高了 7.542 U/ml，酶活性达到 76.950 U/ml。同时在 20℃、150 r/min 条件下发酵，与出发菌株 B（图 1-3 右）相比，菌株 B9 产生的泡沫极少（图 1-3 左），有利于发酵。斜面保藏诱变得到的菌株。

表 1-3 紫外线诱变后不同诱变菌株的酶活性

时间（min）	菌株	酶活性（U/ml）
	B	69.408
7	B7	69.780
9	B9	76.950
11	B11	68.830

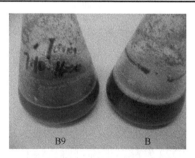

B9　　　　　B

图 1-3 紫外线诱变后发酵比较

彩图请扫封底二维码后点击"多媒体"阅读。其余同

因此，对于菌株 B 而言，紫外线诱变最适条件为：30 W 紫外灯，照射距离为 15 cm，照射时间为 9 min，得到菌株 B9 酶活性为 76.950 U/ml，酶活性提高了 7.542 U/ml，且发酵不产生或产生极少泡沫。

（三）硫酸二乙酯诱变

斜面活化菌株 B9，无菌水冲洗并调整孢子浓度为 10^7 个/ml 左右。在冰水和通风条件下，用少量 70% 的乙醇溶解硫酸二乙酯，用 pH 7.2 磷酸缓冲液配制 2% 的硫酸二乙酯药液。药液与突变菌株孢子悬液按 1∶1 混合，100 r/min 分别诱变 10 min、20 min、30 min、45 min、60 min、120 min，用 2% 硫代亚硫酸钠终止反应。

取不同诱变时间的孢子悬液梯度稀释涂平板。以未经硫酸二乙酯药液处理的孢子悬液稀释涂平板作为对照。20℃培养 3～5 天，至菌落长满青色孢子。刚果红染色，选出透明圈直径比最大的菌株 BD22，液体摇瓶发酵测定酶活性，结果见表 1-4。斜面保藏诱变得到的菌株。

表 1-4　菌株 BD22 发酵结果

时间（h）	反应液 OD$_{520}$	发酵液 OD$_{520}$	差值 OD$_{520}$	酶活性（U/ml）
44	0.919	0.301	0.618	76.49
48	1.060	0.302	0.758	92.19
52	0.969	0.269	0.700	85.68
56	0.984	0.305	0.679	83.33

由表 1-4 可知，菌株 BD22 产酶能力较 B9 有较大的提高，发酵 48 h 酶活性达 92.19 U/ml，48 h 以后发酵产酶趋于平稳，其产酶曲线见图 1-4。

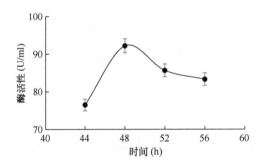

图 1-4　菌株 BD22 发酵产酶曲线

（四）遗传稳定性研究

突变菌株 BD22 连续传代培养 15 代，自第 5 代起每间隔一代，于 500 ml 锥形瓶装发酵培养基 200 ml，接种量 5%，在 20℃、145 r/min 条件下发酵 48 h，测定酶活性，结果见表 1-5，其遗传稳定性曲线见图 1-5。

图 1-5 表明，突变菌株 BD22 发酵产低温纤维素酶具有遗传稳定性。

表 1-5　突变菌株 BD22 遗传稳定性

传代数	5	7	9	11	13	15
酶活性（U/ml）	89.97	92.63	93.07	91.3	92.97	91.83

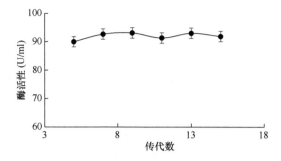

图 1-5　突变菌株 BD22 遗传稳定性曲线

四、菌株 SWD-28 鉴定

（一）形态学观察

在平板上观察菌落形态（图 1-6），菌株 SWD-28 在培养基上菌落开始为白色，之后变为绿色，最后变为褐绿色，菌落表面呈粉粒状，有皱褶，平板反面为绿色，靠近菌落中心处有裂纹。经乳酸酚棉蓝染色后，显微镜观察菌体形态特征（图 1-7），结果显示，SWD-28 菌丝有隔，顶囊膨大但不明显，顶囊分生出小梗，小梗顶端生分生孢子串。

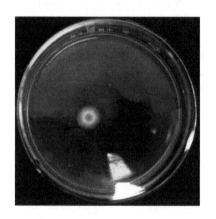

图 1-6　菌株 SWD-28 菌落形态

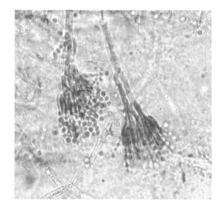

图 1-7　菌株 SWD-28 显微形态特征（×1000）

（二）分子生物学鉴定

采用 UNIQ-10 柱式真菌基因组抽提试剂盒提取菌株 SWD-28 的 DNA。

引物：正向引物 ITS1（5′-TCCGTAGGTGAACCTGCGG-3′）

　　　　反向引物 ITS2（5′-TCCTCCGCTTATTGATATGC-3′）

50 μl PCR 反应体系：

模板（基因组）50 ng，上游引物 100 μmol/L，下游引物 100 μmol/L，dNTP 100 μmol/L，10×*Taq* 反应缓冲液（Reaction buffer）5.0 μl，*Taq* DNA 聚合酶（5 U/μl）0.25 μl。

扩增程序为：98℃，5 min。95℃，35 s；55℃，35 s；72℃，40 s；35 个循环。72℃，8 min。

进行 PCR 扩增，产物送生工生物工程（上海）股份有限公司测序，测序结果表明，其基因间隔序列（ITS 序列）（18S rDNA-5.8S rDNA-28S rDNA）全长 527 bp，GenBank 登录号为 HM 777042。

5′- TGGGTCACCT CCCACCCGTG TTTATTTTAC CTTGTTGCTT CGGCGGGCCC
GCCTTTACTG GCCGCCGGGG GGCTCACGCC CCCGGGCCCG CGCCCGCCGA
AGACACCCCC GAACTCTGTC TGAAGATTGA AGTCTGAGTG AAAATATAAA
TTATTTAAAA CTTTCAACAA CGGATCTCTT GGTTCCGGCA TCGATGAAGA
ACGCAGCGAA ATGCGATACG TAATGTGAAT TGCAAATTCA GTGAATCATC
GAGTCTTTGA ACGCACATTG CGCCCCCTGG TATTCCGGGG GGCATGCCTG
TCCGAGCGTC ATTGCTGCCC TCAAGCCCGG CTTGTGTGTT GGGCCCCGTC
CTCCGATTCC GGGGGACGGG CCCGAAAGGC AGCGGCGGCA CCGCGTCCGG
TCCTCGAGCG TATGGGGCTT TGTCACCCGC TCTGTAGGCC CGGCCGGCGC
TTGCCGATCA ACCCAAATTT TTATCCAGGT TGACCTCGGA TCAGGTAGGG
ATACCCGCTG AACTTAAGCA TATCAAT-3′

序列提交 GenBank 数据库进行 BLAST 比对，并通过 MEGA 4.1 软件计算序列的系统进化距离，采用邻接法构建进化树（图 1-8）。

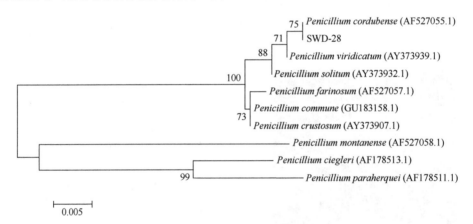

图 1-8　菌株 SWD-28 进化树

括号内是在 GenBank 上的序列登录号，图例为遗传距离

通过相似度比较，其中 *Penicillium cordubense*（AF527055.1）与 SWD-28 的相似度达到 99.43%。结合菌株的形态特征，鉴定为半知菌亚门丝孢纲丝孢目丛梗孢科青霉属的 *Penicillium cordubense* SWD-28。

第三节　菌株 BD22 酶学性质研究

一、发酵培养基优化

菌株 BD22 低温纤维素酶发酵培养基研究包括：秸秆粉、麸皮、硫酸铵、磷酸二氢钾对菌株 BD22 发酵的影响，采用单因素和正交实验优化发酵培养基。L_{25}（5^4）正交实验设计见表 1-6。将在 20℃、145 r/min 条件下培养到对数期（20 h）的菌株 BD22 种子液接种于各发酵培养基中，接种量为 5%，在 20℃、145 r/min 条件下发酵 48 h，分别取发酵液 2 ml，在 4℃、8000 r/min 条件下离心 15 min，取上清液测定酶活性。

表 1-6 菌株 BD22 发酵培养基 L_{25}（5^4）正交实验因素和水平表

水平	A 秸秆粉含量（%）	B 麸皮含量（%）	C 硫酸铵含量（%）	D 磷酸二氢钾含量（%）
1	0.60	0.40	0.30	0.30
2	0.80	0.50	0.40	0.40
3	1.00	0.60	0.50	0.50
4	1.20	0.70	0.60	0.60
5	1.40	0.80	0.70	0.70

（一）秸秆粉对菌株 BD22 发酵产酶的影响

控制发酵培养基中秸秆粉含量，菌株 BD22 低温纤维素酶发酵实验结果见图 1-9。

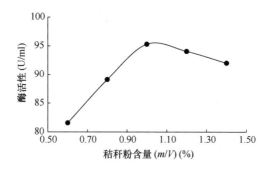

图 1-9 秸秆粉对菌株 BD22 发酵产酶的影响

当秸秆粉含量为 0.60%～1.00% 时，酶活性呈上升趋势；当秸秆粉含量为 1.00% 时，酶活性达到最大值，为 95.31 U/ml；当秸秆粉含量超过 1.00% 时酶活性开始下降。因此，秸秆粉的最适用量为 1.00%。

（二）麸皮对菌株 BD22 发酵产酶的影响

在研究得出碳源秸秆粉最适用量为 1.00% 的基础上，控制液体发酵培养基中麸皮含量，菌株 BD22 低温纤维素酶发酵实验结果见图 1-10。

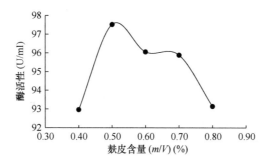

图 1-10 麸皮对菌株 BD22 发酵产酶的影响

当发酵培养基中麸皮含量为 0.40%～0.50%时，酶活性随麸皮含量增加而增高；当麸皮含量为 0.50%时，酶活性达到最大值，为 97.52 U/ml；当麸皮含量超过 0.50%时酶活性开始下降。因此，麸皮最适用量为 0.50%。

（三）硫酸铵对菌株 BD22 发酵产酶的影响

在研究得出碳源秸秆粉最适用量为 1.00%、麸皮最适用量为 0.50%的基础上，控制液体发酵培养基中硫酸铵含量，菌株 BD22 低温纤维素酶发酵实验结果见图 1-11。

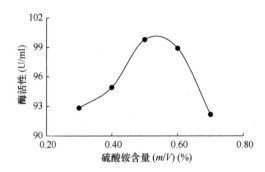

图 1-11　硫酸铵对菌株 BD22 发酵产酶的影响

当液体发酵培养基中硫酸铵含量低于 0.50%时，酶活性随硫酸铵含量增加而增高；硫酸铵含量为 0.50%时酶活性达到最大值，为 99.79 U/ml；硫酸铵含量超过 0.50%时酶活性急剧下降。因此，硫酸铵最适用量为 0.50%。

（四）磷酸二氢钾对菌株 BD22 发酵产酶的影响

在研究得出碳源秸秆粉最适用量为 1.00%、麸皮最适用量为 0.50%、硫酸铵最适用量为 0.50%的基础上，控制液体发酵培养基中磷酸二氢钾含量，菌株 BD22 低温纤维素酶发酵实验结果见图 1-12。

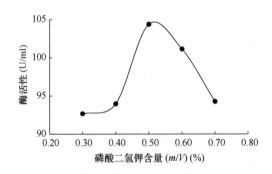

图 1-12　磷酸二氢钾对菌株 BD22 发酵产酶的影响

当液体发酵培养基中磷酸二氢钾含量为 0.50%时，菌株 BD22 产低温纤维素酶活性达到最大值，为 104.37 U/ml，此时若再增加磷酸二氢钾含量，则酶活性急剧下降。因此，磷酸二氢钾最适用量为 0.50%。

（五）发酵培养基优化正交实验

由表 1-7 可知，实验 18 酶活性提高到 108.55 U/ml，较优化前酶活性提高了 16.36 U/ml，此时发酵培养基组成是 A 1.20%，B 0.60%，C 0.30%，D 0.60%，即 $A_4B_3C_1D_4$。

表 1-7　菌株 BD22 发酵培养基优化正交实验结果

序号	A	B	C	D	酶活性（U/ml）
1	1	1	1	1	87.99
2	1	2	2	2	85.55
3	1	3	3	3	79.40
4	1	4	4	4	67.90
5	1	5	5	5	66.04
6	2	1	2	3	75.80
7	2	2	3	4	86.13
8	2	3	4	5	80.44
9	2	4	5	1	71.53
10	2	5	1	2	88.92
11	3	1	3	5	69.87
12	3	2	4	1	63.37
13	3	3	5	2	71.27
14	3	4	1	3	59.00
15	3	5	2	4	53.96
16	4	1	4	2	92.52
17	4	2	5	3	94.15
18	4	3	1	4	108.55
19	4	4	2	5	99.37
20	4	5	3	1	63.83
21	5	1	5	4	91.59
22	5	2	1	5	83.23
23	5	3	2	1	88.57
24	5	4	3	2	80.56
25	5	5	4	3	67.32

对菌株 BD22 发酵培养基优化正交实验结果分析得到直接分析表 1-8、趋势图 1-13 和方差分析表 1-9。

表 1-8　菌株 BD22 发酵培养基优化正交实验结果直接分析（酶活性：U/ml）

序号	A	B	C	D
均值 1	77.38	83.55	85.54	75.06
均值 2	80.56	82.47	80.65	83.76
均值 3	63.49	85.65	75.96	75.13
均值 4	91.68	75.67	74.31	81.63
均值 5	82.25	68.01	78.92	79.79
极差	28.19	17.64	11.23	8.70

由表 1-8 可知,对 A 而言,均值 4 所产酶活性达到最高 91.68 U/ml,此时 A 为 1.20%;对 B 而言,均值 3 达到最高 85.65 U/ml,此时 B 为 0.70%;对 C 而言,均值 1 达到最高 85.54 U/ml,此时 C 为 0.50%;对 D 而言,均值 2 达到最高 83.76 U/ml,此时 D 为 0.55%。

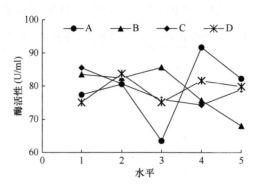

图 1-13　菌株 BD22 发酵培养基各组分趋势图

图 1-13 表明低温纤维素酶分别在 A 1.20%、B 0.60%、C 0.30%、D 0.60%时达到各自的酶活性最高点,说明 $A_4B_3C_1D_4$ 为发酵培养基最适组合。

表 1-9　菌株 BD22 发酵培养基优化正交实验结果方差分析

因素	偏差平方和	自由度	F 比值	F 临界值	显著性
A	2084.821	4	6.872	6.390	*
B	1044.003	4	3.441	6.390	
C	383.486	4	1.264	6.390	
D	303.370	4	1.000	6.390	
误差	303.370	4			

* A 是低温纤维素酶产生菌发酵产酶的显著性影响因素

由表 1-9 可以看出,所研究的 4 个因素中,秸秆粉是低温纤维素酶产生菌发酵产酶的显著性影响因素。因此,在发酵产酶过程中要控制好秸秆粉的用量。

二、发酵条件优化

在发酵培养基优化的基础上,采用单因素和正交实验优化菌株 BD22 的发酵条件:温度、装液量、接种量、种龄。L_{25}（5^4）正交实验设计见表 1-10。分别按表 1-10 中的发酵条件,145 r/min 发酵 48 h,然后取发酵液 2 ml,在 4℃、8000 r/min 条件下离心 15 min,取上清液测定酶活性。

表 1-10　菌株 BD22 发酵条件 L_{25}（5^4）正交实验因素和水平表

水平	A 温度（℃）	B 装液量（ml）	C 接种量（V/V）（%）	D 种龄（h）
1	10	100	5	10
2	15	150	10	15
3	20	200	15	20
4	25	250	20	25
5	30	300	25	30

（一）温度对菌株 BD22 发酵产酶的影响

控制温度在 10～30℃，研究温度对菌株 BD22 发酵产低温纤维素酶的影响，结果见图 1-14。

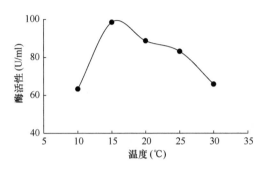

图 1-14 温度对菌株 BD22 发酵产酶的影响

结果表明，温度对菌株 BD22 发酵产低温纤维素酶的影响较大，当温度低于 15℃时，酶活性随着温度升高而提高；当温度为 15℃时，酶活性达到最大值 98.47 U/ml；当温度高于 15℃时，酶活性呈下降趋势。因此，菌株 BD22 发酵产低温纤维素酶的最适温度为15℃。

（二）装液量对菌株 BD22 发酵产酶的影响

在研究得出最适温度为 15℃的基础上，控制装液量，研究装液量对菌株 BD22 发酵产低温纤维素酶的影响，结果见图 1-15。

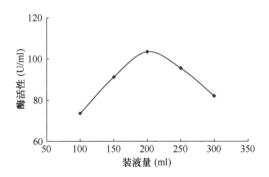

图 1-15 装液量对菌株 BD22 发酵产酶的影响

结果表明，装液量对菌株 BD22 发酵产低温纤维素酶的影响很明显，当装液量为200 ml 时，酶活性达到最大值 103.58 U/ml。因此，菌株 BD22 发酵产低温纤维素酶最适装液量为 200 ml。

（三）接种量对菌株 BD22 发酵产酶的影响

在最适温度为 15℃、最适装液量为 200 ml 的基础上，控制接种量，研究接种量对菌株 BD22 发酵产低温纤维素酶的影响，结果见图 1-16。

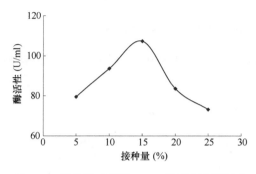

图 1-16　接种量对菌株 BD22 发酵产酶的影响

结果表明，接种量低于 15%时，酶活性随接种量增加而提高；接种量为 15%时，酶活性达到最大值 107.32 U/ml；接种量高于 15%时，酶活性开始下降。因此，菌株 BD22 发酵产低温纤维素酶的最适接种量为 15%。

（四）种龄对菌株 BD22 发酵产酶的影响

控制最适温度为 15℃、最适装液量为 200 ml、最适接种量为 15%，分别接种不同种龄的液体种子，研究种龄对菌株 BD22 发酵产低温纤维素酶的影响，结果见图 1-17。

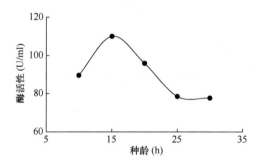

图 1-17　种龄对菌株 BD22 发酵产酶的影响

结果表明，种龄对菌株 BD22 发酵产低温纤维素酶的影响较大，当种龄为 15 h，酶活性达到最大值 110.03 U/ml，种龄过小酶活性达不到最大值，种龄过大酶活性下降。因此，菌株 BD22 发酵产低温纤维素酶的最适种龄为 15 h。

（五）发酵条件优化正交实验

由表 1-11 可知，实验 9 酶活性达到 114.26 U/ml。此时发酵条件是 $A_2B_4C_5D_1$，即温度 15℃，装液量 250 ml（摇瓶规格为 500 ml），接种量 25%，种龄 10 h。

表 1-11　菌株 BD22 发酵条件优化正交实验结果

序号	A	B	C	D	酶活性（U/ml）
1	1	1	1	1	62.32
2	1	2	2	2	95.20
3	1	3	3	3	78.36
4	1	4	4	4	89.86
5	1	5	5	5	86.26

续表

序号	A	B	C	D	酶活性（U/ml）
6	2	1	2	3	77.55
7	2	2	3	4	87.65
8	2	3	4	5	99.04
9	2	4	5	1	114.26
10	2	5	1	2	88.35
11	3	1	3	5	74.87
12	3	2	4	1	67.20
13	3	3	5	2	69.18
14	3	4	1	3	68.48
15	3	5	2	4	56.98
16	4	1	4	2	81.15
17	4	2	5	3	82.66
18	4	3	1	4	87.19
19	4	4	2	5	79.52
20	4	5	3	1	88.82
21	5	1	5	4	65.46
22	5	2	1	5	91.14
23	5	3	2	1	98.92
24	5	4	3	2	97.64
25	5	5	4	3	86.84

对菌株 BD22 发酵条件优化正交实验结果分析得到直接分析表 1-12、趋势图 1-18 和方差分析表 1-13。

表 1-12　菌株 BD22 发酵条件优化正交实验结果直接分析（酶活性：U/ml）

序号	A	B	C	D
均值 1	82.40	72.27	79.50	89.30
均值 2	93.37	84.77	81.64	86.30
均值 3	67.34	86.54	83.56	78.78
均值 4	83.87	89.95	84.82	77.43
均值 5	88.00	81.45	85.47	86.17
极差	26.03	17.68	5.97	8.87

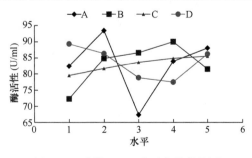

图 1-18　菌株 BD22 发酵条件趋势图

表 1-13　菌株 BD22 发酵条件优化正交实验结果方差分析

因素	偏差平方和	自由度	F 比值	F 临界值	显著性
A	1894.447	4	15.884	6.390	*
B	907.747	4	7.611	6.390	*
C	119.265	4	1.000	6.390	
D	403.597	4	3.384	6.390	
误差	119.265	4			

* A 和 B 是影响低温纤维素酶产生菌发酵产酶的显著性因素

由表 1-12 可知，对 A 而言，均值 2 达到最大值，此时 A 为 15℃；对 B 而言，均值 4 达到最大值，此时 B 为 250 ml；对 C 而言，均值 5 达到最大值，此时 C 为 25%；对 D 而言，均值 1 达到最大值，此时 D 为 10 h，即 $A_2B_4C_5D_1$。

图 1-18 表明，发酵条件组合 $A_2B_4C_5D_1$，即温度 15℃、装液量 250 ml、接种量 25%、种龄 10 h，分别达到各自酶活性最大值，是发酵条件最适组合。

由表 1-13 可以看出，所研究的 4 个因素中，A 和 B 是影响低温纤维素酶产生菌发酵产酶的显著性因素。因此，在发酵过程中要控制好温度和装液量。

三、分离纯化

菌株 BD22 发酵液中存在各种非蛋白杂质和部分杂蛋白，需要分离纯化除去这些杂质。通过硫酸铵盐析、十二烷基硫酸钠-聚丙烯酰胺凝胶电泳（sodium dodecylsulfate-polyacrylamide gel electrophoresis，SDS-PAGE）和 Sephadex G-100 凝胶层析方法，根据低温纤维素酶独特的物理性质（溶解度、带正负电荷量、不同界面吸附性能等），可将其从含有不同酶或生化物质的发酵液中分离出来。

（一）硫酸铵盐析

斜面活化后的菌株 BD22 孢子接种于种子培养基中，培养至 10 h 然后转接至液体发酵培养基中，在 15℃、145 r/min 条件下发酵 48 h，然后取发酵液于 4℃、8000 r/min 条件下离心 15 min，上清液即为粗酶液。取粗酶液 6 份，每份 1 ml，分别标号，然后分别加入 0～70% 饱和度的硫酸铵，以不加硫酸铵的上清液作为对照，于 4℃盐析 12 h。再在 4℃、12 000 r/min 条件下离心 15 min。分别收集各管上清液和沉淀，用 pH 4.8 的柠檬酸缓冲液恢复至原体积，然后测定低温纤维素酶活性，确定硫酸铵的沉淀区间。

盐析后得到的沉淀和上清液分别用柠檬酸缓冲液恢复到原体积，再测定低温纤维素酶活性，结果见表 1-14。

表 1-14　硫酸铵饱和度与酶活性关系

硫酸铵饱和度（%）	0	20	30	40	50	60	70
上清液酶活性（U/ml）	104.37	109.48	112.27	109.71	89.62	40	36
沉淀酶活性（U/ml）	0	0	0	0	23.71	68.26	71.09

由表 1-14 可以看出，当硫酸铵饱和度由 0 增大至 40% 时，上清液低温纤维素酶活

性基本不变，且没有沉淀产生。硫酸铵饱和度大于 40% 时，开始析出沉淀，上清液酶活性呈下降趋势，继续加入硫酸铵到 60%，上清液酶活性基本稳定，说明硫酸铵饱和度为 60% 时低温纤维素酶基本沉淀。以表 1-14 中硫酸铵饱和度为纵坐标，分别对上清液和沉淀低温纤维素酶活性作图得到盐析硫酸铵饱和度沉淀区间图，见图 1-19 和图 1-20。

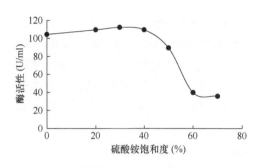 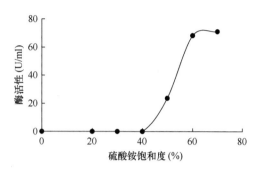

图 1-19　硫酸铵饱和度与上清液酶活性曲线图　　　图 1-20　硫酸铵饱和度与沉淀酶活性曲线图

图 1-19 和图 1-20 表明，在硫酸铵饱和度区间 40%～60%，上清液和沉淀中低温纤维素酶活性都急剧变化，其中上清液中酶活性呈急剧下降趋势，沉淀中酶活性呈急剧上升趋势，说明硫酸铵盐析沉淀区间是饱和度为 40%～60%。

（二）SDS-PAGE

取样品、Marker 和上海迈坤化工有限公司纤维素酶液 20 μl，分别加入 5 μl 预先加入巯基乙醇的溴酚蓝溶液，煮沸 5 min 使酶蛋白变性。然后分别取 15 μl 点样。SDS-PAGE 采用 5% 浓缩胶和 12% 分离胶。电泳结果见图 1-21。

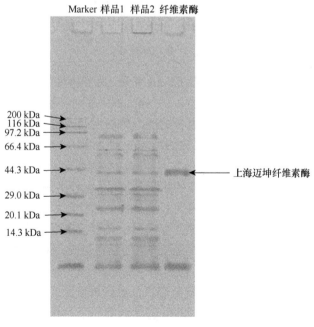

图 1-21　SDS-PAGE 电泳图

通过 Marker 条带计算出 a=4.5, b=6, 与上海迈坤相对应的样品条带 R_m=0.59, 计算得到该条带对应分子质量为 42.9 kDa。可以看出该条带对应的是外切葡聚糖酶。

(三) Sephadex G-100 凝胶层析

取硫酸铵最佳相对饱和度盐析后的沉淀物,溶解于 pH 4.8 的柠檬酸缓冲液至 10 ml,用滴管小心缓慢加入 Sephadex G-100 凝胶柱($\varPhi$ 22 mm × 1000 mm, 凝胶柱用 pH 4.8 的柠檬酸缓冲液充分平衡)。柱压力为 50 cm H_2O,洗脱速度为 1.0 ml/min,每管收集 7.5 ml。测定各收集管中酶液 OD_{280}, 再用不同的酶活性测定方法分别测定 OD_{280} 为最大值的各管酶活性,结果见表 1-15。以表 1-15 中 OD_{280} 分别对收集管数作图得到蛋白质洗脱曲线图,如图 1-22 所示。洗脱管数分别为 9、22、33 时 OD_{280} 达到最大值,洗脱管数分别为 14、29、38 时 OD_{280} 为最小值。

表 1-15　Sephadex G-100 凝胶层析结果

目标酶	洗脱管数	OD_{280}	OD_{520}		
			CMC-Na	微晶纤维素	水杨素
β-葡糖苷酶	8～14	0.301	0.000	0.017	1.016
外切 β-葡聚糖酶	15～29	0.427	0.000	0.918	0.016
内切 β-葡聚糖酶	30～38	0.325	0.827	0.013	0.000

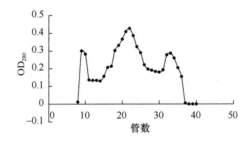

图 1-22　蛋白质洗脱曲线

内切 β-葡聚糖酶活性的测定:取 0.5 ml 稀释 10 倍的酶液,加入 2 ml 配制好的 CMC-Na 溶液于 40℃水浴 1 h,而后加入 2.5 ml DNS 试剂,沸水浴 5 min,快速冷却后在 520 nm 处测定样品的吸光度。外切 β-葡聚糖酶活性的测定:用柠檬酸缓冲液配制浓度为 1 g/100 ml 的微晶纤维素溶液,取该溶液 2 ml 并加入 0.5 ml 稀释 10 倍的酶液,40℃振荡(200 r/min)20 h,其他同内切 β-葡聚糖酶活性的测定。β-葡糖苷酶活性的测定:用柠檬酸缓冲液配制浓度为 1 g/100 ml 的水杨素溶液,取该溶液 2 ml 并加入 0.5 ml 稀释 10 倍的酶液,40℃反应 1 h,其他同内切 β-葡聚糖酶活性的测定。

按照上述方法分别计算酶活性,第 9 管采用水杨素方法测定的酶活性最高,对应 β-葡糖苷酶;同理测定得到第 22 管为微晶纤维素酶活性最高,对应外切 β-葡聚糖酶;第 33 管为 CMC-Na 酶活性最高,对应内切 β-葡聚糖酶。

综上所述,利用 Sephadex G-100 凝胶层析低温纤维素酶时,在第 8 管开始洗脱出蛋白质,在第 9 管达到第一个峰 0.301,第 14 管达到第一个谷 0.125;第 22 管达到第二个峰 0.427,第 29 管达到第二个谷 0.188;第 33 管达到第三个峰 0.287,到第 38 管时洗脱结束。通过测定各峰酶活性得到洗脱出的低温纤维素酶组分分别是β-葡糖苷酶、外切β-葡聚糖酶、内切β-葡聚糖酶。

第四节 菌株 SWD-28 酶学性质研究

一、发酵培养基优化

（一）碳源对 SWD-28 发酵产酶的影响

在发酵培养基中，分别加 1.5%的不同种类碳源（玉米秸秆粉、地瓜秧粉、稻草粉、玉米芯、韭菜秆、玉米粉、Avril，皆粉碎过 40 目筛），进行单因素实验。20℃，装液量 150 ml（摇瓶规格 500 ml），接种量 10%，150 r/min 培养 24 h 后跟踪测酶活性，酶活性下降时结束培养，测定酶活性，结果见图 1-23。

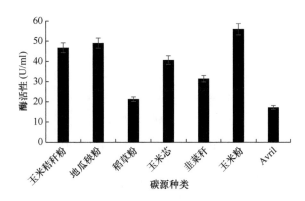

图 1-23 不同碳源对 SWD-28 发酵产酶的影响

结果显示，当用玉米粉作碳源进行发酵时，低温纤维素酶的活性最高；以 Avril 作为碳源时，低温纤维素酶活性最低，这可能是由于无机碳源不如玉米粉和地瓜秧粉成分复杂，缺乏诱导纤维素酶生成的物质（Dong *et al.*，2011）。而菌株 SWD-28 可以利用地瓜秧粉、玉米芯、玉米粉作为碳源发酵产生低温纤维素酶。

（二）碳源最适浓度的确定

在最优碳源确定的条件下，改变培养基中碳源浓度（0.5%、1.0%、1.5%、2.0%、2.5%），20℃，装液量 150 ml/500 ml，接种量 10%，150 r/min 培养 24 h 后跟踪测酶活性，酶活性下降时结束培养，测定酶活性。重复三次实验，结果见图 1-24。

结果显示，当玉米粉浓度为 1.5%时，发酵液低温纤维素酶活性最高，达 58.1 U/ml；玉米粉浓度为 2.5%时，酶活性为 35.6 U/ml；玉米粉浓度为 0.5%时，酶活性为 39.4 U/ml；说明过高浓度的碳源对菌体生长有抑制作用，影响酶的合成；过低的浓度则会营养不足，从而影响酶的合成。

（三）麸皮最适浓度的确定

在确定最优碳源和碳源浓度的情况下，进行单因素实验，改变培养基中麸皮浓度

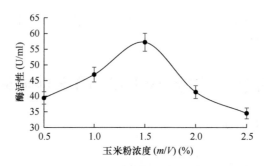

图 1-24 玉米粉对 SWD-28 发酵产酶的影响

（1%、2%、3%、4%），20℃，装液量 150 ml/500 ml，接种量 10%，150 r/min 培养 24 h 后跟踪测酶活性，酶活性下降时结束培养，测定酶活性。重复三次实验，结果见图 1-25。

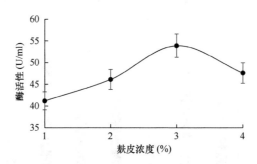

图 1-25 麸皮浓度对 SWD-28 发酵产酶的影响

结果显示，菌株 SWD-28 发酵过程中麸皮浓度为 3%时低温纤维素酶活性最高。

（四）氮源对 SWD-28 发酵产酶的影响

在确定最优碳源及其浓度和麸皮浓度的情况下，进行单因素实验，分别以蛋白胨、硫酸铵、尿素、酵母膏、硝酸铵、氯化铵、硫酸铵+酵母膏、硫酸铵+蛋白胨作为培养基中的氮源成分，20℃，装液量 150 ml/500 ml，接种量 10%，150 r/min 培养 24 h 后跟踪测酶活性，酶活性下降时结束培养，测定酶活性。重复三次实验，结果见图 1-26。

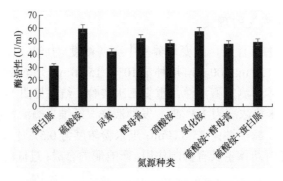

图 1-26 不同氮源对 SWD-28 发酵产酶的影响

结果显示，当用硫酸铵作为氮源发酵时，发酵液低温纤维素酶活性最高；以蛋白胨为氮源时，酶活性最低。这可能是因为铵盐最容易被微生物利用（Kim *et al.*, 2010）。

（五）氮源最适浓度的确定

在最优氮源确定的条件下，改变培养基中氮源浓度（0.30%、0.45%、0.60%、0.75%），20℃，装液量 150 ml/500 ml，接种量 10%，150 r/min 培养 24 h 后跟踪测酶活性，酶活性下降时结束培养，测定酶活性。重复三次实验，结果见图 1-27。

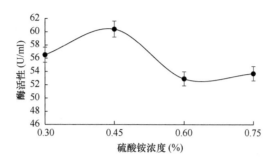

图 1-27　硫酸铵浓度对 SWD-28 发酵产酶的影响

结果显示，硫酸铵浓度为 0.45%时，发酵液低温纤维素酶活性最高，为 60.4 U/ml。硫酸铵浓度为 0.60%时，酶活性仅为 52.9 U/ml。说明过高浓度的氮源对菌体生长有一定抑制作用，影响酶的合成；过低的浓度也不利于酶的合成。

（六）无机盐对 SWD-28 发酵产酶的影响

在以上确定的条件下，分别将无机盐（磷酸二氢钾、氯化钠、硫酸镁、氯化钙）以不同浓度添加到初始培养基中，20℃，装液量 150 ml/500 ml，接种量 10%，150 r/min 培养 24 h 后跟踪测酶活性，酶活性下降时结束培养，测定酶活性。重复 3 次实验，结果见表 1-16。

表 1-16　无机盐对 SWD-28 发酵产酶的影响

种类	添加浓度（%）	酶活性（U/ml）
磷酸二氢钾（KH_2PO_4）	0.20	62.0
	0.40	52.7
	0.60	51.8
	0.80	38.5
氯化钠（NaCl）	1.00	56.7
	1.50	58.2
	2.00	53.1
	2.50	44.6
硫酸镁（$MgSO_4$）	0.04	53.3
	0.06	62.2
	0.08	49.9
氯化钙（$CaCl_2$）	0.02	53.0
	0.03	56.1
	0.04	54.8
	0.05	51.1

由表 1-16 可知，各种无机盐最佳含量为磷酸二氢钾 0.20%，氯化钠 1.50%，硫酸镁 0.06%，氯化钙 0.03%。

（七）表面活性剂最适浓度的确定

在以上确定的条件下，改变培养基中表面活性剂吐温-80 的浓度（0.04%、0.08%、0.12%、0.16%、0.20%），20℃，装液量 150 ml/500 ml，接种量 10%，150 r/min 培养 24 h 后跟踪测酶活性，酶活性下降时结束培养，测定酶活性。重复三次实验，结果见图 1-28。

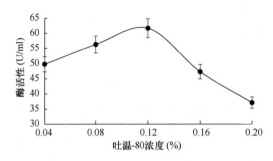

图 1-28 吐温-80 对 SWD-28 发酵产酶的影响

结果显示，吐温-80 浓度为 0.12%时，发酵液低温纤维素酶活性达到最高，为 61.7 U/ml，而过高和过低的浓度均不利于酶分泌到发酵液中。

（八）SWD-28 发酵培养基的 Plackett-Burman（PB）设计

在前面实验的基础上，选取对培养基有影响的 8 个因素（玉米粉、麸皮、硫酸镁、磷酸二氢钾、氯化钙、氯化钠、硫酸铵、吐温-80），进行实验次数为 12 次的 PB 设计，考察各因素的主效应和交互作用的一级作用，以确定重要影响因素。本设计以低温纤维素酶活性为评价指标，因素、水平见表 1-17，结果见表 1-18，水平及效应评价见表 1-19。数据分析由 Minitab 软件完成。

表 1-17 SWD-28 发酵培养基 PB 设计的因素和水平

代码	参数	低（−1）	高（+1）
A	玉米粉（%）	1.0	1.5
B	麸皮（%）	2	3
C	虚拟项	—	—
D	硫酸镁（%）	0.04	0.06
E	磷酸二氢钾（%）	0.2	0.3
F	虚拟项	—	—
G	氯化钙（%）	0.02	0.03
H	氯化钠（%）	1.0	1.5
I	虚拟项	—	—
J	硫酸铵（%）	0.30	0.45
K	吐温-80（%）	0.08	0.12

表 1-18　SWD-28 发酵培养基 PB 设计与响应值表（*n*=12）

序号	A	B	C	D	E	F	G	H	I	J	K	酶活性（U/ml）
1	−1	1	−1	−1	−1	1	1	1	−1	1	1	47.9
2	1	−1	−1	−1	1	1	1	−1	1	1	−1	92.0
3	−1	−1	1	1	1	−1	1	1	−1	1	−1	56.1
4	1	−1	1	−1	−1	−1	1	1	1	−1	1	96.5
5	1	−1	1	1	−1	1	−1	−1	−1	1	1	66.6
6	1	1	1	−1	1	1	−1	1	−1	−1	−1	66.2
7	−1	1	−1	1	1	1	−1	1	1	−1	1	56.1
8	−1	−1	−1	−1	−1	−1	−1	−1	−1	−1	−1	78.8
9	−1	1	1	−1	1	1	1	1	1	1	1	48.0
10	−1	1	1	1	−1	1	1	1	−1	−1	−1	63.2
11	1	1	−1	1	1	−1	1	−1	−1	−1	−1	87.1
12	1	1	−1	1	−1	−1	−1	1	1	1	−1	56.3

表 1-19　SWD-28 发酵培养基 PB 设计的各因素水平及效应评价

	因素	水平		*t* 值	Prob>*t*	重要性
		−1	+1			
A	玉米粉	1.0%	1.5%	5.12	0.014	1
B	麸皮	2%	3%	−3.46	0.041	3
D	硫酸镁	0.04%	0.06%	−1.97	0.144	6
E	磷酸二氢钾	0.2%	0.3%	−0.17	0.876	8
G	氯化钙	0.02%	0.03%	3.16	0.051	4
H	氯化钠	1.0%	1.5%	−2.53	0.086	5
J	硫酸铵	0.30%	0.45%	−3.62	0.036	2
K	吐温-80	0.08%	0.12%	−0.46	0.674	7

由表 1-19 可以看出，玉米粉、硫酸铵、麸皮显著影响菌株 SWD-28 产酶的可信度大于 95%，达到显著水平。

（九）最陡爬坡试验研究最大响应值的响应区域

针对玉米粉、麸皮、硫酸铵三个因素的浓度对酶活性的影响进行最陡爬坡试验，将玉米粉的浓度按照步长逐步增大，硫酸铵和麸皮浓度逐步减小以寻找最大响应区域。试验设计和结果如表 1-20 所示，在第 2 组试验中，当玉米粉为 2.0%、硫酸铵为 0.25%、麸皮为 1.6%时酶活性达到最大值，此后浓度继续变化酶活性不断降低。故以第 2 组试验作为中心组合试验的中心点。

表 1-20　SWD-28 发酵培养基最陡爬坡试验设计及结果

序号	玉米粉（%）	硫酸铵（%）	麸皮（%）	酶活性（U/ml）
1	1.5	0.30	2.0	95.9
2	2.0	0.25	1.6	106.3
3	2.5	0.20	1.2	94.6
4	3.0	0.15	0.8	92.2

（十）响应面模型与分析

1. 中心组合试验设计

根据 Box-Behnken（BB）中心组合试验设计原理，对由 PB 设计确定的 3 个重要因素各取 3 个水平。对 3 因素 3 水平共 15 个试验点的响应面进行分析。因素、水平见表 1-21。

表 1-21 SWD-28 发酵培养基 Box-Behnken 试验设计因素和水平

因素	水平		
	−1	0	+1
玉米粉（%）	1.5	2.0	2.5
麸皮（%）	1.2	1.6	2.0
硫酸铵（%）	0.20	0.25	0.30

15 个试验点中 12 个试验点为析因点，3 个为零点，零点试验重复 3 次以估计试验误差。Box-Behnken 中心组合试验设计和结果见表 1-22。

表 1-22 SWD-28 发酵培养基 Box-Behnken 中心组合试验设计和结果（n=15）

序号	玉米粉（g/L）		硫酸铵（g/L）		麸皮（g/L）		酶活性（U/ml）
	X_1	编码 X_1	X_2	编码 X_2	X_3	编码 X_3	
1	20	0	2.5	0	16	0	111.1
2	20	0	2.5	0	16	0	108.2
3	20	0	2.0	−1	20	1	62.3
4	25	1	2.0	−1	16	0	96.9
5	15	−1	2.5	0	12	−1	86.8
6	15	−1	2.5	0	20	1	76.4
7	20	0	3.0	1	20	1	81.7
8	20	0	2.5	0	16	0	107.5
9	25	1	3.0	1	16	0	77.7
10	20	0	3.0	1	12	−1	73.4
11	25	1	2.5	0	12	−1	96.6
12	15	−1	3.0	1	16	0	94.7
13	15	−1	2.0	−1	16	0	73.2
14	20	0	2.0	−1	12	−1	96.5
15	25	1	2.5	0	20	1	90.4

2. 二次回归拟合与方差分析

运用 Minitab 软件对实验数据进行回归分析，得出回归方程：

$$Y = 108.93 + 3.81X_1 - 0.17X_2 - 5.31X_3 - 7.12X_1^2 - 16.19X_2^2 - 14.27X_3^2 - 10.17X_1X_2 + 1.05X_1X_3 + 10.62X_2X_3$$

回归系数显著性检验和方差分析结果分别见表 1-23 和表 1-24。

表1-23 SWD-28发酵培养基Box-Behnken中心组合试验设计回归系数显著性检验

变量	系数估计	标准误	t 值	Prob>t
X_1	3.813	1.216	3.135	0.026
X_2	−0.175	1.216	−0.144	0.891
X_3	−5.312	1.216	−4.369	0.007
X_1^2	−7.117	1.790	−3.976	0.011
X_2^2	−16.192	1.790	−9.046	0.000
X_3^2	−14.267	1.790	−7.970	0.001
X_1X_2	−10.175	1.720	−5.917	0.002
X_1X_3	1.050	1.720	0.611	0.568
X_2X_3	10.625	1.720	6.178	0.002

注：$R^2 = 98.00\%$；Adj $R^2 = 94.41\%$

表1-24 SWD-28发酵培养基Box-Behnken中心组合试验设计回归方程的方差分析

方差来源	自由度	调整平方和	调整均方	F 值	Prob>F
回归	9	2901.32	322.369	27.25	0.001
线性	3	342.31	114.102	9.65	0.016
平方	3	1688.92	562.973	47.59	0.000
交互作用	3	870.09	290.032	24.52	0.002
残差误差	5	59.15	11.830		
失拟	3	51.86	17.288	4.74	0.179
纯误差	2	7.29	3.643		
合计	14	2960.47			

从表1-23和表1-24可以看出，中心组合试验设计模型能很好地解释实验数据的变异性。因子的平方和交互因子对酶活性的影响都极显著，单因子对酶活性的影响显著，说明响应值的变化相当复杂，实验因子与响应值不是简单的线性关系，三因素之间交互效应较大；回归方程的相关系数 $R^2 = 98.00\%$，表明该模型拟合程度良好，试验设计可靠；从表1-24可以看出，方程的失拟项为0.179>0.05，表明失拟不显著，模型稳定，能很好地进行预测。

3. 响应面分析

根据响应面法分析数据绘出曲面图及等高线图（图1-29～图1-31），可直观反映出玉米粉、硫酸铵和麸皮及其交互作用对酶活性的影响。

由曲面图可以看出，玉米粉、硫酸铵、麸皮浓度与酶活性存在显著的相关性。由图1-29、图1-30可以看出，玉米粉和硫酸铵相互作用最显著，当麸皮和硫酸铵含量固定在一般水平时，玉米粉在1.5%～2.12%，酶产量随着玉米粉浓度的增大而提高，当高于2.12%时，低温纤维素酶产量基本不变。当玉米粉和麸皮含量固定在一般水平时，硫酸铵浓度由0.2%升高至0.24%时，酶产量则随之提高，当超过0.24%时，酶产量开始下降。其原因可能是微生物在营养丰富的条件下生长较快，导致酶产量减少。所以适当的碳氮比有利于低温纤维素酶的产生，碳氮比过高或过低都不利于低温纤维素酶的产生。

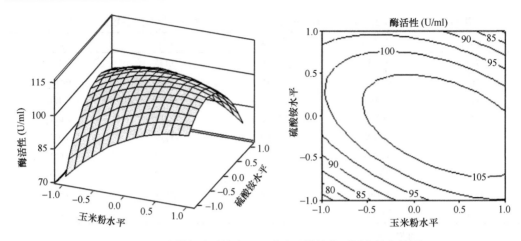

图 1-29　玉米粉与硫酸铵交互影响酶活性的曲面图和等高线图

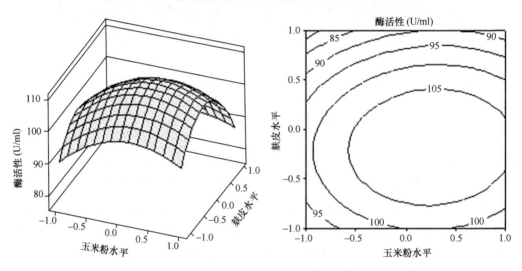

图 1-30　玉米粉与麸皮交互影响酶活性的曲面图和等高线图

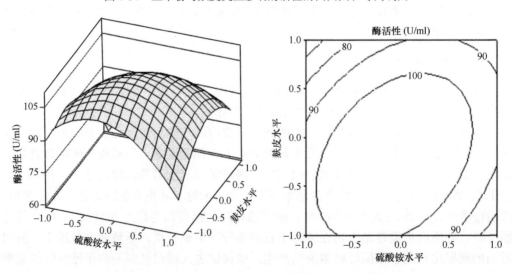

图 1-31　硫酸铵与麸皮交互影响酶活性的曲面图和等高线图

由图可知，当保持硫酸铵和玉米粉浓度在一般水平时，麸皮浓度由1.2%升高至1.5%时，酶活性随之提高，当超过1.5%时，酶产量开始下降。这可能是因为低温纤维素酶作为一种诱导酶，发酵过程中玉米粉作为生长碳源主要促进菌体的生长，而诱导碳源麸皮则主要诱导菌体产酶，过程中伴随着产酸，若pH过低会导致菌体失活或生长减缓。因此，只有合适的生长碳源和诱导碳源比才利于pH的控制。

4. 最优条件的确定与验证

利用Minitab软件求得最大酶活性对应的各因素参数值，预测最大酶活性为110.4 U/ml时所对应的玉米粉、硫酸铵、麸皮浓度的编码值分别为0.394、–0.212、–0.253，根据编码值与实际值关系，可得到最佳的浓度为玉米粉2.197%、硫酸铵0.239%、麸皮1.499%。实测三次平均酶活性为109.8 U/ml，与理论预测吻合良好，表明采用响应面法优化得到的最佳条件准确可靠。

二、发酵条件优化

（一）温度对SWD-28发酵产酶的影响

在发酵培养基确定的条件下，控制培养温度分别为16℃、18℃、20℃、22℃、24℃，研究温度对菌株SWD-28产低温纤维素酶的影响，结果如图1-32所示。

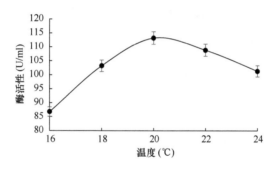

图1-32 温度对SWD-28发酵产酶的影响

由图1-32可知，菌株SWD-28在16～20℃酶活性迅速增加，20℃时低温纤维素酶活性最高，所以确定发酵温度为20℃。这主要是由于温度过高或过低都不利于菌体生长或产酶。

（二）装液量对SWD-28发酵产酶的影响

在500 ml三角瓶中分别装入不同量（75 ml、100 ml、125 ml、150 ml）的发酵培养基，接入适量的液体菌种，置于20℃下培养，测定酶活性，结果如图1-33所示。
由图1-33可知，装液量约为100 ml时菌株SWD-28产酶活性最高。

（三）初始pH对SWD-28发酵产酶的影响

在最优发酵温度、装液量确定的条件下，控制培养基初始pH分别为4.0、5.0、6.0、7.0、8.0，研究初始pH对菌株SWD-28产酶的影响，结果见图1-34。

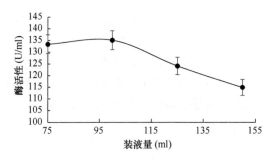

图 1-33　装液量对 SWD-28 发酵产酶的影响

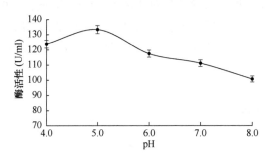

图 1-34　初始 pH 对 SWD-28 发酵产酶的影响

由图 1-34 可知，随着初始 pH 的升高，菌株 SWD-28 产酶能力显著上升，初始 pH 5.0 时达到最高，随后逐渐降低。因此，菌株 SWD-28 最佳发酵初始 pH 为 5.0。

（四）种龄对 SWD-28 发酵产酶的影响

分别把培养不同时间（18 h、20 h、22 h、24 h、26 h）的种子液以 6% 的接种量接入发酵培养基，经相同时间培养后，测低温纤维素酶活性，结果如图 1-35 所示。

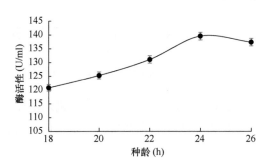

图 1-35　种龄对 SWD-28 发酵产酶的影响

由图 1-35 可知，将种龄为 24 h 的种子液接入发酵培养基中，菌株 SWD-28 产酶活性最高。

（五）接种量对 SWD-28 发酵产酶的影响

控制发酵培养接种量分别为 4%、6%、8%、10%、12%，研究接种量对菌株 SWD-28 产低温纤维素酶的影响，结果见图 1-36。

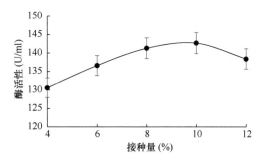

图 1-36　接种量对 SWD-28 发酵产酶的影响

由图 1-36 可知，当接种量为 4%～10% 时，酶活性逐渐增加，并且接种量越大对缩短发酵时间越有利；当接种量为 10% 时酶活性达到最大，之后随着接种量的增加，酶活性反而迅速下降，原因可能是单位体积培养基中菌数太多，导致基质营养和通气量不足。因此，菌株 SWD-28 产低温纤维素酶的最佳接种量为 10%。

（六）转速对 SWD-28 发酵产酶的影响

转速是影响菌体生长与产酶的一个重要因素。在上述优化条件下，把 500 ml 三角瓶分别置于转速为 90 r/min、110 r/min、130 r/min、150 r/min 和 170 r/min 的摇床中培养，比较不同转速对酶活性的影响，结果见图 1-37。

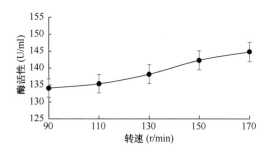

图 1-37　转速对 SWD-28 发酵产酶的影响

由图 1-37 可知，170 r/min 为菌株 SWD-28 的最佳产酶转速。

（七）发酵条件的 PB 设计

在单因素实验的基础上，选取对发酵有影响的 6 个因素（转速、种龄、装液量、初始 pH、接种量、温度），进行实验次数为 12 次的 PB 设计，考察各因素的主效应和交互作用的一级作用，以确定重要影响因素，另外 5 个虚拟变量用于估计误差。本设计以低温纤维素酶活性为评价指标，PB 设计因素、水平见表 1-25，结果见表 1-26，水平及效应评价见表 1-27。

由表 1-27 可以看出，接种量、温度、种龄可信度大于 90%，对 SWD-28 发酵产酶有显著影响。其他因素选取较优值（转速 170 r/min、装液量 100 ml、初始 pH 5）进行后续试验。

表 1-25　SWD-28 发酵条件 PB 设计因素和水平

| 因素 | | 水平 | |
代码	参数	低 (−1)	高 (+1)
A	虚拟项	—	—
B	转速（r/min）	130	170
C	种龄（h）	20	24
D	虚拟项	—	—
E	装液量（ml）	100	150
F	初始 pH	5	6
G	虚拟项	—	—
H	接种量（%）	6	10
I	虚拟项	—	—
J	温度（℃）	20	25
K	虚拟项	—	—

表 1-26　SWD-28 发酵条件 PB 设计与响应值表（n=12）

序号	虚拟项(A)	B	C	虚拟项(D)	E	F	虚拟项(G)	H	虚拟项(I)	J	虚拟项(K)	酶活性（U/ml）
1	1	−1	1	1	−1	1	−1	−1	−1	1	1	91.3
2	−1	−1	1	1	1	−1	1	1	−1	1	−1	110.9
3	−1	1	1	1	−1	1	1	−1	1	−1	−1	131.2
4	1	1	−1	1	−1	−1	−1	1	1	1	−1	124.1
5	−1	−1	−1	−1	−1	−1	−1	−1	−1	−1	−1	97.2
6	−1	−1	−1	1	1	1	1	1	1	−1	1	145.5
7	−1	1	1	−1	−1	−1	−1	1	1	1	1	107.5
8	1	1	−1	1	1	−1	1	−1	−1	−1	1	78.9
9	1	−1	−1	−1	1	1	−1	−1	−1	1	−1	75.7
10	−1	1	−1	−1	−1	1	1	−1	1	1	1	110.9
11	1	−1	1	−1	−1	−1	1	1	−1	1	1	162.4
12	1	1	1	−1	1	1	−1	1	−1	−1	−1	150.6

表 1-27　SWD-28 发酵条件 PB 设计的各因素水平及效应评价

代码	因素	t 值	Prob>t	重要性
B	转速（r/min）	0.38	0.723	6
C	种龄（h）	2.26	0.073	3
E	装液量（ml）	−0.89	0.413	4
F	初始 pH	0.45	0.671	5
H	接种量（%）	4.14	0.009	1
J	温度（℃）	−2.70	0.043	2

（八）最陡爬坡试验研究最大响应值的响应区域

针对接种量、温度、种龄三个因素进行最陡爬坡试验，将接种量和种龄按照步长逐步增大，温度逐步减小以寻找最大响应区域。试验设计和结果如表 1-28 所示，在第

3组试验中，当接种量12%、温度18℃、种龄28 h时酶活性达到最大值，此后酶活性降低。以第3组试验作为后续中心组合试验的中心点。

表1-28　SWD-28发酵条件最陡爬坡试验设计及结果

序号	接种量（%）	温度（℃）	种龄（h）	酶活性（U/ml）
1	10	20	24	168.4
2	11	19	26	179.9
3	12	18	28	191.8
4	13	17	30	184.1

（九）响应面模型与分析

1. 中心组合试验设计

根据Box-Behnken中心组合试验设计原理，对由PB设计确定的3个重要因素各取3个水平。设计3因素3水平共15个试验点的响应面分析。其中12个试验点为析因点，3个为零点，零点试验重复3次以估计试验误差。因素、水平见表1-29。试验设计及结果见表1-30，表中的试验结果为3次试验的平均值。

表1-29　SWD-28发酵条件Box-Behnken试验设计因素与水平

因素	代号	水平		
		−1	0	+1
温度（℃）	X_1	16	18	20
种龄（h）	X_2	26	28	30
接种量（%）	X_3	10	12	14

表1-30　SWD-28发酵条件Box-Behnken试验设计和结果（$n=15$）

序号	X_1	X_2	X_3	酶活性（U/ml）
1	1	1	0	188.6
2	0	1	−1	160.4
3	0	−1	−1	163.7
4	1	−1	0	116.9
5	0	0	0	205.5
6	0	−1	1	142.9
7	−1	1	0	211.3
8	1	0	−1	137.7
9	0	0	0	212.4
10	0	0	0	215.1
11	−1	−1	0	198.7
12	1	0	1	165.5
13	−1	0	1	192.9
14	−1	0	−1	191.5
15	0	1	1	210.8

2. 二次回归拟合与方差分析

运用 Minitab 软件对实验数据进行回归分析，得出回归方程：

$$Y = 211 - 23.21X_1 + 18.61X_2 + 7.35X_3 - 14.84X_1^2 - 17.29X_2^2 - 24.26X_3^2 + 14.77X_1X_2 + 6.6X_1X_3 + 17.8X_2X_3$$

回归系数显著性检验和方差分析结果分别见表 1-31 和表 1-32。

表 1-31　SWD-28 发酵条件 Box-Behnken 试验设计回归系数显著性检验

变量	系数估计	标准误	t 值	Prob>t
X_1	−23.213	2.034	−11.415	0.000
X_2	18.613	2.034	9.153	0.000
X_3	7.350	2.034	3.614	0.015
X_1^2	−14.838	2.993	−4.957	0.004
X_2^2	−17.287	2.993	−5.775	0.002
X_3^2	−24.262	2.993	−8.106	0.000
X_1X_2	14.775	2.876	5.138	0.004
X_1X_3	6.600	2.876	2.295	0.070
X_2X_3	17.800	2.876	6.189	0.002

注：R^2 = 98.78%；Adj R^2 = 96.59%

表 1-32　SWD-28 发酵条件 Box-Behnken 试验设计回归方程的方差分析

方差来源	自由度	调整平方和	调整均方	F 值	Prob>F
回归	9	13 411.78	1 490.20	45.04	0.000
线性	3	7 514.14	2 504.71	75.71	0.000
平方	3	3 582.83	1 194.28	36.10	0.001
交互作用	3	2 314.80	771.60	23.32	0.002
残差误差	5	165.41	33.08		
失拟	3	116.39	38.80	1.58	0.410
纯误差	2	49.02	24.51		
合计	14	13 577.19			

从表 1-31 和表 1-32 可以看出，中心组合试验设计模型能很好地解释实验数据的变异性；单因子、因子的平方和交互因子对酶活性的影响都极显著，说明响应值的变化相当复杂，实验因子与响应值不是简单的线性关系，三因素之间交互效应较大；回归方程的相关系数 R^2 = 98.78%，表明该模型拟合程度良好，试验设计可靠；从表 1-32 可以看出，方程的失拟项为 0.410>0.05，失拟不显著，说明该模型稳定，能很好地进行预测。

3. 响应面分析

根据响应面法分析数据绘出曲面图及等高线图（图 1-38～图 1-40），直观反映温度、种龄和接种量及其交互作用对酶活性的影响。

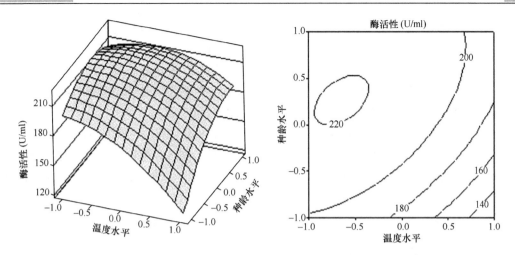

图 1-38　温度与种龄交互影响酶活性的曲面图和等高线图

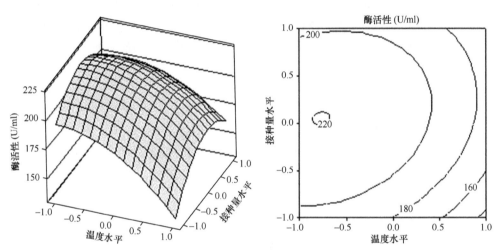

图 1-39　温度与接种量交互影响酶活性的曲面图和等高线图

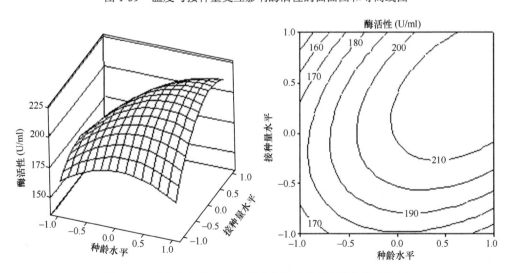

图 1-40　种龄与接种量交互影响酶活性的曲面图和等高线图

由图 1-38、图 1-39 可以看出，温度与种龄的交互作用比温度与接种量的交互作用强。在温度低的时候，酶活性较高，此时种龄和接种量对酶活性影响不大。在温度高的时候，酶活性较低，增加种龄和接种量对提高酶活性都有显著效果。这可能是由于，SWD-28 作为一种低温纤维素酶产生菌，在低温的条件下相对产酶效果好。在温度高的条件下，提高加入的菌的量，能够在一定程度上增加酶产量。

如图 1-40 所示，种龄和接种量交互作用显著。维持温度在一般水平，接种量比较小的时候，种龄影响不大，接种量比较大的时候，种龄越大，酶活性越高。种龄小的时候，菌体含量较少，接种量影响相对不大；种龄大的时候，菌体含量较多，增加接种量可以显著提高酶活性。

4. 最优条件的确定与验证

利用 Minitab 软件可以求得最大酶活性对应的各因素参数值，预测最大酶活性为 221.8 U/ml 时所对应的温度、种龄和接种量的编码值分别为 -0.495、0.455、0.253，根据编码值与实际值关系，可得到最佳条件为温度 17℃、种龄 29 h、接种量 12.5%。实测三次平均酶活性为 219.9 U/ml，与理论预测吻合很好，表明采用响应面法优化得到的最佳条件准确可靠。

三、分离纯化

（一）粗酶液制备

取发酵 3 天的发酵培养液，6000 r/min，4℃离心 15 min，所得上清液为粗酶液。

（二）硫酸铵盐析

向粗酶液中缓慢加入硫酸铵至 30%饱和度，4℃盐析 12 h，8000 r/min 离心 20 min，取上清液，缓慢补加硫酸铵至 80%饱和度，4℃盐析 12 h，收集沉淀，溶于 pH 4.8 的柠檬酸缓冲液，透析至无铵离子后，计算收率。

（三）Sephadex G-100 凝胶层析

取 5 ml 透析后酶液加入预先用同样缓冲液平衡过的 Sephadex G-100 凝胶柱（Φ 2.2 cm× 60 cm），柱压力 34 cm H$_2$O，洗脱速度约为 0.5 ml/min，每管收集 3 ml。分别测定蛋白质含量和酶活性。结果见图 1-41，蛋白质曲线呈现 3 个峰，而低温内切葡聚糖酶主要集中在第 2 个蛋白峰内。说明 Sephadex G-100 凝胶柱已经除去了一部分高分子量和低分子量的蛋白质。

粗酶液经硫酸铵盐析、Sephadex G-100 凝胶层析后，低温内切葡聚糖酶的比活力提高了 19.6 倍，回收率为 13.1%。分离纯化结果见表 1-33。

（四）不连续垂直平板 SDS-PAGE

分离胶浓度 12%，浓缩胶浓度 5%。将纯化后的低温内切葡聚糖酶进行不连续垂直平板 SDS-PAGE，同时对粗酶液和盐析沉淀酶液取样进行电泳。浓缩电压和分离电压分别为 100 V 和 130 V。考马斯亮蓝 R250 染色。结果见图 1-42。根据分子量和相对迁移率的关系，计算出低温内切葡聚糖酶的分子质量为 33.1 kDa。

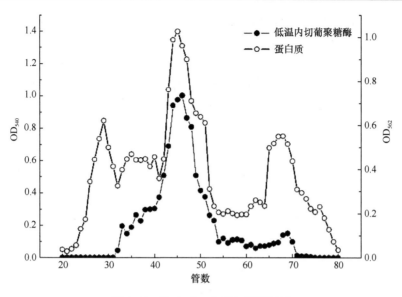

图 1-41 Sephadex G-100 凝胶过滤

表 1-33 菌株 SWD-28 产低温内切葡聚糖酶纯化结果

步骤	总蛋白（mg）	总活力（U）	比活力（U/mg）	纯化倍数	回收率（%）
粗酶液制备	380.4	87 498	230.4	1	100
硫酸铵盐析	111.9	65 628	586.8	2.5	75
Sephadex G-100 凝胶层析	2.42	11 502	4 753.8	20.6	13.1

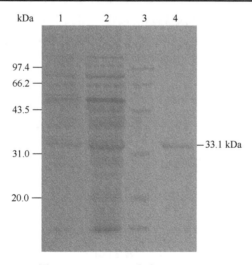

图 1-42 SWD-28 酶液 SDS-PAGE
1. 粗酶液；2. 盐析沉淀酶液；3. Marker；4. 纯化酶液

四、酶学性质表征

（一）圆二色谱法测定二级结构

采用 JASCO-810 型圆二色分光光度计在 25℃恒温下测定并记录数据。将 0.5 ml

蛋白质溶液置于光径为 0.1 cm 的圆形石英比色池中，狭缝宽度选取 1 nm，在波长 190～250 nm 范围内扫描，速度 50 nm/min，响应时间 2 s，测量 3 次。结果如图 1-43 所示。

图 1-43 显示，其在 222 nm 出现明显负峰。用 Jascow32 软件分析及 Yang-Chen 公式计算其二级结构成分：α-螺旋占 49.9%，β-折叠占 0.0%，转角占 24.3%，无规卷曲占 25.8%。预测其为全 α 型蛋白。

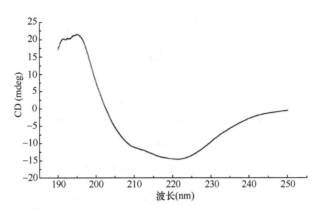

图 1-43　低温内切葡聚糖酶圆二色谱

（二）温度对低温内切葡聚糖酶活性的影响

先分别测定纯化后的酶液在 5～55℃条件下的酶活性，再将纯化后的酶液分别在 0～60℃条件下保温 1 h，并在 35℃测定剩余酶活性。由图 1-44 可以看出，酶的最适作用温度为 35℃，50℃以后相对酶活性迅速下降，在 5～50℃相对酶活性能保持在 60%以上，在 5℃仍保有 60%的相对酶活性，这符合低温酶的特性。

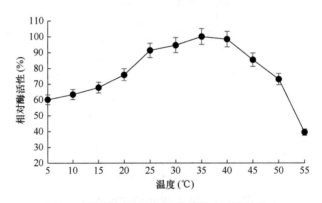

图 1-44　温度对低温内切葡聚糖酶活性的影响

从图 1-45 可以看出，低温内切葡聚糖酶热稳定性在低温时较好，超过 40℃则迅速下降，当 60℃处理 1 h 时，相对酶活性仅不足 20%，对热敏感。

（三）pH 对低温内切葡聚糖酶活性的影响

分别测定纯化后的酶液在 pH 3.0～7.0 的磷酸氢二钠-柠檬酸缓冲液体系下的酶活性。

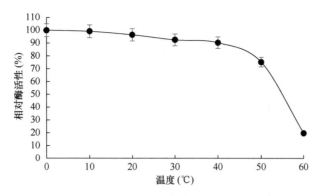

图 1-45 低温内切葡聚糖酶的热稳定性

由图 1-46 可知,低温内切葡聚糖酶最适作用 pH 为 5.0;在 pH 4.0～7.0 均有 50%以上的相对酶活性,说明此酶具有一定的耐酸性。

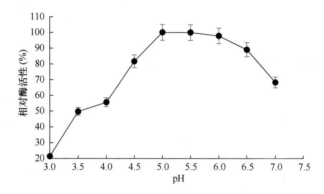

图 1-46 pH 对低温内切葡聚糖酶活性的影响

（四）金属离子对低温内切葡聚糖酶活性的影响

在最适作用 pH、最适作用温度的条件下,分别加入 0.01 mol/L Na^+、K^+、Ca^{2+}、Mg^{2+}、Fe^{2+}、Cu^{2+}、Mn^{2+}、Ba^{2+},然后测定酶活性,结果如表 1-34 所示,Mg^{2+}对酶活性有促进作用,Cu^{2+}、Ba^{2+}、Fe^{2+}对酶活性有较大抑制作用,Na^+、Ca^{2+}对酶活性没有太大影响。

表 1-34 金属离子对低温内切葡聚糖酶活性的影响

金属离子	相对酶活性（%）
对照	100.0
Na^+	95.5
K^+	51.8
Ca^{2+}	86.2
Mg^{2+}	120.9
Fe^{2+}	13.2
Cu^{2+}	3.1
Mn^{2+}	58.9
Ba^{2+}	9.7

第五节　总结与讨论

本章分别从长白山低温环境土样、黄海长海县附近海泥和海水中分离得到产低温纤维素酶的菌株 B 和 SWD-28，鉴定结果显示分别为绿色木霉和 *Penicillium cordubense* SWD-28。菌株 B 在 20℃下发酵 48 h 酶活性达到最高 69.408 U/ml；对其诱变后（菌株 BD22），在相同条件下，该菌株发酵 48 h 酶活性达到 92.19 U/ml；菌株 BD22 发酵培养基最适组合：秸秆粉 1.20%，麸皮 0.60%，硫酸铵 0.30%，磷酸二氢钾 0.60%；发酵条件最适组合：温度 15℃，装液量 250 ml，接种量 25%，种龄 10 h；在最适条件下发酵酶活性达到 114.26 U/ml；酶分子质量为 42.9 kDa。菌株 SWD-28 最适产酶条件为玉米粉 2.197%、硫酸铵 0.239%、麸皮 1.499%、转速 170 r/min、种龄 29 h、装液量 100 ml、初始 pH 5、接种量 12.5%、温度 17℃；酶分子质量为 33.1 kDa，结构为 α-螺旋占 49.9%，β-折叠占 0.0%，转角占 24.3%，无规卷曲占 25.8%，呈典型 α-螺旋。具体总结讨论如下。

一、菌株 BD22 总结

（1）本章自长白山低温环境土样分离得到产低温纤维素酶的菌株 B，该菌株是绿色木霉，菌落为白色，产生孢子后呈现绿色；种子培养时，0～8 h 是菌株延滞期，9～24 h 为对数期，24～48 h 为稳定期；菌株 B 在 20℃下发酵 48 h 酶活性最高 69.408 U/ml。通过紫外线诱变选育到菌株 B9，该菌株在相同条件下发酵 48 h 酶活性为 76.95 U/ml；通过硫酸二乙酯对菌株 B9 进行化学诱变，选育到菌株 BD22，在相同条件下，该菌株发酵 48 h 酶活性达到 92.19 U/ml。

（2）菌株 BD22 发酵产低温纤维素酶的培养基最适组合：秸秆粉 1.20%，麸皮 0.60%，硫酸铵 0.30%，磷酸二氢钾 0.60%；发酵条件最适组合：温度 15℃，装液量 250 ml，接种量 25%，种龄 10 h；在最适条件下发酵酶活性达到 114.26 U/ml。菌株 BD22 发酵粗酶液通过硫酸铵分级沉淀初步纯化低温纤维素酶，得到低温纤维素酶的硫酸铵沉淀区间：硫酸铵饱和度 40%～60%；粗酶液电泳后得到低温纤维素酶条带，该条带分子质量为 42.9 kDa，对应外切葡聚糖酶；初步纯化的粗酶液通过 Sephadex G-100 凝胶层析得到低温纤维素酶的三种组分和各组分的洗脱曲线，在第 8 管开始洗脱出蛋白质，在第 9 管达到第一个峰 0.301，第 14 管达到第一个谷 0.125；第 22 管达到第二个峰 0.427，第 29 管达到第二个谷 0.188；第 33 管达到第三个峰 0.287，到第 38 管时洗脱结束。通过测定各峰酶活性得到洗脱出的低温纤维素酶组分分别是 β-葡糖苷酶、外切 β-葡聚糖酶、内切 β-葡聚糖酶。

二、菌株 SWD-28 总结

（1）对采集自黄海长海县附近海泥和海水样品（E122，N39）进行了菌种筛选，得到一株产低温纤维素酶的真菌 SWD-28；通过观察平板上的菌落生长情况和显微镜下对菌丝及孢子等的观察，以及 ITS 序列鉴定其为 *Penicillium cordubense* SWD-28；为提高其产酶能力，采用单因素分析、PB 设计和响应面模型与分析，对其培养基和培养条件进行了优化，找到了最适的菌株生长和产酶条件：影响 SWD-28 产酶的主要因素为玉米粉、硫酸铵和麸皮的添加量，最佳浓度为玉米粉 2.197%、硫酸铵 0.239%、麸皮 1.499%；影响 SWD-28 产酶的主要因素为温度、种龄和接种量，最佳发酵条件为转速 170 r/min、种龄 29 h、装液量 100 ml、初始 pH 5、接种量 12.5%、温度 17℃。

（2）利用层析技术对该菌株的低温纤维素酶系进行了分离纯化研究，得到其中一个电泳纯的低温内切葡聚糖酶组分，为纤维素酶降解机制的研究和纤维素酶分子结构的研究等奠定了基础。最后，我们研究了低温内切葡聚糖酶纯组分的反应特性，包括最适作用温度、热稳定性、最适作用 pH 等，并测定该蛋白质分子质量为 33.1 kDa。经圆二色谱对其结构进行检测，发现 α-螺旋占 49.9%，β-折叠占 0.0%，转角占 24.3%，无规卷曲占 25.8%，呈典型 α-螺旋。对其酶学性质进行初步研究，结果表明其最适作用 pH 为 5.0，最适作用温度为 35℃，在 5℃相对酶活性仍能保持 60%。

由于各方面原因，本实验的研究工作还存在很多不足之处，如菌株的筛选量还不够大；对于一些产酶诱导物的研究还没有涉及；分离纯化部分的工作量还不够大，仅仅从整个低温纤维素酶系中分离提取到一种低温内切葡聚糖酶组分；另外，对该低温内切葡聚糖酶的酶学性质也仅仅进行了初步的研究。今后，可以针对以上几点开展相关研究，并在此基础上深入进行一些分子生物学方面的研究，以期揭示更为详尽的纤维素酶降解机制和一部分低温纤维素酶的耐冷机制，从而为指导酶的生产和应用奠定更好的理论基础。

参 考 文 献

程艳飞. 2009. 基因组重排在产纤维素酶斜卧青霉菌种改造中的应用[D]. 济南: 山东大学博士学位论文.

董硕, 迟乃玉, 张庆芳. 2011. 低温葡聚糖内切酶产生菌的筛选、鉴定及酶学性质[J]. 微生物学通报, 38(2): 169-175.

金城. 2011. 低温纤维素酶的研究与生产[J]. 微生物学通报, 38(7): 1140.

刘秀华, 刘建凤, 卢雪梅. 2012. 纤维弧菌的低温纤维素酶研究[J]. 安徽农业科学, 40(3): 1281-1282.

吕明生, 吕凤霞, 房耀维, 等. 2007. 低温纤维素酶产生菌的筛选、鉴定及酶学性质初步研究[J]. 海洋科学, 28(12): 235-240.

吕明生, 王淑军, 房耀维, 等. 2010. 交替假单胞菌 LP621 菌株产右旋糖苷酶的培养条件优化[J]. 微生物学杂志, 30(6): 11-17.

钱文佳, 阚光锋, 徐仲, 等. 2010. 产低温纤维素酶南极细菌的筛选、生长特性及酶学性质的初步研究[J]. 食品科技, 35(1): 15-18.

曲音波, 高培基, 王祖农, 等. 1984. 青霉的纤维素酶抗降解物阻遏突变株的选育[J]. 真菌学报, 3(4): 238-243.

王玢, 汪天虹, 张刚, 等. 2003. 产低温纤维素酶海洋嗜冷菌的筛选及研究[J]. 海洋科学, 27(5): 42-45.

熊鹏钧, 文建军. 2004. 交替假单胞菌(*Pseudoalteromonas* sp.)DY3 菌株产内切葡聚糖酶的性质研究及基因克隆[J]. 生物工程学报, 20(2): 233-237.

游银伟, 汪天虹. 2005. 适冷海洋细菌交替假单胞菌(*Pseudoalteromonas* sp.)MB-1 内切葡聚糖酶基因的克隆和表达[J]. 微生物学报, 45(1): 142-145.

游银伟, 汪天虹, 岳寿松. 2005. 海洋青霉(Penicillium sp.)FS010441 的形态学观察和产纤维素酶性质初步研究[J]. 山东农业科学, 1: 11-13.

于跃, 张剑. 2016. 纤维素酶与表面活性剂的相互作用及其在洗涤剂中的应用[J]. 化工学报, 67(7): 3023-3030.

曾胤新, 俞勇, 陈波, 等. 2005. 低温纤维素酶产生菌的筛选、鉴定、生长特性及酶学性质[J]. 高技术通讯, 15(4): 58-62.

张亮. 2008. 产纤维素酶海洋普鲁兰类酵母的初步研究及 CMCase 的纯化与性质研究[D]. 青岛: 中国海洋大学硕士学位论文.

Beldman G, Marjo F, Rombouts F M, et al. 1985. The cellulase of Trichoderma viride[J]. European Journal of Biochemistry, 146(2): 301-308.

Carrasco M, Villarreal P, Barahona S, et al. 2016. Screening and characterization of amylase and cellulase activities in psychrotolerant yeasts[J]. BMC Microbiology, 16: 21.

Cheng Y, Song X, Qin Y, et al. 2009. Genome shuffling improves production of cellulase by Penicillium decumbens JU-A10[J]. J. Appl. Microbiol., 107(6): 1837-1846.

Crespim E, Zanphorlin L M, Souza F H M, et al. 2016. A novel cold-adapted and glucose-tolerant GH1 β-glucosidase from Exiguobacterium antarcticum B7[J]. International Journal of Biological Macromolecules, 82: 375-380.

Dong S, Chi N Y, Zhang Q F. 2011. Optimization of culture conditions for cold-active cellulase production by Penicillium cordubense D28 using response surface methodology[J]. Advanced Materials Research, 3(183-185): 994-998.

Du Y, Yuan B, Zeng Y H, et al. 2015. Draft genome sequence of the cellulolytic bacterium Clavibacter sp. CF11, a strain producing cold-active cellulase[J]. Genome Announcements, 3(1): e01304- e01314.

Fu X Y, Liu P F, Lin L, et al. 2010. A novel endoglucanase (Cel9P) from a marine bacterium Paenibacillus sp. BME-14[J]. Appl. Biochem. Biotechnol., 160: 1627-1636.

Gerday C, Aittaleb M, Bentahir M, et al. 2008. Cold-adapted enzymes: from fundamentals to biotechnology[J]. Tibtech., 3(18): 103-107.

Johnsen H R, Krause K. 2014. Cellulase activity screening using pure carboxymethylcellulose: application to soluble cellulolytic samples and to plant tissue prints[J]. Int. J. Mol. Sci., 15: 830-838.

Kim J H, Pan J H, Heo W, et al. 2010. Effects of cellulase from Aspergillus niger and solvent pretreatments on the extractability of organic green tea waste[J]. J. Agric. Food Chem., 58(19): 10747-10751.

Li D P, Lu F, Liu K, et al. 2016. Optimization of cold-active CMCase production by psychrotrophic Sphingomonas sp. FLX-7 from the cold region of China[J]. Cellulose, 23(2): 1335-1347.

Mario C, Pablo V, Salvador B, et al. 2016. Screening and characterization of amylase and cellulase activities in psychrotolerant yeasts[J]. BMC Microbiology, 16: 21.

Montenecourt B S, Eveleigh D E. 1977. Preparetion of mutants of Trichoderma reesei with enhanced cellulase production[J]. Appl. Environ. Microbiol., 4(6): 777-782.

Wang N F, Zang J Y, Ming K L, et al. 2013a. Production of cold-adapted cellulase by Verticillium sp. isolated from Antarctic soils[J]. Electronic Journal of Biotechnology, 16(4): 1-11.

Wang S, Liu G, Yu J, et al. 2013b. RNA interference with carbon catabolite repression in Trichoderma koningii for enhancing cellulase production[J]. Enzyme. Microb. Technol., 53: 104-109.

Wang Y B, Gao C, Zheng Z, et al. 2015. Immobilization of cold-active cellulase from antarctic bacterium and its use for kelp cellulose ethanol fermentation[J]. Bioresources, 10(1): 1757-1772.

Watanabe A, Suzuki M, Ujiie S, et al. 2016. Purification and enzymatic characterization of a novel β-1,6-glucosidase from Aspergillus oryzae[J]. Journal of Bioscience & Bioengineering, 121(3): 259-264.

Woodward J, Marquess J H, Picker C S. 1986. Affinity chromatography of beta-glucosidase and endo-beta-glucanase from Aspergillus niger on concanavalin A-Sepharose: implications for cellulase component purification and immobilization[J]. Preparative Biochemistry, 16(4): 337.

Wu L, Arakane M, Masakazu I, et al. 2011. Low temperature alkali pretreatment for improving enzymatic digestibility of sweet sorghum bagasse for ethanol production[J]. Bioresource Technology, 102: 4793-4799.

Yang F, Gong Y F, Liu G, et al. 2015. Enhancing cellulase production in thermophilic fungus *Myceliophthora thermophila* ATCC42464 by RNA interference of *cre1* gene expression[J]. J. Microbiol. Biotechnol., 25(7): 1101-1107.

Zeng R Y, Xiong P J, Wen J J. 2006. Characterization and gene cloning of a cold-active cellulase from a deep-sea psychrotrophic bacterium *Pseudoalteromonas* sp. DY3[J]. Extremophiles, 10: 79-82.

第二章　低温脂肪酶

第一节　概　　述

脂肪酶（lipase）是一类特殊的酯酶，能水解三酰甘油酯为脂肪酸、二酰甘油酯、单酰甘油酯及甘油，其天然底物一般是不溶于水的长链脂肪酸酰基酯，特点是在油水界面起催化作用。微生物细胞、动物组织、植物种子中均富含脂肪酶。

关于低温脂肪酶的报道，始于 20 世纪 90 年代初期，国际上相继开发出中温、高温脂肪酶，并且这些酶逐渐在工业上得到应用，但它们的最适催化温度大多数在 45℃左右或更高，在 0℃左右普遍丧失酶活性。为改善其不足，科学家开始将目光转到寻找具有特殊性质的脂肪酶上。与中温、高温脂肪酶相比，低温脂肪酶具有柔韧的分子结构，并在 0℃仍具高活性，在 0~30℃条件下具有极高的催化常数（K_{cat}）、极高的生理系数 K_{cat}/K_m 和较低的热稳定性。继而科研工作者又将视角转移到探索发现具有独特性和高效性的新脂肪酶上，它们来源于最新检测到的微生物。在这些脂肪酶中，低温脂肪酶尤其具有吸引力，成为关注的焦点，因为它对应的产品有稳定性，能够节省能源，且反应条件温和，可广泛应用于清洁剂的生产、精细化学的催化，以及食品加工工业的结构脂质合成。因此，低温脂肪酶成为研究的一个热点。随着研究的持续深入及生物工程技术的充分利用，低温脂肪酶的工业应用前景将会更广阔。微生物脂肪酶适于工业化大生产，利用微生物可生产出高纯度制品，在研究和实际应用中具有重大价值。

低温脂肪酶是指最适酶活性温度在 30℃左右且在 0℃左右仍有催化活性的脂肪酶。它主要来自生长于低温环境中的低温微生物（也有部分产自低温动物），具有最适作用温度较低、催化效率较高、热稳定性较差等低温酶的一般特征；除此以外，还具有有机溶剂耐受性、较宽的 pH 适应范围等一些独特的酶学特征，这使得它在工业上的应用范围拓宽了。目前，应用于工业上的脂肪酶一般最适酶活性温度约为 40℃或更高。在温度较低的催化环境中，中温、高温脂肪酶的催化效果并不理想；低温脂肪酶的最适酶活性温度多在 30℃左右，运用它的低温催化活性可使这些反应达到最佳效果。事实上，一些低稳定性、低活性、低选择性、低专一性及成本相对昂贵的原始酶阻碍了工业脂肪酶的规模发展，低温酶可能会为许多需要高酶活性或独特的定向性低温和低热稳定性的工业发展提供新的机会。例如，在洗涤剂行业，低温脂肪酶有望作为在低温下使用的洗涤剂和对热不稳定化合物的生物催化剂类的添加剂；在食品工业中，可利用其热稳定性差的特点使反应产物在酶失活时免遭破坏来保护食品；还可在低温状态下，作为热不稳定物质的生物催化剂来处理低温下废水中的油污。在发达国家，低温脂肪酶已经应用于洗涤剂工业。因此，要想在现代工业生产中发挥它最大的作用，需要更多的科学工作者对其进行全面、深入的研究。

一、来源及分布

植物种子、动物组织以及微生物细胞中都富含脂肪酶。而作为具有低温活性的低温脂肪酶则大多由低温微生物产生，这些低温微生物主要分布在南、北两极以及大洋底部等长期处于低温的环境。据统计，产脂肪酶的微生物种类很多，主要有细菌、酵母菌和其他一些真菌。微生物来源的脂肪酶多为胞外酶，其特点是易于分离和纯化。虽然产脂肪酶的微生物种类繁多，但其所产生的脂肪酶具有商业价值并被开发应用的不多。假单胞菌属（*Pseudomonas*）是能产生低温脂肪酶的低温微生物，它所产生的低温脂肪酶被广泛应用于各种生物技术领域。这些低温微生物在低温环境下经过长期进化，形成了适应低温环境的特殊结构及生理生化机制。

目前脂肪酶的分类在国际上还存在分歧，在现有的观点中，有两种分类方法。一是根据最适酶活性的 pH 可分为酸性脂肪酶、中性脂肪酶和碱性脂肪酶。二是在细菌酯酶和脂肪酶氨基酸序列，以及对其一些基本的生物属性相比较的基础上，分为 8 个家族。家族 1 称为真正的脂肪酶，并进一步分为 6 个亚科，即亚科 1.1 到亚科 1.6，假单胞菌属微生物产生的低温脂肪酶就是此家族的典型代表，但是多数假单胞菌产的脂肪酶被分到亚科 1.1 到亚科 1.3。亚科 1.1 中的脂肪酶的分子质量最小（大约是 30 kDa），铜绿假单胞菌和草莓假单胞菌所产脂肪酶属于这一亚科。亚科 1.2 中的脂肪酶和亚科 1.1 中的有相似之处，分子质量约为 33 kDa，处于中间位置。这两个亚科脂肪酶共同特点是在蛋白质的运输和分泌过程中都需要外源物质的帮助，原因是它们在结构上有相似之处。亚科 1.3 中的脂肪酶的分子质量比亚科 1.1 和亚科 1.2 的大了很多（如假单胞菌菌株 MIS38 所产脂肪酶分子质量为 65 kDa、荧光假单胞菌菌株 W1 所产脂肪酶分子质量为 50 kDa、沙雷氏菌所产脂肪酶分子质量为 65 kDa），它们没有半胱氨酸残基，缺少一个 N 端信号肽，失去了产生二硫桥的能力，这样就不需要任何额外的基因产物来帮助精确折叠，而是通过 ATP 结合盒（ABC）转运系统来分泌物质。目前，与亚科 1.1 和 1.2 中的脂肪酶所具有的大量信息相比，假单胞菌菌株 MIS38、荧光假单胞菌菌株 W1 和沙雷氏菌产生的脂肪酶是亚科 1.3 所有脂肪酶中被研究过的蛋白质。然而，硅片分析完整的细菌基因组显示，酯酶/脂肪酶公认的编码基因的序列不能被分组到上面所提到的任何酶家族中。例如，*Paucimonas lemoignei* 胞外解聚酶的 *Pha Z7* 基因不存在明显的氨基酸序列同源性而被分到新的家族 9 中，而羧酸酯酶（Est D）的相关序列已经成为了新家族 10 的成员。

本章对从海洋中筛选的低温脂肪酶菌株进行鉴定，并对酶学性质进行研究，通过诱变育种、培养基优化和发酵条件优化得到低温脂肪酶的高产菌株。

二、低温脂肪酶的理化特征

研究表明，低温脂肪酶不仅具有其他低温酶的共同特征，还有自己的一些独特理化特征，归纳起来大致有以下 3 点。①有机溶剂耐受性。在一定浓度的有机溶剂中低温脂肪酶不仅不失活，酶活性反而有所提高，这一特性为低温脂肪酶今后在化学工业中的应用奠定了基础。②与大部分酯酶较偏好短链酯类不同，大部分低温脂肪酶对含有 C3～C10 这一链长的甘油酯具有更好的催化效率。③相对于高温和中温脂肪酶，低温脂肪酶有更宽的 pH 适应范围，这进一步拓宽了它的工业应用范围。

一般来说，酶的理化特性是由其结构决定的，但对于如何从结构上解释低温脂肪酶的独特理化特性，现有的研究结果还未能给出一个很好的解释，需要做进一步的研究。同理化特征一样，低温脂肪酶也具有其他低温酶的一些共同结构特征，但同时它们还具备一些独特的结构特征，综合起来主要有：①以丝氨酸（Ser）为催化中心，具有以丝氨酸残基为中心的催化三联体结构（Ser2Asp2His）（Cheng *et al.*，2009）；②一级结构中存在大量亲水性精氨酸（Arg），且大多暴露在蛋白质分子表面，研究表明，亲水性基团的暴露对酶和溶剂分子的相互作用的增强比较有利；③具有配位化合物的构型，钙离子配位作用使低温脂肪酶的热稳定性和催化效率得到显著提高。

在低温脂肪酶的研究中，结构研究得较清楚的是从假单胞菌属的 *Pseudomnas fragi* IFO3458 菌株克隆到的低温脂肪酶（*Pseudomnas fragi* lipase，PFL）。在对 PFL 进行研究时发现，与同源的中温绿脓杆菌脂肪酶（*Pseudomnas aeruginosa* lipase，PAL）和洋葱伯克氏菌脂肪酶（*Burkholderia cepacia* lipase，BCL）一样，PFL 的催化活性中心也是一个以丝氨酸残基为中心的催化三联体。研究表明，精氨酸和脯氨酸（Pro）的位置、二硫键的数目以及疏水中心之间的相互作用决定着酶分子的柔韧性（flexibility）和在不同温度下的催化活性。对 PFL 进一步研究发现，它与同源的中温脂肪酶 PAL 及 BCL 的不同之处在于精氨酸残基的数目，三者分别为 24 个、11 个、9 个，并且在 PFL 的 3D 结构中，24 个精氨酸残基中有 20 个分布在蛋白质分子的表面，而只有 2 个参与形成分子内部的盐桥（salt bridge），大量带电荷的精氨酸残基分布在蛋白质分子的表面，增加了蛋白质分子的柔韧性以及其和溶剂之间的相互作用，确保了酶在低温下仍能保持良好的催化活性。相反，二硫键的存在可增加蛋白质分子的刚性和热稳定性，降低分子的柔韧性。在 PAL 和 BCL 分子中普遍存在的二硫键，在 PFL 分子中却丢失了，这降低了 PFL 的热稳定性，保证了其在低温下的高活性。作为补充，PFL 分子中的两个芳香族氨基酸残基（W184 和 F244）替代了 BCL 分子中相应位置的二硫键，形成堆叠相互作用（stacking interaction），从而适当增加了分子的稳定性，保持了分子立体结构的完整性。另外，在蛋白质分子的环（loop）结构和拐角（turn）处的脯氨酸的存在往往可以增加蛋白质分子的刚性而降低分子的柔韧性。上述三种同源的脂肪酶分子中都含有 13 个脯氨酸残基，其中 8 个分布在蛋白质分子的保守区，其余 5 个在 PAL 和 BCL 分子中多分布在环结构上，而 PFL 分子中仅有一个脯氨酸残基分布在环结构上，从而降低了 PFL 分子的刚性，增加了 PFL 分子的柔韧性。

三、脂肪酶的催化机制

脂肪酶整个分子主要由两部分组成，即亲水部分和疏水部分，其中疏水部分靠近分子的活性中心。不同来源的脂肪酶，其氨基酸数目会有很大的差异，到目前为止，其数目从 270 到 641 不等，分子质量也随之变化，为 29～100 kDa。

事实上，脂肪酶的立体结构一般是肽链折叠成 N 端、C 端和活性位点（active site）。

其活性位点由催化三联体构成，催化三联体主要包括丝氨酸（Ser）、组氨酸（His）和天冬氨酸（Asp）或谷氨酸（Glu）残基，Ser 残基是亲核部分，His 是基本组成部分，Asp 或 Glu 是酸性部分。它们在酶中以不同的折叠方式存在，不同的折叠方式代表不同的一级结构，如 RML[根毛霉脂肪酶（*Rhizomucor miehei* lipase）]为 Ser144-His267-Asp203，HPL[（人）胰腺脂肪酶（human pancreatic lipase）]则为 Ser152-His263-Asp176，但它们都通过肽链的 α-螺旋盘绕、β-折叠形成高度相似的空间结构。

在活性位点处，脂肪酶的亲核氨基酸（Ser）残基埋藏在脂肪酶分子内部的通道中，该通道从催化部位即活性位点的 Ser 残基一直延伸到分子表面。而在脂肪酶的末端有一个螺旋寡肽单位，称为螺旋片段或盖子（flap）结构，盖子结构的存在就像形成了一道屏障，它的开和关与酶处于活性和非活性状态保持一致；通常情况下，盖子结构遮盖住了脂肪酶活性位点的入口，当有合适的底物存在时，盖子结构打开，酶的构象就会发生变化，酶被激活，底物可以进入活性位点与之反应。这样作为水溶性的脂肪酶，因其独特的结构特点，就可以在脂质-水界面上催化反应底物为不溶脂类的基质。这种所谓的盖子只能移动靠近疏水界面从而使脂肪酶形成脂滴。因此，很多年来，脂肪酶作为学习和研究调节界面与酶催化反应的模型也就不足为奇了。有些脂肪酶没有异相界面的识别作用，如分子质量为 19 kDa 的枯草芽孢杆菌（*Bacillus subtilis*）脂肪酶和来源于猪的胰脂肪酶等，因为其末端没有螺旋寡肽单位。

当底物处于溶解状态时，脂肪酶几乎没有活性，只有当底物浓度逐渐增加到超出其溶解度极限时，脂肪酶才表现出明显增加的活性，形成互不相溶的两个界面，即疏水层和亲水层。脂肪酶在这种界面下有一个被活化的过程。

综上所述，脂肪酶反应的步骤包括如下两步：①酶与界面接触，此过程盖子结构打开，使其具有活性；②酶与底物结合，形成复合物，开始反应，产物形成，酶释放产物，反应完成。在整个反应过程中，油水界面的存在能够提高酶的活性。这一现象从它的结构来解释，脂肪酶的活性中心是丝氨酸（Ser）残基、天冬氨酸（Asp）或谷氨酸（Glu）残基、组氨酸（His）残基组成的三联体结构，在正常情况下，活性中心被一个或几个 α-螺旋盖保护。盖子的疏水部分与这个三联体结构的疏水部分结合。这个盖子结构有色氨酸（Trp），使其具有两亲性，Trp 疏水面与催化中心的疏水部分相结合，暴露出的部分则面朝外，以氢键与水分子连接，此状态下的脂肪酶没有活性。当脂肪酶与油水界面相接触时，覆盖活性位点的 α-螺旋结构（盖子）打开，疏水部分暴露出来，增加了与底物的亲和力，活性位点暴露出来，而且这种变化使得脂肪酶在丝氨酸周围产生亲电区域，能够保护在催化过程中过渡中间产物的稳定性，使脂肪酶处于活性状态。

脂肪酶催化反应的重要特性具有底物选择性。①脂肪酸选择性：主要是指脂肪酶对不同脂肪酸种类有选择性，如脂肪酸的链长、饱和程度以及顺反异构体的反应有倾向性。②区域或位置选择性：指在一定的反应条件下，优先选择与底物分子内特定位置的功能基团起化学反应，如对甘油二酯中 Sn-1 和 Sn-2 酯键的识别与水解。③立体选择性：指酶对底物（如甘油三酯）中立体对映结构的识别和选择性水解，主要是 1 位和 3 位酯键。

四、现阶段研究热点及方法

低温脂肪酶由于在低温下具有良好的催化活性和低温适应性，引起了各国科学家的广泛关注，研究人员投入了极大的热情对低温脂肪酶进行研究。低温脂肪酶的研究已成为近年来酶学研究的一个热点，低温脂肪酶如何适应低温环境及在低温下如何保持高催化活性等问题更是研究的重点。此外，对于低温脂肪酶研究中普遍存在的一些问题，如酶的表达量低、难纯化及热稳定性差等，各国科学家也正在开展深入的研究。

随着现代生物技术和计算机技术的快速发展，对低温脂肪酶的研究不断深入，研究方法和手段也有了飞速提高。利用现代计算机技术对低温脂肪酶的分子结构进行 3D 建模模拟分析，已经解释了部分低温脂肪酶的低温适应机制和低温催化特性（Cheng *et al.*，2009）。而要进一步解释清楚低温脂肪酶的理化和结构特征与低温适应性的关系，无疑 DNA 芯片、蛋白质芯片以及晶体结构分析技术将是今后研究方法发展的方向。同样，针对低温脂肪酶的表达量低、难纯化及热稳定性差等问题也建立起了一些相应的研究方法。例如，利用基因工程手段对低温脂肪酶基因进行克隆和异源表达使低温脂肪酶的产量提高，在纯化低温脂肪酶时对传统的蛋白质纯化方法进行改进，利用酶的固定化技术改变低温脂肪酶的热稳定性等，运用这些方法已在低温脂肪酶的分离、纯化及相关研究中取得了一定成效。

五、低温脂肪酶的应用及市场前景

（一）在食品工业中的应用

在食品工业中，反应需要在较低的温度中进行，因为温度较高时，会有副反应的发生，食品原料的性质可能会改变。因此，在现代食品工业中，低温脂肪酶成为了不可或缺的一部分。把酶用于食品加工来改善传统的化学方法已经应用了几十年。

低温脂肪酶可用于改良食品风味，现已用于奶制品，如奶酪、奶油和人造黄油的增香。奶制品中的香味是牛奶中的脂肪、蛋白质和乳糖代谢的产物产生的，因此，低温脂肪酶和蛋白酶被广泛地用于加快奶酪的熟化和香味的产生。用低温脂肪酶处理过的奶制品比未处理的具有更好的香味和可接受性。除奶制品外，低温脂肪酶也用于改善稻米和酒精饮料的香味，如在酒精饮料的发酵过程中加入一定量的低温脂肪酶，产品具有类似奶酪的香味。低温脂肪酶还用于无脂肪肉的生产，如在鱼加工过程中脂肪的去除是用低温脂肪酶来完成的。另外，在生面团中加入低温脂肪酶使三甘酯部分水解而增加单甘酯的含量，可延缓腐败，单甘酯和双甘酯的形成也使蛋白质的起泡性质得到改善。低温脂肪酶使食品原料释放出游离脂肪酸参与化学反应，诱发合成乙酰乙酸、甲基酮、香味酯和内酯等香味成分。

近年来，低温脂肪酶在油脂改良技术上的应用已经成为热点，最成功的实例是将棕榈油转化为类可可脂。另外，低温脂肪酶在改变植物油的感官特性和理化性状方面也有很大作用。研究表明，经低温脂肪酶催化改良的油脂不仅风味好，而且不产生反式脂肪酸等，提高了油脂的营养价值，与化学合成方法相比有明显优势。

脂肪酶应用于奶酪、面包的加工中，可以改良风味、口感和品质。将低温脂肪酶添加至原料奶中，可以使其风味物质在较短后熟时间内迅速积累。当奶制品的奶源不同时，其风味可能有较大差异，低温脂肪酶的这一特点使其很适合作为风味增强剂。另外，一些低温脂肪酶在食品发酵过程中接触到酵母细胞，低温脂肪酶表现出对短链脂肪酸的喜好，就会使发酵食品产生特殊的风味。

烘焙食品加工中添加低温脂肪酶作为催化剂，催化产物能够提高面团的筋力作用，增大面包的体积并使面包二次增白。因为甘油三酯水解后促进磷脂的形成，这样就增强了面筋网络，提高了面包的韧性和蓬松度，这样做出的面包包心柔软，内部组织细腻均匀，口感极佳。此外，低温脂肪酶在焙烤食品当中的出色作用，符合食品工业所遵循的绿色、安全、健康的发展要求。因此，它已经作为一种绿色生物高效产品，逐渐取代化学增筋剂，成为烘焙食品加工业和广大面粉企业关注的焦点。

（二）在环境治理方面的应用

用低温脂肪酶对废物的生物降解是其应用的一个新方向。在低温环境中，它在处理污水、降解环境中的油污方面有巨大潜力。在过去的 10 年中，很多环境，特别是低温栖息地已经被油污染，许多研究人员开展了南极微生物降解碳氢化合物的相关研究。嗜冷菌对外源性化合物的降解，低温脂肪酶可以提供一种新的方法。低温脂肪酶除了能净化受污染的寒冷地区，对碳氢化合物生物的降解也有作用。在温带地区，温度伴随着季节的变化而变化，这样就降低了微生物对油这样的污染物的降解效率，而低温脂肪酶在低温和适当的温度下都能保持活性，提高降解效率。

每年由于各种原因排入海中的石油达 200 万 t，如果不及时处理，不仅会造成鱼类的大量死亡，而且石油中的有害物质也会通过食物链进入人体。人们用含有低温脂肪酶及其他成分的复合制剂处理海中的石油，可以将石油降解成适合微生物生长的营养成分，为浮在石油表面的微生物提供优良的养料，使得分解石油的微生物迅速繁殖，以达到快速降解石油的目的。低温脂肪酶生物技术应用于修复污染环境及废物处理是一个新兴的领域。石油开采和炼制过程中产生的泄漏油、脂加工过程中产生的含脂废物及饮食业产生的废物，都可以用不同来源的低温脂肪酶进行有效的处理。酶法生产生物柴油日益受到人们的青睐，可利用餐饮业废油脂和工业废油脂为原料生产生物柴油，变废为宝的同时降低了生物柴油的生产成本。

（三）在洗涤、纺织工业中的应用

洗涤剂中的脂肪酶一般都是碱性中温脂肪酶，最适酶活性温度一般都高于35℃，所以要使酶发挥更好的活性，洗涤时最好用加热的水，这在日常生活中很不方便。如果在洗涤剂中使用低温脂肪酶，则可直接用自来水洗涤，同时达到最佳洗涤效果。应用遗传工程及蛋白质改性技术用脂肪酶开发出洗涤剂是现代生物技术大规模工业化最成功的应用之一。世界范围内降低洗衣温度的趋势对这种酶制剂提出了更高的要求。1984 年，Novo 公司成功开发出了碱性脂肪酶，这种脂肪酶来自 *Humicola lanuginosa*，研究人员通过基因重组，将生产 *H. lanuginosa* 脂肪酶的遗传因子在生产力高的 *Aspergillu soryzae* 中表达，生产出了洗涤剂用酶 Lipolase（汤燕花和谢必峰，2006）。1995 年，杰能科国际（Genencor International）介绍了 2 种细菌脂肪酶，分别为来自 *Pseudomonas mendocina* 的 Lu ma fast™ 和来自 *Pseudomonas alcaligenes* 的 Lipomax™（卢福芝等，2014）。

此外，低温脂肪酶具有很好的替代石水牛仔和棉纤维的生物抛光的作用。在适当条件下，其可以减少纤维颗粒的形成（在棉纤维的端部、主纤维组织处产生），并增加衣物耐磨性和组织的柔软度。

（四）在油脂加工中的应用

利用微生物脂肪酶 1,3-位置的特异性可以选择性地水解油脂中特定的酯碱、脂肪酸，从而提高食用油脂的营养价值。油脂的酶法水解是一种新的节能工艺，无须高温高压等特殊条件，因此不会使油脂中高不饱和脂肪酸和生育酚等物质变性（Krieg and Holt，1984）。刘瑞娟等（2009）利用 *Rhizonucor miehei* 脂肪酶和 *Aspergillus niger* 脂肪酶分别在无机溶剂和有机溶剂体系中催化了二肉豆蔻酰卵磷脂与油酸酸解，得到了既含油酸又含肉豆蔻酸的卵磷脂。在较低温度下进行水解的另一个优点就是，不饱和脂肪酸的降解也会相对减少，甚至从高度不饱和油脂中不需要分馏就可以得到纯度较高的自然脂肪酸。此外，根据脂肪酶和预处理底物的特异性，不饱和脂肪酸部分水解后，会得到浓缩的、纯化的混合脂肪酸或者具有部分独特性质的甘油酯（俞勇等，2003）。除此之外，低温脂肪酶还能在较低温度条件下快速脱去食品中的油脂，避免食品在加工过程中由于受长时间的高温影响而改变原有的风味与质量。

（五）在生物医药化合物合成中的应用

低温脂肪酶是一种重要的生物催化剂，由于它在各种各样的有机溶剂中对底物选择宽泛而反应又具有特定性的特点，被广泛应用于生物医药各领域。和化学催化相比，生物催化既干净又环保，在有机溶剂中，用低温脂肪酶对药物中间体进行手性拆分是一个非常好的方法。在动脉粥样硬化和高脂血症方面，低温脂肪酶催化合成的化合物酯解的产物如游离的脂肪酸和甘油二酯，在细胞活化和信号转导等方面扮演着重要的角色。最近，新的研究表明，脂肪酶在水解反应、酯化、酯交换和氨解中发挥重要作用。相较于传统的催化剂，脂肪酶呈现出许多重要的优势。使用方法简单、成本低、实用性强、可回收再利用等优点使得低温脂肪酶成为药物化学合成方面理想的工具。

此外，脂肪酶催化具有高底物专一性、区域选择性或对映选择性等优点，这使其成为有机合成中重要的生物催化剂。脂肪酶催化合成手性化合物的基本类型有两个：①前手性底物的反应；②外消旋化合物的拆分。催化的底物已由传统的前手性或手性醇和羧酸酯扩展到二醇、二酯、内酯、胺、二胺、氨基醇、Ct 化合物或 β-羟基酸，因此，大多数重要的功能有机化合物原则上都可被脂肪酶立体选择性地制备。典型的生物催化剂包括细菌脂肪酶，如 *Pseudomonas aeruginosa* 脂肪酶、*P. fluorescens* 脂肪酶、*Burkholderia cepacian* 脂肪酶、*Bacillus subtilis* 脂肪酶、*Achromobacter* sp.脂肪酶和 *Serratia marcescens* 脂肪酶，以及来自真菌的 *Candida antarctica* 脂肪酶和 *C. rugosa* 脂肪酶等。

综上所述，由于低温脂肪酶的特性，其受到了越来越多的关注。在诸如洗涤、纺织、食品工业、分子生物学及生物修复等领域有着越来越广阔的应用前景。随着对低温脂肪酶的研究越来越深入，低温脂肪酶工业化生产及其在各个工业领域的应用将飞速发展。

第二节 菌株选育

一、酶活性测定

(一)标准曲线的绘制

取分析纯对硝基苯酚用 pH 8 的磷酸缓冲液配成 0.10 μg/ml 的母液,分别稀释成 0.01 μmol/ml、0.02 μmol/ml、0.03 μmol/ml、0.04 μmol/ml、0.05 μmol/ml、0.06 μmol/ml、0.07 μmol/ml、0.08 μmol/ml、0.09 μmol/ml。再取上述稀释液 3 ml,加 3 ml 0.5 mol/L NaOH 溶液后于 410 nm 处测定其 OD 值。以 410 nm 处 OD 值为横坐标,对硝基苯酚含量为纵坐标绘制标准曲线。

(二)酶活性测定方法

采用碱滴定法进行低温脂肪酶活性的测定,选用对硝基苯基磷酸酯(p-NPP)比色法进行验证。

方法一:碱滴定法

酶活性定义:1 ml 酶液于 30℃、pH 8 的条件下,水解脂肪每分钟生成 1 μmol 的脂肪酸所需要的酶量定义为 1 个酶活性单位。

发酵液经 10 000 r/min 离心 20 min,取上清液测酶活性。取三个 100 ml 锥形瓶,分别加入 4 ml 聚乙烯醇橄榄油乳化液,5 ml 0.05 mol/L、pH 8 的磷酸盐缓冲液,其中一个锥形瓶作为对照样,提前加入 95%乙醇 15 ml,于 30℃水浴锅中预热 5 min。向三个锥形瓶中加入 1 ml 酶液(由于对照样品中预先加入了乙醇,因此待测酶液加入后脂肪酶立即失活),立即混匀计时 10 min(t),向两个样品瓶中分别加入 15 ml 95%乙醇终止反应。向三个锥形瓶中滴加 3 滴酚酞作为指示剂,用 0.05 mol/L NaOH 溶液滴定水解产生游离脂肪酸,记录样品的耗碱量 V_1 和对照样品的耗碱量 V_0(反应结束加乙醇可停止酶作用和溶解脂肪酸,以利于滴定,乙醇用量以不低于总容量 60%为宜)。

酶活性计算公式:

$$U = \frac{V_1 - V_0}{t} \times n \times 50 \tag{2-1}$$

式中,U 为样品酶活性(U/ml);V_1 为样品耗碱量;V_0 为对照样品耗碱量;t 为反应时间;n 为样品的稀释倍数;50 为 0.05 mol/L NaOH 标准溶液 1.00 ml 相当于 50 μmol 脂肪酸。

方法二:p-NPP 比色法(Rashid *et al.*,2001;Nutan,2002)

低温脂肪酶 1 个单位的定义是:在 pH 8、30℃条件下,作用 10 min,每分钟分解释放 1 μmol 对硝基苯酚(p-nitrophenol)所需的酶量。

发酵液经 10 000 r/min 离心 20 min,取上清液测酶活性。

溶液 A:90 mg 对硝基苯基磷酸酯溶于 30 ml 异丙醇。溶液 B:450 ml 50 mmol/L、pH 8.0 的磷酸缓冲液,并含有 2 g 曲拉通 X-100 和 0.5 g 阿拉伯胶。

取 2 个试管,分别是对照管和样品管。向两试管中各加溶液 B 2.85 ml 及 0.1 ml 底物溶液 A(缓慢混合,新鲜配制而成的该溶液至少可稳定存在 2 h),30℃水浴保温 5 min,

然后在对照管中加入已灭活的酶液 0.05 ml，样品管中加入酶液 0.05 ml，立即混匀计时，在水浴中准确反应 10 min 后在两管中加 3 ml 0.5 mol/L NaOH 溶液终止反应。在 410 nm 分光光度计下测定酶催化产生的对硝基苯酚的吸收值。

酶活性计算公式：

$$A = \frac{\left([A_1 - A_0] \times K + C_0\right) \times V_1 \times n}{V_2 \times t} \tag{2-2}$$

式中，A 为样品酶活性（U/ml）；A_1 为样品酶液的吸光度（OD 值）；A_0 为对应酶液的空白吸光度（OD 值）；K 为对硝基苯酚标准曲线的斜率；C_0 为对硝基苯酚标准曲线的截距；V_1 为反应液的体积（6 ml）；n 为稀释倍数；V_2 为酶液的体积（0.05 ml）；t 为反应时间（10 min）。

将菌株 FS119 接入种子培养基中，150 r/min 培养 24 h，再以 6%的接种量接种到初始发酵培养基中，在不同的温度（15℃、20℃、25℃、30℃、35℃、40℃）测定其发酵液酶活性，结果见表 2-1。由表 2-1 可见，在两种酶活性测定方法下，菌株 FS119 的发酵液在 20℃时酶活性均达到最高，故此可以初步确定其为低温菌，最适培养温度为 20℃。

表 2-1　菌株 FS119 在不同温度下的发酵液酶活性（单位：U/ml）

温度（℃）	酶活性	
	碱滴定法	*p*-NPP 比色法
15	4.3	0.9U
20	17.81	7.4
25	12.9	5.2
30	8.7	4.0
35	4.9	1.8
40	1.8	0.5

酶活性和生长曲线测定：取斜面保藏菌株 FS119，接种于种子培养基，装液量为 150 ml（500 ml 锥形瓶），接种量为 10%，20℃、150 r/min 摇床培养，每隔 3 h 取 2 ml 菌液进行酶活性测定和生长曲线的测定。做 3 次平行实验，绘制酶活性和菌株生长曲线，结果如图 2-1 所示。

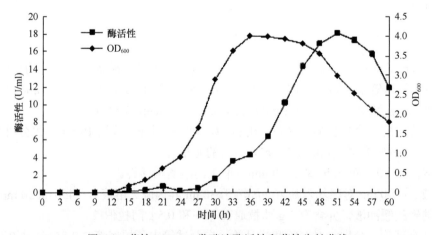

图 2-1　菌株 FS119-1 发酵液酶活性和菌株生长曲线

由生长曲线可知，出发菌株在比较短的停滞期后，约 15 h 进入对数期（15～36 h），36 h 左右进入稳定期。由酶活性曲线可知，出发菌株在 27 h 酶活性迅速增加，51 h 达到最大，为 18.1 U/ml。培养时间超过 51 h，酶活性呈降低趋势，菌体进入衰亡期，菌体新陈代谢衰退，酶活性降低。菌株 FS119 生产低温脂肪酶出现高峰较菌体进入生长高峰的时间略晚，可以看出此酶为滞后合成型。

二、筛选

（一）样品来源

样品来自黄海大连长海县海域海水、海泥，由国家海洋监测中心提供。

（二）培养基

富集培养基（顾美英等，2006）：$(NH_4)_2SO_4$ 0.1%，K_2HPO_4 0.1%，NaCl 0.05%，$MgSO_4·7H_2O$ 0.05%，$FeSO_4·7H_2O$ 0.001%，酵母膏 0.5%，橄榄油 0.5%，pH 自然。

平板分离培养基。①油脂同化培养基（张苓花和王运吉，1996）：$(NH_4)_2SO_4$ 0.1%，K_2HPO_4 0.1%，NaCl 0.05%，$MgSO_4·7H_2O$ 0.05%，$FeSO_4·7H_2O$ 0.001%，琼脂 2%，pH 8.0，121℃灭菌 20 min。聚乙烯醇橄榄油乳化液 121℃灭菌 20 min，取 12 ml 聚乙烯醇橄榄油乳化液加入 100 ml 上述培养基中即为油脂同化培养基。②吐温-80 培养基（Choo et al.，1998）：蛋白胨 1.0%，酵母膏 0.5%，NaCl 0.5%，$CaCl_2$ 0.01%，吐温-80 1.0%，琼脂 2.0%，pH 8.0。③维多利亚蓝 B 培养基（邹文欣等，1996）：葡萄糖 0.3%，牛肉膏 0.5%，蛋白胨 0.5%，NaCl 0.5%，橄榄油 2.0%，琼脂 2.0%，pH 8.0，121℃灭菌 20 min 后冷却至 60℃，每 100 ml 培养基中加入 1 ml 通过微孔滤膜过滤除菌的维多利亚蓝 B 溶液，用高速分散器乳化后，制成果绿色的分离平板。

纯化培养基（细菌培养基）：牛肉膏 0.3%，蛋白胨 1.0%，NaCl 0.5%，琼脂 2.0%，pH 8.0。

种子培养基（LB 培养基）：蛋白胨 1.0%，酵母膏 0.5%，NaCl 0.1%，pH 8.0。

初始发酵培养基：$(NH_4)_2SO_4$ 0.1%，K_2HPO_4 0.1%，$MgSO_4·7H_2O$ 0.05%，葡萄糖 0.5%，橄榄油 1.0%，pH 自然。

斜面保藏培养基：牛肉膏 0.3%，蛋白胨 1.0%，NaCl 0.5%，琼脂 2.0%，pH 8.0。

（三）方法及结果

取 1 g 泥样（或 1 ml 水样）加入 20 ml 带有小玻璃珠的无菌水中，使沉积物悬浮，取悬浮液 1 ml 接种到 100 ml 的富集培养基三角瓶中，在 20℃、150 r/min 条件下培养 3 天后，无菌操作转接 400 μl 浑浊的菌液到新鲜的富集培养基中，连续富集三轮；取 0.1 ml 富集菌液梯度稀释后涂布平板分离培养基进行初筛，20℃培养 3～7 天后观察透明圈的大小；挑取初筛培养基上菌落周围变色圈大的菌落，稀释涂布于纯化培养基上进一步纯化，得到纯化的单菌落；将单菌落点种于平板分离培养基上，20℃培养 3 天，测量透明圈直径大小；将透明圈直径最大的菌株接入种子培养基中 150 r/min 培养 24 h，再以 6%的接种量接到初始发酵培养基中，在不同温度下测定其发酵液酶活性。测量的透明圈直径大小见表 2-2。获得一株直径比最大的菌株 FS119，斜面保藏培养基进行菌种保藏。

表 2-2　菌落透明圈直径比

序号	1	2	3	4	5	6	7
菌株编号	FS102	FS119	FS201	FS202	FS311	FS315	FS316
透明圈直径（mm）	38 37	32 31	30 26	32 28	28	14	14
菌落直径（mm）	18 17	9 8	15 15	14 16	16	10	7
直径比	2.11 2.18	3.56 3.88	2.00 1.73	2.29 1.75	1.75	1.40	2.00
平均直径比	2.15	3.72	1.87	2.02	1.75	1.40	2.00

注：直径比为透明圈直径与菌落直径的比值

三、诱变

采用紫外线诱变、硫酸二乙酯诱变及二者复合诱变对 FS119 进行诱变育种，以期得到产酶能力更强的突变菌株。

（一）紫外线（UV）诱变

取 5 ml 菌悬液转于 Φ90 mm 的装有灭菌转子的培养皿中，每个梯度平行 3 次，将平皿置于紫外灯正下方，先将整个平皿照射 1 min 后，再打开皿盖，磁力搅拌，15 W、15～20 cm 照射，每隔 5 s 定时取出菌液，于冰浴中保存 1 h。分别吸取不同照射时间的稀释菌液 0.1 ml 涂布于油脂同化培养基上，平行 3 次。同时未经紫外线照射的菌液用无菌水进行梯度稀释，每个稀释度做 3 个平行涂平板。实验组与对照组 20℃黑暗培养 36 天，观察不同处理时间的平板菌落数，并观察透明圈情况，粗略判断菌体产酶能力。

分别按公式（2-3）和公式（2-4）计算致死率和正突变率（王金主等，2011）。通过最高的正突变率选出最佳的紫外线照射时间。

$$致死率（\%）=\frac{对照中的每毫升活菌数-照射中的每毫升活菌数}{对照中的每毫升活菌数}\times100 \qquad (2\text{-}3)$$

$$正突变率（\%）=\frac{照射中的每毫升活菌数-对照中的每毫升活菌数}{照射中的每毫升活菌数}\times100 \qquad (2\text{-}4)$$

菌株 FS119 经紫外线照射不同时间的致死率曲线如图 2-2 所示，不同紫外线照射剂量下的诱变效果如图 2-3 所示。由图 2-3 可知，随着照射时间的延长，负突变率逐渐增大，不突变率逐渐降低。照射时间为 30 s 时正突变率最高，为 41%。确定紫外线照射 30 s 为最佳诱变时间，此时致死率达 87%。观察菌落透明圈，发现透明圈直径明显变大。

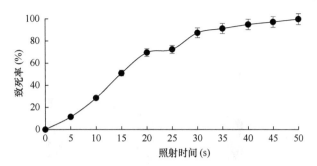

图 2-2 菌株 FS119 紫外线诱变致死率曲线

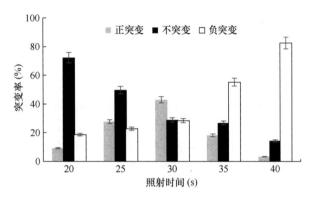

图 2-3 菌株 FS119 在不同紫外线照射剂量下的诱变效果

（二）硫酸二乙酯诱变

吸取 5 ml 菌悬液于大试管中，加入体积分数 2%的硫酸二乙酯（DES）5 ml，在 20℃ 水浴条件下振荡，设定不同处理时间。稀释后涂布于油脂同化培养基上，在 20℃恒温培养箱中培养 36 h。计算致死率（图 2-4），同时粗略判断菌体产酶能力。

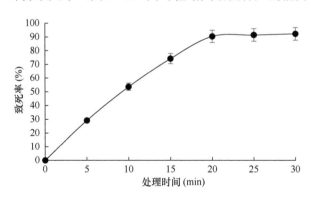

图 2-4 菌株 FS119 硫酸二乙酯诱变致死率曲线

菌株 FS119 在硫酸二乙酯不同诱变剂量下的诱变效果如图 2-5 所示。由图 2-5 可知，随着照射时间的延长，负突变率逐渐增大，不突变率逐渐降低。反应时间为 30 min 时正突变率最高，为 43%。确定反应时间 30 min 为最佳诱变时间，此时致死率达 92%。观察菌落透明圈，发现透明圈直径明显变大。

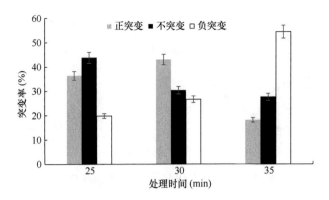

图 2-5　菌株 FS119 在硫酸二乙酯不同诱变剂量下的诱变效果

（三）紫外线与硫酸二乙酯复合诱变

将紫外线照射时间为 30 s 筛选得到的高产菌株作为二次出发菌株，制成菌悬液，选择致死率为 92% 的处理剂量继续进行诱变，即用体积分数 2% 的 DES 处理 30 min，经油脂同化培养基培养，筛选出透明圈直径与菌落直径比值（直径比）大的菌株复筛，最终获得一株高产诱变菌株 FS119-1，其直径比为 5.21，酶活性达到 24.9 U/ml，将其与原始菌株对照，其直径比和酶活性均约为原始菌株的 1.4 倍。

（四）菌株 FS119-1 遗传稳定性

高产诱变菌株 FS119-1 在斜面上传代 10 次后发酵培养，测定摇瓶培养基中酶活性，结果如图 2-6 所示。由图 2-6 可知，菌株 FS119-1 在传至第 10 代时，仍能保持稳定的低温脂肪酶产量，说明此菌株遗传性能稳定。

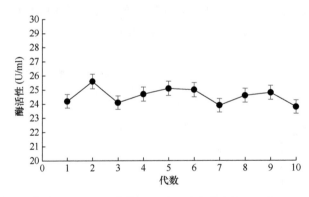

图 2-6　菌株 FS119-1 遗传稳定性

四、鉴定

（一）形态学鉴定

形态学鉴定方法参照《常用细菌系统鉴定手册》（Krieg and Holt，1984；东秀珠和蔡妙英，2001）。菌株 FS119-1 在种子培养基上经 20℃ 培养 48 h 形成圆形菌落，呈乳白色，不透明，圆形稍突起，边缘整齐，表面光滑、湿润、黏稠、易挑起、质地较均匀，菌落各部分颜色一致（图 2-7）；革兰氏染色阴性，直杆状，单个或成对排列，两端较平直，端圆，直径为 0.5～0.8 μm，长 0.9～2.0 μm；无芽孢，有荚膜及鞭毛，能运动（图 2-8）。

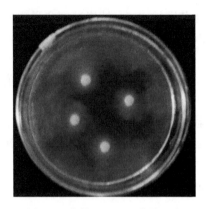

图 2-7　菌株 FS119-1 菌落形态

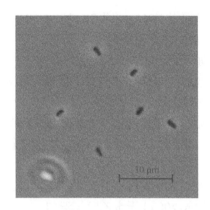

图 2-8　菌株 FS119-1 显微形态特征

（二）生理生化鉴定

对菌株 FS119-1 进行生理生化鉴定，鉴定方法包括 KOH 拉丝试验、好氧性试验、接触酶试验、氧化酶试验、葡萄糖的氧化发酵试验、IMViC 试验（包括表中所列多个试验）、硫化氢试验和明胶液化试验、淀粉水解试验、酯酶试验、脲酶试验、精氨酸双水解酶试验。

菌株 FS119-1 部分生理生化特性与液化沙雷氏菌的特性比较见表 2-3，结果表明，其生理生化特性与液化沙雷氏菌相同，初步鉴定为液化沙雷氏菌。

表 2-3　菌株 FS119-1 部分生理生化特性和液化沙雷氏菌的特性比较

特性	FS119-1	液化沙雷氏菌（Serratia liquefaciens）
KOH 拉丝试验	−	−
好氧性试验	−	−
接触酶试验	+	+
氧化酶试验	−	−
葡萄糖的氧化发酵试验	+	+
运动型	+	+
吲哚试验	−	−
M.R 和 V-P 试验	+	+
柠檬酸盐试验	+	+
硫化氢试验	−	−
明胶液化试验	+	+
淀粉水解试验	−	−
酯酶试验	+	+
脲酶试验	−	−
精氨酸双水解酶试验	−	−

注："+"阳性反应；"−"阴性反应

（三）分子生物学鉴定

1. 基因组 DNA 的提取

基因组 DNA 按照 SK1201-UNIQ-10 柱式细菌基因组 DNA 抽提试剂盒说明书提取（使用前先将水浴锅调整到 56℃，并将洗脱液（Elution buffer）置于 60℃ 水浴中），主要步骤如下。

取培养 48 h 的 FS119-1 菌液，加入离心管中，10 000 r/min 离心 30 s，收集菌体，尽量去除上清液。

加入 180 μl 消化液（Digestion buffer），重悬菌液，加入蛋白酶 K（10 mg/ml）20 μl，混匀，56℃ 水浴 30～60 min，完全裂解细胞后，加入核糖核酸酶 A（25 mg/ml）20 μl，混匀，室温静置 5 min。

加入 200 μl 溶液 BD，混匀，70℃ 水浴 10 min。

加入 200 μl 无水乙醇，混匀。

吸附柱放入收集管后，用移液器将溶液和纤维状悬浮物全部加入吸附柱中，静置 2 min，12 000 r/min 离心 3 min，弃滤液。

向吸附柱中加入 500 μl 溶液 PW，10 000 r/min 离心 1 min，弃滤液。

向吸附柱中加入 500 μl 漂洗液（Wash buffer），10 000 r/min 离心 1 min，弃滤液。

将吸附柱重新放回收集管中，12 000 r/min 离心 2 min，去除残留的漂洗液。

取出吸附柱，放入一个新的 1.5 ml 离心管中，加入 50 μl 预热（60℃）的洗脱液，静置 3 min，10 000 r/min 离心 1 min，收集 DNA 溶液。提取的基因组 DNA 于 –20℃ 保存。

2. 琼脂糖凝胶电泳检测基因组 DNA

A. 1% 琼脂糖凝胶的制作

制胶板两端用胶布封好，置于水平的实验台面上；准确称取 0.4 g 琼脂糖，放入一个干净的 250 ml 锥形瓶中，然后加入 40 ml 0.5×TBE 电泳缓冲液；放入微波炉中，加热约 1 min 至全部溶化；取出，冷却到约 60℃，将其沿着制胶板的一角缓慢倒入制胶板中，并在一端放入梳子，室温放置 45 min 左右冷却凝固；去掉制胶板和梳子，将胶放入电泳槽内，向电泳槽中加入 0.5×TBE 电泳缓冲液直至没过琼脂糖凝胶表面 1 mm。

B. 上样

取 1 μl 6×DNA 上样缓冲液（Loading buffer）与 5 μl 样品溶液，混合后上样。

C. 琼脂糖凝胶电泳

110 V 恒压电泳 25 min 左右，电泳完成后，将凝胶染色（EB），然后放入凝胶成像系统中观察结果。

如图 2-9 所示，通过琼脂糖凝胶电泳得到清晰的单一条带，分子质量大于 10 000 bp，提取获得菌株 FS119-1 基因组 DNA。

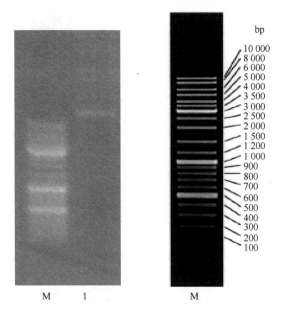

图 2-9　菌株 FS119-1 的基因组 DNA 提取产物电泳图谱

1. 样品，M. Marker

3. 16S rDNA PCR 扩增引物的设计

选择 16S rDNA 通用引物：

7f：（5′-CAGAGTTTGATCCTGGCT-3′）　　　　　　　　　　　　　（18 bp）

1540r（1522）：（5′-AGGAGGTGATCCAGCCGCA-3′）　　　　　　　　（19 bp）

4. PCR

以菌株 FS119-1 基因组 DNA 为模板进行 PCR 扩增，反应体系和扩增程序如下。

PCR 反应体系（50 μl）：

FS119-1 基因组 DNA 模板	10 pmol
7f（10 μmol/L）	1.0 μl
1540r（10 μmol/L）	1.0 μl
dNTP 混合物（每种 10 mmol/L）	1.0 μl
10×*Taq* 反应缓冲液（Reaction buffer）	5.0 μl
Taq DNA 聚合酶（5 U/μl）	0.25 μl
补加双蒸水至	50 μl

PCR 扩增程序为：预变性 98℃ 5 min；循环 95℃ 35 s，55℃ 35 s，72℃ 90 s，35 个循环；延伸 8 min，4℃保存。

PCR 产物电泳图谱：以菌株 FS119-1 基因组 DNA 为模板，利用细菌的 16S rDNA 通用引物进行 PCR，如图 2-10 所示，通过琼脂糖凝胶电泳得到一条 1.5 kb 左右的清晰条带，孔 1、孔 2 略有拖尾现象，孔 5、孔 6 略有杂带，孔 3、孔 4 条带较纯。

5. DNA 琼脂糖切胶纯化

由 PCR 产物电泳结果确定并切割所需 DNA 目的条带。

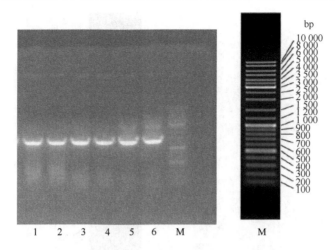

图 2-10　菌株 FS119-1 的 16S rDNA 琼脂糖凝胶电泳检测结果（PCR 产物电泳图谱）

1～6. 同一样品，M. Marker

使用 UNIQ-10 柱式 DNA 胶回收试剂盒回收 PCR 产物，回收步骤如下。

1）在紫外灯下，用干净的手术刀割下含需回收 DNA 的琼脂块（照射时间尽可能短，切胶尽可能减小胶的体积），放入已经称好重量的 1.5 ml 离心管中。

2）称量并计算凝胶的重量，以 1 mg 为 1 μl 换算凝胶的体积。

3）加入 3 倍于凝胶体积的结合缓冲液（Binding buffer）Ⅱ。

4）置于 50～60℃水浴中 10 min，加热溶胶时，每 2 min 混匀一次，使胶彻底溶化。

5）将溶化的胶溶液转移到套放在 2 ml 收集管内的 UNIQ-10 柱中，室温放置 2 min，12 000 r/min 离心 1 min。

6）取下 UNIQ-10 柱，倒掉收集管中的废液，将 UNIQ-10 柱放入同一个收集管中，加入 500 μl Wash Solution，12 000 r/min 离心 1 min。

重复步骤 6）一次。

取下 UNIQ-10 柱，弃废液，将 UNIQ-10 柱放入同一个收集管中，12 000 r/min 离心 2 min。

将 UNIQ-10 柱放入新的 1.5 ml 离心管中，在柱子膜中央加 40 μl Elution buffer 放置 5 min。

12 000 r/min 离心 1 min，离心管中的液体即为回收的 DNA 片段，可立即使用或保存于–20℃备用。

6. DNA 测序

利用纯化的 PCR 产物进行 16S rDNA 测序，此步交由生工生物工程（上海）股份有限公司完成。

测定结果表明，菌株 FS119-1 的 16S rDNA 序列经 PCR 得到有效扩增，其长度为 1423 bp，其序列如下所示。

5′-TGCAAGTCGA GCGGTAGCAC AGGGAAGCTT GCTCCTGGGT GACGAGCGGC
GGACGGGTGA GTAATGTCTG GGAAACTGCC TGATGGAGGG GGATAACTAC
TGGAAACGGT AGCTAATACC GCATAACGTC TACGGACCAA AGTGGGGGAC

CTTCGGGCCT CATGCCATCA GATGTGCCCA GATGGGATTA GCTAGTAGGT
GGGGTAATGG CTCACCTAGG CGACGATCCC TAGCTGGTCT GAGAGGATGA
CCAGCCACAC TGGAACTGAG ACACGGTCCA GACTCCTACG GGAGGCAGCA
GTGGGGAATA TTGCACAATG GGCGCAAGCC TGATGCAGCC ATGCCGCGTG
TGTGAAGAAG GCCTTCGGGT TGTAAAGCAC TTTCAGCGAG GAGGAAGGGT
TCAGTGTTAA TAGCACTGTG CATTGACGTT ACTCGCAGAA GAAGCACCGG
CTAACTCCGT GCCAGCAGCC GCGGTAATAC GGAGGGTGCA AGCGTTAATC
GGAATTACTG GGCGTAAAGC GCACGCAGGC GGTTTGTTAA GTCAGATGTG
AAATCCCCGC GCTTAACGTG GGAACTGCAT TTGAAACTGG CAAGCTAGAG
TCTTGTAGAG GGGGGTAGAA TTCCAGGTGT AGCGGTGAAA TGCGTAGAGA
TCTGGAGGAA TACCGGTGGC GAAGGCGGCC CCCTGGACAA AGACTGACGC
TCAGGTGCGA AAGCGTGGGG AGCAAACAGG ATTAGATACC CTGGTAGTCC
ACGCTGTAAA CGATGTCGAC TTGGAGGTTG TGCCCTTGAG GCGTGGCTTC
CGGAGCTAAC GCGTTAAGTC GACCGCCTGG GGAGTACGGC CGCAAGGTTA
AAACTCAAAT GAATTGACGG GGGCCCGCAC AAGCGGTGGA GCATGTGGTT
TAATTCGATG CAACGCGAAG AACCTTACCT ACTCTTGACA TCCAGAGAAT
TCGCTAGAGA TAGCTTAGTG CCTTCGGGAA CTCTGAGACA GGTGCTGCAT
GGCTGTCGTC AGCTCGTGTT GTGAAATGTT GGGTTAAGTC CCGCAACGAG
CGCAACCCTT ATCCTTTGTT GCCAGCGCGT AATGGCGGGA ACTCAAAGGA
GACTGCCGGT GATAAACCGG AGGAAGGTGG GGATGACGTC AAGTCATCAT
GGCCCTTACG AGTAGGGCTA CACACGTGCT ACAATGGCGT ATACAAAGAG
AAGCGAACTC GCGAGAGCAA GCGGACCTCA TAAAGTACGC CGTAGTCCGG
ATCGGAGTCT GCAACTCGAC TCCGTGAAGT CGGAATCGCT AGTAATCGTA
GATCAGAATG CTACGGTGAA TACGTTCCCG GGCCTTGTAC ACACCGCCCG
TCACACCATG GGAGTGGGTT GCAAAGAAG TAGGTAGCTT AACCTTCGGG
AGGGCGCTTA CCACTTTGTG ACT-3′

7. 16S rDNA 序列分析与系统发育树的构建

进入 NCBI，将检测的 16S rDNA 序列在 GenBank 数据库进行 BLAST 比对，获取与菌株 FS119-1 的 16S rDNA 序列相似度高的序列。采用 ClustalX 进行多序列匹配比对，将分值高的菌株的 16S rDNA 序列载入记事本文件。点击 Alignment→Do complete alignment，将对比结果以 FASTA 格式保存。通过 MEGA 5.05 软件计算出序列的系统进化距离，用邻接（neighbor-joining）法构建系统发育树（图 2-11），系统发育树评估采用自展法（bootstraping），自举次数设置为 1000 次。

由系统发育树可知，菌株 FS119-1 与 *Serratia liquefaciens*（NR042062.1）在同一分支上，同源性达到了 99.79%（同源性=1396/1399）。此外，其与 *Serratia grimesii*（NR025340.1）、*Serratia proteamaculans*（NR025341.1）、*Serratia proteamaculans*（NR037112.1）等的进化关系也较近，同源性都达到了 99%。结合菌株的形态特征，可初步鉴定菌株 FS119-1 为变形菌门（Proteobacteria）γ-变形菌纲（Gammaproteobacteria）肠杆菌目（Enterobacteriales）肠杆菌科（Enterobacteriaceae）沙雷氏菌属（*Serratia*）中的液化沙雷氏菌（*Serratia liquefaciens*），属于细菌（bacteria）。

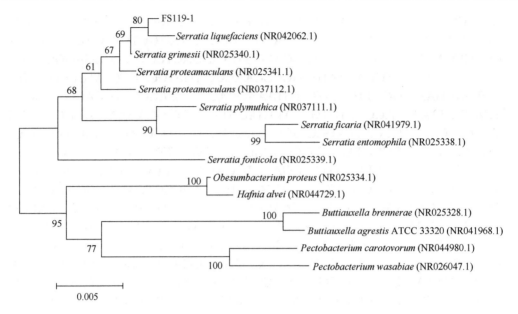

图 2-11　FS119-1 和相关菌株序列的 16S rDNA 序列的邻接法系统发育树

第三节　菌株 FS119-1 酶学性质研究

一、发酵培养基优化

（一）碳源对菌株 FS119-1 发酵产酶的影响

在发酵培养基中，分别加入 0.5% 的不同种类碳源（葡萄糖、玉米粉、淀粉、蔗糖、牛肉浸膏、酵母浸出汁、乳糖、花生饼）进行单因素实验。20℃，装液量 150 ml（500 ml 摇瓶），接种量 6%，150 r/min 培养 48 h 后跟踪测定酶活性；每个实验做 3 个平行样，结果见图 2-12。

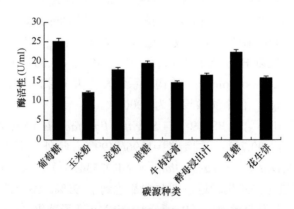

图 2-12　不同碳源对 FS119-1 发酵产酶的影响

由图 2-12 可看出，成分简单的葡萄糖、蔗糖和乳糖有利于酶的产生，而以成分复杂的花生饼和玉米粉作为碳源时不利于提高酶产量，其中葡萄糖为最佳碳源，乳糖次之。

（二）碳源最适浓度的确定

在最优碳源确定的条件下，改变培养基中碳源浓度（0.25%、0.50%、0.75%、1.00%），20℃，装液量 150 ml（500 ml 摇瓶），接种量 6%，150 r/min 培养 48 h 后跟踪测定酶活性；每个实验做 3 个平行样，结果见图 2-13。

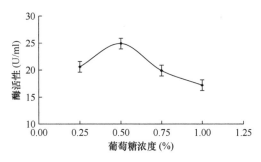

图 2-13 葡萄糖浓度对 FS119-1 发酵产酶的影响

如图 2-13 所示，当葡萄糖浓度为 0.50%时，发酵液低温脂肪酶活性最高，达 24.9 U/ml，葡萄糖浓度为 0.25%时，酶活性为 20.6 U/ml；葡萄糖浓度为 1.00%时，酶活性仅为 17.2 U/ml。说明过高浓度的碳源对菌体生长有抑制作用，影响酶的合成；碳源浓度过低则会营养不足，从而影响酶的合成。

（三）氮源对菌株 FS119-1 发酵产酶的影响

在确定最优碳源及其浓度的情况下，分别加入 0.1%不同种类的氮源（硫酸铵、玉米浆、豆饼粉、蛋白胨、酵母膏、尿素、硝酸铵）进行单因素实验。20℃，装液量 150 ml（500 ml 摇瓶），接种量 6%，150 r/min 培养 48 h 后跟踪测定酶活性；每个实验做 3 个平行样，结果见图 2-14。

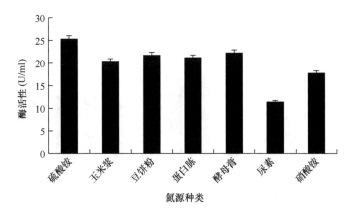

图 2-14 不同氮源对 FS119-1 发酵产酶的影响

如图 2-14 所示，无机氮比有机氮略促进菌株 FS119-1 产低温脂肪酶。添加硫酸铵效果最好，酵母膏和豆饼粉次之。尿素不利于产低温脂肪酶。大规模发酵产低温脂肪酶，可考虑选用豆粕（豆饼粉）为氮源，豆粕成本低廉，产酶效果也较好。

（四）氮源最适浓度的确定

在最优氮源确定的条件下，改变培养基中氮源浓度（0.1%、0.2%、0.3%、0.4%），20℃，装液量 150 ml（500 ml 摇瓶），接种量 6%，150 r/min 培养 48 h 后跟踪测定酶活性；每个实验做 3 个平行样，结果见图 2-15。

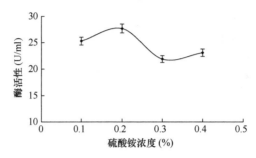

图 2-15 硫酸铵浓度对 FS119-1 发酵产酶的影响

如图 2-15 所示，当硫酸铵浓度为 0.2%时，发酵液低温脂肪酶活性最高，达 27.7 U/ml，硫酸铵浓度为 0.1%时，酶活性为 25.3 U/ml；硫酸铵浓度为 0.4%时，酶活性仅为 23.1 U/ml；说明过高浓度的氮源对菌体生长有抑制作用，影响酶的合成；氮源浓度过低则会营养不足，从而影响酶的合成。

（五）诱导剂对菌株 FS119-1 发酵产酶的影响

在确定最优碳源和氮源及其浓度的情况下，分别加入 1%不同种类的诱导剂（橄榄油、不加、PVA-橄榄油、PVA-大豆油、PVA-鱼油、PVA-玉米油、PVA-猪油、PVA-麻油、PVA-芥末油、PVA-花生油），进行单因素实验。20℃，装液量 150 ml（500 ml 摇瓶），接种量 6%，150 r/min 培养 48 h 后跟踪测酶活性；每个实验做 3 个平行样，结果见图 2-16。

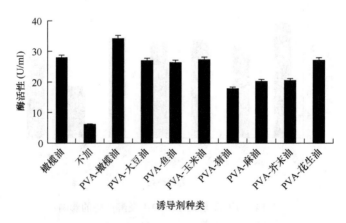

图 2-16 不同诱导剂对 FS119-1 发酵产酶的影响

如图 2-16 所示，培养基中不加诱导剂时，几乎不产低温脂肪酶。菌株 FS119-1 只有在含诱导剂的培养基中才能产生低温脂肪酶，可以推断此菌株低温脂肪酶的合成属诱导型，需要添加诱导剂才能促使低温脂肪酶大量表达；以橄榄油为诱导剂时，低温脂肪酶活性为 27.9 U/ml，以 PVA-橄榄油为诱导剂时，低温脂肪酶活性为 34.2 U/ml。这是因为 PVA 作为表面活性剂与诱导剂结合形成诱导剂的乳化剂，使乳化剂中的诱导剂呈更小的微粒状态，更容易进入细胞膜诱导低温脂肪酶的产生（刘瑞娟等，2009），故此 PVA-橄榄油作为诱导剂要比橄榄油作为诱导剂更易诱导低温脂肪酶的产生。PVA-诱导剂乳化液作为低温脂肪酶的诱导剂，PVA-橄榄油效果最好，PVA-玉米油、PVA-花生油、PVA-大豆油效果次之，PVA-猪油不利于产酶，总结为长链脂肪酸较短链脂肪酸更为有效（俞勇，2003）。值得注意的是，低温脂肪酶活性随着搅拌速度的提高呈现下降趋势。可见，乳化液的制备时间不宜太长，转速也不宜太快。

（六）诱导剂最适浓度的确定

不同诱导剂对微生物产酶有着不同的影响，适合且适量的诱导剂能促使细胞分泌低温脂肪酶。在最优诱导剂确定的条件下，改变培养基中诱导剂浓度（0.8%、1.0%、1.2%、1.4%），20℃，装液量 150 ml（500 ml 摇瓶），接种量 6%，150 r/min 培养 48 h 后跟踪测定酶活性；每个实验做 3 个平行样，结果见图 2-17。

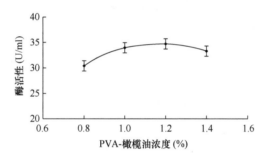

图 2-17　PVA-橄榄油浓度对 FS119-1 发酵产酶的影响

如图 2-17 所示，当 PVA-橄榄油的浓度为 1.2%时，发酵液低温脂肪酶活性最高，达 34.1 U/ml；PVA-橄榄油浓度为 0.8%时，酶活性为 30.4 U/ml；PVA-橄榄油浓度为 1.4%时，酶活性为 33.3 U/ml。

（七）无机盐对菌株 FS119-1 发酵产酶的影响及其最适浓度的确定

在碳源、氮源、诱导剂及其浓度确定的情况下，分别将无机盐（磷酸氢二钾、硫酸亚铁、硫酸镁、氯化钙）以不同浓度添加到优化的培养基中，其中硫酸镁和氯化钙为新添的无机盐。20℃，装液量 150 ml（500 ml 摇瓶），接种量 10%，150 r/min 培养 48 h 后跟踪测定酶活性；每个实验做 3 个平行样，结果见表 2-4。

表 2-4　无机盐对 FS119-1 发酵产酶的影响

种类	添加浓度（%）	酶活性（U/ml）
磷酸氢二钾（K_2HPO_4）	0.06	32.2
	0.08	35.8
	0.10	34.2
	0.12	31.9

种类	添加浓度（%）	酶活性（U/ml）
硫酸亚铁（FeSO$_4$）	0.02	19.8
	0.04	21.4
	0.06	18.9
	0.08	16.2
硫酸镁（MgSO$_4$）	0.02	29.7
	0.04	33.4
	0.06	35.2
	0.08	28.5
氯化钙（CaCl$_2$）	0.02	31.6
	0.03	33.8
	0.04	32.4
	0.05	30.1

由表 2-4 可知，含 K$^+$、Mg^{2+}、Ca^{2+} 的无机盐利于产低温脂肪酶，故确定各种无机盐最佳含量为磷酸氢二钾 0.08%、硫酸镁 0.06%、氯化钙 0.03%，在此基础上进行后续研究。

（八）NaCl 最适浓度的确定

菌株 FS119-1 筛选自海洋，故 NaCl 为其培养基中不可或缺的成分。在碳源、氮源、诱导剂、无机盐及其浓度确定的情况下，改变培养基中 NaCl 的浓度（1.0%、1.5%、2.0%、2.5%、3.0%），20℃，装液量 150 ml（500 ml 摇瓶），接种量 6%，150 r/min 培养 48 h 后跟踪测定酶活性；每个实验做 3 个平行样，结果见图 2-18。

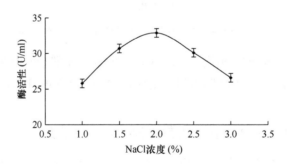

图 2-18　NaCl 浓度对 FS119-1 发酵产酶的影响

由图 2-18 可知，当 NaCl 浓度为 2.0%时，发酵液低温脂肪酶活性最高，达 32.9 U/ml，浓度过高或过低都会影响低温脂肪酶活性。

（九）不同表面活性剂对菌株 FS119-1 发酵产酶的影响及其最适浓度的确定

在以上确定的情况下，分别将不同表面活性剂（吐温-80、司盘、曲拉通 X-100）以不同浓度（0.1%、0.2%、0.3%）添加到优化的培养基中。20℃，装液量 150 ml（500 ml 摇瓶），接种量 6%，150 r/min 培养 48 h 后跟踪测定酶活性；每个实验做 3 个平行样，结果如图 2-19 所示。

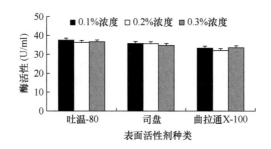

图 2-19　不同表面活性剂及其浓度对 FS119-1 发酵产酶的影响

由图 2-19 可知，适当浓度的吐温-80、司盘和曲拉通 X-100 都可以提高低温脂肪酶活性，其中提高较明显的是 0.1% 的吐温-80，酶活性达到 37.6 U/ml。

（十）发酵培养基的 PB 设计

在单因素实验的基础上，选取对培养基有影响的 8 个因素（葡萄糖、硫酸铵、PVA-橄榄油、磷酸氢二钾、硫酸镁、氯化钙、氯化钠、吐温-80）和 3 个虚拟项进行实验次数为 12 次的 PB 设计，考察各因素的主效应和交互作用的一级作用，以确定重要影响因素。

1. PB 设计因素和水平

以低温脂肪酶活性为评价指标，菌株 FS119-1 发酵培养基 PB 设计因素和水平见表 2-5，数据分析和模型建立由 Minitab 软件完成。

表 2-5　菌株 FS119-1 发酵培养基 PB 设计因素和水平

因素		水平	
代码	参数	低（−1）	高（+1）
A	葡萄糖（%）	0.25	0.50
B	硫酸铵（%）	0.10	0.20
C	虚拟项	—	—
D	PVA-橄榄油（%）	1.00	1.20
E	磷酸氢二钾（%）	0.08	0.09
F	虚拟项	—	—
G	硫酸镁（%）	0.04	0.06
H	氯化钙（%）	0.02	0.03
I	虚拟项	—	—
J	氯化钠（%）	1.50	2.00
K	吐温-80（%）	0.10	0.15

2. PB 设计筛选重要影响因素

由表 2-5 和 Minitab 软件得到 PB 设计与响应值表（表 2-6），进而得到 PB 设计的各因素、水平及效应评价（表 2-7）。

由表 2-7 可以看出，葡萄糖、PVA-橄榄油、硫酸镁显著影响液化沙雷氏菌诱变菌株 FS119-1 产酶的可信度大于 95%，达到显著水平。

表2-6　菌株 FS119-1 发酵培养基 PB 设计与响应值表（*n*=12）

序号	A	B	C	D	E	F	G	H	I	J	K	酶活性（U/ml）
1	−1	−1	−1	−1	−1	−1	−1	−1	−1	−1	−1	29.1
2	1	−1	−1	−1	1	1	1	−1	1	1	−1	30.5
3	1	−1	1	−1	−1	−1	1	1	1	−1	1	30.6
4	−1	1	1	1	−1	−1	1	−1	1	−1	−1	25.6
5	−1	1	−1	−1	−1	1	1	1	−1	1	1	22.0
6	1	1	1	1	−1	1	1	1	1	1	1	44.1
7	−1	−1	−1	1	1	1	−1	1	1	−1	1	32.3
8	1	1	−1	1	1	−1	1	−1	−1	−1	1	33.2
9	1	1	1	−1	1	1	−1	1	−1	−1	−1	25.9
10	−1	−1	1	1	1	−1	1	1	−1	1	−1	29.0
11	1	1	−1	−1	−1	−1	1	1	1	1	−1	42.3
12	−1	1	1	−1	1	−1	−1	−1	1	1	1	22.1

表2-7　菌株 FS119-1 发酵培养基 PB 设计的各因素、水平及效应评价

代码	因素	水平		*t* 值	Prob>*t*	重要性
		−1	+1			
A	葡萄糖	0.25%	0.50%	5.98	0.009	1
B	硫酸铵	0.10%	0.20%	−3.15	0.051	4
D	PVA-橄榄油	1.00%	1.20%	5.96	0.009	2
E	磷酸氢二钾	0.08%	0.09%	−2.66	0.076	5
G	硫酸镁	0.04%	0.06%	−3.20	0.049	3
H	氯化钙	0.02%	0.03%	−0.32	0.769	7
J	氯化钠	1.50%	2.00%	1.71	0.186	6
K	吐温-80	0.10%	0.15%	0.24	0.823	8

（十一）发酵培养基的最陡爬坡试验研究最大响应值区域

　　针对葡萄糖、PVA-橄榄油、硫酸镁三个因素的浓度进行最陡爬坡试验，将葡萄糖和 PVA-橄榄油的浓度按照步长逐步增大，硫酸镁的浓度逐步减小以寻找最大响应区域。试验设计和结果如表2-8所示，在第2组试验中，当葡萄糖为0.75%、PVA-橄榄油为1.30%、硫酸镁为0.03%时酶活性达到最大值，此后浓度继续变化酶活性不断降低。所以以第2组试验作为中心组合。

表2-8　菌株 FS119-1 发酵培养基最陡爬坡试验设计及结果

序号	葡萄糖（%）	PVA-橄榄油（%）	硫酸镁（%）	酶活性（U/ml）
1	0.50	1.20	0.04	42.1
2	0.75	1.30	0.03	49.2
3	1.00	1.40	0.02	41.6
4	1.25	1.50	0.01	39.7

（十二）发酵培养基的响应面模型与分析

根据 BB 中心组合试验设计原理，对由 PB 设计确定的 3 个重要因素各取 3 个水平。设计 3 因素 3 水平共 15 个试验点的响应面分析。

1. BB 中心组合试验设计

15 个试验点中的 12 个试验点为析因点，3 个为零点，零点试验重复 3 次用于估计试验误差。菌株 FS119-1 发酵培养基 BB 中心组合试验设计因素和水平见表 2-9，试验方案和结果见表 2-10，表 2-10 中的试验结果为 3 次试验的平均值。数据分析和模型建立由 Minitab 软件完成。

表 2-9　菌株 FS119-1 发酵培养基 BB 中心组合试验设计因素和水平

因素	水平		
	−1	0	+1
葡萄糖（%）	0.50	0.75	1.00
PVA-橄榄油（%）	1.20	1.30	1.40
硫酸镁（%）	0.02	0.03	0.04

表 2-10　菌株 FS119-1 发酵培养基 BB 中心组合试验设计与结果（$n = 15$）

序号	葡萄糖（g/L）		PVA-橄榄油（g/L）		硫酸镁（g/L）		酶活性（U/ml）
	X_1	编码 X_1	X_2	编码 X_2	X_3	编码 X_3	
1	7.5	0	13	0	0.3	0	49.8
2	7.5	0	14	1	0.4	1	36.5
3	5	−1	12	−1	0.3	0	33.2
4	7.5	0	12	−1	0.2	−1	43.9
5	7.5	0	14	0	0.3	0	47.4
6	5	−1	14	0	0.2	−1	43.5
7	7.5	0	12	−1	0.4	1	28.0
8	10	1	13	0	0.2	−1	43.5
9	5	−1	13	0	0.4	1	34.7
10	7.5	0	14	1	0.2	−1	34.6
11	10	1	12	−1	0.3	0	42.9
12	10	1	14	1	0.3	0	34.9
13	7.5	0	13	0	0.3	0	48.9
14	5	−1	14	1	0.3	0	44.4
15	10	1	13	0	0.4	1	40.9

2. 二次回归拟合与方差分析

运用 Minitab 软件对实验数据进行回归分析，得出回归方程：

$$Y = 48.7 + 0.8X_1 + 0.3X_2 - 3.18X_3 - 2.48X_1^2 - 7.38X_2^2 - 5.58X_3^2 - 4.8X_1X_2 + 1.55X_1X_3 + 4.45X_2X_3$$

显著性检验和方差分析结果分别见表 2-11 和表 2-12。

表 2-11 菌株 FS119-1 发酵培养基 BB 中心组合试验结果回归系数显著性检验

变量	系数估计	标准误	t 值	Prob>t
X_1	0.8000	0.5071	1.578	0.175
X_2	0.3000	0.5071	0.592	0.580
X_3	−3.1750	0.5071	−6.261	0.002
X_1^2	−2.4750	0.7464	−3.316	0.021
X_2^2	−7.3750	0.7464	−9.881	0.000
X_3^2	−5.5750	0.7464	−7.469	0.001
X_1X_2	−4.8000	0.7171	−6.694	0.001
X_1X_3	1.5500	0.7171	2.161	0.083
X_2X_3	4.4500	0.7171	6.205	0.002

注：R^2 = 98.23%；Adj R^2 = 95.04%

表 2-12 菌株 FS119-1 发酵培养基 BB 中心组合试验结果回归方程的方差分析

方差来源	自由度	调整平方和	调整均方	F 值	Prob>F
回归	9	570.404	63.378	30.81	0.001
线性	3	86.485	28.828	14.01	0.007
平方	3	302.939	100.980	49.09	0.000
交互作用	3	180.980	60.327	29.33	0.001
残差误差	5	10.285	2.057		
失拟	3	7.345	2.448	1.69	0.396
纯误差	2	2.940	1.470		
合计	14	580.689			

从表 2-11 可以看出，硫酸镁因子、PVA-橄榄油因子的平方、硫酸镁因子的平方、葡萄糖与 PVA-橄榄油的交互因子、PVA-橄榄油与硫酸镁的交互因子对酶活性的影响极显著；葡萄糖因子的平方对酶活性的影响显著，说明响应值的变化相当复杂，试验因子与响应值不是简单的线性关系，三因素之间交互效应较大；回归方程的相关系数 R^2 = 98.23%，表明该模型拟合程度良好，试验设计可靠；从表 2-12 可以看出，方程的失拟项为 0.396>0.05，表明失拟不显著，模型稳定，能很好地进行预测。

3. 响应面分析

根据响应面法分析数据绘出曲面图及等高线图，直观反映出葡萄糖、PVA-橄榄油和硫酸镁及其交互作用对酶活性的影响（图 2-20～图 2-22）。在曲面图中圆形等高线表示参数之间交互作用不显著，椭圆形或马鞍形等高线表示参数之间交互作用显著。

由葡萄糖、PVA-橄榄油和硫酸镁交互影响的曲面图和等高线图可以看出，葡萄糖、PVA-橄榄油和硫酸镁的浓度与酶产量存在显著的相关性。葡萄糖与 PVA-橄榄油交互作用影响酶产量最显著，硫酸镁与 PVA-橄榄油交互作用影响酶产量效果次之。葡萄糖与硫酸镁交互作用影响酶产量较其他交互作用影响不显著。

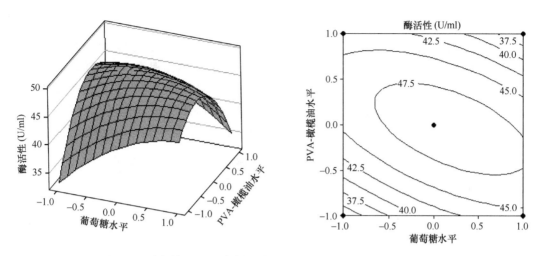

图 2-20　葡萄糖与 PVA-橄榄油交互影响酶活性的曲面图与等高线图

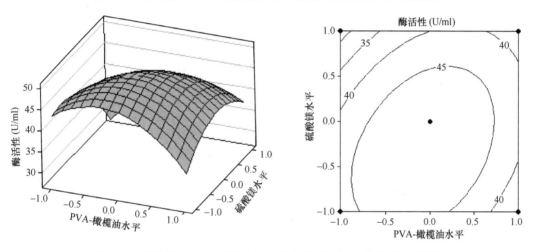

图 2-21　硫酸镁与 PVA-橄榄油交互影响酶活性的曲面图与等高线图

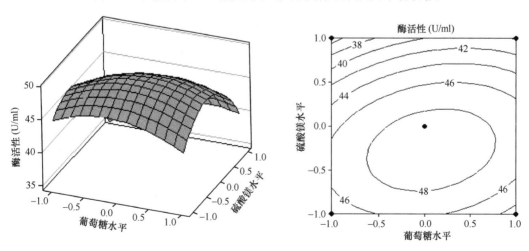

图 2-22　葡萄糖与硫酸镁交互影响酶活性的曲面图与等高线图

4. 最优条件的确定与验证

用 Minitab 软件得到优化图（图 2-23），由图 2-23 可以得到最大酶活性对应的各因素参数值，预测最大酶活性为 49.3 U/ml 时所对应的葡萄糖、PVA-橄榄油、硫酸镁浓度的编码值分别为 0.191 9、–0.131 3、–0.313 1，根据编码值与实际值关系，可得到最佳的浓度为葡萄糖 0.798%、PVA-橄榄油 1.287%、硫酸镁 0.027%。实测三次平均酶活性为 49.9 U/ml，是优化前的 2 倍，与理论预测吻合良好，表明采用响应面法优化得到的最佳条件准确可靠。

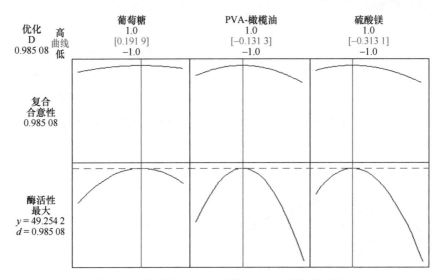

图 2-23　葡萄糖、PVA-橄榄油、硫酸镁的优化图

二、发酵条件优化

（一）温度对菌株 FS119-1 发酵产酶的影响

在发酵培养基确定的条件下，控制培养温度分别为 16℃、18℃、20℃、22℃、24℃，研究温度对菌株 FS119-1 产低温脂肪酶的影响，结果如图 2-24 所示。

由图 2-24 可知，菌株 FS119-1 在温度为 16～20℃时酶活性逐渐提高，温度超过 20℃时其低温脂肪酶活性逐渐降低，温度过高过低都不利于菌体生长或产酶，因此，20℃为其最佳发酵温度。

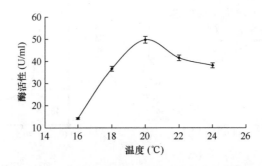

图 2-24　温度对菌株 FS119-1 发酵产酶的影响

（二）初始 pH 对菌株 FS119-1 发酵产酶的影响

在最优发酵温度确定的条件下，控制培养基初始 pH 分别为 4.0、5.0、6.0、7.0、8.0、9.0、10.0，研究初始 pH 对菌株 FS119-1 产低温脂肪酶的影响，结果见图 2-25。

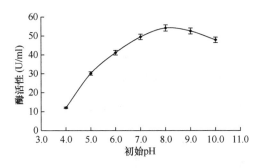

图 2-25　初始 pH 对菌株 FS119-1 发酵产酶的影响

由图 2-25 可知，菌株 FS119-1 在初始 pH 为 4.0~8.0 时酶活性逐渐提高，初始 pH 超过 8.0 时其低温脂肪酶活性逐渐降低，因此菌株 FS119-1 为碱性脂肪酶，8.0 为其最佳发酵初始 pH。

（三）装液量对菌株 FS119-1 发酵产酶的影响

在最优发酵温度和初始 pH 确定的条件下，在 500 ml 三角瓶中分别装入不同量（75 ml、100 ml、125 ml、150 ml、175 ml）的发酵培养基，研究装液量对菌株 FS119-1 产低温脂肪酶的影响，结果如图 2-26 所示。

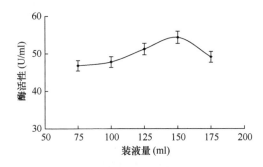

图 2-26　装液量对菌株 FS119-1 发酵产酶的影响

由图 2-26 可知，菌株 FS119-1 在装液量为 75~150 ml 时酶活性逐渐提高，装液量超过 150 ml 时低温脂肪酶活性逐渐降低，因此 150 ml 为最佳装液量。

（四）种龄对菌株 FS119-1 发酵产酶的影响

在最优发酵温度、初始 pH 和装液量确定的条件下，分别把培养不同时间（18 h、21 h、24 h、27 h、30 h、33 h）的种子液接入发酵培养基，研究种龄对菌株 FS119-1 产低温脂肪酶的影响，结果如图 2-27 所示。

由图 2-27 可知，菌株 FS119-1 在种龄 18~24 h 时酶活性逐渐提高，种龄超过 24 h 时低温脂肪酶活性逐渐降低，因此 24 h 为最佳发酵种龄。

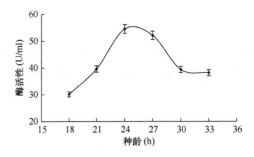

图 2-27　种龄对菌株 FS119-1 发酵产酶的影响

（五）接种量对菌株 FS119-1 发酵产酶的影响

在最优发酵温度、初始 pH、装液量和种龄确定的条件下，控制发酵培养接种量分别为 4%、6%、8%、10%、12%，研究接种量对菌株 FS119-1 产低温脂肪酶的影响，结果见图 2-28。

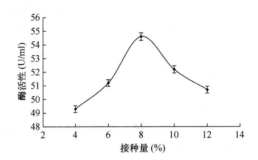

图 2-28　接种量对菌株 FS119-1 发酵产酶的影响

由图 2-28 可知，当接种量为 4%～8% 时，酶活性逐渐提高，接种量超过 8% 时低温脂肪酶活性逐渐降低，可能是单位体积培养基中菌数太多，导致基质营养和通气量不足的原因。因此 8% 为最佳发酵接种量。

（六）转速对菌株 FS119-1 发酵产酶的影响

在上述优化条件下，控制发酵培养摇床的转速分别为 90 r/min、110 r/min、130 r/min、150 r/min 和 170 r/min，研究转速对菌株 FS119-1 产低温脂肪酶的影响，结果如图 2-29 所示。

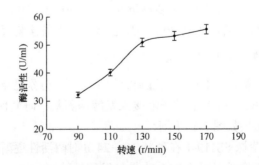

图 2-29　转速对菌株 FS119-1 发酵产酶的影响

由图 2-29 可知，当转速为 90～170 r/min 时，酶活性逐渐提高，因此 170 r/min 为最佳发酵转速。

（七）发酵条件的 PB 设计

在单因素实验的基础上，选取对培养基有影响的 6 个因素（温度、初始 pH、装液量、种龄、接种量、转速）和 5 个虚拟项进行实验次数为 12 次的 PB 设计，考察各因素的主效应和交互作用的一级作用，以确定重要影响因素。

1. PB 设计因素和水平

本设计以低温脂肪酶活性为评价指标，因素和水平见表 2-13，数据分析和模型建立由 Minitab 软件完成。

表 2-13　FS119-1 发酵条件 PB 设计因素和水平

因素		水平	
代码	参数	低（−1）	高（+1）
A	温度（℃）	18	20
B	虚拟项	—	—
C	初始 pH	7	8
D	虚拟项	—	—
E	装液量（ml）	100	150
F	虚拟项	—	—
G	种龄（h）	20	24
H	虚拟项	—	—
I	接种量（%）	6	8
J	虚拟项	—	—
K	转速（r/min）	150	170

2. PB 设计筛选重要影响因素

由表 2-13 和 Minitab 软件得到 PB 设计与响应值表（表 2-14），进而得到 PB 设计的各因素水平及效应评价（表 2-15）

表 2-14　FS119-1 发酵条件 PB 设计与响应值表（$n = 12$）

序号	A	B	C	D	E	F	G	H	I	J	K	酶活性（U/ml）
1	1	−1	1	1	−1	1	−1	−1	−1	1	1	54.3
2	1	−1	1	−1	−1	−1	1	1	1	−1	−1	52.3
3	1	1	1	−1	1	1	−1	1	−1	−1	−1	51.2
4	1	1	−1	1	−1	−1	−1	1	1	1	−1	39.8
5	−1	−1	1	1	1	1	−1	1	1	−1	1	−1	38.7
6	−1	1	−1	−1	−1	1	1	1	−1	1	1	34.5
7	1	−1	−1	−1	1	1	1	−1	1	1	−1	38.0
8	−1	−1	−1	−1	−1	−1	−1	−1	−1	−1	−1	35.5
9	1	1	1	1	1	−1	1	−1	−1	1	1	37.5
10	−1	1	1	1	−1	1	−1	1	1	1	1	40.6
11	1	1	−1	1	1	−1	1	1	−1	−1	1	44.4
12	−1	1	1	−1	1	−1	−1	−1	1	1	1	41.8

表 2-15　FS119-1 发酵条件 PB 设计的各因素水平及效应评价

代码	因素	水平		t 值	Prob>t	重要性
		−1	+1			
A	温度（℃）	18	20	6.79	0.001	1
C	初始 pH	7	8	4.34	0.007	2
E	装液量（ml）	100	150	0.51	0.633	6
G	种龄（h）	20	24	−2.39	0.062	4
I	接种量（%）	6	8	−2.06	0.095	5
J	转速（r/min）	150	170	3.43	0.019	3

由表 2-15 可知，温度、初始 pH、转速显著影响液化沙雷氏菌诱变菌株 FS119-1 产酶的可信度大于 95%，达到显著水平。

针对温度、初始 pH、转速三个因素进行最陡爬坡试验，三个因素按照步长逐步增大的原则寻找最大响应区域。试验设计和结果如表 2-16 所示，第 2 组试验中，当温度为 21℃，初始 pH 为 8.5，转速为 180 r/min 时酶活性达到最大值，此后随着试验条件的继续变化酶活性不断降低。所以以第 2 组试验作为中心组合试验的中心点。

表 2-16　菌株 FS119-1 发酵条件最陡爬坡试验设计及结果

序号	温度（℃）	初始 pH	转速（r/min）	酶活性（U/ml）
1	20	8	170	51.9
2	21	8.5	180	56.4
3	22	9	190	40.2
4	23	9.5	200	47.9

（八）发酵条件的响应面模型与分析

根据 Box-Behnken（BB）中心组合试验设计原理，对由 PB 设计确定的 3 个重要因素各取 3 个水平。设计 3 因素 3 水平共 15 个试验点的响应面分析。

1. BB 中心组合试验设计

设计的 3 因素 3 水平共 15 个试验点的响应面分析中的 12 个试验点为析因点，3 个为零点，零点试验重复 3 次用于估计试验误差。因素和水平设计见表 2-17，试验方案和结果见表 2-18。数据分析和模型建立由 Minitab 软件完成。

表 2-17　菌株 FS119-1 发酵条件 BB 中心组合试验设计因素和水平

因素	水平		
	−1	0	+1
温度（℃）	20	21	22
初始 pH	8	8.5	9
转速（r/min）	170	180	190

2. 二次回归拟合与方差分析

运用 Minitab 软件对实验数据进行回归分析，得出回归方程：
$$Y = 55.47 - 5.35X_1 + 4.8X_2 + 1.38X_3 - 5.73X_1^2 - 3.78X_2^2 - 8.68X_3^2 + 4.25X_1X_2 + 0.6X_1X_3 + 2.8X_2X_3$$

表 2-18　菌株 FS119-1 发酵条件 BB 中心组合实验设计与结果（*n*=15）

序号	温度（℃）		初始 pH		转速（r/rmin）		酶活性（U/ml）
	X_1	编码 X_1	X_2	编码 X_2	X_3	编码 X_3	
1	22	1	8.5	0	170	−1	35.1
2	20	−1	8	−1	180	0	51.2
3	22	1	8.5	0	190	1	38.7
4	20	1	9	1	180	0	49.2
5	21	0	8	1	190	1	37.7
6	21	0	8.5	0	180	0	56.3
7	21	0	8.5	0	180	0	55.5
8	21	0	8.5	0	180	0	54.6
9	21	0	9	1	190	1	51.4
10	21	0	8	−1	170	−1	40.2
11	20	−1	8.5	0	190	1	45.8
12	20	−1	8.5	0	170	−1	44.6
13	20	−1	9	1	180	0	53.8
14	21	0	9	1	170	−1	42.7
15	22	1	8	−1	180	0	29.6

显著性检验和方差分析结果分别见表 2-19 和表 2-20。

表 2-19　菌株 FS119-1 发酵条件 BB 中心组合试验结果回归系数显著性检验

变量	系数估计	标准误	*t* 值	Prob>*t*
X_1	−5.35	0.6654	−8.040	0.000
X_2	4.8	0.6654	7.213	0.001
X_3	1.375	0.6654	2.066	0.094
X_1^2	−5.733	0.9795	−5.853	0.002
X_2^2	−3.783	0.9795	−3.863	0.012
X_3^2	−8.683	0.9795	−8.865	0.000
$X_1 X_2$	4.25	0.9411	4.516	0.006
$X_1 X_3$	0.6	0.9411	0.638	0.552
$X_2 X_3$	2.8	0.9411	2.975	0.031

注：R^2 = 98.14%；Adj R^2 = 94.80%

表 2-20　菌株 FS119-1 发酵条件 BB 中心组合试验结果回归方程的方差分析

方差来源	自由度	调整平方和	调整均方	*F* 值	Prob>*F*
回归	9	935.484	103.943	29.34	0.001
线性	3	428.425	142.808	40.31	0.001
平方	3	402.009	134.003	37.83	0.001
交互作用	3	105.050	35.017	9.89	0.015
残差误差	5	17.712	3.542		
失拟	3	16.265	5.422	7.50	0.120
纯误差	2	1.447	0.723		
合计	14	953.196			

从表 2-19 可以看出，温度因子、初始 pH 因子、温度因子的平方、转速因子的平方、温度与初始 pH 的交互因子、初始 pH 与转速的交互因子对酶活性的影响极显著；初始 pH 因子的平方对酶活性的影响显著，说明响应值的变化相当复杂，试验因子与响应值不是简单的线性关系，三因素之间交互效应较大；回归方程的相关系数 $R^2 = 98.14\%$，表明该模型拟合程度良好，试验设计可靠；从表 2-20 可以看出，方程的失拟项为 0.120>0.05，表明失拟不显著，模型稳定，能很好地进行预测。

3. 响应面分析

根据响应面法分析数据绘出曲面图及等高线图，直观反映出温度、初始 pH 和转速及其交互作用对酶活性的影响（图 2-30～图 2-32）。在曲面图中圆形等高线表示参数之间交互作用不显著，椭圆形或马鞍形等高线表示参数之间交互作用显著。

由温度、初始 pH 和转速交互影响的曲面图和等高线图可以看出，温度和初始 pH、初始 pH 和转速与酶产量存在显著的相关性。温度与初始 pH 交互作用影响酶产量最显著，初始 pH 与转速交互作用影响酶产量效果次之。温度与转速交互作用影响酶产量不显著。

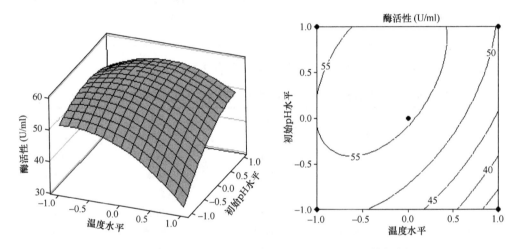

图 2-30　温度与初始 pH 交互影响酶活性的曲面图与等高线图

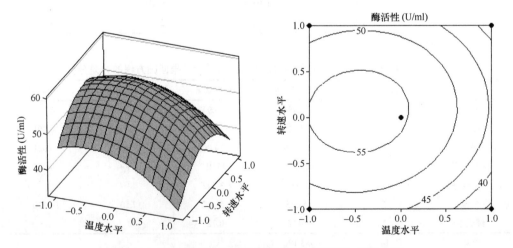

图 2-31　温度与转速交互影响酶活性的曲面图与等高线图

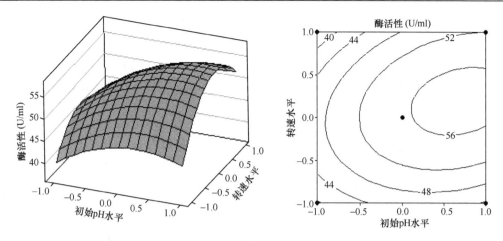

图 2-32　初始 pH 与转速交互影响酶活性的曲面图与等高线图

4. 最优条件的确定与验证

用 Minitab 软件得到优化图（图 2-33），由图 2-33 可以得最大酶活性对应的各因素参数值，预测最大酶活性为 57.6 U/ml 时所对应的温度、初始 pH、转速的编码值分别为 −0.2525、0.5556、0.1515，根据编码值与实际值关系，可得到最佳的优化条件为温度 22℃，初始 pH 9，转速 180 r/min。实测平均酶活性为 56.1 U/ml，是优化前的 1.12 倍，与理论预测吻合良好，表明采用响应面法优化得到的最佳条件准确可靠。

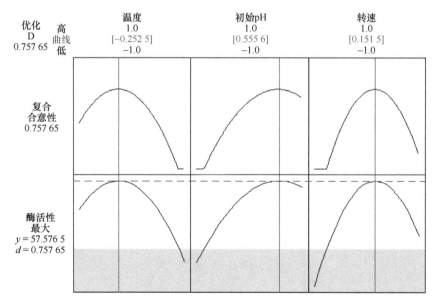

图 2-33　温度、初始 pH、转速的优化图

三、分离纯化

（一）粗酶液的制备

发酵液于 4℃、10 000 r/min 条件下离心 20 min，取上清液作为粗酶液。

（二）盐析

向粗酶液中加入硫酸铵至 10%饱和度，4℃放置 1 h，10 000 r/min 离心 20 min，向上清液继续加入硫酸铵至 80%饱和度，4℃放置 24 h，15 000 r/min 离心 15 min，用 Tris-HCl 缓冲液溶解并透析过夜，直至除去 NH_4^+。

四、酶学性质表征

酶活性测定方法同本章第二节碱滴定法。

（一）温度对低温脂肪酶活性的影响

测定酶液在 0～55℃条件下的低温脂肪酶活性，研究其最适作用温度。

如图 2-34 所示，低温脂肪酶的最适作用温度为 30℃，30℃后相对酶活性逐渐下降，0～40℃相对酶活性保持在 50%以上，0℃有 51%的相对酶活性，符合低温酶特性。

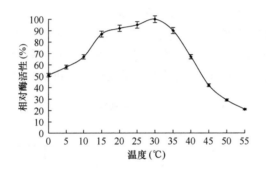

图 2-34　温度对低温脂肪酶活性的影响

（二）低温脂肪酶的热稳定性

测定酶液在 0～55℃条件下保温 1 h 后的低温脂肪酶活性，研究其热稳定性。

如图 2-35 所示，低温脂肪酶在较低的温度（0～40℃）下能保持良好的稳定性，超过 40℃后相对酶活性迅速下降。40℃以上的温度使酶变性失活，55℃处理 1 h 可使酶活性完全丧失，表明该酶具有热不稳定性。

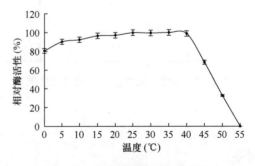

图 2-35　低温脂肪酶的热稳定性

（三）pH 对低温脂肪酶活性的影响

测定酶液在 pH 6.5～10.5 的 Tris-HCl 缓冲体系下的低温脂肪酶活性，研究其最适作用 pH。

如图 2-36 所示，低温脂肪酶的最适作用 pH 为 9.0，在 pH 7.0～9.0 有 50% 以上的相对酶活性，该酶为碱性脂肪酶。

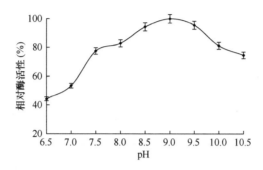

图 2-36　pH 对低温脂肪酶活性的影响

（四）低温脂肪酶的酸碱稳定性

测定酶液在 pH 2.0～9.5 的 Tris-HCl 缓冲体系下 30℃放置 24 h 的低温脂肪酶活性，研究其酸碱稳定性。

如图 2-37 所示，低温脂肪酶在 pH 4.0～9.5 下能保持良好的稳定性。

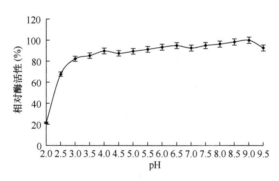

图 2-37　低温脂肪酶的酸碱稳定性

（五）金属离子及螯合剂对低温脂肪酶活性的影响

在最适作用温度和 pH 确定的条件下向酶反应体系中各加入各种金属阳离子（Na^+、K^+、Ca^{2+}、Mg^{2+}、Fe^{2+}、Cu^{2+}、Mn^{2+}、Fe^{3+}、Zn^{2+}、Ba^{2+}）和乙二胺四乙酸（EDTA），使其终浓度为 0.01 mol/L，然后测定酶活性。以上实验均重复三次取平均值制表（表 2-21）。

由表 2-21 可知，K^+、Ca^{2+}、Mg^{2+}、Ba^{2+} 对低温脂肪酶活性有明显促进作用。Na^+、Zn^{2+}、Fe^{2+}、Fe^{3+} 对低温脂肪酶活性有微弱抑制作用，残留相对酶活性保持在 80% 以上，Cu^{2+}、Mn^{2+}、EDTA 对低温脂肪酶活性有严重抑制作用，残留相对酶活性在 30% 以下。

表 2-21　金属离子及螯合剂对低温脂肪酶活性的影响

金属离子及螯合剂	相对酶活性（%）
对照	100.0
Na^+	90.7
K^+	125.8
Ca^{2+}	115.6
Mg^{2+}	120.9
Fe^{2+}	86.3
Cu^{2+}	8.1
Mn^{2+}	28.9
Fe^{3+}	87.5
Zn^{2+}	92.6
Ba^{2+}	109.4
EDTA	0

第四节　总结与讨论

从海水、海泥样本中筛选出高产低温脂肪酶菌株 FS119，经鉴定为液化沙雷氏菌。经诱变得到菌株 FS119-1，其酶活性为原始菌株的 1.4 倍。发酵优化，得最佳培养基：葡萄糖 0.798%，PVA-橄榄油 1.287%，硫酸铵 0.200%，磷酸氢二钾 0.080%，硫酸镁 0.027%，氯化钙 0.030%，氯化钠 2.000%，吐温-80 0.100%，此时酶活性达 49.9 U/ml。最佳发酵条件：温度 22℃，初始 pH 9，装液量 150 ml，种龄 24 h，接种量 8%，转速 180 r/min，酶活性达到 56.1 U/ml。酶学性质研究显示，热稳定性比较差，酸碱稳定性良好；K^+、Ca^{2+}、Mg^{2+}、Ba^{2+} 对低温脂肪酶活性有明显促进作用，Cu^{2+}、Mn^{2+}、EDTA 对低温脂肪酶活性有严重抑制作用。具体讨论如下：①于黄海大连长海县海域的海泥和海水样品中，利用油脂同化培养基、吐温-80 培养基、维多利亚蓝 B 培养基分离初筛筛选到 7 株产低温脂肪酶菌株，对于油脂同化培养基分离到的相对透明圈大的菌落（菌株 FS119）进行纯化，接入发酵培养基，于不同温度下培养进行复筛，结果表明，菌株 FS119 在 20℃时酶活性最高，即初步确定菌株 FS119 为低温菌，20℃为其最佳培养温度。②菌株 FS119-1 在种子培养基上经培养形成圆形菌落，呈乳白色，不透明，圆形稍突起，边缘整齐，表面光滑、湿润、黏稠、易挑起、质地较均匀，菌落各部分颜色一致；经光学显微镜观察呈革兰氏染色阴性，菌体直杆状，单个或成对排列，两端较平直，端圆，直径为 0.5～0.8 μm，长 0.9～2.0 μm；无芽孢，有荚膜和鞭毛，能运动。结合一系列的生理生化鉴定试验和 16S rDNA 分子生物学鉴定确定菌株 FS119-1 为液化沙雷氏菌。大连海域未见有关此属菌株产低温脂肪酶的报道。③通过对液化沙雷氏菌 FS119-1 的物理化学合成诱变，即紫外线（UV）诱变与硫酸二乙酯（DES）诱变，紫外线诱变实验得到最佳诱变条件为：15 W 紫外灯，垂直照射距离 20 cm，处理时间 30 s。紫外线诱变后，用体积分数 2%的硫酸二乙酯处理紫外线诱变菌悬液 30 min，通过油脂同化培养基透明圈初筛和摇瓶复筛，筛选出一株高产诱变菌株 FS119-1，该菌株遗传性能稳定，酶活性达到 24.9 U/ml，为原始菌株的 1.4 倍。④采用 PB 设计、Box-Behnken（BB）设计和响应面（RSM）设计对培养基优化进行研究，得到最佳培养基：葡萄糖 0.798%，PVA-橄榄油 1.287%，硫酸铵 0.200%，磷酸氢二钾 0.080%，硫酸镁 0.027%，氯化钙 0.030%，氯化钠 2.000%，吐温-80 0.100%。此时低温脂肪酶活性达到 49.9 U/ml，是优化前的 2 倍。⑤以最优培养基进行培养，采用 PB 设计、Box-Behnken（BB）设计和响应面（RSM）设计对发酵条件优化进行研究，得到最佳发酵条件：温度 22℃，初始 pH 9，装液量 150ml，种龄 24 h，接种量 8%，转速 180r/min。此时低温脂肪酶活性达到 56.1 U/ml，是优化前的 1.12 倍。⑥对高产诱变菌株 FS119-1 的酶学性质初步研究表明，该低温脂肪酶的最适作用温度为 30℃，0℃时仍有酶活性，热稳定性比较差；最适作用 pH 为 9.0，酸碱稳定性良好；K^+、Ca^{2+}、Mg^{2+}、Ba^{2+} 对低温脂肪酶活性有明显促进作用，Cu^{2+}、Mn^{2+}、EDTA 对低温脂肪酶活性有严重抑制作用。

参 考 文 献

东秀珠, 蔡妙英. 2001. 常用细菌系统鉴定手册[M]. 北京: 科学出版社.

顾美英, 张志东, 茆军, 等. 2006. 低温脂肪酶产生菌的筛选及发酵条件研究[J]. 农产品加工学刊, 82(11): 4-6.

刘瑞娟, 王海宽, 路福平, 等. 2009. 低温碱性脂肪酶产生菌的筛选及产酶培养基的优化[J]. 天津科技大学学报, 24(1): 6-10.

卢福芝, 覃巧艳, 黄燕红, 等. 2014. 生淀粉酶产生菌产酶条件与酶学性质的研究[J]. 饲料工业, (S1): 109-113.

汤燕花, 谢必峰. 2006. 利用木薯渣发酵生产啤酒酵母单细胞蛋白的研究[J]. 药物生物技术, 13(1): 51-54.

王金主, 袁建国, 杨丹, 等. 2011. 产脂肪酶菌株的筛选及紫外-光复活诱变[J]. 食品与医药, 13(5): 192-195.

俞勇, 李会荣, 陈波, 等. 2003. 低温脂肪酶产生菌的筛选、鉴定及其部分酶学性质[J]. 高技术通讯, 10: 89-93.

张苓花, 王运吉. 1996. 脂肪酶产生菌分离、鉴定及酶学性质研究[J]. 生物技术, 6(1): 12-16.

邹文欣, 刘慧, 郁文焕. 1996. 脂肪酶产生菌 *Serratia liquefaciens* 的分离及其酶性质的研究[J]. 南京大学学报, 32(4): 713-716.

Cheng Y, Song X, Qin Y, et al. 2009. Genome shuffling improves production of cellulase by *Penicillium decumbens* JU-A10[J]. J. Appl. Microbiol., 107(6): 1837-1846.

Choo D W, Kurihara T, Suzuki T, et al. 1998. A cold-adapted lipase of an Alaskan psychrotroph, *Pseudomonas* sp. strain Bll-1: Gene cloning and enzyme purification and characterization[J]. Applied and Environmental Microbiology, 64(2): 486-491.

Krieg N R, Holt J G. 1984. Bergey's Manual of Systematic Bacteriology[M]. Vol 1. Baltimore: Williams & Wilkins: 408-516.

Nutan D. 2002. Production of acidic lipase by *Aspergillus niger* in solid state fermentation[J]. Process Biochemistry, 38: 715-721.

Rashid N, Shimada Y, Ezaki S, et al. 2001. Low-temperature lipase from psychrotrophic *Pseudomonas* sp. strain KB700A[J]. Applied and Environmental Microbiology, 67(9): 4064-4069.

第三章　低温淀粉酶

第一节　概　　述

淀粉酶（amylase）是能催化淀粉水解转化成葡萄糖、麦芽糖及其他低聚糖的一类酶的总称，它广泛存在于动植物和微生物中。淀粉（starch）作为农业第一大产品，其原料深加工是粮食与食品加工中的重要组成部分。淀粉是发酵工业的主要原料，通过发酵可以生产出众多产品，如乙醇、甘油、有机酸、氨基酸、酶等，也可以生产高附加值的生物制剂和药品。通过对淀粉的生化处理可以提高淀粉产品的附加值，这些都需要淀粉酶的参与。淀粉酶是最早用于工业化生产并且迄今为止仍是用途最广、产量最大的酶制剂产品之一，早在数千年前，人类就已利用高温与中温淀粉酶酿酒、制饴糖等。

低温酶（cold temperature enzyme）是指在低温条件下能有效催化生化反应的一类酶。低温淀粉酶（cold temperature amylase）是一类重要的低温酶，是最适作用温度（30℃以下）比中温酶低 20～30℃，在 0℃有一定的酶活性，能水解淀粉和糖原的一类低温酶类的总称，主要来自低温微生物。由于低温淀粉酶能在低温下有效发挥催化作用，其在生物工程领域及解决现代能源危机方面有着广阔的应用前景。低温发酵可生产许多风味食品、节约能源及减少中温菌的污染；经过温和的热处理即可使低温淀粉酶的活力丧失，而低温或适温处理不会影响产品的品质。但对于低温淀粉酶产生菌的筛选是解决酶来源的首要且基础的问题。因此，对低温微生物的筛选研究无论在理论上还是在实践上都有重要意义。

已经报道了几种不同来源的嗜冷和耐冷微生物的胞外酶——淀粉酶。首篇关于微生物低温酶分子特性的重要文献可能是 Krieg 和 Holt（1984）发表的关于南极细菌低温酶的研究论文，但直到 20 世纪 90 年代前期，低温淀粉酶的研究才在国际上引起广泛关注。欧盟在 1996 年启动的第 4 个框架计划中，针对嗜冷微生物设立了 "Coldzyme" 项目。近年来，有关低温微生物及其产生酶的研究日趋增多，这大大加深了人们对低温微生物、低温淀粉酶生理生化特征及其分子生物学机制的认识，并丰富了可利用的微生物资源。近年来在酶固定化、蛋白质及基因工程方面的研究进展，也有助于改善低温微生物的相关特性，从而推动其应用。随着研究的持续深入以及生物工程技术的利用，低温微生物、低温淀粉酶的开发利用将会出现诱人的前景。

酶是由生物体产生的，现在有实用价值的酶一般来自动物、植物和微生物，工业上的酶大多由微生物产生。低温酶主要是由低温微生物（cold temperature microorganism）产生的。这些低温微生物体内需要有特殊的结构蛋白与低温酶类等，因此从嗜冷环境中可以筛选所需的低温淀粉酶。低温淀粉酶的筛选主要有两种方法：从极端环境采样、富集、分离低温菌，再通过特定选择标记筛选；直接筛选极端酶的基因。本研究根据新疆特殊的地理环境，定向筛选产低温淀粉酶的低温微生物，以解决低温淀粉酶来源的首要问题。

低温淀粉酶是一个相对的概念，经大量研究发现，低温淀粉酶与中温淀粉酶相比有以下特点：①酶的最适作用温度较同功能的中温淀粉酶低 0～30℃；②在较低温度（<40℃）下，酶的催化常数（K_{cat}）或生理系数（K_{cat}/K_m）高于来自中温菌的同类酶；③低温淀粉酶的热稳定性差。由于地球表面上存在大量的低温环境，低温微生物分布极为广泛，在生态系统中起着重要作用；对低温微生物及其产生的低温淀粉酶的冷适应机制的研究有着重要的生物学意义；同时，由于低温淀粉酶能在低温下有效发挥催化作用，其在生物工程领域有着广阔的应用前景。因此，对低温微生物的研究无论在理论上还是在实践上都有重要意义。近年来，有关低温淀粉酶的研究日益增多，相信随着研究的持续深入以及生物工程技术的充分利用，低温淀粉酶工业应用前景将会更广阔。

目前国内外市场上主要是中温或高温淀粉酶，其最适作用温度一般都在 50℃左右，在 0～20℃低温范围酶活性很低，由于不符合食品、饲料、纺织、洗涤剂和制药等要求低温处理的条件，限制了它们的应用，而低温淀粉酶的最适作用温度一般在 40℃以下（王继莲等，2016）。由于低温淀粉酶有着中温、高温淀粉酶无法取代的优越性，并且在很多工业中具有广阔的应用前景，因此自 20 世纪 70 年代以来，世界上已有许多实验室进行低温淀粉酶的研究。

浩瀚的海洋是资源和能源的宝库，其环境温度相对来说比较低，一般平均在 5℃，存在着大量的低温菌，因此利用海洋资源来筛选低温淀粉酶产生菌，能够合理利用资源，海洋也可为低温淀粉酶提供低温环境。

作为地球上最早出现的生命形式之一，微生物已经在地球上生存了数十亿年，它们几乎遍布自然界各个角落。这些微生物是地球生物圈中最为重要的分解者，在维持生态平衡以及为人类提供广泛的、大量的资源方面起着不可替代的作用。

地球上存在着一些绝大多数生物都无法生存的极端环境，主要包括高温、低温、高酸、高碱、高压、高盐、高辐射、强对流、低氧等环境。凡依赖于这些极端环境才能正常生长繁殖的微生物，都称为极端微生物或嗜极微生物，主要包括嗜酸菌、嗜碱菌、嗜冷菌、嗜热菌、嗜压菌、嗜盐菌、极端厌氧微生物、耐干燥微生物、抗辐射微生物、抗高浓度金属离子微生物等。这些微生物在细胞构造、生命活动、生理生化、遗传和系统发育上的突出特性，使得它们不仅在基础理论研究上有着重要的意义，而且在实际应用上也有着巨大的潜力。因此，近年来备受世界各国学者的重视。

一、来源及分布

在产低温淀粉酶的微生物中，耐冷菌偏多，革兰氏阴性菌偏多（祁丹丹等，2012），其生长温度一般在 10～25℃，多数在超过 37℃的条件下不易生长。经过形态观察、生理生化试验及 16S rDNA 序列分析，菌株来源主要有研究较早的河鲀毒素交替单胞菌 A23（*Alteromonas haloplanctis* A23）（Ramli *et al.*，2013），其分泌的低温 α-淀粉酶在结构和功能方面研究得都较为透彻，该菌在 4℃时生长良好，在 18℃时细胞繁殖和酶分泌将会受到影响，属于嗜冷菌；而来自黄海海泥的丝状真菌青霉 FS010441（*Penicillium* sp. FS010441）（Ertan *et al.*，2014），最适生长温度为 15℃，其产生的低温淀粉酶有较高的酶活性，最高生长温度 40℃，但在 0℃也能生长，是典型的耐冷菌。其他产生低温淀粉酶的微生物类群还包括：中间气单胞菌（*Aeromonas media*）、荧光假单胞菌（*Pseudomonas fluorescens*）、节杆菌属（*Arthrobacter*）、微小杆菌属（*Exiguobacterium*）、南极微球菌（*Micrococcus antarcticus*）、解淀粉类芽孢杆菌（*Paenibacillus amylolyticus*）等。

低温微生物在长期的生物进化过程中形成了一系列适应低温的机制，并且在营养物质的吸收和转运、DNA 的复制合成、蛋白质的合成、新陈代谢、细胞分裂等方面有着独有的特点。冷适应性微生物，特别是嗜冷微生物已形成了一系列复杂的适冷机制，如细胞膜流动性的变化，微生物本身的适冷酶所进行的构象的改变，冷休克蛋白及冷适应蛋白的合成等过程，相关机制研究工作集中在以下几个方面。

1）膜蛋白和脂多糖的磷酸化与去磷酸化：耐冷菌生活在 0～30℃，不同基因的表达对于温度波动的适应情况不同，这就要求首先感受外界温度的变化，所以感受环境信号的变化对于生物适应环境是非常重要的。磷酸化和去磷酸化是生物感受环境信号的首要机制，Ray 等（1994）研究了耐冷菌丁香假单胞菌（*Pseudomonas syringae*）脂多糖和膜蛋白的磷酸化、去磷酸化与温度变化的关系，发现该菌的脂多糖激酶在较高温度时使脂多糖更多地发生磷酸化，而在较低温度时则较少发生磷酸化，同时发现该菌存在三种膜蛋白，这三种膜蛋白在不同温度时发生磷酸化的情况也不相同。

2）调整细胞膜中的脂类组成、维持膜的营养吸收功能：膜中脂类的组成提供了膜流动结构固相和液相的前提条件，从而保证膜中镶嵌的蛋白质发挥正确的功能，如离子和营养的吸收、电子转移等。膜中脂类组成的改变会引起膜流动性的改变。当微生物处于低温时，最常看到的变化是细胞膜中不饱和脂肪酸的比例增加，不饱和脂肪酸某种程度的增加会引起脂类熔点的降低，从而使膜中脂类处于液态和流动态。因此微生物必须调节细胞膜脂类的组成，从而调节膜的流动性和相的结构以适应环境温度的变化。

中温酵母和嗜冷酵母同时处于低温时，嗜冷酵母合成的不饱和脂肪酸含量增加；细菌处于低温时除了不饱和脂肪酸含量的改变，还有缩短酰基链的长度、增加脂肪酸支链的比例和降低环状脂肪酸的比例等改变。所有这些变化对于低温时维持膜流动性都具有重要意义，而膜的流动性也为营养物质的转运和吸收提供了基础。中温菌在接近 0℃时溶质吸收不活跃，其细胞膜中的运载蛋白对冷敏感，溶质分子不能与响应的运载蛋白结合，而且在低温条件下，由于能量缺乏，不能支持营养物质的跨膜运输，而嗜冷菌细胞膜中的运载蛋白对冷不敏感。

3）蛋白质合成：低温微生物在其生长温度范围内有 10%～15%的细胞内蛋白质是通过积极的调节机制合成的。温度影响细胞中总蛋白质或某种蛋白质的合成，这是通过影响核糖体上蛋白质的翻译速率或通过某种特异翻译起始或翻译速率实现的。体外实验表明，在同样低温条件下低温菌体外翻译的错误率最低。许多中温菌不能在 0℃合成蛋白质，一方面是由于其核糖体对低温不适应，翻译过程中不能形成有效的起始复合物；另一方面是由于低温下细胞膜的破坏导致细胞溶解死亡。由此可见，在蛋白质合成过程中，低温菌适应低温的能力表现为翻译机制的适应性以及在低温下保持完整的膜结构。

4）冷休克蛋白和冷适应：微生物细胞在低温下培养会发生细胞膜脂的修饰、蛋白质合成模式及蛋白质结构的变化。而当微生物的生长温度突然降低时细胞会诱导合成一组冷休克蛋白。冷休克蛋白首先在大肠杆菌中被发现，将大肠杆菌从 37℃ 突然转移到 10℃ 时，细胞中会诱导合成一组冷休克蛋白，它们在大肠杆菌对低温的生理适应过程中发挥着重要作用，检测嗜冷酵母的冷休克反应，发现冷刺激后冷休克蛋白在很短时间内大量产生。辛明秀等于 2006 年研究了嗜冷酵母的冷休克反应，当生长温度从 21℃ 降为 5℃ 时，嗜冷酵母可合成冷休克蛋白，这些蛋白质的合成是细胞对冷刺激的反应。周培瑾等发现在 10℃ 条件下嗜冷菌合成冷休克蛋白，而这些蛋白质在较高温度时不会合成。其他的研究者也发现，中温菌和嗜冷菌之间一个最显著的差别是降温到 5℃ 培养后，嗜冷菌核糖体仍有形成多聚核糖体的能力，且冷休克后大部分细胞蛋白保持着相应的合成速率。耐冷菌由于生活在温度波动的环境中，它们必须忍受温度的快速降低，这与它们产生的冷休克蛋白是密切相关的。在低温环境下，低温适应微生物细胞除了合成冷休克蛋白，低温酶活性也能够得到提高，而且细胞还可以调节低温酶的合成，提高酶的分泌水平，更多的酶能保证细胞对底物的高效利用。这一特性对于低温微生物在低温环境中生存很有帮助。

二、国内外研究概况

直到 20 世纪 90 年代前期，低温淀粉酶的研究才在国际上引起广泛关注，如欧盟在 1996 年启动的第 4 个框架计划中，针对嗜冷微生物设立了"Coldzyme"项目。近年来，有关低温微生物及其产生酶的研究日趋增多，这大大加深了人们对低温微生物、低温淀粉酶生理生化特征及其分子生物学机制的认识，并丰富了可利用的微生物资源（曾胤新，2003）。

国外对低温淀粉酶的研究较早，主要研究低温淀粉酶的结构、耐冷机制、酶学性质等理论。特别是 Feller 等（1992，1994）筛选到一株产低温淀粉酶的河鲀毒素交替单胞菌 A23（*Alteromonas haloplanctis* A23），它分泌的低温 α-淀粉酶是在结构和功能方面研究得最为透彻的酶，也是第一个被测定三维空间结构和结晶体的低温淀粉酶；其热力学、动力学特征已通过内荧光法、圆二色谱和差示扫描量热法等进行了深入研究；该菌在 4℃ 时生长良好，在 18℃ 时细胞繁殖和酶分泌将会受到影响，在 0～30℃，该菌的低温 α-淀粉酶活性比来自恒温动物的淀粉酶活性高 7 倍。

20 世纪 70 年代，世界各国科学家开始广泛关注低温微生物与其相关产物（如抗冻蛋白、低温酶类、多不饱和脂肪酸、色素、抗生素、抗肿瘤药物等），以及它们在生物工程中的潜在价值。主要研究涉及低温微生物的冷适应机制、生命的起源与进化、新菌种的鉴定与菌种系统发育分析、物质的生物地球化学循环与能量传递，以及新型生物活性物质的研究开发等方面。目前在低温微生物研究领域，欧美及日本等一些传统生物技术大国或地区已开展了多年的研究，在国际上处于领先地位。美国对来自极地及海洋的嗜冷微生物在低温条件下的生存机制、生物工程潜在应用以及其与天体生物学的联系等方面开展了探索研究，并且首次完成了对北极耐冷细菌的全基因组测序工作。加拿大科研人员对北极环境污染物如链烷、甲苯、萘、多氯联苯等降解细菌进行了大量研究。澳大利亚利用其毗邻南极大陆的地理优势，先后对包括嗜冷菌、耐冷菌在内的南极及南大洋微生物资源进行了大规模的调查研究与收集保藏，不仅在低温微生物的多样性和适冷机制、生物环境修复等方面开展了许多工作，还在新型药物筛选、低温酶类及多不饱和脂肪酸的研究与开发应用方面进行了摸索。欧盟于 1996 年启动了主要研究南极嗜冷微生物嗜冷酶的"Coldzyme"项目，研究方向主要包括酶的适冷分子结构、酶序列分析、酶分子定向诱变、酶基因克隆表达以及应用开发等方面。另外，他们对低温微生物冷休克蛋白、特殊基因调控系统、特殊膜成分以及不同的分泌机制等也进行了重点研究。

我国从 20 世纪 90 年代初开始对南极及深海的低温微生物进行初步收集、调查与研究工作。中国水产科学研究院黄海水产研究所已研制开发出主要应用于合成洗涤剂方面的海洋低温碱性蛋白酶和应用于医疗方面的低温溶菌酶产品。白玉等（2005）从天山多年冻土地区分离、筛选出几株分别具有产低温蛋白酶、低温淀粉酶、低温脂肪酶、低温纤维素酶特性的耐冷菌。序列测定和系统进化分析表明，这些细菌在系统发育树上聚类为 4 个主要的系统分类群：高 G+C 革兰氏阴性菌、高 G+C 革兰氏阳性菌、变形菌门、CFB 菌群（噬纤维菌-黄杆菌-拟杆菌群）。其中丰度和多样性最高的是革兰氏阳性菌群，其中节杆菌属为天山冻土中的优势细菌类群。在低温微生物的理论研究和实际应用方面，我国虽然起步较晚，但发展极为迅速，相信随着世界各国科学技术的不断进步以及相互交流的增加，我国对低温微生物及其相关产物的研究将取得更加丰硕的成果。

低温淀粉酶的研究方法主要有以下两种（Zhang et al., 2014）。一是传统的微生物发酵技术路线，即从极端环境中采集样品，然后对样品进行富集、分离，获得产低温淀粉酶的菌株，对其纯培养，再通过生化手段或克隆表达相应的基因来获得酶，依靠这种方法已经获得了一些低温淀粉酶。二是基因筛选，该法已于 1994 年被美国 RBI 公司采用，即直接从极端环境中收集 DNA 样品，随机切割成限制性片段，再导入宿主细胞内进行表达，从而获得低温淀粉酶。低温菌中具有低温活性的淀粉酶基因也已经成功表达，在 0～20℃产低温淀粉酶的低温菌的基因已经在大肠杆菌中获得表达，并且表达后的大肠杆菌必须在低于室温（最适温度为 18℃）的条件下培养，才可使酶正确折叠，从而避免酶的不可逆变性。

目前国内报道与投入生产的淀粉酶大多是高温与中温的，关于低温淀粉酶的报道并不多。新疆学者在天山冻土环境中筛选到了能产低温淀粉酶的菌株，经鉴定为枯草芽孢杆菌，并对菌株进行了发酵产酶的研究（张刚等，2002；白玉等，2005）。河北学者王晓红等（2007）在东北地区也筛选到了能产低温淀粉酶的菌株，经过鉴定为丁酸梭菌，该菌株所产的低温淀粉酶最适作用温度为 35℃左右，属于典型的低温淀粉酶。低温微生物在 0～20℃（此时同源的中温酶类不活泼）具有高酶活性、高生长速率及高催化效率，可以省去昂贵的加热系统，同时处理时间也大大缩短，因此在节能方面优势非常明显。与此同时，中温菌污染的风险由于低温发酵条件降低了很多，在连续发酵操作中尤其明显。具有特殊性质的低温淀粉酶在工业生产应用中具有一定的优势，食品行业是低温淀粉酶的一个重要应用领域，在低温条件下发酵很多风味物质其风味不丢失（王淑军等，2008；范红霞等，2009）。

我国报道的低温淀粉酶的研究成果并不多。张刚等（2002）从黄海海底泥样中分离到几株产低温淀粉酶活性较高的丝状真菌，其中产低温淀粉酶活性最高的一株是 *Penicillium* sp. FS01044，该菌最适生长温度为 15℃，最高生长温度 40℃，但在 0℃也能生长，是典型的耐冷菌。另外，白玉等（2005）在 0℃条件下，从天山乌鲁木齐河源区的多年冻土中分离到了产低温淀粉酶菌株，通过进一步的形态与生理生化特性的研究，发现大多数菌株为革兰氏阴性杆菌，最适生长温度在 22℃左右，在 37℃不生长，也属于耐冷菌范畴。

国内研究主要集中于菌株系统分类及酶学性质等一些基础工作，对于海洋低温淀粉酶的规模化应用技术还尚未见报道。

三、应用

科研人员现已对来源于低温微生物的低温酶类开展了大量的筛选及研究工作，而低温酶因其在低温条件下的高催化效率并节省能源，在工业、农业及医疗方面具有广阔的应用前景。其中低温淀粉酶是重要的工业用酶之一，已被广泛应用于食品、纺织、洗涤等工业。

（一）在食品工业中的应用

在焙烤工业中，低温淀粉酶可缩短生面团发酵时间，提高面团和面包瓤的质量，还能使面包保持一定的风味和含水量。低温淀粉酶直接作用于淀粉、麸皮和半纤维素可提高面粉中较低的酶活性水平。低温淀粉酶的优势不仅体现在其高度专一活性方面，而且体现在其易失活方面，这阻止了酶的继续反应，从而避免了面包瓤结构的改变，因而不至于使面包变得太软或太黏。低温淀粉酶也是嗜温淀粉酶的良好替代品，在酿造业中，低温发酵可生产许多风味食品，如在干啤酿造中常规使用的耐高温淀粉酶，经巴氏灭菌后仍有较高酶活残留，影响干啤风味，而使用对热敏感的低温淀粉酶可避免此问题。

（二）在纺织相关工业中的应用

在纺织工业中，各种纤维组织常会有从主纤维上突出的棉花纤维末端，这些末端会影响衣物的平滑度和整体外观，而且这种状况会随着洗涤次数的增加而加剧。在适当条件下，经低温淀粉酶与纤维素酶的前处理切除突出的末端，不仅能减少絮团的形成，还能增加衣物的耐用性和纤维组织的柔软度。相对中温酶而言，低温酶反应所需时间更短，既降低了成本，又避免了二次污染。

（三）在洗涤工业中的应用

在洗涤工业中，低温淀粉酶可作为洗涤添加剂。用作去污剂的酶在洗涤条件下（pH>9，有表面活性剂、氧化剂及多价整合剂等）具有良好的活性和稳定性，同时还具有广泛的专一性，而且无须活化剂和稳定剂。因此，碱性低温酶由于能够同时适应寒冷温度和碱性环境，从而成为了洗涤用酶的潜在来源。传统洗涤工业添加的是中温淀粉酶，其最适使用温度为 60~80℃，在此温度下中温淀粉酶保持较高的催化效率，从而达到最佳的去污效果。但是热水洗涤不但耗能大、成本高，而且对衣物有损伤。低温洗涤最显著的优点在于节省能源并能减少衣物磨损的概率。商业应用的低温淀粉酶多是重组酶，其在低温下具有较高的催化效率和稳定性。

第二节 菌 株 选 育

菌株是工业发酵生产酶的重要条件。菌株的筛选在低温淀粉酶的生产中占有十分重要的地位。优良菌株不仅与提高酶制剂的产量、发酵原料的利用效率有关，还与增加酶的品种、缩短生产周期、改良发酵和提取工艺条件等密切相关。酶制剂产量和质量不断提高，是菌株选育、发酵和提取等方面不断取得进展的结果，但菌株选育的作用是第一位的、根本的。发酵培养成分和发酵条件的改进，能够充分发挥菌株的生产潜力，提高发酵单位，但这些因素的改变都不能离开菌株本身固有的遗传特性。提取方法的改进，可以提高酶的回收率，但是理想的最高回收率也只能以达到菌株的潜在产量为极限。因此，酶的产量和质量，主要是由菌株特性所决定的，菌株的筛选在酶的获得中显得尤为重要。

一、酶活性测定

（一）酶活性单位定义

1 个酶活性单位是指在特定条件（25℃，其他为最适条件）下，在 1 min 内转化生成 1 μmol 葡萄糖的酶量。

（二）葡萄糖标准曲线绘制

分别在 25 ml 具塞比色管中加入 0 ml、0.2 ml、0.4 ml、0.8 ml、1.2 ml、1.6 ml、2.0 ml 的 1 mg/ml 葡萄糖标准液，加蒸馏水补至 2 ml，再分别加入 2 ml DNS 试剂，摇匀，置沸水浴煮沸 5 min。取出后流水冷却，加蒸馏水定容至 20 ml。以无葡萄糖标准液管作为空白调零点，在 520 nm 波长下测定其吸光度。以葡萄糖含量为横坐标，吸光度为纵坐标，绘制葡萄糖标准曲线，如图 3-1 所示。该葡萄糖标准曲线的方程为

$$y = 1.1999x + 0.0171 \tag{3-1}$$

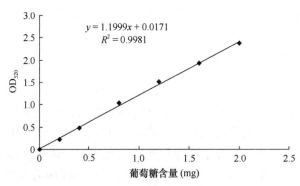

图 3-1 低温淀粉酶活性测定葡萄糖标准曲线

标准曲线的线性相关系数为 $R^2 = 0.9981$，符合标准曲线的要求，可用来计算酶解产物中的葡萄糖含量。

（三）酶活性测定方法

对菌株进行摇瓶发酵复筛，每株菌 3 个平行组，最后测得并计算出 3 个平行组酶活性平均值。2% 的可溶性淀粉溶液 2.0 ml 加入 25 ml 具塞比色管中，添加 pH 5.4 柠檬酸-柠檬酸钠缓冲液 2.0 ml，40℃ 预热 10 min，加入 1.0 ml 酶液，于 40℃ 恒温振荡（160 r/min）反应 10 min 后，加入 DNS 试剂 2.0 ml 终止反应。摇匀，置沸水浴中煮沸 5 min。取出后流水冷却，加蒸馏水定容至 20 ml。以不加酶液管作为空白调零点，在 520 nm 波长下比色测定吸光度。

二、筛选

（一）样品来源

大连长兴岛、金石滩附近海域海泥样品，海水样品；大连大黑山泥土样品，山泉水样品。

（二）培养基

平板分离培养基：可溶性淀粉 30 g，牛肉膏 3 g，NaCl 5 g，琼脂 16 g，去离子水 1000 ml，pH 7.0～7.2，0.1 MPa，121℃ 灭菌 20 min。

种子（活化）培养基：蛋白胨 10 g，牛肉膏 3 g，NaCl 5 g，去离子水 1000 ml，pH 7.4～7.6，0.1 MPa，121℃ 灭菌 20 min。

初始发酵培养基：可溶性淀粉 5 g，蛋白胨 5 g，牛肉膏 5 g，NaCl 1 g，$MgSO_4 \cdot 7H_2O$ 0.1 g，去离子水 1000 ml，pH 7.0，0.1 MPa，121℃ 灭菌 20 min。

富集培养基：可溶性淀粉 10 g，蛋白胨 2 g，牛肉膏 1 g，K_2HPO_4 1 g，$MgSO_4 \cdot 7H_2O$ 0.05 g，$FeSO_4 \cdot 7H_2O$ 0.01 g，NaCl 0.5 g，蒸馏水 1000 ml，pH 7.0，1×10^5 Pa 灭菌 30 min。

平板分离培养基：可溶性淀粉 4 g，蛋白胨 10 g，牛肉膏 5 g，K_2HPO_4 1 g，$MgSO_4 \cdot 7H_2O$ 0.05 g，$FeSO_4 \cdot 7H_2O$ 0.01 g，NaCl 0.5 g，琼脂 18 g，蒸馏水 1000 ml，pH 7.0，1×10^5 Pa 灭菌 30 min。

种子培养基：蛋白胨 10 g，牛肉膏 3 g，葡萄糖 1 g，NaCl 5 g，蒸馏水 1000 ml，pH 7.0，1×10^5 Pa 灭菌 30 min。

发酵培养基：可溶性淀粉 10 g，蛋白胨 5 g，牛肉膏 5 g，NaCl 3 g，$FeSO_4 \cdot 7H_2O$ 0.01 g，$MgSO_4 \cdot 7H_2O$ 0.05 g，蒸馏水 1000 ml，pH 7.0，1×10^5 Pa 灭菌 30 min。250 ml 的三角瓶，装液量为 100 ml。

斜面保藏培养基：蛋白胨 10 g，牛肉膏 3 g，NaCl 5 g，琼脂 16 g，去离子水 1000 ml，pH 7.4～7.6，0.1 MPa，121℃ 灭菌 20 min。

（三）分离方法及结果

取 5 g 土样（或 5 ml 水样）加入 50 ml 带有小玻璃珠的无菌水中，充分振荡摇匀后静置片刻，用移液枪吸取 1 ml 上清液加入富集培养基中，置于 20℃、150 r/min 冷冻恒温振荡器培养。培养 48 h 后将富集液用无菌水进行不同梯度的稀释（10^{-5}、10^{-6}、10^{-7}、10^{-8}、10^{-9}）。用移液枪吸取稀释液 0.1 ml 涂布于筛选平板，于 20℃ 恒温培养箱中培养 60 h 后加碘液，以菌落周围是否出现水解透明圈及其大小和 20℃ 摇床培养 48 h 的液体发酵培养后的低温淀粉酶活性为筛选指标。

得到 15 株菌：SX001～SX008[其中霉菌 6 株，细菌 2 株（SX001、SX002）]，C1～C7[水解透明圈直径（mm）与菌落直径（mm）比分别为：2.5、7.3、4.7、4.3、2.3、2.8、3.0]能够产生透明圈。

经初步摇瓶发酵测定其低温淀粉酶活性，C1～C7 结果如表 3-1 所示，SX001～SX008 结果如图 3-2 所示，细菌 SX001 的低温淀粉酶活性最高，为 5.37 U/ml，霉菌 SX003、SX007 次之，SX004 的低温淀粉酶活性最低；C1～C7 中，C2 水解透明圈直径与菌落直径比和复筛酶活性都最高（表 3-1）。最终以 SX001、C2 为研究对象。SX001 单菌落水解透明圈染色、在不同温度下水解透明圈直径和菌落直径比见图 3-3、表 3-2，C2 单菌落水解透明圈染色如图 3-4 所示。

表 3-1 低温淀粉酶菌株发酵复筛的结果

菌株	C1	C2	C3	C4	C5	C6	C7
平均酶活性（U/ml）	195.0	296.4	194.7	201.2	97.3	108.1	70.6

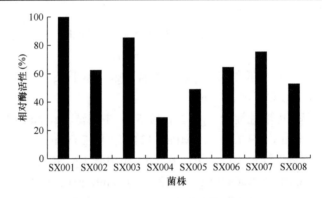

图 3-2 低温淀粉酶产生菌筛选结果

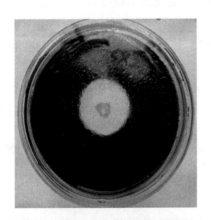

图 3-3 菌株 SX001 的水解透明圈   图 3-4 菌株 C2 的水解透明圈

表 3-2 菌株 SX001 在不同生长温度的水解透明圈直径与菌落直径比

菌株	15℃	20℃	25℃	30℃	35℃	40℃
SX001	5（15 mm/3 mm）	8.7（26 mm/3 mm）	6.25（25 mm/4 mm）	2.5（5 mm/2 mm）	2（4 mm/2 mm）	2（4 mm/2 mm）

三、鉴定

（一）形态学鉴定

划线接种于种子培养基，20℃培养观察单菌落的形状、大小、透明度、颜色、边缘和表面特征。采用革兰氏染色法等，观察菌体形状、大小及染色反应。

结果显示，SX001菌株在种子培养基上经20℃培养48 h形成圆形菌落，呈金黄色，不透明，边缘整齐，表面光滑湿润。经显微镜观察，该菌株为革兰氏阴性、有荚膜、有鞭毛、无芽孢的杆菌。C2菌株在培养基上菌落平坦，边缘整齐，为淡黄色，色素不扩散。经光学显微镜观察，C2菌株菌体呈杆状，不生芽孢，革兰氏染色为阴性，如图3-5所示。

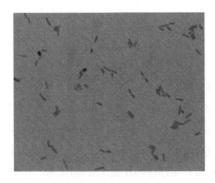

图 3-5　菌株 C2 革兰氏染色（10×100）

（二）生理生化鉴定

参见《伯杰氏细菌鉴定手册》（第 8 版）、《常见细菌系统鉴定手册》，对 SX001 菌株、C2 菌株进行生理生化特征检测。

菌株 SX001 部分生理生化特性与荧光假单胞菌（*Pseudomonas fluorescens*）的特性比较见表 3-3，通过分析比较，其部分生理生化特性与荧光假单胞菌相同，初步鉴定为荧光假单胞菌。

表 3-3　菌株 SX001 和荧光假单胞菌的部分生理生化特性比较

特性	菌株 SX001	荧光假单胞菌（*Pseudomonas fluorescens*）
淀粉水解试验	+	+
油脂水解试验	−	−
明胶液化试验	+	+
尿素水解试验	+	+
精氨酸双水解酶试验	+	+
过氧化氢酶试验	+	+
氧化酶试验	−	−
反硝化	+	+
细菌色素产生	+	+
从甘油产生二羟基丙酮	−	−
果聚糖形成	+	+
氨基酸脱羧酶反应	−	−

注："+"阳性反应；"−"阴性反应

菌株 C2 的部分生理生化特性如表 3-4 所示。

表 3-4　菌株 C2 的部分生理生化特性

鉴定指标	鉴定结果	鉴定指标	鉴定结果
氧化酶试验	+	葡萄糖产酸	+
半乳糖试验	+	明胶液化试验	+
穿刺培养	兼性厌氧	麦芽糖水解试验	+
接触酶试验	+	酪素水解试验	+
硝酸盐还原试验	+	蔗糖试验	+

注："+"阳性反应

（三）分子生物学鉴定

采用酚-氯仿抽提法，提取菌株 DNA。以菌株 SX001 总 DNA 为模板，应用 16S rDNA 引物：正向引物 P1（5′-AGAGTTTGATCCTGGCTCAG-3′）和反向引物 P2（5′-AAGTCGT AACAAGGTAACC-3′）进行 PCR 扩增。

PCR 反应体系（50 μl）：Ex *Taq*（5 U/μl）0.25 μl，10×Ex *Taq* buffer 5.0 μl，dNTP 混合物 5.0 μl，P1 引物 1.0 μl，P2 引物 1.0 μl，补加 ddH₂O 到 50 μl。扩增程序为 94℃预变性 5 min；然后 94℃变性 1 min，52℃复性 1 min，72℃延伸 90 s，进行 30 个循环；最后于 72℃延伸 5min。PCR 产物直接送生工生物工程（上海）股份有限公司测序。测得 1506 bp 的 16S rDNA 基因核苷酸序列，输入 GenBank 数据库，进行 BLAST 比对，获取 16S rDNA 序列相似度高的菌种。采用 ClustalX 进行多序列匹配比对，通过 MEGA 4.1 软件计算出序列的系统进化距离，采用邻接法构建系统发育树。

利用细菌的 16S rDNA 通用引物进行 PCR，产物经琼脂糖凝胶电泳分析，得到一条 1.5 kb 左右的条带。序列分析结果表明，菌株 SX001 的 16S rDNA 序列得到有效扩增，其大小为 1498 bp，其序列如下。

5′-AGAGTTTGATCCTGGCTCAGATTGAACGCTGGCGGCAGGCCTAACACATGCAAGT
CGAGCGGTAGAGAGAAGCTTGCTTCTCTTGAGAGCGGCGGACGGGTGAGTAAAGC
CTAGGAATCTGCCTGGTAGTGGGGGATAACGTTCGGAAACGGACGCTAATACCGCAT
ACGTCCTACGGGAGAAAGCAGGGGACCTTCGGGCCTTGCGCTATCAGATGAGCCTA
GGTCGGATTAGCTAGTTGGTGAGGTAATGGCTCACCAAGGCGACGATCCGTAACTG
GTCTGAGAGGATGATCAGTCACACTGGAACTGAGACACGGTCCAGACTCCTACGGG
AGGCAGCAGTGGGGAATATTGGACAATGGGCGAAAGCCTGATCCAGCCATGCCGCG
TGTGTGAAGAAGGTCTTCGGATTGTAAAGCACTTTAAGTTGGGAGGAAGGGCATTA
ACCTAATACGTTAGTGTTTTGACGTTACCGACAGAATAAGCACCGGCTAACTCTGTG
CCAGCAGCCGCGGTAATACAGAGGGTGCAAGCGTTAATCGGAATTACTGGGCGTAA
AGCGCGCGTAGGTGGTTTGTTAAGTTGGATGTGAAATCCCCGGGCTCAACCTGGGA
ACTGCATTCAAAACTGACTGACTAGAGTATGGTAGAGGGTGGTGGAATTTCCTGTGT
AGCGGTGAAATGCGTAGATATAGGAAGGAACACCAGTGGCGAAGGCGACCACCTG
GACTAATACTGACACTGAGGTGCGAAAGCGTGGGGAGCAAACAGGATTAGATACCC
TGGTAGTCCACGCCGTAAACGATGTCAACTAGCCGTTGGGAGCCTTGAGCTCCTAGT
GGCGCAGCTAACGCATTAAGTTGACCGCCTGGGGAGTACGGCCGCAAGGTTAAAAC

TCAAATGAATTGACGGGGGCCCGCACAAGCGGTGGAGCATGTGGTTTAATTCGAAG
CAACGCGAAGAACCTTACCAGGCCTTGACATCCAATGAACTTTCTAGAGATAGATTG
GTGCCTTCGGGAACATTGAGACAGGTGCTGCATGGCTGTCGTCAGCTCGTGTCGTG
AGATGTTGGGTTAAGTCCCGTAACGAGCGCAACCCTTGTCCTTAGTTACCAGCACGT
AGTGGTGGGCACTCTAAGGAGACTGCCGGTGACAAACCGGAGGAAGGTGGGGATG
ACGTCAAGTCATCATGGCCCTTACGGCCTGGGCTACACACGTGCTACAATGGTCGGT
ACAGAGGGTTGCCAAGCCGCGAGGTGGAGCTAATCCCACAAAACCGATCGTAGTCC
GGATCGCAGTCTGCAACTCGACTGCGTGAAGTCGGAATCGCTAGTAATCGCGAATC
AGAATGTCGCGGTGAATACGTTCCCGGGCCTTGTACACACCGCCCGTCACACCATG
GGAGTGGGTTGCTCCAGAAGTAGCTAGTCTAACCTTCGGGAGGACGGTTACCACGG
TGTGATTCATGACTGGGGTGAAGTCGTAACAAGGTAACC-3′

　　系统发育树（图3-6）表明，SX001与*Pseudomonas fluorescens*（DQ207731.2）在同一分支上，其同源性为99.80%。此外，其与*Pseudomonas antarctica*（AM933518.1）、*Pseudomonas orientalis*（NR 024909.1）、*Pseudomonas meridiana*（NR 025587.1）等的进化关系也较近。初步鉴定SX001为变形菌门（Proteobacteria）γ-变形菌纲（Gammaproteobacteria）假单胞菌目（Pseudomonadales）假单胞菌科（Pseudomonadaceae）假单胞菌属（*Pseudomonas*）中的荧光假单胞菌（*Pseudomonas fluorescens*）。经过分子生物学鉴定，获得其扩增后的16S rDNA序列，提交到GenBank数据库，其登录号为HM631729。结合生理生化特性将其鉴定为荧光假单胞菌。同理，对C2菌株16S rDNA序列进行分析比对，并结合生理生化特性，确定其为微小杆菌（*Exiguobacterium* sp.）。

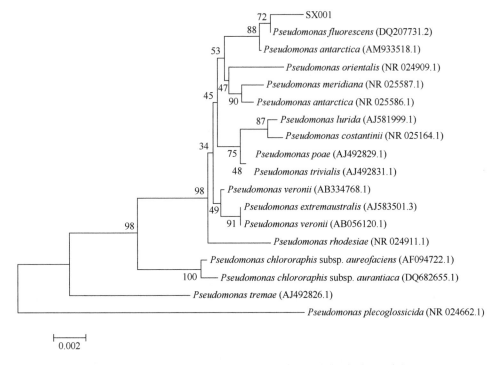

图3-6　SX001和相关菌株16S rDNA序列的邻接法系统发育树

第三节 菌株 SX001 酶学性质研究

一、酶活性及生长曲线测定

将对数期菌株的种子液接种到发酵培养基，装液量 100 ml（500 ml 摇瓶），接种量 2%，20℃，160 r/min 低温振荡培养，每隔 6 h，无菌操作收集 3 ml 发酵液于无菌离心管中。菌液分两部分进行实验：①一部分菌液在 550 nm 波长下直接测定发酵液的吸光度，绘制生长曲线；②一部分菌液 4℃离心（8000 r/min，15 min）后取上清液，采用酶活性优化测定方法，在 520 nm 波长下测定吸光度，绘制时间-相对酶活性曲线。分别进行三次平行实验，结果见图 3-7。

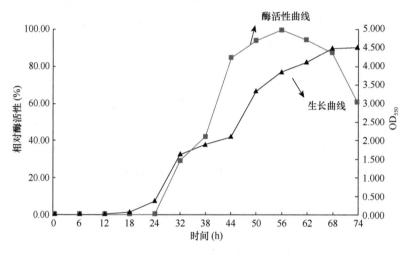

图 3-7 菌株 SX001 酶活性曲线和生长曲线

由图 3-7 可知，菌株在 0～24 h 处于停滞期，酶活性几乎为零；24 h 后开始产酶，24～56 h 酶活性迅速增加，此阶段菌体生长趋势类似于产酶趋势，出现增长形式；随后酶活性开始下降，而菌体也到达了稳定期。由此可以将酶活性测定时间确定在 50 h 开始。

二、发酵培养基优化

（一）碳源对菌株 SX001 发酵产酶的影响

在发酵培养基中，分别以 1%的不同碳源（可溶性淀粉、蔗糖、麦芽糖、葡萄糖、甘油、玉米粉）替换其碳源成分，20℃，装液量 100 ml（500 ml 摇瓶），pH 7.0，接种量 2%，160 r/min 培养 50 h 后跟踪测定酶活性；三次平行实验，结果见图 3-8。

一般对于异养微生物来说，碳源同时又能作为能源，其对细菌的生长以及发酵影响是较大的。由图 3-8 可知，可溶性淀粉为最优碳源，玉米粉其次，甘油最差；蔗糖、麦芽糖和葡萄糖都可以作为碳源合成低温淀粉酶。

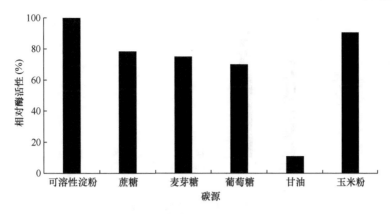

图 3-8　碳源对菌株 SX001 发酵产酶的影响

（二）碳源最适浓度的确定

在最优碳源确定的条件下，改变培养基中该碳源浓度（0.1%、0.5%、1.0%、1.5%、2.0%），20℃，pH 7.0，装液量 100 ml（500 ml 摇瓶），接种量 2%，160 r/min 培养 50 h后跟踪测定酶活性；三次平行实验，结果见图 3-9。

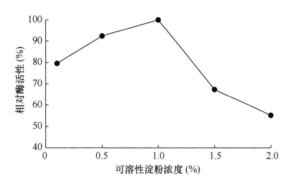

图 3-9　可溶性淀粉对菌株 SX001 发酵产酶的影响

由图 3-9 可知，可溶性淀粉浓度为 1.0%时，发酵液低温淀粉酶活性最高；可溶性淀粉浓度为 0.1%时，酶活性为 14.74 U/ml；可溶性淀粉浓度为 2.0%时，酶活性是最低的。由此可以说明，过高浓度的碳源对菌体的生长有一定的抑制作用，从而影响酶的合成；而过低的浓度则会导致培养基营养过少，菌体生长也会受到影响，从而影响酶的合成。

（三）氮源对菌株 SX001 发酵产酶的影响

在以上因素确定的情况下，分别以不同氮源（蛋白胨、牛肉膏、硫酸铵、硝酸钾、硝酸铵、尿素）替换培养基中氮源成分，20℃，pH 7.0，装液量 100 ml（500 ml 摇瓶），接种量 2%，160 r/min 培养 50 h 后跟踪测定酶活性；三次平行实验，结果见图 3-10。

由图 3-10 可知，氮源为牛肉膏时，发酵液产生的低温淀粉酶活性最高；氮源为蛋白胨时，相对酶活性也比较高；而当氮源为无机氮源时，酶活性都很低。说明牛肉膏、蛋白胨有机氮源中含有较多的菌体生长以及产酶所需的生长因子，更有利于低温淀粉酶的产生。

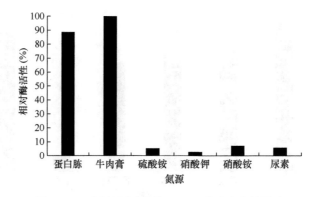

图 3-10   不同氮源对菌株 SX001 发酵产酶的影响

（四）氮源最适浓度的确定

在以上因素确定的情况下，改变培养基中该氮源浓度（0.1%、0.5%、1.0%、1.5%、2.0%），20℃，pH 7.0，装液量 100 ml（500 ml 摇瓶），接种量 2%，160 r/min 培养 50 h 后跟踪测定酶活性；三次平行实验，结果见图 3-11。

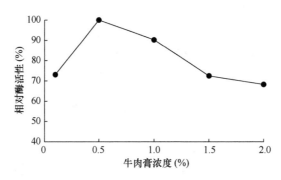

图 3-11   牛肉膏对菌株 SX001 发酵产酶的影响

由图 3-11 可知，牛肉膏浓度为 0.5%时，低温淀粉酶活性最高，为 18.36 U/ml；牛肉膏浓度过高或者过低时，酶活性都比较低。这说明过高浓度的氮源虽然对菌体生长有一定促进作用，但是对产酶有一定的抑制作用，影响酶的合成；过低的浓度则不利于菌体生长，从而导致酶活性过低。

（五）NaCl 最适浓度的确定

在以上因素确定的情况下，改变培养基中 NaCl 的浓度（1.0%、1.5%、2.0%、2.5%、3.0%），20℃，pH 7.0，装液量 100 ml（500 ml 摇瓶），接种量 2%，160 r/min 培养 50 h 后跟踪测定酶活性；三次平行实验，结果见图 3-12。

由图 3-12 可知，NaCl 浓度为 2.0%时，低温淀粉酶活性最高，为 20.66 U/ml；NaCl 浓度过高或者过低，对低温淀粉酶活性都有一定的影响。适当浓度的 NaCl 有利于维持菌体细胞膜内外的渗透压，能够使菌体更好地生长。这说明菌株 SX001 有一定的耐盐性，其所产生的低温淀粉酶应用于洗涤等行业有一定的优势。

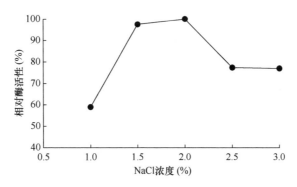

图 3-12 NaCl 对菌株 SX001 发酵产酶的影响

（六）无机盐对菌株 SX001 发酵产酶的影响

在以上因素确定的情况下，分别以不同无机盐（磷酸氢二钾、硫酸镁、氯化钙、磷酸二氢钾、碳酸钙、硫酸钾）替换培养基中无机盐成分，20℃，pH 7.0，装液量 100 ml（500 ml 摇瓶），接种量 2%，160 r/min 培养 50 h 后跟踪测定酶活性；三次平行实验，结果见图 3-13。

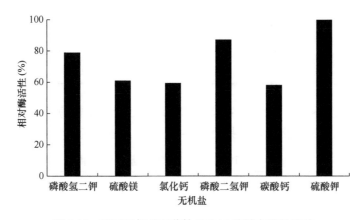

图 3-13 不同无机盐对菌株 SX001 发酵产酶的影响

由图 3-13 可知，在选定的 6 种无机盐中，硫酸钾最有利于低温淀粉酶的合成，磷酸类无机盐对低温淀粉酶活性的影响其次；其他无机盐由于含有重金属离子而对酶活性有一定的影响，与低温淀粉酶酶学性质的研究比较吻合，故选择硫酸钾为最适无机盐。

（七）无机盐最适浓度的确定

在以上因素确定的情况下，改变培养基中无机盐浓度（0.1%、0.2%、0.3%、0.4%、0.5%），20℃，pH 7.0，装液量 100 ml（500 ml 摇瓶），接种量 2%，160 r/min 培养 50 h 后跟踪测定酶活性；三次平行实验，结果见图 3-14。

由图 3-14 可知，硫酸钾浓度为 0.2% 时，发酵液低温淀粉酶活性最高，为 27.34 U/ml；随着硫酸钾浓度的增高，酶活性逐渐降低。说明低浓度的无机盐有利于菌体的生长，有助于低温淀粉酶活性的提高。

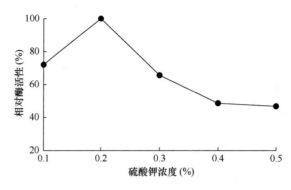

图 3-14 硫酸钾对菌株 SX001 发酵产酶的影响

（八）发酵培养基优化因素与水平设计

对确定优化后的碳源、氮源、NaCl、无机盐进行 L_{25}（5^4）正交实验，如表 3-5 所示。

表 3-5 菌株 SX001 发酵培养基正交实验因素和水平表

水平	A 碳源（%）	B 氮源（%）	C NaCl（%）	D 无机盐（%）
1	0.6	0.3	1.6	0.05
2	0.8	0.4	1.8	0.10
3	1.0	0.5	2.0	0.15
4	1.2	0.6	2.2	0.20
5	1.4	0.7	2.4	0.25

按表 3-5 的因素和水平条件对菌株 SX001 进行产低温淀粉酶培养基优化液体发酵，以低温淀粉酶活性为评价指标，结果见表 3-6，对结果进行统计学处理，见表 3-7。

表 3-6 菌株 SX001 发酵培养基优化结果

组数	A	B	C	D	酶活性（U/ml）
1	1	1	1	1	10.86
2	1	2	2	2	9.33
3	1	3	3	3	7.25
4	1	4	4	4	18.02
5	1	5	5	5	9.08
6	2	2	3	3	10.31
7	2	3	4	4	6.23
8	2	4	5	5	6.53
9	2	5	1	1	13.61
10	2	1	2	2	6.39
11	3	3	5	5	6.82
12	3	4	1	1	10.34
13	3	5	2	2	19.28
14	3	1	3	3	11.02
15	3	2	4	4	8.73
16	4	4	2	2	6.05
17	4	2	3	3	12.79

续表

组数	A	B	C	D	酶活性（U/ml）
18	4	3	4	4	27.34
19	4	4	5	5	10.31
20	4	5	1	1	21.33
21	5	1	5	4	25.51
22	5	2	1	5	12.79
23	5	3	2	1	13.62
24	5	4	3	2	10.02
25	5	5	4	3	8.97

表3-7 菌株SX001发酵培养基优化结果方差分析

因素	偏差平方和	自由度	F比值	P
A	0.076	4	1.260	>0.05
B	0.034	4	0.564	>0.05
C	0.077	4	1.276	>0.05
D	0.091	4	1.508	>0.05
误差	0.36	24		

由表3-6可以看出，第18组实验$A_4B_3C_4D_4$低温淀粉酶活性最高，为27.34 U/ml，此时液体发酵产酶最佳培养基条件为：可溶性淀粉1.2%，牛肉膏0.5%，NaCl 2.2%，硫酸钾0.20%，pH 7.0，0.1 MPa，121℃灭菌20 min。

方差分析表明，4个因素对结果均无显著影响，说明菌株SX001对培养基成分没有特殊要求，比较适于大规模生产。按照上述最佳培养基进行重复性验证实验（$n=3$），其低温淀粉酶活性平均为49.23 U/ml。

三、发酵条件优化

（一）发酵时间对菌株SX001发酵产酶的影响

在培养基确定的情况下，控制发酵时间分别为40 h、50 h、60 h、70 h、80 h，装液量100 ml（500 ml摇瓶），pH 7.0，接种量2%，160 r/min培养后跟踪测定酶活性；三次平行实验，结果见图3-15。

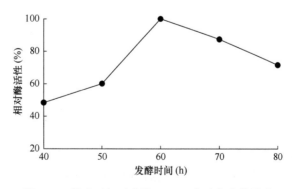

图3-15 发酵时间对菌株SX001发酵产酶的影响

由图 3-15 可知,发酵时间在 40～60 h,低温淀粉酶活性逐渐增加;70 h 以后酶活性开始下降,继续延长发酵时间并不能进一步提高低温淀粉酶活性反而使酶活性降低,因此,根据单因素实验,菌株 SX001 产低温淀粉酶最佳发酵时间为 60 h。

(二)温度对菌株 SX001 发酵产酶的影响

在以上因素确定的情况下,控制培养温度分别为 10℃、15℃、20℃、25℃、30℃,装液量 100 ml(500 ml 摇瓶),pH 7.0,接种量 2%,160 r/min 培养最优时间后跟踪测定酶活性;三次平行实验,结果见图 3-16。

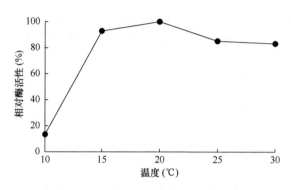

图 3-16　温度对菌株 SX001 发酵产酶的影响

由图 3-16 可知,在 10～15℃,低温淀粉酶活性增加幅度较大;到 20℃时酶活性最高;20℃以后,酶活性逐渐降低。故由单因素实验确定菌株 SX001 的最佳发酵温度为 20℃。

(三)初始 pH 对菌株 SX001 发酵产酶的影响

在以上因素确定的情况下,控制培养基初始 pH 分别为 6.5、7.0、7.5、8.0、8.5,在最优温度下,装液量 100 ml(500ml 摇瓶),接种量 2%,160 r/min 培养最优时间后跟踪测定酶活性;三次平行实验,结果见图 3-17。

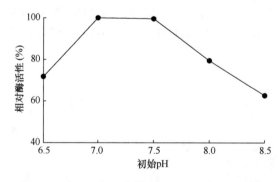

图 3-17　初始 pH 对菌株 SX001 发酵产酶的影响

由图 3-17 可知,初始 pH 在 7.0～8.0 时,菌体产低温淀粉酶能力强;在碱性条件下,菌株生长可能受到抑制,所以低温淀粉酶活性比较低。因此,菌株 SX001 产低温淀粉酶的最佳发酵初始 pH 为 7.5。

（四）接种量对菌株 SX001 发酵产酶的影响

在以上因素确定的情况下，控制培养基接种量分别为 1%、2%、3%、4%、5%，在最优温度、最优初始 pH 下，装液量 100 ml（500 ml 摇瓶），160 r/min 培养最优时间后跟踪测定酶活性；三次平行实验，结果见图 3-18。

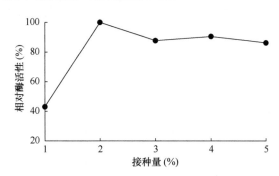

图 3-18　接种量对菌株 SX001 发酵产酶的影响

当接种量过低时，单位体积发酵液内含有的菌体量少，在这样的情况下，营养相对过剩而导致菌体处于迅速生长阶段，从而使低温淀粉酶的产量较低；当接种量过高时，单位体积发酵液内含有的菌体数剧增，经过几个生长周期之后，供应菌体生长与产物形成的营养不足，而使低温淀粉酶活性与产量下降。由图 3-18 可以看出，菌株 SX001 产低温淀粉酶的最佳接种量为 2%。

（五）装液量对菌株 SX001 发酵产酶的影响

在以上因素确定的情况下，控制培养基装液量（500ml 摇瓶）分别为 10%、20%、30%、40%、50%，在最优温度、最优初始 pH 下，160 r/min 培养最优时间后跟踪测定酶活性；三次平行实验，结果见图 3-19。

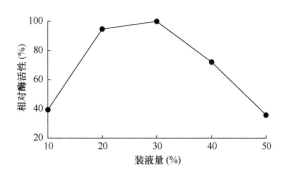

图 3-19　装液量对菌株 SX001 发酵产酶的影响

当装液量不足时，菌体生长所需要的氧气量供应不足，能量合成受阻，使菌体生长减慢，低温淀粉酶产量及其酶活性偏低；装液量增加，菌体生长与供应能量相配合，低温淀粉酶产量及其酶活性增加；当装液量达到一定程度时，菌体生长与能量供给达到平衡状态，多余的氧气也不能被利用，所以酶活性变化不是很显著。由图 3-19 可以看出，菌株 SX001 产低温淀粉酶的最佳装液量为 30%。

（六）发酵条件优化因素与水平设计

对确定优化后的时间、温度、初始 pH、接种量、装液量进行 L$_{25}$（5^5）正交实验，如表 3-8 所示。

表 3-8　菌株 SX001 发酵条件正交实验因素和水平表

水平	A 时间（h）	B 温度（℃）	C 初始 pH	D 接种量（%）	E 装液量（%）
1	48	10	7.0	1	10
2	52	12	7.2	1	20
3	56	15	7.5	2	30
4	60	18	7.8	2	40
5	64	20	8.0	3	50

按表 3-8 的因素和水平条件对菌株 SX001 进行产低温淀粉酶发酵条件优化液体发酵，以低温淀粉酶活性为评价指标，结果见表 3-9，对结果进行统计学处理，见表 3-10。

表 3-9　菌株 SX001 发酵条件优化结果

组数	A	B	C	D	E	酶活性（U/ml）
1	1	1	1	1	1	7.43
2	1	2	2	2	2	8.52
3	1	3	3	3	3	7.25
4	1	4	4	4	4	28.53
5	1	5	5	5	5	38.77
6	2	1	2	3	4	7.25
7	2	2	3	4	5	11.83
8	2	3	4	5	1	15.28
9	2	4	5	1	2	35.11
10	2	5	1	2	3	29.07
11	3	1	3	5	2	9.76
12	3	2	4	1	3	10.08
13	3	3	5	2	4	13.94
14	3	4	1	3	5	40.68
15	3	5	2	4	1	37.27
16	4	1	4	2	5	8.47
17	4	2	5	3	1	14.33
18	4	3	1	4	2	12.17
19	4	4	2	5	3	50.21
20	4	5	3	1	4	35.02
21	5	1	5	4	4	9.12
22	5	2	1	5	3	9.43
23	5	3	2	1	5	17.82
24	5	4	3	2	1	42.35
25	5	5	4	3	2	29.71

表 3-10　菌株 SX001 发酵条件优化结果方差分析

因素	偏差平方和	自由度	F 比值	P
A	0.018	4	0.151	>0.05
B	0.623	4	5.243	<0.05
C	0.023	4	0.194	>0.05
D	0.009	4	0.076	>0.05
E	0.002	4	0.017	>0.05
误差	0.36	24		

由表 3-9 可以看出，第 19 组实验 $A_4B_4C_2D_5E_3$ 低温淀粉酶活性最高，为 50.21 U/ml，此时液体发酵产酶最佳培养条件为：培养时间 60 h，温度为 18℃，初始 pH 为 7.2，接种量 3%，装液量 30%。

方差分析表明，温度对结果有显著影响，说明菌株 SX001 属于低温菌，对温度要求比较严格，适于在较低的温度条件下生长产酶。按照上述最佳条件进行重复性验证实验（n=3），其低温淀粉酶活性平均为 49.23 U/ml。

四、发酵条件响应面研究

（一）发酵条件

基础培养基组成（g/L）：可溶性淀粉 10，牛肉膏 5，K_2SO_4 1，K_2HPO_4 1，$CaCl_2$ 1。

培养条件：培养时间 66 h，温度 20℃，初始 pH 7.2，接种量 2%，装液量 250 ml（500 ml 摇瓶），转速 160 r/min。

（二）PB 设计

使用 Minitab 15.0 软件，选用实验次数 n=12 的实验设计，对 11 个因素包括 8 个实际因素、3 个虚拟因素进行考察，响应值为酶活性（Y）。8 个实际因素两水平设计见表 3-11，PB 设计和结果见表 3-12。通过 Minitab 15.0 软件分析，各因素的效应结果见表 3-13。

表 3-11　菌株 SX001 发酵条件 PB 设计因素与水平

因素	水平	
	−1	+1
X_1：可溶性淀粉（%）	1.0	1.6
X_2：牛肉膏（%）	0.5	1.5
X_3：K_2SO_4（%）	0.1	0.3
X_4：K_2HPO_4（%）	0.05	0.10
X_5：$CaCl_2$（%）	0.1	0.3
X_6：温度（℃）	15	25
X_7：初始 pH	7.0	7.8
X_8：装液量（ml）	50	150

表 3-12　菌株 SX001 发酵条件 PB 设计与结果

序号	X_1	X_2	X_3	X_4	X_5	X_6	X_7	X_8	X_9	X_{10}	X_{11}	Y（U/ml）
1	+1	−1	−1	−1	−1	−1	+1	+1	+1	+1	−1	38.18
2	+1	−1	−1	+1	+1	+1	+1	+1	−1	−1	−1	18.59
3	−1	−1	−1	−1	−1	−1	−1	−1	−1	−1	−1	45.45
4	+1	+1	+1	+1	−1	−1	−1	−1	+1	+1	−1	22.07
5	+1	−1	+1	−1	+1	−1	−1	+1	+1	−1	+1	34.11
6	−1	+1	+1	+1	+1	−1	+1	−1	−1	+1	+1	34.96
7	−1	−1	−1	+1	−1	+1	−1	+1	+1	−1	+1	44.67
8	+1	+1	−1	+1	−1	+1	−1	−1	+1	−1	+1	12.54
9	−1	+1	+1	−1	+1	+1	−1	+1	−1	+1	−1	16.19
10	+1	−1	+1	−1	−1	+1	+1	−1	−1	+1	+1	22.00
11	−1	−1	+1	+1	−1	−1	+1	+1	−1	+1	+1	32.08
12	−1	+1	−1	−1	+1	+1	−1	+1	−1	+1	+1	21.75

表 3-13　菌株 SX001 发酵条件 PB 设计各因素的效应结果

项目	影响	系数	标准误差	T 值	P 值
常数		28.549	1.109	25.73	0.000
X_1：可溶性淀粉	−7.935	−3.967	1.109	−3.58	0.037
X_2：牛肉膏	−8.535	−4.267	1.109	−3.85	0.031
X_3：K_2SO_4	−3.295	−1.648	1.109	−1.49	0.234
X_4：K_2HPO_4	−2.128	−1.064	1.109	−1.96	0.408
X_5：$CaCl_2$	−4.638	−2.319	1.109	−2.09	0.128
X_6：温度	−16.048	−8.024	1.109	−7.23	0.005
X_7：初始 pH	1.098	0.549	1.109	0.50	0.655
X_8：装液量（500ml）	2.792	1.396	1.109	1.26	0.297

注：$R^2 = 96.75\%$

通过表 3-13 的结果分析，3 个显著性因素分别为温度、可溶性淀粉含量和牛肉膏含量，显著性均在 95% 以上。这 3 个因素对低温淀粉酶的产生与酶活性有着较大的影响。因此，选取这 3 个因素来进行发酵条件响应面分析，以确定发酵的最优条件。

（三）响应面分析

使用 Minitab 15.0 软件，在 Box-Behnken 设计的基础上，由二水平设计确定的因素，选择 3 个水平作相互作用，进行最优条件的确定。

用低温淀粉酶活性作为响应值，实验设计见表 3-14。通过对实验数据进行多元回归分析，建立以下二阶多项式方程来测定低温淀粉酶活性：

$$Y = -746.584 + 55.777\,4X_1 - 14.615\,3X_2 + 520.504X_3 - 1.578\,89X_1^2 - 48.722\,2X_2^2 -$$
$$219.438X_3^2 + 0.227\,778X_1X_2 - 0.645\,833X_1X_3 + 50.041\,7X_2X_3 \qquad (3\text{-}2)$$

在式（3-2）中，Y 代表预测的低温淀粉酶活性；X_1、X_2、X_3 分别代表温度、可溶性淀粉含量和牛肉膏含量。

表 3-14　菌株 SX001 发酵条件响应面设计与结果

组数	X_1（℃）		X_2（%）		X_3（%）		Y（U/ml）
	X_1	编码 X_1	X_2	编码 X_2	X_3	编码 X_3	
1	18	0	1.0	−1	0.8	+1	36.17
2	15	−1	1.2	0	0.2	−1	40.59
3	18	0	1.4	+1	0.8	+1	44.08
4	18	0	1.2	0	0.5	0	52.77
5	21	+1	1.4	+1	0.5	0	27.51
6	18	0	1.4	+1	0.2	−1	37.70
7	15	−1	1.0	−1	0.5	0	31.94
8	21	+1	1.2	0	0.2	−1	27.82
9	18	0	1.0	−1	0.2	−1	41.80
10	18	0	1.2	0	0.5	0	52.85
11	15	−1	1.2	0	0.8	+1	40.78
12	21	+1	1.2	0	0.8	+1	28.83
13	15	−1	1.4	+1	0.5	0	36.61
14	18	0	1.2	0	0.5	0	53.68
15	21	+1	1.0	−1	0.5	0	24.39

由表 3-15 可知，模型失拟项表示模型预测值与实际值不拟合的概率，而失拟项 P 值为 0.071，大于 0.05，表明模型失拟项不显著，模型选择比较合适。回归系数 R^2 = 99.16%，大于 0.9，说明模型相关度很好。所以，可以使用该模型来分析低温淀粉酶活性的变化。

表 3-15　菌株 SX001 发酵条件响应面设计结果回归方程的方差分析

来源	自由度	调整平方和	调整均方	F 值	P 值
回归	9	1261.04	140.116	56.76	0.000
线性	3	231.23	77.077	36.17	0.001
平方	3	992.99	330.995	155.34	0.000
交互作用	3	36.83	12.276	5.76	0.044
残差误差	5	10.65	2.131		
失拟项	3	10.15	3.382	13.32	0.071
纯误差	2	0.51	0.254		
合计	14	1271.70			

注：R^2 = 99.16%

通过 Minitab 软件绘制低温淀粉酶曲面图，对其进行可视化分析来进一步研究相关变量间的交互作用，确定最优点。

图 3-20～图 3-22 分别显示了 3 组以低温淀粉酶活性为响应值的曲面图和等高线图，其等高线图可直观反映出每两个变量交互作用的显著程度，圆形表示这两种因素的交互作用对酶活性的影响不显著，而椭圆形则与之相反。图 3-20～图 3-22 等高线均呈椭圆形，表明这两种因素交互作用对酶活性的影响比较显著。

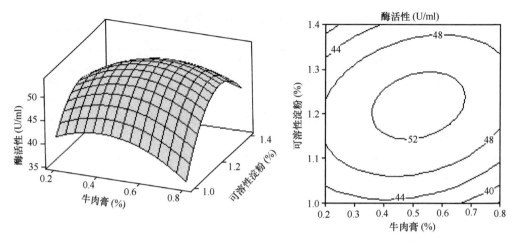

图 3-20　牛肉膏与可溶性淀粉交互影响酶活性的曲面图和等高线图

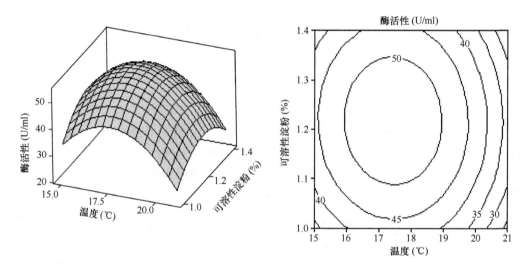

图 3-21　温度与可溶性淀粉交互影响酶活性的曲面图和等高线图

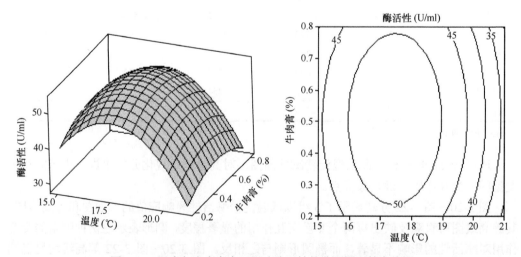

图 3-22　温度与牛肉膏交互影响酶活性的曲面图和等高线图

由响应面立体图可知，响应值存在最大值，经过软件的分析，得到低温淀粉酶活性预测值最大时的这 3 种显著影响因素的值为：可溶性淀粉 12.182 g/L，牛肉膏 5.152 g/L，温度 17.42℃，预测值为 53.64 U/ml。

（四）验证实验

根据系统设计的结果，最适发酵条件如下。

培养基（g/L）：可溶性淀粉 12.182，牛肉膏 5.152，K_2SO_4 2，K_2HPO_4 1，$CaCl_2$ 1。

培养条件：培养时间 66 h，温度 17.42℃，初始 pH 7.6，接种量 2%，装液量 150 ml（500 ml 摇瓶），转速 160 r/min。

对优化结果进行 5 次验证实验，结果低温淀粉酶活性平均为 52.43 U/ml，与理论预测值 53.64 U/ml 基本吻合，表明该模型是合理有效的；另外，该结果与正交优化结果相差不大，表明结果可信。

五、分离纯化

将发酵液在 4℃于 8000 r/min 条件下离心 15 min，取上清液用蒸馏水透析（透析袋截留分子质量为 14 000 Da），每隔 2 h 换一次水，透析 24 h 除去当中的盐。经过此步骤后提取的酶为粗酶液。

六、酶学性质表征

（一）酶解产物薄层层析

用前将薄层层析（thin-layer chromatography，TLC）用硅胶板于 110℃活化 0.5 h。取一定量的发酵后的粗酶液，用毛细吸管进行点样，点样点距离板底部约 1.5 cm，点样斑点间距约 1 cm，用电吹风缓缓吹过点样点，使样品迅速渗透。展开剂为正丁醇：冰醋酸：水（2：1：1），置层析缸内在室温下展开约 40 min，待展开剂前沿走至距板上端 1 cm 处取出自然晾干，喷显色剂（苯胺-二苯胺），于 80℃烘箱中干燥 15 min 左右，直到薄板上显示出清晰的斑点。结果见图 3-23。

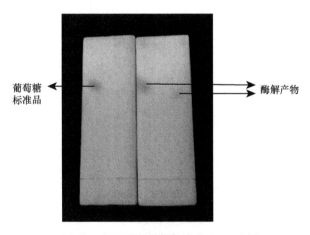

图 3-23　低温淀粉酶酶解产物 TLC 分析

由图 3-23 可知，酶解的产物基本是葡萄糖，说明该菌产生的低温淀粉酶能将淀粉水解成葡萄糖，是淀粉糖化酶。糖化酶具有多型性，即同一个菌株会产生多个组型的糖化酶。

淀粉糖化酶是其中一个组型，因为它具有淀粉结合域（starch-binding domain），所以能够吸附到淀粉颗粒上将淀粉直接水解为葡萄糖，这有助于低温淀粉酶的高效利用与推广。

（二）温度对低温淀粉酶活性的影响

分别在 4℃、10℃、20℃、30℃、40℃、50℃和 60℃下按照低温淀粉酶活性测定方法测定酶活性，三次平行实验，其测定结果如图 3-24 所示。

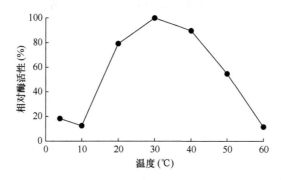

图 3-24　温度对低温淀粉酶活性的影响

由图 3-24 可知，低温淀粉酶的最适作用温度为 30℃，40℃以后酶活性迅速下降，在 4℃仍有一定的酶活性，这符合低温酶的特性。在低温条件下，相对于嗜温酶而言，来自低温微生物的酶反应所需时间更短，这是低温淀粉酶的应用优势。

（三）低温淀粉酶的热稳定性

将粗酶液分别置于 20℃、30℃、40℃、50℃、60℃、70℃水浴中保温 1 h，立即冷却并测定剩余酶活性，三次平行实验，结果见图 3-25。

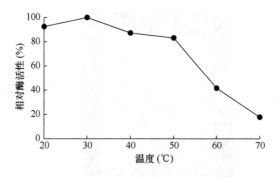

图 3-25　低温淀粉酶的热稳定性

由图 3-25 可知，经初步提纯的低温淀粉酶在 20～40℃有较高的酶活性，在 20～50℃酶的热稳定性比较好；从 50℃开始，酶活性急剧下降，且酶的热稳定性比较差；70℃处理 1 h，相对酶活性不足 20%。其原因可能是低温淀粉酶具有高柔顺、高松散的分子结构，而柔顺、松散的分子结构会导致低温淀粉酶在高温条件及一些特殊条件下具有更高的热不稳定性。低温酶之所以能够广泛应用于生物领域，就是因为它们在低温条件下具有高催化活力和在中高温条件下具有热不稳定性。

（四）pH 对低温淀粉酶活性的影响

在低温淀粉酶最适作用温度下，分别使用 pH 为 4.0、5.0、5.4、6.0、7.0、8.0、9.0 和 10.0 的缓冲液，缓冲液名称如表 3-16 所示，按照低温淀粉酶活性测定方法测定酶活性，三次平行实验，其测定结果如图 3-26 所示。

表 3-16　缓冲液类型与对应 pH

缓冲液类型	pH
柠檬酸-柠檬酸钠	4.0
	5.0
	5.4
	6.0
磷酸氢二钠-磷酸二氢钠	7.0
	8.0
甘氨酸-氢氧化钠	9.0
	10.0

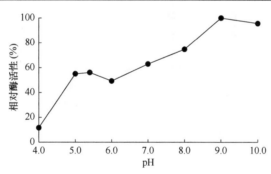

图 3-26　pH 对低温淀粉酶活性的影响

由图 3-26 可知，低温淀粉酶最适作用 pH 为 9.0；在 pH 8.0 以上均有 50% 以上的相对酶活性，说明此酶属于碱性酶，可用于洗涤行业，具有一定的市场应用前景。

（五）金属离子对低温淀粉酶活性的影响

在最适 pH 的缓冲液、最适温度条件下，将酶活性测定体系分别配制成含有 5 mmol/L 金属氯化物（Li^+、Mn^{2+}、Zn^{2+}、Cu^{2+}、Fe^{2+}、Co^{2+}、Rb^+、Mg^{2+}、Ca^{2+}）的溶液，测定酶活性，三次平行实验，其结果如图 3-27 所示。

由图 3-27 可知，Co^{2+}、Rb^+、Ca^{2+}、Li^+ 对低温淀粉酶有不同程度的激活作用，其中 Co^{2+} 的激活效果最大，但是也无很明显的激活作用；而 Cu^{2+} 对低温淀粉酶有较强的抑制作用，可能是由于 Cu^{2+} 可以和蛋白质作用区域结合从而抑制低温淀粉酶的活性。

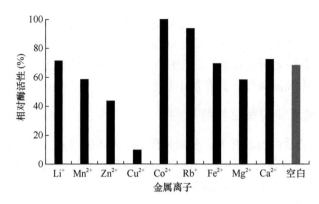

图 3-27　不同金属离子对低温淀粉酶活性的影响

"空白"为只加缓冲液的对照组

（六）表面活性剂对低温淀粉酶活性的影响

在最适 pH 的缓冲液、最适温度条件下，将酶活性测定体系分别配制成含有 0.1%表面活性剂（吐温-80、曲拉通 X-100、SDS、EDTA）的溶液，测定酶活性，三次平行实验，结果如图 3-28 所示。

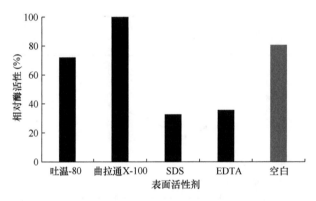

图 3-28　不同表面活性剂对低温淀粉酶活性的影响

"空白"为只加缓冲液的对照组

淀粉酶是胞外酶，表面活性剂可能会有助于酶的释放，进而提高作用效果。由图 3-28 可知，曲拉通 X-100 对低温淀粉酶活性影响最大，但作用效果不明显。4 种表面活性剂均对产酶无明显促进作用。

第四节　总结与讨论

分别从大黑山泥土、大连附近海域筛选到产低温淀粉酶菌株 SX001，经鉴定为荧光假单胞菌（*Pseudomonas fluorescens*）。SX001 经发酵优化，最大酶活性达 50.21 U/ml。

1）筛选到一株海洋产低温淀粉酶菌株，编号为 SX001，经形态学、生理生化及 16S rDNA 鉴定，确定为荧光假单胞菌，GenBank 登录号为 HM631729。

2）菌株 SX001 所产低温淀粉酶酶学性质初步研究表明，其最适作用温度为 30℃，酶的热稳定性比较差；最适作用 pH 为 9.0，属于碱性淀粉酶；金属离子和表面活性剂对酶活性的影响都不是很明显；薄层层析鉴定酶解产物为葡萄糖。

3）单因素实验及正交实验优化发酵培养基，得较优培养基组分为：可溶性淀粉 1.2%，牛肉膏 0.5%，NaCl 2.2%，硫酸钾 0.20%，最大酶活性达 27.34 U/ml。

4）在优化发酵培养基的基础上，用单因素实验及正交实验优化发酵培养条件，得较优培养条件为：培养时间 60 h，温度为 18℃，初始 pH 为 7.2，接种量 3%，装液量 30%，最大酶活性达 50.21 U/ml。

5）实验确定三种显著因素为可溶性淀粉含量、温度、牛肉膏含量，对整体发酵条件进行响应面优化。经过 Minitab 15.0 软件分析，可溶性淀粉 12.182 g/L，牛肉膏 5.152 g/L，温度 17.42℃，低温淀粉酶活性预测值达最大值，为 53.64 U/ml，实际实验值为 52.43 U/ml，基本一致。

参 考 文 献

白玉, 杨大群, 王建辉, 等. 2005. 天山冻土耐冷菌的分离与产低温酶菌株的筛选[J]. 冰川冻土, 27(4): 615-618.

范红霞, 刘缨, 刘志培. 2009. 南极微球菌产低温淀粉酶条件优化及酶学性质初步研究[J]. 环境科学, 30(8): 2473-2478.

祁丹丹, 杨瑞金, 华霄, 等. 2012. 天山冻土中产低温蛋白酶菌株的筛选、鉴定及酶学性质[J]. 食品与发酵工业, 38(7): 32-37.

王继莲, 李明源, 宋保健, 等. 2016. 产低温淀粉酶菌株的筛选、鉴定及酶学性质初步研究[J]. 农业生物技术学报, 3: 426-434.

王淑军, 刘红飞, 李华钟, 等. 2008. 海洋细菌 Pseudolateromonas sp. G23 产低温淀粉酶发酵条件的研究[J]. 中国酿造, 200(23): 9-12.

王晓红, 茆军, 傅力, 等. 2007. 低温淀粉酶产生菌的筛选及酶学性质研究[J]. 农产品加工·学刊, 1: 7-9.

辛明秀, 周培瑾. 2000. 冷适应微生物产生的冷活性酶[J]. 微生物学报, 4(6): 661-664.

杨恬然, 冯芬, 陈萍, 等. 2015. 常见真菌毒素与食品健康[J]. 生物学通报, 50(11): 12-14.

曾胤新. 2003. 微生物低温酶嗜冷机制研究进展[J]. 中国生物工程杂志, 23: 52-57.

张刚, 汪天虹, 张臻峰. 2002. 产低温淀粉酶海洋真菌筛选及研究[J]. 海洋科学, 26(2): 3-5.

Dong S, Chi N Y, Zhang Q F. 2011. Optimization of culture conditions for cold-active cellulase production by *Penicillium cordubense* D28 using response surface methodology[J]. Advanced Materials Research, 3(183-185): 994-998.

Ertan F, Balkan B, Yarkn Z. 2014. Determination of the effects of initial glucose on the production of α-amylase from *Penicillium* sp. under solid-state and submerged fermentation[J]. Biotechnology & Biotechnological Equipment, 28(1): 96-101.

Feller G, Lonhienne T, Deroanne C, et al. 1992. Purification, characterization and nucleotide sequence of the thermolabile α-amylase from the Antarctic psychrotroph *Alteromonas haloplanctis* A23[J]. J. Biol. Chem., 267: 5217-5221.

Feller G, Payan F, Theys F, et al. 1994. Stability and structural analysis of α-amylase from the Antarctic psychrophile *Alteromonas haloplanctis* A23[J]. J. Biol. Chem., 222: 441-447.

Fu X Y, Liu P F, Lin L, et al. 2010. A novel endoglucanase (Cel9P) from a marine bacterium *Paenibacillus* sp. BME-14[J]. Appl. Biochem. Biotechnol., 160: 1627-1636.

Kobori H, Sullivan C W, Shizuya H. 1984. Heat-labile alkaline phosphatase from Antarctic bacteria: rapid 5′ end-labeling of nucleic acids[J]. Proceedings of the National Academy of Sciences of the United States of America, 81(21): 6691-6695.

Krieg N R, Holt J G. 1984. Bergey's Manual of Systematic Bacteriology[M]. Vol 1. Baltimore: Williams & Wilkins: 408-516.

Ramli A N M, Azhar M A, Shamsir M S, *et al*. 2013. Sequence and structural investigation of a novel psychrophilic amylase from *Glaciozyma antarctica*, PI12 for cold adaptation analysis[J]. Journal of Molecular Modeling, 19(8): 3369-3383.

Ray M K, Kumar G S, Shivaji S. 1994. Phosphorylation of membrane proteins in response to temperature in an Antarctic *Pseudomonas syringae*[J]. Microbiology, 140(12): 3217.

Zhang J, Cui J, Liu Y, *et al*. 2014. A novel electrochemical method to determine α-amylase activity[J]. Analyst., 139(13): 3429-3333.

第四章　低温生淀粉糖化酶

第一节　概　述

一、生淀粉酶

生淀粉酶隶属于淀粉酶这一大类，这样说来生淀粉酶所包括的酶就不止一种，如 α-淀粉酶、β-淀粉酶、葡萄糖淀粉酶（GA）、普鲁兰酶等均可对生淀粉进行水解，因此对其并没有严格的定义，但是目前国内外已有多家权威公司出售商品糖化酶，其也具有生淀粉降解作用，本章为了区分普通糖化酶与生淀粉糖化酶，将与商品糖化酶相比，水解生淀粉效率更高、速度更快、具有更强生淀粉降解能力的酶均归为生淀粉糖化酶。

对于 α-淀粉酶来说，除了已报道的猪胰脏 α-淀粉酶对生淀粉颗粒水解作用较好，其他来源的对生淀粉颗粒的水解作用都很小，但其与 GA 共同作用，能达到较好的效果。另外，β-淀粉酶、普鲁兰酶对生淀粉颗粒的水解作用比较小，GA 对生淀粉颗粒的水解作用最强。据报道，也可将其他类型的淀粉酶和 GA 混合在一起水解生淀粉颗粒，水解产物可直接用于发酵，也有报道称添加其他酶类如纤维素酶、蛋白酶、淀粉酶对玉米生料发酵乙醇有促进作用，添加果胶酶、纤维素酶等对稻谷生料发酵乙醇有促进作用。由此可见，不同来源、不同种类和不同性质的生淀粉酶对生淀粉颗粒的水解能力有很大差异。

产酶较多、酶作用较强的微生物主要是黑曲霉、根霉、内生真菌、青霉、芽孢杆菌和赤霉等，已知的微生物来源之外的生淀粉酶来源也有 50 多种。鉴于 GA 对生淀粉颗粒的优良降解性能，对其相关研究仍是目前的重点所在。GA 属于外切型酶，其水解的原理是从淀粉或寡糖等的非还原性末端逐个水解单糖分子，酶解的最终产物也只有葡萄糖。但也有报道称该酶能缓慢地水解 α-1,6 糖苷键和 α-1,3 糖苷键，只是水解速度相对来说比较慢，大概为水解 α-1,4 糖苷键的 0.2%。许多微生物均能产生 GA，在工业上通常使用黑曲霉和米曲霉发酵生产 GA，其中前者产的 α-淀粉酶活性较低，GA 活性较强，多数能水解 80%以上的淀粉。不同来源的生淀粉酶对生淀粉颗粒的水解能力存在很大差异。

目前研究最多的仍是真菌所产的 GA，在工业上得以广泛使用的是黑曲霉和米曲霉所产的 GA。大多数黑曲霉产生的 GA 对淀粉的水解率可达到 80%以上。内串生孢霉属来源的生淀粉糖化酶有两种，分别为 GA 和 α-淀粉酶，虽然二者单独作用均能水解生淀粉颗粒，特别是前者，但是它们一起作用时对生淀粉的水解效果更好。根霉 A-11 来源的 GA（72.4 kDa）也具有优异的生淀粉水解功能，相关实验表明其对淀粉的吸附率可达到 99%，这在目前已报道的生淀粉糖化酶中已是最高水平了，但其 RDA 值（水解生淀粉颗粒的酶活性与水解可溶性淀粉的酶活性的比值）仅达到 0.15。已报道的有生淀粉颗粒水解作用的酶也有青霉 No.24 来源的。Nagasaka 等（1998）报道白绢伏格菌可以产生 5 种类型的 GA（G1～G5），这 5 种酶除了分子量有所差异外，其他方面没有差异，但并不是所有的酶都能水解生淀粉，只有前 3 种酶（G1、G2、G3）才可以。Singh 等（1995）报道立枯丝核病菌产生的 GA 对生淀粉具有很好的水解作用，生成的葡萄糖等小分子物质可以直接用来乙醇发酵。

另外一种已报道的具有生淀粉颗粒水解作用的是 α-淀粉酶，Goyal 等（2005）报道了一株 *Bacillus* sp. I-3 能够产 α-淀粉酶，其具有生淀粉水解能力，且对高温具有较强耐受能力，水解生土豆淀粉可以生成葡萄糖及麦芽类寡糖。Wang 等（2006）报道了一株来源于嗜碱菌 *Alkalimonas amylolytica* 的新型 α-淀粉酶，其具有生淀粉水解能力，通过对其基因结构及功能的分析比对发现，该酶的催化中心与其他已报道的淀粉酶大不相同，在作用于可溶性淀粉产生麦芽七糖到麦芽糖等一系列麦芽低聚糖时，其切断糖苷键的方式有所不同。Primarini 和 Ohta（2000）报道了一株链霉菌 No.4 能产两种类型的 α-淀粉酶（56 kDa、77 kDa），这两种酶分别水解木薯淀粉为麦芽类寡糖及葡萄糖，且其水解时的最佳温度稍有差别。Hamilton 等（1999）报道了一种碱性 α-淀粉酶来源于 *Bacillus* sp. IMD 370，该酶作用于生淀粉颗粒时在碱性环境下效果较好，且对生土豆淀粉的水解效果不如其他生淀粉，水解后产物一般是葡萄糖和麦芽类寡糖，实验表明，β-环糊精对其有促进作用，而二价离子会抑制其活性。Matsubara 等（2004）报道了泡盛曲霉（*Aspergillus awamori*）KT-11 产生的 α-淀粉酶也具有生淀粉颗粒水解能力，且其最终产物主要是麦芽糖及麦芽三糖；研究发现其水解生淀粉的原理与 GA 有所不同。

关于 β-淀粉酶水解生淀粉颗粒的研究已有很多。例如，*Clostridium thermosulfurogenes* 产生的 β-淀粉酶，其水解生淀粉颗粒时在高温和中性条件下效果优异，且对乙醇不敏感，在乙醇相对较高浓度下仍可以保持活性，与该菌产生的 GA 一起作用在 62℃ 高温下能够直接水解生玉米淀粉来进行乙醇发酵。*Bacillus polymaxa* 所产的 β-淀粉酶对生料有较好的水解效果，当其与异淀粉酶共同水解时效果会更好。Chatterjee 等（2010）报道了 *Emericella nidulans* MNU82 所产的 β-淀粉酶，当其与生淀粉发生作用时，与底物颗粒之间会形成很好的吸附效果，进而对底物产生很好的水解作用，但是进一步研究发现这二者之间并没有某种联系，这与之前叙述的生淀粉酶水解影响因素里的观点不相符。

二、生淀粉糖化酶

生淀粉酶是指可以直接作用、水解或糖化未经蒸煮淀粉颗粒的酶。至今它为哪一种酶还没有一个严格的定义，因此生淀粉酶有多种，葡萄糖淀粉酶、α-淀粉酶、β-淀粉酶、脱枝酶中都有能作用于生淀粉的成分（Okada，2014；Wei et al.，2014；Fouladi and Nafchi，2014；Shi et al.，2013；Smith et al.，1985）。猪胰脏 α-淀粉酶对生淀粉具有较好的分解能力，霉菌产生的 α-淀粉酶分解生淀粉颗粒的能力较弱，其产生的葡萄糖淀粉酶能较好地分解生淀粉（Robinson et al.，2001）。生淀粉糖化酶（raw starch-digesting glucoamylase，RSDG）不是一种新型的生淀粉酶，而是指那些能够将不经过蒸煮糊化的生淀粉颗粒直接水解成葡萄糖，进而将传统淀粉糖化（糊化、液化、糖化）三步合一步完成的"葡萄糖淀粉酶"。

生淀粉糖化酶之所以能够直接水解生淀粉颗粒，从淀粉的非还原性末端一个个地作用于 α-1,4 糖苷键和 α-1,6 糖苷键，并将之转化为葡萄糖等小分子糖类，必然与酶本身的结构密切相关，因为酶的结构决定了其水解功能。为了研究酶的结构，有关人员曾根据 GA 的纯化结果分析其特性及功能，然后把它分为 3 种，分别为 GⅠ、GⅡ和 GⅢ，对三者进行功能验证发现只有 GⅢ（即通常所说的生淀粉糖化酶）才具有生淀粉颗粒水解能力，而 GⅠ、GⅡ只能水解糊化过的淀粉，而对生淀粉颗粒不能或只有较小的水解作用。通过对 GⅢ 的结构进行研究发现，GⅢ 大致上是由 3 个功能区域组成的，即催化域、淀粉结合域，以及连接前面两者的 O-糖基化连接域，下面简单解释三个区域的结构及功能。

催化域是由一股股螺旋组成的，这些螺旋结构之间相互折叠，一些螺旋裸露在外部，其余的被包裹其中，形成一个长的"桶状"结构，该结构的中心是空的，酶作用时的催化位点就包含其中，像一个口袋一样。例如，有报道称泡盛曲霉 X100 所产的生淀粉糖化酶催化域就是含有 13 股螺旋的一个结构，并将催化中心包含其中，进而起到催化作用。这也是目前研究得较详细的催化中心的结构，可为后面的研究提供参考依据。另外，相关研究表明，来源于黑曲霉及酵母的生淀粉糖化酶，其催化域结构也与该桶状结构大致一样。也有研究者称，生淀粉糖化酶水解 α-1,4 糖苷键是典型的酸碱催化作用。其基本理论为：酶的催化中心靠质子的相互传递，从而引起淀粉内部糖苷键电荷的改变，进而引起断裂，与此同时，产物葡萄糖的构型也发生变化，从而实现水解。

淀粉结合域又可称为多糖结合域或底物结合域。淀粉经过高温蒸煮糊化，结构发生了改变，结构会变得非常松散，水分子可以进入淀粉的内部，进而变得更加松散，与酶作用时更容易结合到其上，从而被降解；对于生淀粉颗粒来说，水分子不能进入淀粉内部，但是其表面含有的糖苷键与水分子可形成氢键，大量的水分子在其表面聚集，形成一层其余水分子不能再通过的水束层，这样一个致密的结构使得酶与底物作用时产生阻碍，只有破坏二者之间的水束层，才能很好地水解生淀粉颗粒。因为酶作用于底物必然要结合在其上面才能很好地水解，所以淀粉结合域的结构对酶的水解功能有着重要作用。例如，有学者在研究类似于淀粉的 β-环糊精的水解情况时发现，由于酶与底物作用时改变了淀粉链的结构和排列方向，通过这一变化，底物容易接近催化域中心，进而得以水解。

对于连接域来说，其主要是发挥连接淀粉结合域和催化域的作用，该部分一般情况下是被糖基化修饰过的，因此也通常被叫作 O-糖基化连接域。一般情况下不同来源的生淀粉糖化酶该结构域差异性较高。其含有许多多肽键，这些多肽键基本起两方面的作用：一是连接糖与 O-糖基化连接域多肽链的 N 端，二是保护 GA 不被蛋白酶降解。当生淀粉糖化酶降解生淀粉颗粒时，其淀粉结合域和连接域会一起作用使酶本身与底物之间形成一个内含复合体，该复合体中含有多个高熵水分子，这些水分子的存在会破坏淀粉内部螺旋结构中小分子之间相互连接的氢键，从而使得其内部的非还原端暴露在外面，这时酶的催化域与底物的催化位点之间就会产生作用，水解底物中包含的糖苷键，经过电镜观察，在水解过程中，淀粉分子表面会形成很多空穴，从而被降解。

在现实应用中，一般会使用多种酶一起作用于生淀粉对其进行水解，从而达到较理想的水解效果，但是它们协同作用一起水解生淀粉的具体机制还尚待深入探索。

影响生淀粉糖化酶降解生淀粉颗粒的因素主要包括以下几个方面。

1）来自不同微生物的不同生淀粉糖化酶作用于生淀粉颗粒的能力及效果差异很大，因此可以说酶的来源及种类是影响其降解生淀粉颗粒效果的一个重要原因。

2）生淀粉颗粒属于大分子物质，前面已经讲过酶对其作用时必须进入淀粉分子的内部，并且水解底物支链使淀粉分子或颗粒断裂开来让其本身的糖苷键更多地暴露在外面，因此说明了酶作用于生淀粉颗粒的强弱不仅仅取决于其活性，更与酶本身解开支链的能力大小息息相关，相关研究也表明了二者正相关。

3）某些酶单独作用时效果不太好，但当将其与其他酶类混合作用时，其水解能力就会大大提高。例如，把液化酶和生淀粉糖化酶协同作用，酶活性可提高 3 倍左右，但这只是针对生淀粉颗粒，对糊化过的淀粉不具有提高的效果；又如，内串生孢霉属来源的 α-淀粉酶和 GA 协同作用，可达到更好的水解效果。综上，说明酶之间协同作用可以大大提高生淀粉降解能力。

4）由于生淀粉颗粒结构本身是网孔形状的，可以吸附很多物质，特别是当其处于水中时会发生膨胀，使其内部原先折叠的螺旋舒展开来，这些螺旋上含有很多羟基基团，这些基团与其他化合物之间就能以氢键的方式连接起来，从而使得淀粉酶等与之发生相互作用。因此酶作为反应的催化剂其本身的吸附作用与其生淀粉降解能力也是成正比关系的，这也是影响酶降解能力的一个重要因子。

5）淀粉有很多种类以及很多来源，不同淀粉的结构以及性质互不相同，生淀粉糖化酶作用能力也会因底物的不同而有很大差异。由于直链淀粉里面主要含有的是易溶于水的 α-1,4 糖苷键，生淀粉糖化酶对其进行降解会相对容易一些。对于纯的直链淀粉来说，只需用 α-淀粉酶就可将其直接降解成小分子糖类；而支链淀粉内部由于含有较多的不溶于水的支链和 α-1,6 糖苷键，水解起来相对困难，相关研究表明 α-淀粉酶对糊化过的支链淀粉水解率只有 93%～94%。因此即使是同样但不同来源的底物，酶的水解效果也会差异很大，一般情况下不同来源的淀粉被酶降解的速度大小依次为谷类、木薯、块茎类。所以底物的结构及性质也影响着酶的作用效果。

6）生淀粉糖化酶水解糊化淀粉和生淀粉时效果与过程是不一样的，即反应基质不同，效果也不同。例如，有关研究表明，对于糊化淀粉，生淀粉糖化酶的水解能力在整个反应期间保持恒定；而对于生淀粉，酶的水解能力随着时间有很大变化，初期、中期和后期呈现不同的水解效果，但经过检测整个过程酶会一直保持活性。可以说明酶自身的水解能力也是影响因素之一。

7）很多酶都存在产物反馈抑制现象。例如，反应液中产物葡萄糖达到一定浓度就会抑制酶的活性，对其进一步发挥水解作用不利。相关研究表明，当醪液中葡萄糖浓度超过 2%时，酶活性就开始明显下降；当葡萄糖浓度达到 3%时，酶活性即可降低 50%左右；当葡萄糖浓度高于 5%时，酶活性最终可降低 75%以上。因此，产物浓度对酶的影响同样是不可忽视的。

8）温度和 pH 对酶作用的影响同样是很大的，通常情况下生淀粉糖化酶的作用温度在 40℃以下，0<pH<7，虽然很多酶在高温下稳定性不好，但也有耐高温的生淀粉糖化酶在温度较高时仍能保持很好的活性，具体因酶而异。

目前虽然已报道的产生淀粉糖化酶的菌株及酶的类型有很多，但大多由于酶本身活性低、不稳定等而不能很好地在工业上使用，因此很多学者开始致力于研究更好更稳定的生淀粉糖化酶。

三、低温生淀粉糖化酶

生淀粉糖化酶的来源菌株大部分为中温型菌株，最适温度为 60℃左右，在过去的传统发酵过程中，需要利用淀粉类等原料时，一般需要经过液化、糖化等步骤才能将其降解为葡萄糖等能被各种微生物所利用的小分子糖类，存在工艺复杂、原材料消耗大及能源损耗高等问题。高温下淀粉酶解需要大量能量输入和额外设备，这导致淀粉衍生商品的生产成本增加。此大量能量消耗也不符合当前全球碳达峰和碳中和的要求。而低温生淀粉糖化酶（最适作用温度 15～30℃）与中温生淀粉糖化酶相比在应用上更具有优势和潜力，其在自然条件下具有高酶活力及高催化效率，可大大缩短处理所需时间并节省昂贵的加热或冷却费用，经过温和的热处理即可使其活力丧失，不会影响产品品质。

四、生淀粉糖化酶产生菌的筛选

生淀粉糖化酶产生菌筛选如下。①生淀粉灭菌：筛选生淀粉糖化酶产生菌的培养基采用生淀粉作唯一碳源，生淀粉不能与培养基一起湿热高压灭菌，因为二者一起湿热灭菌后生淀粉会转化为糊化淀粉，这样只能确保筛选得到的菌株具有水解糊化淀粉的能力，而不能确保其具有水解生淀粉的能力。生淀粉传统灭菌方法为甲醛气体熏蒸 24 h 后，干热 105℃灭菌 2 h。使用甲醛气体，应该密闭灭菌，注意安全。也有报道将生淀粉在 140℃干热灭菌 60min，再在 55℃下加入生淀粉做筛选培养平皿。谢舜珍等（1992）制备了 α-RS（α-amylase-resistant-starch）作为生淀粉糖化酶产生菌的筛选培养基，具体步骤为：在 200 g 小麦淀粉中加入 1000 ml 2 mmol/L 的 $CaCl_2$，在 80℃水浴中液化糊化；冷却后，再加入 1000 IU 的细菌 α-淀粉酶，于 55℃水浴中保温 3 h；冷却后，3000 r/min 离心 15 min，收集沉淀物；用蒸馏水洗 3 次，冷冻干燥后备用。生淀粉灭菌后，需要在倒平皿前将生淀粉加到缺碳源的固体培养基中，培养基的温度不能过高，高温条件下生淀粉会糊化。因此，一般等加热熔化的培养基温度降到 60℃以下时，加入生淀粉，再倒平皿。②淀粉颜色反应特性：淀粉颜色反应特性常用于生淀粉糖化酶产生菌筛选、分离及生淀粉糖化酶活性测定。直链淀粉遇碘变蓝，支链淀粉遇碘呈紫红色，糊精遇碘则呈蓝紫色、橙色。这主要是由淀粉本身的结构特点决定的。淀粉与碘生成的络合物的颜色，与淀粉的聚合度或相对分子质量有关。随着聚合度或相对分子质量的增加，络合物的颜色也相应发生变化，直链淀粉是由 α-葡萄糖分子缩合而成螺旋状的长长的螺旋体，每个葡萄糖单元都仍有羟基暴露在螺旋外。碘分子与这些羟基作用，使碘分子嵌入淀粉螺旋体的轴心部位，碘与淀粉的生成物叫作络合物。在一定的聚合度或相对分子质量范围内，随聚合度或相对分子质量的增加，络合物的颜色由无色、橙色、淡红色、紫色到蓝色。③生淀粉糖化酶产生菌初筛：将样品按一定比例稀释后，涂布在生淀粉糖化酶筛选平皿上，倒置培养 3～5 天，让其长出彼此独立的菌落后，挑取纯化保存，再滴加碘液检验菌落水解圈。以其生长速度与菌落水解圈大小作为初筛标准，做好记录，并挑取水解圈较大的单菌株进行摇瓶复筛，每个菌株三个重复，取其发酵液作为粗酶液，同时测定粗酶液中还原糖浓度。还原糖浓度检测方法：DNS 法，即二硝基水杨酸法，在碱性条件下，3,5-二硝基水杨酸与还原糖发生氧化还原反应，生成 3-氨基-5-硝基水杨酸，该产物在煮沸条件下显棕红色，且在一定浓度范围内颜色深浅与还原糖含量成一定比例，用比色法测定还原糖含量。葡萄糖氧化酶法测定葡萄糖浓度：样本中的葡萄糖经葡萄糖氧化酶作用生成葡萄糖酸和过氧化氢，后者是在过氧化物酶的作用下，经还原性 4-氨基安替比林与酚偶联缩合而成，可以被分光光度计测定的醌类化合物。④生淀粉糖化酶活性测定方法。碘值法：生淀粉糖化酶作用于底物并将淀粉水解糖化后，淀粉未完全水解糖化的部分与碘进行显色反应，反应后的溶液颜色深浅与淀粉的水解程度即生淀粉糖化酶的活性有关。因此可根据水解产物与碘反应后溶液颜色的深浅知道淀粉水解的量从而知道酶活性大小。用二硝基水杨酸法测定由还原螺旋结构的空隙与直链淀粉分子结合在一起的络合物，络合物分子质量为 10～2000 kDa，能吸收除蓝光以外的其他可见光，因此呈现出蓝色。而支链淀粉主要以 α-1,4 糖苷键缩合而成，少部分以 β-1,6 糖苷键缩合而成，分子质量为 50～400 000 kDa，这样的络合物呈现出紫红色。

自然界存在大量具有水解生淀粉能力的微生物。李凤玲等（2008）从淀粉厂周围土壤中分离得到产生淀粉糖化酶活性较高的 Cellulosimicrobium sp.，其在温度 30℃、pH 7.0 条件下培养 42 h 后粗酶液酶活性达 175.3 U/ml。罗军侠等（2008）从大曲中分离得到一株在酸性条件下水解生玉米淀粉能力较强的烟曲霉 MS-09，此菌产生淀粉糖化酶最适温度和最适 pH 分别为 65℃和 4.6，在 pH 3.6 条件下酶活性可达最适 pH 条件下酶活性的 95%以上，生玉米淀粉（2%，m/V）和蛋白胨有利于耐酸生淀粉糖化酶的形成。Nidhi 等（2005）从土壤中分离得到一株水解生马铃薯淀粉能力较强的 Bacillus sp.1-3，在最佳培养条件下酶活性可达 642 U/ml。此菌生淀粉糖化酶的最适作用温度和最适作用 pH 分别为 70℃和 7.0，在 12 h 内能将浓度为 12.5%的生马铃薯淀粉完全水解，并且此酶具有良好的湿度耐受性，在 70℃条件下保温 3.5 h 残余酶活性可达 90%以上。郭爱莲等（2001）从自然界分离得到酶活性较高的生淀粉糖化酶产生菌黑曲霉 Sx，在最适条件下 30℃培养 24 h 酶活性可达 382 U/g。此酶最适作用温度和最适作用 pH 分别为 60℃和 4.5，在 30℃条件下保存 10 天，酶活性保持不变。罗时等（2009）以马铃薯为唯一碳源从自然界分离得到一株生淀粉糖化酶活性高且性质稳定的优良菌株，出发菌株产酶活性为 30.56 U/ml，通过紫外线和亚硝基胍诱变，得到突变株 AS-NTG3-3，产酶活性提高到 100 U/ml。经形态学鉴定，该菌株为黑曲霉。

也有大量研究表明，改变培养基的营养成分和培养条件对生淀粉糖化酶的产量及作用效果有显著影响。Sun 等（2007）通过向培养基中添加麦芽糖醇，黑曲霉 F-08 所产生淀粉糖化酶活性提高了 8 倍。改变培养基碳源成分对生淀粉糖化酶诱导合成有显著影响，研究发现，使用生淀粉作为碳源，生淀粉糖化酶活性比使用糊化淀粉作为碳源高 7 倍。肖长清等（2006）从大曲中分离得到一株生淀粉糖化酶活性较强的黑曲霉（6#）。固体发酵酶活性为 2461 U/g，液体发酵酶活性为 353 U/ml，无机氮源 $NaNO_3$ 较有机氮源更有利于生淀粉糖化酶的产生。

生淀粉糖化酶可以用于以淀粉为原料的工业生产，如生料酿酒和酿醋、葡萄糖生产、抗生素生产、乳酸生产、有机酸生产、味精生产和多孔淀粉生产等（闫锁等，2010；张鹏等，2010）。相比于传统的乙醇高温生产工艺，利用生淀粉糖化酶进行乙醇生产可节约30%～40%的能源（夏媛媛等，2012）。同样出于节约能源的目的，我国在利用生淀粉糖化酶进行生料酿酒、酿醋方面有了很大的进步，1996年仅白酒一项年产量就已达到30万t（阚金兰，2016）。利用生淀粉糖化酶还可进行浓醪发酵，从而提高工厂的生产能力，降低成本。产生生淀粉糖化酶的菌株与产生纤维素酶、果胶酶等的菌株共同作用，可将秸秆等农副产品转化为家畜可利用的饲料，从而有利于环境保护及生物能的充分利用。另外，在冷冻食品生产中添加生淀粉糖化酶可降低浆料的冰点，使冷冻食品组织状态更加完好，同时淀粉分子结构的改变，可以防止淀粉老化返生，消除淀粉味感，增加淀粉的用量，降低白砂糖、奶粉、奶油的用量，从而降低产品的生产成本。生淀粉糖化酶也可以应用于多孔淀粉的生产（岑玉秀，2011）。也有人研究将生淀粉糖化酶应用到单细胞蛋白发酵生产上，如陈桂光等（1997）研究了在木薯渣中接入有较强生淀粉分解能力的根霉R2和高蛋白含量的酵母As2.617进行混合发酵生产蛋白饲料，可使原料粗蛋白含量从3.9%提高到22.43%，产品的氨基酸总量提高到15.22%（汤燕花和谢必峰，2006）。

第二节　菌株选育

选育具有优良生产性能的菌株是微生物发酵生产成功的根本。微生物在自然界分布广泛。地球的每一个角落都有不同的微生物生态系统，特定的生态环境对应于特定的微生物生态系统，在某些生态环境中，高度专一性的微生物存在并仅限于这些生态环境中，成为特定生态环境的标志。要筛选产低温生淀粉糖化酶的微生物，就需要在低温环境中采集样品。

一、酶活性测定

（一）葡萄糖标准曲线绘制

分别在25 ml具塞比色管中加入0 ml、0.2 ml、0.4 ml、0.8 ml、1.2 ml、1.6 ml、2.0 ml的1 mg/ml的葡萄糖标准液，加蒸馏水补至2 ml，再分别加入2 ml DNS试剂，摇匀，置沸水浴煮沸5 min。取出后流水冷却，加蒸馏水定容至20 ml。以无葡萄糖标准液管空白调零点，在540 nm波长下比色测定。以葡萄糖含量为横坐标，吸光度为纵坐标，绘制标准曲线。

根据实验结果绘制葡萄糖标准曲线，如图4-1所示。该葡萄糖标准曲线的方程为

$$Y = -0.0186 + 0.527X \tag{4-1}$$

该标准曲线的线性相关系数为0.999，达到了一般标准曲线的要求，可以用来计算酶解产物中的葡萄糖的量。

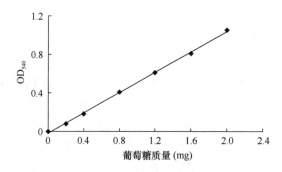

图 4-1　低温生淀粉糖化酶测定葡萄糖标准曲线

（二）酶活性测定方法

取 2% 的生淀粉悬浮液 2.0 ml 加入 25 ml 具塞比色管中，添加 pH 4.6 的柠檬酸-柠檬酸钠缓冲液 2 ml，40℃预热 10 min，加入 1.0 ml 酶液，于 40℃恒温振荡（180 r/min）反应 10 min 后，加入 DNS 试剂 2 ml 终止反应。摇匀，置沸水浴中煮沸 5 min。取出后流水冷去，加蒸馏水定容至 20 ml。以不加酶液管作为空白调零点，在 520 nm 波长下比色测定吸光度。酶活性单位定义：在分析条件下，1 min 释放 1 μg 还原糖（以葡萄糖计算）所需的酶量定义为 1 个酶活性单位。

二、筛选

（一）样品来源

采集长白山常年低温区、渤海湾水样和泥样。

（二）培养基

平板分离培养基：生玉米淀粉 20 g，$NaNO_3$ 2 g，KCl 0.5 g，$FeSO_4 \cdot 7H_2O$ 0.01 g，K_2HPO_4 1.5 g，$MgSO_4 \cdot 7H_2O$ 0.5 g，琼脂 15～20 g，水 1000 ml，pH 自然，1 kg/cm^2 灭菌 30 min，其中生玉米淀粉在 105℃下干热灭菌 2 h，然后在常温下无菌操作加入。

富集培养基：生玉米淀粉 2 g，蛋白胨 1 g，牛肉膏 0.5 g，NH_4NO_3 1 g，K_2HPO_4 1 g，$MgSO_4 \cdot 7H_2O$ 0.5 g，$FeSO_4 \cdot 7H_2O$ 0.01 g，KCl 0.5 g，水 1000 ml，pH 自然，1 kg/cm^2 灭菌 30 min，其中生玉米淀粉在 105℃下干热灭菌 2 h，然后在常温下无菌操作加入。

种子培养基：蛋白胨 10 g，酵母膏 5 g，葡萄糖 1 g，K_2HPO_4 3 g，水 1000 ml，pH 自然，1 kg/cm^2 灭菌 20 min。

发酵培养基：生玉米淀粉 20 g，$NaNO_3$ 3 g，KCl 0.5 g，$FeSO_4 \cdot 7H_2O$ 0.01 g，K_2HPO_4 2 g，$MgSO_4 \cdot 7H_2O$ 0.5 g，水 1000 ml，pH 自然，1 kg/cm^2 灭菌 20 min，其中生玉米淀粉在 105℃下干热灭菌 2 h，然后在常温下无菌操作加入。

（三）筛选及结果

富集培养的样品经平板划线分离，得到 11 株（RS01～RS11）能够产生透明圈的菌株，其中霉菌 9 株（RS03～RS11），细菌 2 株（RS01、RS02）。经摇瓶发酵测定其低温生淀粉糖化酶活性，结果如图 4-2 所示。

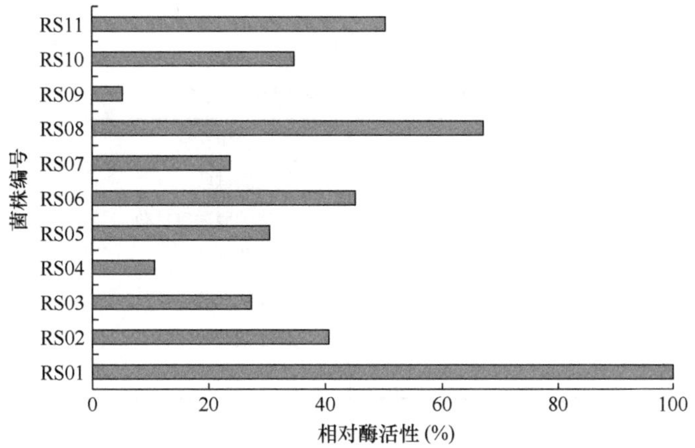

图 4-2　低温生淀粉糖化酶菌株筛选结果

由图 4-2 可知，细菌 RS01 的低温生淀粉糖化酶活性最高，霉菌 RS08、RS11 次之，RS09 的低温生淀粉糖化酶活性最低。最终以 RS01 为研究对象，其在不同温度下透明圈直径和菌落直径比值见表 4-1。由表 4-1 可知，RS01 最适生长温度在 20℃ 左右，比常温淀粉酶类生产菌低 10℃ 左右，与文献报道的产低温淀粉酶类的低温微生物生长温度一致。

表 4-1　RS01 在不同生长温度下透明圈直径与菌落直径比值（单位：mm）

菌株	15℃	20℃	25℃	30℃	35℃	40℃
RS01	4（16/4）	6.3（19/3）	2.5（5/2）	2（4/2）	2（4/2）	—

三、鉴定

（一）形态学鉴定

RS01 菌落呈白色，黏滑不易挑起；从图 4-3 可看出，菌体短杆状，单个或成对排列，不形成链状，能滑行运动；革兰氏染色阴性。

图 4-3　RS01 显微图（10×100）

（二）生理生化鉴定

菌株 RS01 生理生化鉴定结果如表 4-2 所示。

表 4-2 菌株 RS01 生理生化特征

鉴定指标	鉴定结果	鉴定指标	鉴定结果
葡萄糖产酸	+	氧化酶试验	+
葡萄糖产气	+	鸟氨酸脱羧酶试验	−
接触酶试验	+	明胶酶试验	+
硝酸盐还原	+	麦芽糖试验	+
木糖试验	−	精氨酸试验	+
蔗糖试验	+		

注："+"阳性反应；"−"阴性反应

（三）分子生物学鉴定

在初步鉴定的基础对菌株 RS01 进行分子生物学鉴定。

采用酚-氯仿抽提法提取菌株 DNA。应用 16S rDNA 引物：正向引物 P1（5′-AGAGTTTGATCCTGGCTCAG-3′）和反向引物 P2（5′-AAGTCGTAACAAGGTAACC-3′）进行 PCR 扩增。PCR 反应体系（50 µl）：Ex *Taq*（5 U/µl）0.25 µl，10×Ex *Taq* buffer 5.0 µl，dNTP 混合物 5.0 µl，P1 引物 1.0 µl，P2 引物 1.0 µl，补加 ddH$_2$O 到 50 µl。扩增程序为 94℃预变性 5 min；然后 94℃变性 1 min，52℃复性 1 min，72℃延伸 90 s 进行 30 个循环；最后于 72℃延伸 5 min。PCR 产物直接送生工生物工程（上海）股份有限公司测序。测得 1506 bp 的 16S rDNA 序列，输入 GenBank 数据库，进行 BLAST 比对，获取 16S rDNA 基因序列相似度高的菌种。采用 ClustalX 进行多序列匹配比对，通过 MEGA 4.1 软件计算出序列的系统进化距离，采用邻接法构建系统发育树。

序列分析结果表明，菌株 RS01 的 16S rDNA 序列全长 1506 bp，其序列如下。

5′-AGAGTTTGAT CCTGGCTCAG GTTGAACGCT GGCGGCAGGC CTAACACATG
CAAGTCGAGC GGCAGCGGGA AAGTAGCTTG CTACTTTTGC CGGCGAGCGG
CGGACGGGTG AGTAATGCCT GGGAAATTGC CCAGTCGAGG GGGATAACAG
TTGGAAACGA CTGCTAATAC CGCATACGCC CTACGGGGGA AAGCAGGGGA
CCTTCGGGCC TTGCGCGATT GGATATGCCC AGGTGGGATT AGCTAGTTGG
TGAGGTAATG GCTCACCAAG CGACGATCC CTAGCTGGTC TGAGAGGATG
ATCAGCCACA CTGGAACTGA GACACGGTCC AGACTCCTAC GGGAGGCAGC
AGTGGGGAAT ATTGCACAAT GGGGGAAACC CTGATGCAGC CATGCCGCGT
GTGTGAAGAA GGCCTTCGGG TTGTAAAGCA CTTTCGGCGA GGAGGAAAGG
TCAGTAGCTA ATATCTGCTG GCTGTGACGT TACTCGCAGA AGAAGCACCG
GCTAACTTCCG TGCCAGCAGC CGCGGTAATA CGGAGGGTGC AAGCGTTAAT
CGGAATTACT GGGCGTAAAG CGCACGCAGG CGGTTGGATA AGTTAGATGT
GAAAGCCCCG GGCTCAACCT GGGAATTGCA TTTAAAACTG TCCAGCTAGA
GTCTTGTAGA GGGGGGTAGA ATTCCAGGTG TAGCGGTGAA ATGCGTAGAG
ATCTGGAGGA ATACCGGTGG CGAAGGCGGC CCCCTGGACA AAGACTGACG

CTCAGGTGCG AAAGCGTGGG GAGCAAACAA GATTAGATAC CCTGGTAGTC
CACGCCGTAA ACGATGTCGA TTTGGAGGCT GTGTCCTTGA GACGTGGCTT
CCGGAGCTAA CGCGTTAAAT CGACCGCCTG GGGAGTACGG CCGCAAGGTT
AAAACTCAAA TGAATTGACG GGGGCCCGCA CAAGCGGTGG AGCATGTGGT
TTAATTCGAT GCAACGCGAA GAGCCTTACC TGGCCTTGAC ATGTCTGGAA
TCCTGTAGAG ATACGGGAGT GCCTTCGGGA ATCAGAACAC AGGTGCTGCA
TGGCTGTCGT CAGCTCGTGT CGTGAGATGT TGGGTTAAGT CCCGCAACGA
GCGCAACCCC TGTCCTTTGT TGCCAGCACG TAATGGTGGG AACTCAAGGG
AGACTGCCGG TGATAAACCG GAGGAAGGTG GGGATGACGT CAAGTCATCA
TGGCCCTTAC GGCCAGGGCT ACACACGTGC TACAATGGCG CGTACAGAGG
GCTGCAAGCT AGCGATAGTG AGCGAATCCC AAAAAGCGCG TCGTAGTCCG
GATTGGAGTC TGCAACTCGA CTCCATGAAG TCGGAATCGC TAGTAATCGC
AAATCAGAAT GTTGCGGTGA ATACGTTCCC GGGCCTTGTA CACACCGCCC
GTCACACCAT GGGAGTGGGT TGCACCAGAA GTAGATAGCT TAACCTTCGG
GAGGGCGTTT ACCACGGTGC GATTCATGAC TGGGGTGAAG TCGTAACAA
GGTAACC-3′

将序列输入 GenBank 进行相似度比较，其中 *Aeromonas punctata*（NR 029252.1）与 RS01 的亲缘性达到 99.45%，*Aeromonas caviae*（X60408.1）与 RS01 的亲缘性达到 99.33%。RS01 和相关菌株的亲缘关系见图 4-4。结合菌株的形态和生理生化特征，初步鉴定为气单胞菌（*Aeromonas* sp.）。

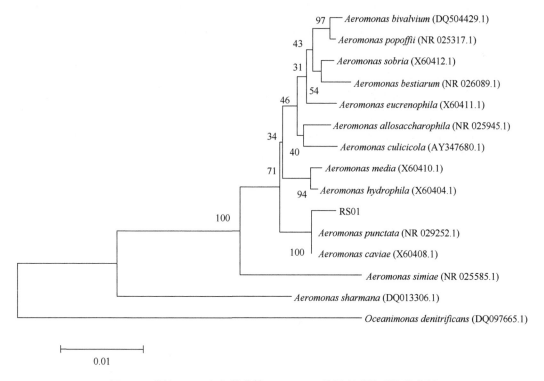

图 4-4　菌株 RS01 和相关菌株 16S rDNA 基因序列的系统发育树

第三节　菌株 RS01 酶学性质研究

菌株 RS01 最适生长温度的确定如下。

取斜面保藏菌种，活化，挑取一环接种于 50 ml 种子培养基中，在 20℃条件下培养 24 h，然后等量接种于 50 ml 种子培养基中，分别在 10℃、15℃、20℃、25℃、30℃、35℃条件下于 150 r/min 冷冻恒温振荡器中培养，每 2 h 跟踪测定菌体 OD_{560}，绘制时间-OD_{560} 曲线；每个实验做三个平行样，结果见图 4-5。

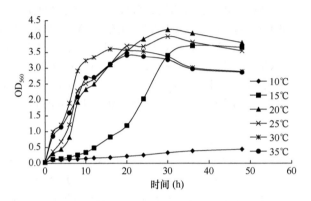

图 4-5　菌株 RS01 在不同温度下的生长曲线

由图 4-5 可知，在 30 h，20℃培养的菌株浓度达到最大，高于其他温度下的最大菌株浓度，10℃、15℃下菌株生长比较缓慢，30℃、35℃下菌株能够快速生长，但很快进入衰亡期。所以 20℃为最适生长温度。

酶活性曲线测定如下。

在菌株最适生长温度下将对数期的种子液接种于发酵培养基，在低温摇床中 20℃、装液量 100 ml（250 ml 摇瓶）、接种量 10%、150 r/min 培养，每隔一定时间（4 h）在无菌操作条件下收集少量发酵液（2 ml）于灭菌后的离心管中，4℃低温离心（6000 r/min 15 min）后取上清液测定酶活性，绘制时间-相对酶活性曲线；每个实验做三个平行样，结果见图 4-6。

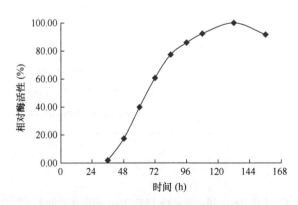

图 4-6　菌株 RS01 的时间-相对酶活性曲线

由图 4-6 可知，在菌体发酵 0～36 h，相对酶活性几乎为零；36 h 时开始产酶，48～96 h 相对酶活性迅速增加；在 136 h 达到最大，随后相对酶活性快速下降。可以看出此酶为滞后合成型。

一、发酵培养基优化

（一）碳源对菌株 RS01 发酵产酶的影响

在发酵培养基中，分别用 1% 的不同碳源（马铃薯淀粉、麦芽糖、蔗糖、可溶性淀粉、葡萄糖、玉米生淀粉）替换其碳源成分，进行单因素实验。20℃，装液量 100 ml（250 ml 摇瓶），接种量 10%，150 r/min 培养 36 h 后跟踪测定酶活性；每个实验做三个平行样，结果见图 4-7。

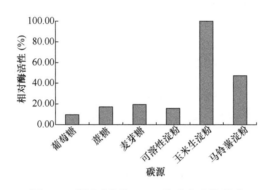

图 4-7　碳源对菌株 RS01 发酵产酶的影响

由图 4-7 可知，玉米生淀粉为最佳碳源，葡萄糖最次。麦芽糖、可溶性淀粉、蔗糖和马铃薯淀粉都可以作为碳源合成低温生淀粉糖化酶。

（二）碳源最适浓度的确定

在最优碳源确定的条件下，改变培养基中碳源浓度（1.0%、2.0%、3.0%、4.0%、5.0%、6.0%），20℃，装液量 100 ml（250 ml 摇瓶），接种量 10%，150 r/min 培养 36 h 后跟踪测定酶活性；每个实验做三个平行样，结果见图 4-8。

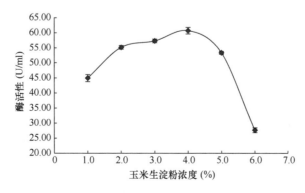

图 4-8　玉米生淀粉对菌株 RS01 发酵产酶的影响

由图 4-8 可知，当玉米生淀粉浓度为 4.0%时，发酵液低温生淀粉糖化酶活性最高，达 60.72 U/ml，当玉米生淀粉浓度为 1.0%时，酶活性为 44.95 U/ml；当玉米生淀粉浓度为 6.0%时，酶活性仅为 27.64 U/ml；说明过高浓度的碳源对菌体生长有抑制作用，影响酶的合成；过低的浓度则会营养不足，从而影响酶的合成。

（三）氮源对菌株 RS01 发酵产酶的影响

在确定最优碳源和碳源浓度的情况下，进行单因素实验，分别用不同氮源（硝酸铵、硫酸铵、蛋白胨、牛肉膏、尿素、棒子面、牛肉膏+蛋白胨、硝酸钠）替换培养基中氮源成分，20℃，装液量 100 ml（250 ml 摇瓶），接种量 10%，150 r/min 培养 36 h 后跟踪测定酶活性；每个实验做三个平行样，结果见表 4-3。

表 4-3　不同氮源对菌株 RS01 发酵产酶的影响

氮源	相对酶活性（%）
硝酸铵	23.62
硫酸铵	7.58
蛋白胨	85.69
牛肉膏	100.00
尿素	35.64
棒子面	46.98
牛肉膏+蛋白胨	92.44
硝酸钠	62.00

由表 4-3 可知，氮源为牛肉膏时，发酵液产生的低温生淀粉糖化酶相对酶活性最高，牛肉膏+蛋白胨、蛋白胨、硝酸钠、棒子面、尿素、硝酸铵其次，硫酸铵最次。原因可能是牛肉膏中含有较多的菌体生长及产酶所需的因子，更有利于菌株合成低温生淀粉糖化酶。

（四）氮源最适浓度的确定

在最优氮源确定的条件下，改变培养基中氮源浓度（0.4%、0.8%、1.2%、1.6%、2.0%、2.4%），20℃，装液量 100 ml（250 ml 摇瓶），接种量 10%，150 r/min 培养 36 h 后跟踪测定酶活性；每个实验做三个平行样，结果见图 4-9。

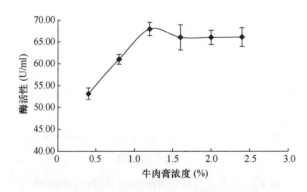

图 4-9　牛肉膏对菌株 RS01 发酵产酶的影响

由图 4-9 可知，当牛肉膏浓度为 1.2%时，发酵液低温生淀粉糖化酶活性最高，为 67.95 U/ml；牛肉膏浓度为 0.4%时，酶活性仅为 52.75 U/ml；说明过低浓度的氮源对菌体生长有一定抑制作用，影响酶的合成。

（五）无机盐对菌株 RS01 发酵产酶的影响

在以上确定的条件下，分别用不同的无机盐（氯化钠、氯化钾、磷酸二氢钾、硫酸钠、柠檬酸钠、碳酸钙、碳酸钠）替换培养基中的无机盐成分，20℃，装液量 100 ml（250ml 摇瓶），接种量 10%，150 r/min 培养 36 h 后跟踪测定酶活性；每个实验做三个平行样，结果见表 4-4。

表 4-4　不同无机盐对菌株 RS01 发酵产酶的影响

无机盐	相对酶活性（%）
氯化钠	100.00
氯化钾	85.78
磷酸二氢钾	91.94
硫酸钠	70.39
柠檬酸钠	90.87
碳酸钙	86.38
碳酸钠	93.72

由表 4-4 可知，在选定的无机盐中，氯化钠最有利于低温生淀粉糖化酶的合成，而硫酸钠最次；氯化钾、磷酸氢二钾、柠檬酸钠、碳酸钙和碳酸钠的作用相近。原因可能是氯化钠有利于维持菌体细胞膜内外的渗透压，能够使菌体更好地生长。

（六）无机盐最适浓度的确定

在最优无机盐确定的条件下，改变培养基中无机盐浓度（0.1%、0.2%、0.3%、0.4%、0.5%、0.6%），20℃，装液量 100 ml（250 ml 摇瓶），接种量 10%，150 r/min 培养 36 h 后跟踪测定酶活性；每个实验做三个平行样，结果见图 4-10。

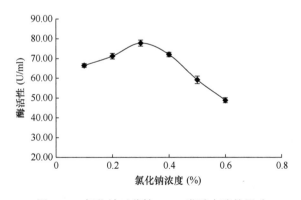

图 4-10　氯化钠对菌株 RS01 发酵产酶的影响

由图 4-10 可知，当氯化钠浓度为 0.3%时，发酵液低温生淀粉糖化酶活性最高，为

77.84 U/ml；当氯化钠浓度为 0.6%时，酶活性仅为 48.88 U/ml；说明过高浓度的氯化钠对菌体生长有一定抑制作用，影响酶的合成；过低的浓度不利于酶的合成。

（七）其他无机盐浓度对菌株 RS01 发酵产酶的影响

对其他无机盐离子优化的结果为：K_2HPO_4 4 g/L，$MgSO_4 \cdot 7H_2O$ 0.5 g/L，$FeSO_4 \cdot 7H_2O$ 0.01 g/L，单因素方差分析均不显著。

（八）响应面分析

采用 Box-Behnken 法确定 3 个关键因素对响应值有重要影响，每个因素取 3 个水平，以–1、0、1 编码，实验后，对数据进行二次回归拟合，得到包括一次项、平方项和交互项的二次方程，分析各因素的主效应和交互效应，最后在一定水平范围内求取最佳值。其因素水平编码如表 4-5 所示。

表 4-5 菌株 RS01 发酵培养基优化实验因素水平编码

编码值	玉米生淀粉（g/L）	牛肉膏（g/L）	NaCl（g/L）
–1	30	10	2
0	40	12	3
1	50	14	4

以低温生淀粉糖化酶活性为响应值，实验设计及结果见表 4-6，利用 Minitab 软件对结果进行二次回归分析。得到回归方程为

$$Y = 100.33 + 2.44X_1 + 0.65X_2 - 1.79X_3 - 5.14X_1^2 - 12.52X_2^2 - 14.19X_3^2 - 1.68X_1X_2 + 6.2X_1X_3 + 3.98X_2X_3,$$

表 4-6 菌株 RS01 发酵培养基优化实验设计与结果

实验号	X_1（玉米生淀粉）	X_2（牛肉膏）	X_3（NaCl）	Y（酶活性）（U/ml）
1	1	0	–1	78.0
2	0	0	0	98.8
3	0	1	1	75.0
4	0	1	–1	70.2
5	1	0	1	86.4
6	1	–1	0	85.7
7	–1	0	–1	88.0
8	0	0	0	100.3
9	0	–1	–1	80.2
10	0	0	0	101.9
11	–1	0	1	71.6
12	1	1	0	87.0
13	–1	–1	0	75.0
14	–1	1	0	83.0
15	0	0	1	69.1

回归方程的方差分析结果见表4-7。

表4-7 菌株 RS01 发酵培养基优化实验结果回归方程的方差分析

来源	自由度	调整平方和	调整均方	F 值	P 值
回归	9	1572.17	174.686	21.91	0.002
线性	3	76.47	25.491	3.20	0.122
平方	3	1267.52	422.505	52.99	0.000
交互作用	3	228.19	76.062	9.54	0.016
残差误差	5	39.86	7.973		
失拟	3	35.06	11.686	4.86	0.175
纯误差	2	4.81	2.403		
合计	14	1612.04			

由表4-7可知,模型(P 值为 0.002)是非常显著的,模型失拟项表示模型预测值与实际值不拟合的概率。而失拟项 P 值为 0.175,大于 0.05,模型失拟项不显著,模型选择合适。回归系数 $R^2=0.9753$,大于 0.9,说明模型相关度很好。所以,可以使用该模型来分析响应值的变化。

为了进一步研究相关变量间的交互作用以及确定最优点,通过 Minitab 软件绘制响应面曲线图进行可视化分析,图 4-11~图 4-13 分别显示了 3 组以低温生淀粉糖化酶活性为响应值的趋势图,其等高线图可直观反映出两变量交互作用的显著程度,圆形表示两因素交互作用不显著,而椭圆形与之相反。图 4-11 等高线呈圆形,交互作用不显著;图 4-12、图 4-13 等高线均呈椭圆形,表明两因素交互作用均显著。

由图 4-11~图 4-13 可知,响应值存在最大值,经软件分析计算,得到低温生淀粉糖化酶活性预测值最大时的组分浓度:玉米生淀粉 43.21 g/L,牛肉膏 12.03 g/L,NaCl 3.15 g/L,预测值为 100.32 U/ml。

对优化结果进行 5 次验证实验,结果表明,低温生淀粉糖化酶活性平均为 98.42 U/ml,与理论预测值基本吻合,表明该模型是合理有效的,与优化前低温生淀粉糖化酶活性 46.75 U/ml 相比提高了 110.52%。

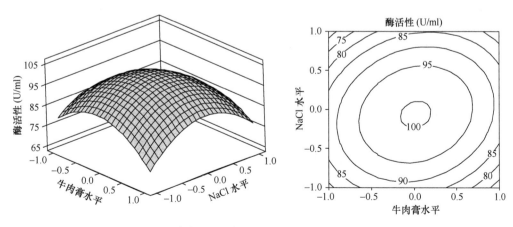

图 4-11 牛肉膏与 NaCl 交互影响酶活性的曲面图和等高线图

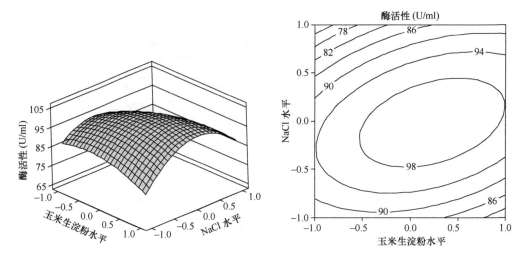

图 4-12　玉米生淀粉与 NaCl 交互影响酶活性的曲面图和等高线图

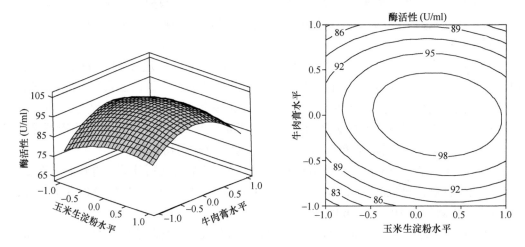

图 4-13　玉米生淀粉与牛肉膏交互影响酶活性的曲面图和等高线图

二、发酵条件优化

（一）发酵时间对菌株 RS01 发酵产酶的影响

在培养基确定的条件下，控制发酵时间分别为 48 h、72 h、96 h、120 h、144 h，研究时间对菌株 RS01 产低温生淀粉糖化酶的影响，结果见图 4-14。

由图 4-14 可知，发酵时间在 48～96 h，低温生淀粉糖化酶活性逐渐增加；96 h 以后酶活性开始下降，继续延长发酵时间并不能进一步提高产酶量反而使产酶量降低，因此，菌株 RS01 产低温生淀粉糖化酶最佳发酵时间为 96 h。

（二）温度对菌株 RS01 发酵产酶的影响

在发酵时间确定的条件下，控制培养温度分别为 10℃、15℃、20℃、25℃、30℃，研究温度对菌株 RS01 产低温生淀粉糖化酶的影响，结果见图 4-15。

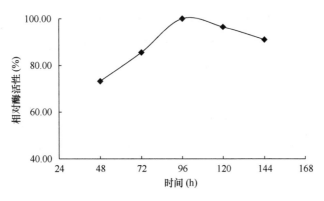

图 4-14 发酵时间对菌株 RS01 发酵产酶的影响

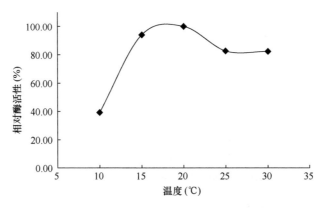

图 4-15 温度对菌株 RS01 发酵产酶的影响

由图 4-15 可知，在 10~15℃，相对酶活性迅速增加，20℃时，相对酶活性最高，所以确定最佳发酵温度为 20℃。

（三）初始 pH 对菌株 RS01 发酵产酶的影响

在最优发酵时间、温度确定的条件下，控制培养基初始 pH 分别为 3.0、4.0、5.0、6.0、7.0、8.0、9.0，研究初始 pH 对菌株 RS01 产低温生淀粉糖化酶的影响，结果见图 4-16。

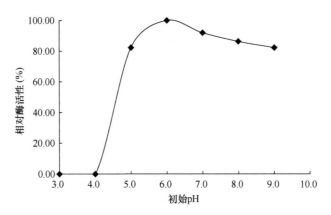

图 4-16 初始 pH 对菌株 RS01 发酵产酶的影响

由图 4-16 可知，发酵开始随着初始 pH 的升高，RS01 产低温生淀粉糖化酶的能力显著上升，初始 pH 6.0 时 RS01 产低温生淀粉糖化酶的能力达到最高，随后逐渐降低。因此，RS01 产低温生淀粉糖化酶的最佳发酵初始 pH 为 6.0。

（四）接种量对菌株 RS01 发酵产酶的影响

当发酵时间为 96 h、培养温度为 20℃、培养基初始 pH 为 6.0 时，控制发酵培养接种量分别为 0.5%、1%、5%、10%、15%、20%，研究接种量对 RS01 产低温生淀粉糖化酶的影响，结果见图 4-17。

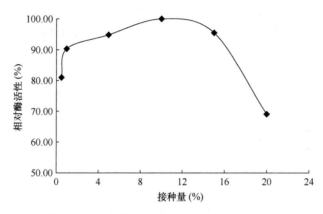

图 4-17　接种量对菌株 RS01 发酵产酶的影响

由图 4-17 可知，当接种量在 0.5%～1%时，接种量对 RS01 液体发酵产低温生淀粉糖化酶影响较大；当接种量在 1%～10%时，酶活性逐渐增加，并且接种量越大对缩短发酵时间越有利；当接种量为 10%时，酶活性达到最大，之后随着接种量的增加，酶活性反而迅速下降，其原因可能是单位体积培养基菌数太多，导致基质营养和通气量不足。因此，RS01 产低温生淀粉糖化酶的最佳接种量为 10%。

（五）摇瓶发酵优化因素与水平设计

对发酵时间、温度、初始 pH、接种量进行 $L_9(3^4)$ 正交实验，因素和水平如表 4-8 所示。

表 4-8　菌株 RS01 发酵条件正交实验因素和水平表

水平	A 发酵时间（h）	B 温度（℃）	C 初始 pH	D 接种量（%）
1	72	15	5	5
2	96	20	6	10
3	120	25	7	15

按表 4-8 的条件对菌株 RS01 进行液体发酵，以酶活性为评价指标，结果见表 4-9，对结果进行统计学处理，见表 4-10。

以酶活性为考察指标，各因素主次为：温度>初始 pH>时间>接种量。方差分析表明，4 个因素对结果均无显著性影响，故依据直观分析结果，结合实际情况，选择 RS01 液体发酵产酶最佳条件为：发酵时间 4 天，温度 20℃，初始 pH 7，接种量 5%。

表 4-9　菌株 RS01 发酵条件研究结果

水平	A	B	C	D	酶活性（U/ml）
1	1	1	1	1	42.80
2	1	2	2	2	94.43
3	1	3	3	3	74.03
4	2	1	2	3	79.08
5	2	2	3	1	106.59
6	2	3	1	2	74.95
7	3	1	3	2	82.89
8	3	2	1	3	82.30
9	3	3	2	1	88.14
μ_1	70.42	68.26	66.68	79.18	
μ_2	86.87	94.44	87.22	84.09	
μ_3	84.44	79.04	87.84	78.47	
R	16.45	26.18	21.15	5.62	

注：R 为极差

表 4-10　菌株 RS01 发酵条件研究结果方差分析

因素	偏差平方和	自由度	F 比值	P
A	473.27	2	0.78	>0.05
B	1039.00	2	1.71	>0.05
C	869.47	2	1.43	>0.05
D	56.23	2	0.09	>0.05
误差	2437.97	8		

按照上述最佳培养基和发酵条件进行重复性验证实验（$n=3$），其低温生淀粉糖化酶活性平均为 103.47 U/ml。

三、分离纯化

将发酵液 6000 r/min 离心 15 min，取上清液加 $(NH_4)_2SO_4$ 至饱和度为 80%，pH 调为 3.4，4℃过夜，5000 r/min 离心 30 min，取沉淀溶于少量蒸馏水，用蒸馏水透析（透析袋截留分子质量为 14 000 Da），每隔 2 h 换一次水，至无 NH_4^+。此硫酸铵脱盐酶液用于酶的初步性质研究。

四、酶学性质表征

（一）酶解产物薄层层析（TLC）

用前将硅胶板于 110℃活化 1 h。取一定量的粗酶液，以玉米生淀粉为底物进行酶解反应，把反应液用毛细吸管进行点样，点样点距离板底部 1 cm，点样斑点间距 1 cm，用电吹风缓缓吹过点样点，使溶剂迅速挥发。展开剂为正丁醇：冰醋酸：水（2：1：1），置层析缸内在室温下展开，待展开剂前沿走至距板上端 1 cm 处取出吹干，喷显色剂（苯胺-二苯胺），于 100℃烘箱中干燥 10 min 左右，直到薄板上显示出清晰的斑点。结果见图 4-18。

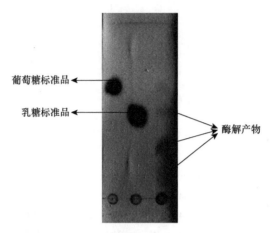

图 4-18　低温生淀粉糖化酶酶解产物 TLC 分析

由图 4-18 可知，酶解产物中有葡萄糖，另外还有寡糖的存在，说明粗酶液除了含有低温生淀粉糖化酶，还含有其他的生淀粉酶组分。糖化酶具有多型性，即同一个菌种会产生多个组型的糖化酶。生淀粉糖化酶是其中的一个组型，因为它具有淀粉结合域（starch-binding domain），所以能够吸附到生淀粉颗粒上直接水解生淀粉为葡萄糖，另外，α-淀粉酶的协同作用能够提高生淀粉糖化酶的活性。粗酶液中除了低温生淀粉糖化酶，还有其他的生淀粉酶，这有助于生产高效的低温生淀粉糖化酶制剂。

（二）温度对低温生淀粉糖化酶活性的影响

分别在 5℃、10℃、20℃、30℃、40℃和 50℃下测定低温生淀粉糖化酶活性，每个实验做三个平行，其测定结果如图 4-19 所示。

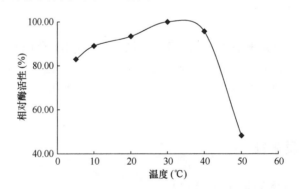

图 4-19　温度对低温生淀粉糖化酶活性的影响

由图 4-19 可以看出，酶的最适作用温度为 30℃，40℃以后酶活性迅速下降，在 5～30℃相对酶活性能保持在 80%以上，这符合低温酶的特性。在低温条件下，相对于嗜温酶，来自低温微生物的酶反应所需时间更短，这是低温生淀粉糖化酶的应用优势。

（三）低温生淀粉糖化酶的热稳定性

将粗酶液分别置于30℃、40℃、50℃、60℃、70℃、80℃水浴中保温 1 h，立即冷却并测定剩余酶活性，每个实验做三个平行，结果见图4-20。

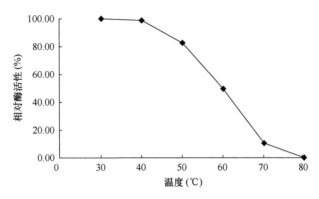

图 4-20　低温生淀粉糖化酶的热稳定性

由图 4-20 可知，经初步提纯的低温生淀粉糖化酶热稳定性比较差，70℃处理 1 h，相对酶活性不足 10%，80℃时，酶活性已全部丧失。从 40℃到 50℃，酶活性急剧下降，且酶的热稳定性比较差，其原因可能是低温酶具有高柔顺、高松散的分子结构，而松散、柔顺的分子结构会导致低温酶在常温或高温条件下更高的热不稳定性。低温酶能够广泛应用于生物工程的两大要素，就是它们在低温条件下的高催化活力和在中高温度条件下的热不稳定性。

（四）pH 对低温生淀粉糖化酶活性的影响

在酶最适作用温度下，分别用 pH 为 3.4、3.8、4.2、4.6、5.0、5.4、5.8、6.4、7.0 和 7.6 的柠檬酸盐缓冲液，测定低温生淀粉糖化酶活性，每个实验做三个平行，其测定结果如图 4-21 所示。

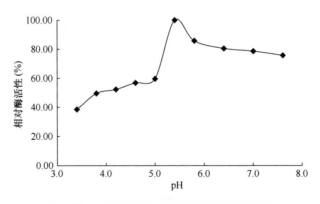

图 4-21　pH 对低温生淀粉糖化酶活性的影响

由图 4-21 可知，低温生淀粉糖化酶最适作用 pH 为 5.4；在 pH 4.2～5.0 均有 50%以上的相对酶活性，说明此酶具有一定的耐酸性。

（五）金属离子对低温生淀粉糖化酶活性的影响

在酶活性测定反应体系中，在最适作用 pH 5.4、最适作用温度 30℃ 条件下，分别用配制的含有 0.01 mol/L 金属氯化物（Na^+、Mg^{2+}、K^+、Ca^{2+}、Cu^{2+}、Mn^{2+}、Fe^{2+}）的 0.1 mol/L 柠檬酸-柠檬酸钠缓冲液代替反应体系中的缓冲液，测定酶活性，每个实验做三个平行，其结果如图 4-22 所示。

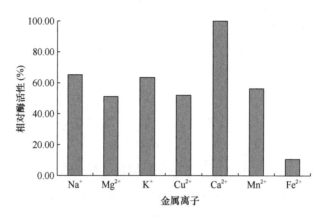

图 4-22　不同金属离子对低温生淀粉糖化酶活性的影响

由图 4-22 可知，Na^+、Ca^{2+} 对低温生淀粉糖化酶都有不同程度的激活作用，其中 Ca^{2+} 的激活效果最为明显，而 Cu^{2+}、Fe^{2+} 有较强的抑制作用，可能是因为 Cu^{2+}、Fe^{2+} 可以使蛋白质失活。

第四节　总结与讨论

从采集自低温环境的样品中分离得到一株相对高产低温生淀粉糖化酶的菌株，并对分离到的菌株进行了形态学、生理生化和分子生物学鉴定，确定该菌为一株气单胞菌，将其命名为 *Aeromonas* sp. RS01。

对 *Aeromonas* sp. RS01 产生的低温生淀粉糖化酶用硫酸铵盐析，得到粗酶液。对该粗酶液酶学性质研究，发现其最适作用温度为 30℃，酶的热稳定性比较差，最适作用 pH 为 5.4，并且具有一定的耐酸性，Na^+、Ca^{2+} 对低温生淀粉糖化酶有激活作用，而 Cu^{2+}、Fe^{2+} 有抑制作用，TLC 鉴定水解生玉米淀粉的酶解产物，发现其中含有葡萄糖。

在单因素实验确定显著因素的基础上，采用响应面法优化 RS01 的发酵培养基。单因素实验确定碳源（玉米生淀粉）浓度为 4.0%，氮源（牛肉膏）的浓度为 1.2%，氯化钠的浓度为 0.3%。响应面法优化得到玉米生淀粉、牛肉膏、氯化钠 3 个显著因素的最佳浓度分别为 43.21 g/L、12.03 g/L、3.15 g/L，此条件下低温生淀粉糖化酶活性达到 98.42 U/ml，比优化前提高了 51.67 U/ml，与模型预测值 100.32 U/ml 基本吻合。牛肉膏与氯化钠交互作用不显著，玉米生淀粉与氯化钠、玉米生淀粉与牛肉膏交互作用显著。对 RS01 产低温生淀粉糖化酶的液态发酵条件进行研究，确定其最佳发酵条件为初始 pH 7，发酵时间 4 天，温度 20℃，接种量 5%。

参 考 文 献

岑玉秀. 2011. 生淀粉糖化酶产生菌的选育与应用[D]. 南宁: 广西大学硕士学位论文.

陈桂光, 庞宗文, 梁静娟. 1997. 木薯渣生料发酵生产单细胞蛋白的研究[J]. 粮食与饲料工业, (6): 23-24.

陈佩仁, 陈江萍, 王林秋, 等. 2016. 生物淀粉酶系对β-淀粉的水解和无蒸煮黄酒酿造释疑[J]. 酿酒, 43(2): 52-56.

高阳, 谢立娜. 2015. 高粱生料酿酒工艺探讨[J]. 科技与企业, (17): 172.

郭爱莲, 郭延巍, 杨琳, 等. 2001. 生淀粉糖化酶的菌种筛选及酶学研究[J]. 食品科学, (22): 45-48.

郭彦言. 2015. 糖化酵母葡萄糖淀粉酶基因在酿酒酵母中克隆与表达[D]. 长春: 长春工业大学硕士学位论文.

阚金兰. 2016. 生料发酵技术及其在酒精生产中的应用[J]. 科技创新与应用, 5: 295.

李凤玲, 张璐, 刘连成, 等. 2008. 生淀粉糖化酶产生菌 Cellulosimicrobium sp. SDE 的分离鉴定及酶学性质研究[J]. 工业微生物, 38(5): 45-49.

李连伟, 鲁洪中, 夏建业, 等. 2015. 黑曲霉产糖化酶黑箱模型的构建和应用[J]. 生物工程学报, 31(7): 1089-1098.

卢福芝, 覃巧艳, 黄燕红, 等. 2014 生淀粉酶产生菌产酶条件与酶学性质的研究[J]. 饲料工业, (S1): 109-113.

罗军侠, 李江华, 陆健, 等. 2008. 耐酸生淀粉糖化酶的菌种筛选、酶的性质及发酵条件[J]. 食品工业科技, (5): 151-154.

罗时, 谭兴和, 苏小军, 等. 2009. 马铃薯生淀粉糖化酶高产菌株的筛选与诱变研究[J]. 中国酿造, (2): 19-22.

罗志刚, 杨景峰, 罗发兴. 2007. α-淀粉酶的性质及应用[J]. 食品研究与开发, (8): 163-167.

马文鹏, 裴芳霞, 任海伟, 等. 2015. 白酒糟糖化降解的预处理技术研究进展[J]. 酿酒科技, 12: 90-95.

汤燕花, 谢必峰. 2006. 利用木薯渣发酵生产啤酒酵母单细胞蛋白的研究[J]. 药物生物技术, 13(1): 51-54.

夏媛媛, 赵华, 董晓宇, 等. 2012. 生淀粉酶产生菌的筛选和研究[J]. 中国酿造, 31(1): 154-158.

肖长清, 戚天胜, 赵海. 2006. 生淀粉糖化酶产生菌 Aspergillus niger (6#)的分离筛选及其产酶条件[J]. 应用与环境生物学报, 12(1): 76-79.

谢舜珍, 严自正, 张树政. 1992. 生淀粉酶产生菌的分离和筛选[J]. 微生物学通报, (5): 267-270.

闫锁, 王念祥, 展现明, 等. 2010. 利用固定化酶连续糖化生产葡萄糖[C]//2010 年全国淀粉糖、多元醇技术与发展研讨会论文集. 北海: 中国发酵工业协会, 中国淀粉工业协会.

张和平. 2014. 玉米酒精生产工艺中液化技术的改进[J]. 科学时代, (14): 130-131.

张鹏, 庄建成, 徐国忠, 等. 2010. TH-AADY 在御河春酒安全度夏及秋季转排中的应用[J]. 食品工程, (4): 46-48.

Chatterjee B, Ghosh A, Das A. 2010. Starch digestion and adsorption by bet α-amylase of *Emericella nidulans* (*Aspergillus nidulans*)[J]. J. Appl. Bacteriol., 72(3): 208-213.

Fouladi E, Nafchi A M. 2014. Effects of acid-hydrolysis and hydroxypropylation on functional properties of sago starch[J]. International Journal of Biological Macromolecules, 68(7): 251-257.

Goyal N, Gupta J K, Soni S K. 2005. A novel raw starch digesting thermostable α-amylase from *Bacillus* sp. I-3 and its use in the direct hydrolysis of raw potato starch[J]. Enzyme and Microbial Technology, 37(7): 723-734.

Hamilton L M, Kelly C T, Fogarty W M. 1999. Purification and properties of the raw starch-degrading α-amylase of *Bacillus* sp. IMD 434[J]. Biotechnology Letters, 21(2): 111-115.

Matsubara T, Ammar Y B, Anindyawati T, *et al.* 2004. Degradation of raw starch granules by alpha-amylase purified from culture of *Aspergillus awamori* KT-11[J]. Journal of Biochemistry & Molecular Biology, 37(4): 422-428.

Mikuni K, Monma M, Kainuma K. 1987. Alcohol fermentation of corn starch digested by *Chalara paradoxa* amylase without cooking[J]. Biotechnology and Bio-engineering, 29: 25-32.

Nagasaka Y, Kurosawa K, Yokota A, *et al*. 1998. Purification and properties of the raw-starch-digesting glucoamylases from *Corticium rolfsii*[J]. Applied Microbiology and Biotechnology, 50: 323-330.

Nidhi G, Gupta J K, Soni S K. 2005. A novel raw starch digesting thermostable α-amylase from *Bacillus* sp. I-3 and its use in the direct hydrolysis of raw potato starch[J]. Enzyme and Microbial Technology, 37: 723-734.

Okada G. 2014. Purification and properties of a cellulase from *Aspergillus niger*[J]. Biochemical Journal, 165(1): 33-41.

Primarini D, Ohta Y. 2000. Some enzyme properties of raw starch digesting amylases from *Streptomyces* sp. No.4[J]. Starch-Stärke, 52(1): 28-32.

Robinson T, Singh D, Nigam P. 2001. Solid-state fermentation: a promising microbial technology for secondary metabolite production[J]. Appl. Microbiol. Biotechnol., 55: 284-289.

Shi S R, Taylor C R, Fowler C B, *et al*. 2013. Complete solubilization of formalin-fixed, paraffin-embedded tissue may improve proteomic studies[J]. Proteomics Clinical Applications, 7(3-4): 264-272.

Singh D, Dahiya J S, Nigam P. 1995. Simultaneous raw starch hydrolysis and ethanol fermentation by glucoamylase from *Rhizoctonia solani* and *Saccharomyces cerevisiae*[J]. Journal of Basic Microbiology, 35(2): 117-121.

Smirnova J, Fernie A R, Steup M. 2015. Starch Degradation[M]. *In*: Nakamura Y. Starch Metabolism and Structure. Berlin: Springer-Verlag: 239-290.

Smith P K, Krohn R I, Hermanson G T, *et al*. 1985. Measurement of protein using bicinchoninic acid[J]. Anal. Biochem., 150: 76-85.

Sun H, Ge X, Zhang W. 2007. Production of a novel raw-starch-digesting glucoamylase by *Penicillium* sp. X-1 under solid state fermentation and its use in direct hydrolysis of raw starch[J]. World Journal of Microbiology & Biotechnology, 23: 603-613.

Wang N, Zhang Y, Wang Q. et al. 2006. Gene cloning and characterization of a novel α-amylase from alkali-philic *Alkalimonas amylolytica*[J]. Biotechnology Journal, 1(11): 1258-1265.

Wei R X, Zhang L, Shi G Y. 2014. Purification and characterization of a raw starch-digesting glucoamylase from *Aspergillus* sp. RSD[J]. Microbiology China, 41(1): 17-25.

第五章　低温木聚糖酶

第一节　概　　述

一、纤维素、木聚糖概述

随着经济的飞速发展，能源日益耗竭，能源短缺已然成为世界各国面临的共同问题。除了不断开发新能源，经济、合理、充分利用可再生资源也是缓解能源危机，使人类与自然和谐共存，坚持可持续发展的重要途径。

半纤维素是自然界中继纤维素之后第二丰富的可再生资源。而木聚糖是半纤维素的主要组分之一，木聚糖酶酶解法是一种有效利用木聚糖的途径，能够在提高木聚糖利用率的同时减少环境污染。木聚糖酶在纸浆漂白、造纸工业以及食品和饲料等各行业中都有广泛应用。

木质纤维素由半纤维素（20%～35%）、纤维素（35%～50%）与木质素（10%～25%）通过共价键与非共价键交结相连构成。半纤维素占地球上可再生有机碳源的 1/3，是自然界中除纤维素之外含量最丰富的多糖，木聚糖是半纤维素的主要成分。中国每年产生近亿吨可利用的木质纤维素，然而其中大部分未被有效利用。例如，玉米芯是玉米果穗脱去籽粒后的果轴，中国每年可以副产近万吨玉米芯，然而玉米芯作为一种农业废弃物，目前多用作燃料，造成很大的浪费。如果利用玉米芯中的半纤维素生产木糖醇，利用剩余的纤维素和木质素分别生产纤维素乙醇和木质素磺酸盐，就能够进一步提高玉米芯的利用效率。与纤维素的单链简单结构不同，木聚糖是由木糖、树胶醛糖、葡糖醛酸、阿魏酸、香豆素等组成的聚合多糖。来源不同，木聚糖的成分比例也有所不同。例如，桦木木聚糖中含有 89.3%木糖、1%阿拉伯糖、1.4%葡萄糖，玉米芯木聚糖中含有 48%～54%木糖、33%～35%树胶醛糖、5%～11%半乳糖、3%～6%葡糖醛酸。木聚糖主要存在于纤维素与木质素接触面，并通过侧链基团替换与木质素形成共价键，依附在木质素表面；同时，木聚糖与纤维素通过氢键相连并在木质素表面形成保护层，在维持纤维素完整度与免受纤维素酶降解中起着重要的作用。木聚糖降解产生的木糖、木寡糖等产物不仅能够被微生物利用进行转化，而且在养生保健、饲料添加剂等中有广泛应用。例如，木寡糖是一种具有临床治疗与养生功效的低聚木糖，能够促进人体肠胃中双歧杆菌的生长，有利于消化与营养吸收。此外，对木聚糖的降解也有助于纤维素与木质素的分离，在纸浆漂白等方面有重要作用。

目前，工业降解木聚糖常用的方法有酸法、碱法和酶解法。其中酸法、碱法的应用较为广泛，但酸碱水解液中含有较多的水解副产物，对于后期微生物发酵有抑制作用；另外，采用酸法或碱法降解木聚糖，生产环保压力很大，因此受到国家的限制。故而从长期生产效果来看，酶解法将是未来木聚糖降解的主要方式。

广义的木聚糖酶是指能够降解半纤维素木聚糖的一组酶的总称，包括多种内切酶和外切酶。但通常所说的木聚糖酶仅限于内切 β-1,4-D-木聚糖酶（xylanase，EC 3.2.1.8），其作用是降解木聚糖主链骨架，是木聚糖降解酶系中最关键的酶，与自然界中五碳糖的循环有密切联系，在能量循环中占有重要地位。

不同来源的木聚糖酶在组成、分子结构及降解能力上都有不同程度的差异。由于木聚糖分布广泛，因此产木聚糖酶的菌株也广泛分布于海洋和陆地，在细菌、海洋藻类、真菌、反刍动物瘤胃、甲壳动物、陆地植物组织和各种无脊椎动物中都存在。目前研究和应用最多的是霉菌和细菌，其中以霉菌为主。由于生产菌株的不同，木聚糖酶在分子大小、酶学性质等方面也存在差异。例如，细菌可产生两种木聚糖酶，即低分子量的碱性木聚糖酶和高分子量的酸性木聚糖酶，而真菌一般只产生高分子量的酸性木聚糖酶。真菌来源的木聚糖酶活性较高，酶系种类丰富，最适作用 pH 为 4.0～5.5，最适作用温度为 30～60℃。但是由于其酶学性质温和，在工业生产中的高温、高碱环境下存在不稳定、酶活性低等问题。此外，在食品生产中还存在菌株病原性等安全问题。细菌来源的木聚糖酶最适温度范围较广，能够适应工业生产中的极端环境。例如，放线菌来源的木聚糖酶大多具有蛋白酶或乙醇耐受性等特性。云南大学学者在著名丝绸之路的盐土中分离得到了放线菌，由于该地区盐土高盐、贫瘠等特性，该放线菌所产的木聚糖酶同时具有乙醇、高盐和高碱的耐受性。

木聚糖酶包括内切 β-1,4-D-木聚糖酶（endo-β-1,4-D-xylanase）[EC 3.2.1.8]、β-D-木糖苷酶（β-D-xylosidase）[EC 3.2.1.37]、α-L-呋喃阿拉伯糖苷酶（α-L-arabinofuranosidase）[EC 3.2.1.55]和 α-D-葡糖醛酸糖苷酶（α-D-glucuronidase）[EC 3.2.239]。内切 β-1,4-D-木聚糖酶是木聚糖降解酶系中最关键的酶，以内切方式作用于木聚糖主链，产生不同长度的寡糖和少量木糖。β-D-木糖苷酶作用于木寡糖的末端，释放出木糖残基。α-L-呋喃阿拉伯糖苷酶及 α-D-葡糖醛酸糖苷酶释放侧链糖。根据真菌和细菌木聚糖酶的物理化学特性、分子量及等电点可将木聚糖酶分为 2 类：一类是分子质量大于 30 kDa 略呈酸性的木聚糖酶；另一类是分子质量小于 30 kDa 略呈碱性的木聚糖酶。根据疏水性可将木聚糖酶分为 2 个家族：F 家族和 G 家族，相当于数字分类中水解酶 10 和 11 家族，分别包含高分子量和低分子量木聚糖酶。

随着分子生物学和蛋白质晶体结构技术的发展，木聚糖酶结构逐渐被测定出来，F/10 木聚糖酶和 G/11 木聚糖酶在空间结构上属于 2 种不同折叠类型。F/10 木聚糖酶的典型构象主要是 α-螺旋和 β-折叠片重复出现而构成的上面略大下面较小的碗状结构；G/11 木聚糖酶的典型构象是以 β-折叠片为主的单个结构域，这个结构域为 2 个 β-折叠片扭曲成将近 90°，从而构成的一个深而狭长的沟缝状结构。

木聚糖酶有的只含有单一区域即催化区，有的同时具备催化区和多种非催化区。多区域木聚糖酶分子结构中含有纤维素结合区、木聚糖结合区、连接序列、重复序列、热稳定区、纤维小体结合区、其他未知功能的非催化区。

催化区（CD）：催化区决定酶的水解特性，是该酶分类的基础。各木聚糖酶的催化区在大小上都趋向一致，多通过与已知区域的序列相关性的比较鉴定出来。有些木聚糖酶含有两个催化区，如生黄瘤球菌的 XynA N 端含有属于 G 家族木聚糖酶的催化区，而 C 端含有属于 F 家族木聚糖酶的催化区。Flint 等（1994）还发现了两个由非催化区的肽链隔开的催化区。

纤维素结合区（CBD）：纤维素结合区在纤维素酶分子中广泛存在，其在许多木聚糖酶分子中也存在，在功能和氨基酸组成上与纤维素酶分子中的 CBD 相似。例如，Tsujibo 等（1997）克隆出的两种木聚糖酶（STX-Ⅰ及 STX-Ⅱ）都含有 CBD 及木聚糖结合区（XBD），其中 STX-Ⅱ的 CBD 属Ⅱ型 CBD。

木聚糖结合区（XBD）：与 CBD 相比，XBD 在木聚糖酶分子中较少被发现，其原因可能是，木聚糖多聚物中带有许多类型的取代基，从而使能够结合所有木聚糖的蛋白质区域的进化成为不可能。

连接序列（linker sequence）：木聚糖酶分子中的各功能区域由连接序列相连，此序列的长度变化较大，为 6～59 个氨基酸，能将不同的功能区域连接起来，形成柔韧可伸展的铰链区。该序列中或含有较多的丝氨酸残基，或含有较多的脯氨酸和苏氨酸残基。不同来源的木聚糖酶的连接序列之间同源性很小，但该连接序列特别是富含脯氨酸的序列与某些蛋白质如免疫球蛋白 A1、核糖体蛋白 L12、丙酮酸脱氢酶复合体中富含脯氨酸的连接序列具有同源性。

重复序列（repeated sequence）：许多纤维素酶和木聚糖酶分子中都含有重复序列，长度为 20～150 个氨基酸。例如，热纤梭菌产生的木聚糖酶分子中含有两个由 24 个氨基酸构成的重复序列，旁侧为短的脯氨酸/丝氨酸连接序列，它位于酶蛋白多肽链的中间。也有研究证实来自多种木聚糖酶的重复序列之间具有共同的抗原性，但重复序列不是酶发挥活性所必需的。

热稳定区（thermostabilising domain）：该区域可提高相应酶的最适作用温度，增强酶的耐热性能。

在极端环境中通常容易分离获得酶学性质独特的木聚糖酶。海洋环境具有高盐、低温、营养贫瘠等特点，这些特殊性造就了海洋微生物独特的代谢方式和代谢产物。海洋微生物产生的酶一般具有与其生存环境相关的特性，如耐盐性、耐高温性、适冷性等，这些特性在工业极端条件下有广阔的应用前景。例如，海洋菌株 *Thermoanaerobacterium saccharolyticum* 所产的木聚糖酶在高盐环境中孵育 48 h 后仍保持 67%的酶活性，表现出较好的高盐耐受性。从海洋菌株 *Glaciecola mesophila* KMM241 中分离得到的具有适冷性的木聚糖酶，在 30℃下呈现最高酶活性，是目前已报道的最低的木聚糖酶最适温度。

近年来，基因工程以飞快的速度得以广泛应用，木聚糖酶的分子生物学研究也突飞猛进。许多研究者不仅克隆了微生物分泌的木聚糖酶基因，还将其在大肠杆菌、酵母中进行了异源表达。通过基因克隆技术构建重组的表达载体进行异源表达是木聚糖酶高效生产的重要途径之一；同时利用基因编辑可以对木聚糖酶基因进行改造，改变木聚糖酶的酶学特性，如耐热性和 pH 耐受性，使其在工业领域得到更广泛的应用。

自从将基因工程技术应用于木聚糖酶基因的研究以来，研究者已克隆了上百种不同真菌和细菌来源的木聚糖酶基因，这些成果为木聚糖酶的生物技术研究奠定了坚实的基础。细菌来源的木聚糖酶基因克隆方法一般采用"鸟枪法"，即先提取细菌基因组 DNA，克隆木聚糖酶基因，然后用不同的限制性内切酶进行酶切，同时用相同内切酶酶切质粒载体，将酶切后的质粒和木聚糖酶基因连接构成重组质粒，通过热激法并用 CaCl₂ 来增加感受态细胞的通透性，将含有木聚糖酶基因的重组质粒转入大肠杆菌中，并从转化子中筛选阳性克隆进行鉴定。酵母是一种低等的真核表达宿主，具备对表达产物进行加工的能力，从而使得产物的生物活性得到高效表达，还具有容易繁殖、培养工艺简单、培养成本低、不产生毒素、遗传背景研究比较多以及容易进行遗传操作等诸多优点，酵母表达系统是医药工业和食品工业用来表达外源蛋白最常用的系统之一。

Goswami 和 Pathak（2013）从短小芽孢杆菌（*Bacillus brevis*）中克隆了耐热木聚糖酶基因，并将其在大肠杆菌 BL21（DE3）中进行了表达，重组木聚糖酶活性达 30 IU/ml，比原宿主酶活性提高了两倍，并且在 pH 4.0～9.0 和 40～80℃下均有活性。周成等（2013）从 *Bacillus* sp. SN5 中克隆到木聚糖酶基因 *xyn11A*，该基因编码含 366 个氨基酸的蛋白质，该蛋白质由糖苷水解酶家族 11 保守的催化域、一个短小连接域、一个家族 36 碳水化合物底物结合域（CBM）组成，将完整的基因 *xyn11A* 在大肠杆菌 BL21（DE3）中进行异源原核表达，重组分泌的蛋白酶的最适作用温度为 55℃。Liu 等（1990）从 *Bacillus subtilis* BE-91 中克隆了木聚糖酶 Xyn A 的基因，通过以下步骤进行基因编辑：预测 Xyn A 的结构，设计引物修饰基因，扩增修饰后的 *Xyn A* 基因，将修饰后的基因转入 pET-28a（+），最后将 pET-*Xyn A* 转入大肠杆菌中并鉴定评价阳性克隆子。结果显示将翻译区两端基因删除后，Xyn A 酶活性提高了 28.9%；而将完整阅读框编码蛋白 5′端第 1～16、3′端第 209～213 以及两端共 20 个编码蛋白的基因删除，Xyn A 酶活性可分别提高 27.2%、27.7% 和 24.0%；5′端 1～29 氨基酸片段以及 3′端 197～213 氨基酸片段缺失，酶空间结构改变，Xyn A 酶活性分别降低 96.6% 和 74.8%。导致 Xyn A 失活的因素是第一个 β-折叠和亲水性结构域或最后两个 α-螺旋域和第 17 个翻转域缺失。删除任何催化域都会导致酶活性下降或酶失活，而删除催化域以外的任何序列都可以有效提高 Xyn A 酶活性。Zhao 等（2015）从嗜热裂孢菌（*Thermobifida fusca*）中克隆了 *Xyn A* 基因并将其成功表达于 *Pichia pastoris* X-33 中，基因编辑过的重组酶蛋白 r Xyn11A 和 C 端带有 6 个 His 标签的 r Xyn11A 酶活性分别达到 149.4 U/mg 和 133.4 U/mg，两种重组蛋白有相同的最适作用温度 80℃和最适作用 pH 8.0，在 pH 6.0～9.0 和 60～80℃表现出 60%的剩余酶活性。研究发现，N 端糖基化可以提高两种重组酶的热稳定性，两者对高 pH 和高温都表现较好的耐受性，表明它们在不同工业领域有较大的应用潜力。Kumar 和 Satyanarayana（2014）从 *Bacillus halodurans* 中克隆了木聚糖酶 *TSEV1* 基因，将其转入 *Pichia pastoris* 中，糖基化修饰重组的内切木聚糖酶在甲醇的诱导下酶活性高达（502±23）U/ml，改进后的重组木聚糖酶最适作用温度为 80℃、最适作用 pH 为 9.0，在热环境（60～85℃）和碱环境（pH 7.0～12.0）下酶活性的稳定性得到提高。表明重组的 TSEV1xyl 在纸浆漂白、食品生产和生物燃料生产等方面有更好的应用前景。

真菌木聚糖酶的基因克隆方法主要有：①对分离纯化的木聚糖酶进行测序，按照推测的氨基酸序列，设计兼并引物，扩增木聚糖酶基因；②参考数据库中已报道的基因序列设计引物，以产木聚糖酶的菌株基因组 DNA 为模板进行扩增，测序得到木聚糖酶基因片段或者以其他来源的木聚糖酶基因为探针，通过碱基互补配对在基因组文库进行杂交，测获得的阳性克隆的序列，根据测序结果得到相应的引物，通过反转录法克隆全长基因；③构建 cDNA 文库，通过平板选育已经转化目的基因的克隆子，利用透明水解圈法来筛选阳性克隆子，通过反转录法克隆保守基因，通过 5′-cDNA 末端快速扩增法（5′-RACE）和 3′-RACE 克隆到完整的木聚糖酶基因。Chiang 等（2006）从牦牛瘤胃中克隆了真菌木聚糖酶 *Xyn R8* 基因，并将其成功表达于罗伊乳酸杆菌中，其液体酶活性可达 132 U/ml。Johnsen 和 Krause（2014）将 *Tustilago maydis* 521 的 *rXyn UMB* 基因成功克隆到 *Pichia pastoris* X33，通过构建系统发育树，rXyn UMB 属于糖苷水解酶家族 11，其分子质量约为 24 kDa，Trp-84、Trp-95、Glu-93 及 Glu-189 是起水解作用的关键氨基酸残基，最适作用 pH 为 4.3，最适作用温度为 50℃；Fe^{2+} 和 Mn^{2+} 可分别使酶活性提高 166% 和 115%。Gao 等（2014）对 *Aspergillus niger* IA-001 的 *Xyn B* 基因进行了优化，并将其克隆到 *Pichia pastoris* GS115，优化后的重组 Xyn B 酶活性比野生型提高了 2.8 倍，双重拷贝的比单重拷贝的 Xyn B 酶活性高 1.9 倍，且最大酶活性达（15 158.23±45.11）U/ml，（Xyn B-opt）2 的最适作用 pH 和最适作用温度分别为 5.0 和 50℃。利用 GAP 启动子将 *Xyn A* 基因重组表达于 *Pichia pastoris*，其分泌的重组木聚糖酶有更高的酶活性（160 IU/ml）。

二、木聚糖酶的应用

目前木聚糖酶应用十分广泛，包括造纸、纺织、动物饲料、食品工业、烘焙及功能性低聚糖的制备等各个领域，总的来说，其应用可分为两大类：一是降解木聚糖以避免化学降解法所产生的有害物质；二是水解木聚糖以产生更易吸收的低聚糖或功能性低聚木糖。

（1）在果蔬加工中的应用

要将新鲜蔬菜、水果等嫩软组织中的营养物质加工成婴儿食品、膏状物、干燥蔬菜粉或速溶食品等，破除包围在这些营养物质外的屏障是要解决的首要问题。如果采用含有纤维素酶、木聚糖酶、果胶酶的制剂来处理包含这些营养物质的组织，就可在极温和的条件下使细胞破壁、组织柔化，将有效物质充分提取出来，同时极大地降低提取液的黏度，使汁液浓缩或干燥效率成倍地提高，生产成本大大降低。在果汁生产过程中，特别是用超滤的方法来生产浓缩苹果汁时，添加一定比例的木聚糖酶来分解其中的阿拉伯木聚糖，可提高超滤浓缩速度，减少膜的清洗次数，明显提高生产效率。

（2）在面制品中的应用

面粉中的非淀粉多糖主要是戊聚糖，在化学结构上属于阿拉伯木聚糖，占小麦粉干重的 1.5%～3%，对面团的流变学特性及制品的品质等有显著影响。木聚糖酶可降解阿拉伯木聚糖，尤其是其中的水不溶性木聚糖，在制作面包时添加木聚糖酶不仅能提高面团的机械加工性能，而且可以增加面包体积，改善面包芯质地、延缓面包老化等，改善面包的品质。

（3）在饲料行业中的应用

动物饲料中的半纤维素对于非反刍类动物来说几乎没有营养价值，因为这类动物缺乏合适的降解酶类。然而，这些未消化的半纤维素会在动物肠道中增加食物的黏度，从而影响消化酶透性，不利于纤维素降解，影响食物的消化和吸收。在大麦类动物饲料中，阿拉伯木聚糖是构成非淀粉多糖的主要成分，占谷粒中多糖的 4%～8%，占胚乳中多糖的 25%，占糊粉层中多糖的 75%，而这部分物质只是部分水溶性，所以会产生高度黏稠的水溶液，从而导致动物饲料中谷物难以被吸收利用。如果在动物饲料中加入木聚糖酶，就可以高效地降解这类物质，有利于可利用多糖的降解，从而增加饲料利用率。

（4）在制备功能性低聚糖中的应用

功能性低聚糖是一种益生元，又称双歧因子，能在大肠中促进双歧杆菌等益生菌的增殖，调整正常菌群，改善肠道功能，抑制肠道腐败，降低胆固醇水平，增强机体免疫功能等，从而维持人体及肠道正常菌群之间的生态平衡。低聚木糖是最有效的双歧因子，在生产低聚木糖中必须使用木聚糖酶。另外，低聚木糖还可用作食品工业中的黏稠剂和脂肪替代品，或者在食品添加剂中作为抗冻剂、低热量甜味剂等。

（5）在猪生产中的应用

在生长猪的小麦基础日粮中补充木聚糖酶可以改善生产性和养分消化率。Myers 和 Patience（2013）研究了不同谷物型日粮（小麦和玉米）和木聚糖酶对生长猪能量消化率的影响，试验采用 1440 头猪[体重（7.8±0.24）kg]，随机分成 4 组，试验 28 天。结果发现谷物类型和添加木聚糖酶没有交互作用。同时还进行了代谢试验，结果发现，玉米型日粮中添加木聚糖酶组的干物质采食量和总能极显著高于未添加木聚糖酶组（分别为 89.3%：86.3%和 89.7%：86.6%），而小麦型日粮中添加木聚糖酶组的干物质采食量和总能低于未添加木聚糖酶组（分别为 85.6%：87.6%和 85.4%：87.4%）。说明木聚糖酶的添加对干物质采食量和总能的影响依赖于日粮类型，而以玉米型日粮添加木聚糖酶可以提高干物质采食量和总能。胡向东等（2014）研究了在生长猪小麦型日粮中加木聚糖酶对猪生长指标、结肠段菌群和氮排放的影响，结果显示，40%小麦基础饲粮+200 U/kg 木聚糖酶，能够达到玉米-豆粕型饲粮的饲喂效果，同时可显著增加结肠有益菌乳酸菌的数量，同时显著抑制大肠杆菌和梭状芽孢杆菌等有害菌群的繁殖，并且显著降低粪样的酸度值及脲酶活性。有研究发现在仔猪日粮中添加木聚糖酶可提高日粮的消化率。冯定远等（2000）在生长猪[体重（32.6±1.7）kg]日粮中添加木聚糖酶和 β-葡聚糖酶，以玉米、豆粕、麸皮为基础日粮，按照全收粪法进行猪的消化试验，得到了如下结果，在日粮中补充木聚糖酶，营养素的吸收情况得到明显改善，其中粗纤维消化率增加 48.9%，粗蛋白增加 16.5%，干物质增加 11.3%。

（6）在家禽日粮中的应用

木聚糖酶在家禽日粮中添加的效果和小麦替代玉米的百分比有关。王海英等（2003）对肉仔鸡基础日粮进行调整，用小麦全部替代玉米，结果发现肉仔鸡的小肠食糜黏度、料重比和死亡淘汰率显著升高，脂肪、淀粉、蛋白质的消化率降低，能量利用率也降低；采用小麦全部替代玉米日粮，并在基础日粮中添加木聚糖酶（活性 3060 U/mg，添加量为 100 g/t），料重比和小肠食糜黏度显著下降，死亡淘汰率明显下降（下降了 71.9%），能量利用率和蛋白质、脂肪、淀粉的消化率显著升高，结果表明，以小麦为基础日粮可以改善肉仔鸡的生产性能，达到并且胜过玉米日粮的饲喂效果。以 50%小麦代替玉米的基础饲料喂养肉仔鸡，则肉仔鸡小肠食糜黏度明显增加；在 50%的替代玉米的基础日粮中添加木聚糖酶，可以显著降低肉仔鸡的小肠食糜黏度。郭学义等（2015）研究了不同小麦量替代玉米及补充重组葡聚糖酶和木聚糖酶对 AA 肉仔

鸡生长性能、屠宰性能以及肠道发育的影响，结果表明，小麦替代 60%玉米+重组
β-1,3-1,4-葡聚糖酶和瘤胃厌氧真菌的重组木聚糖酶，可使 42 日龄 AA 肉仔鸡十二指肠
相对长度下降 14.05%、十二指肠相对质量下降 19.05%、回肠和盲肠相对质量分别下
降 22.58%和 21.74%；而以小麦替代 40%玉米+重组复合酶组优于 60%玉米替代量+重
组复合酶组，并且能够达到玉米-豆粕型日粮相同的饲喂效果。研究产蛋鸡日粮中补充
木聚糖酶对胃肠道菌群的影响，按聚合酶链反应-变性梯度凝胶电泳（PCR-DGGE）方
法进行分析。结果发现，加酶组肠道乳酸杆菌的数量占 79.4%，在消化道中作为主要
菌群存在，梭菌占 8.8%，链球菌占 5.8%，拟杆菌占 3%，肠球菌占 3%。有学者在肉
鹅小麦基础日粮中添加 0.2%的复合酶制剂（以木聚糖酶为主，其余为少量 β-葡聚糖酶、
甘露聚糖酶、蛋白酶、纤维素酶），其采食量和日增重显著提高。

（7）在反刍动物生产中的应用

有学者探究了非哺乳期奶牛日粮补充木聚糖酶（活性为 40 000 U/g 的内切 β-1,4-木
聚糖酶）对奶牛瘤胃消化率的影响。正式期试验分三个阶段，每个阶段 21 天。结果表
明，日粮补充木聚糖酶对非哺乳期奶牛的采食量、瘤胃液 pH、瘤胃液氨态氮浓度以及
瘤胃挥发性脂肪酸的比例影响不大，潜在干物质采食量和酸性洗涤纤维的消化率不受木
聚糖酶添加的影响。但是潜在中性洗涤纤维和总的中性洗涤纤维消化率在补充高剂量木
聚糖酶[20 g/（头·d）]后会增加。研究人员研究了在玉米青贮和苜蓿干草中添加纤维素
酶和木聚糖酶混合酶制剂对哺乳期奶牛的影响，试验周期为 12 周，每天饲喂 5 次。结
果显示，饲喂 1.5 L/t 酶制剂的哺乳期奶牛比控制饮食的奶牛产奶量增加 10.8%，奶中的
脂肪和蛋白质含量分别增加了 20%和 13%。Salem 等（2015）分别在围产期、分娩期、
泌乳高峰期向奶牛粗料（60%的青贮饲料和 40%的苜蓿干草）中补给纤维素酶和木聚糖
酶混合酶制剂 1.25 L/t。结果显示，产前精粗比按 35∶65 进行饲喂，产后精粗比按 50∶50
进行饲喂，添加酶制剂的奶牛产奶量、干物质校正乳、乳脂校正乳以及能量矫正乳都有
提高。有学者在泌乳前期荷斯坦奶牛饲粮中添加外源酶制剂（纤维素酶和木聚糖酶），
在不影响采食量的前提下可以提高奶产量和养分消化率。有学者证明在以大麦和苜蓿青
贮饲料为基础饲粮中添加酶制剂可以提高肉牛的体重和平均日增重。

对喂以基础日粮精粗比为 30∶70（干物质基础）的 6 只装有瘤胃瘘管的美利奴绵羊
通过瘤胃直接添加外源酶制剂（内切葡聚糖酶和木聚糖酶，添加量 12 g/d），结果发现瘤
胃纤维素酶活性增加并且可以刺激纤维素分解菌的繁殖生长。Balazs 等（2013）向 30 只
杂交哺乳期山羊的日粮中添加外源酶（纤维素酶和木聚糖酶），发现添加酶制剂组日粮
的干物质采食量显著提高，日粮粗蛋白、中性洗涤纤维、酸性洗涤纤维的消化率显著增
加，可以改善瘤胃微生物分解蛋白。Vijay Bhasker 等（2013）在 12 只公羔羊[6～8 月龄，
平均体重（20.14±1.76）kg]以全混合日粮精粗比为 50∶50（其中高粱秸秆作为唯一的粗
料）的基础饲粮中添加纤维素酶（38 400 IU/g）和木聚糖酶（25 600 IU/g），发现补充外
源酶可以提高有机物、无氮浸出物、细胞内容物、中性洗涤纤维和纤维素的消化率，还
可提高总养分消化率和代谢能。

（8）在造纸工业中的应用

20 世纪后半期，芬兰学者首次将半纤维素酶应用于纸浆漂白，微生物的代谢产物
和微生物来源酶在造纸工业中的应用备受关注和研究。木聚糖酶在造纸工业中广泛应用

的关键在于替代了有害化学物质,大大降低了氯的使用量,并且酶解法预处理还可以回收有效的副产品。木聚糖酶可以打开木质素和多糖之间连接的化学键,纸浆结构被破坏,可达到一定的漂白效果。王俊芬等(2015)克隆了绿色糖单孢菌木聚糖酶基因,对其进行了真核(毕赤酵母)异源重组表达,并对木聚糖酶漂白效果进行了评价。发现用重组酶处理纸浆后,漂白纸浆黏度损失少而且白度稳定性好。李玉峰等(2008)发现用木聚糖酶预处理纸浆后,漂白剂的用量降低且不影响纸浆白度,还可提高后续漂白纸浆的可漂性,并能减少可吸收有机卤化物的含量。

相比起中温、高温木聚糖酶,低温木聚糖酶具有更松散、柔顺的分子结构(佘元莉等,2009),这使其在自然条件下具有更低的活化能、K_m 值及催化反应温度。这些特点可以加强其对底物的亲和力,提高底物利用率,从而降低能耗,缩短处理时间。另外,利用低温木聚糖酶在高温条件下对热敏感的特点,可以通过温和的热处理使其变性失活,从而控制酶水解程度,使产品品质不受影响(国春艳等,2010)。

鉴于低温木聚糖酶在降低生产成本及能耗方面的巨大优势,近年来对于低温木聚糖酶的研究正逐步深入。

三、来源及分布

目前发现的大多数低温木聚糖酶都是由低温生物产生的,因为这些生物体不需要温度调节,其内部温度与周围环境接近。尽管在低温下生化反应的负效应强烈,但是这些生物与常温环境中物种一样繁殖、生长和迁移(Paës *et al.*,2011)。这些微生物主要分布于两极区域(土壤、海水、海泥)、冰川、海底盆地、纬度较高的冻土区或特殊的低温环境等。到目前为止,经过鉴定的能够产生低温木聚糖酶的生物种类非常有限,对低温木聚糖酶的研究更是非常少。目前,已经发现的产低温木聚糖酶的生物均来自寒冷的南极环境,经过形态学观察、生理生化试验及 16S rDNA 或 18S rDNA 序列分析,这些生物包括 3 株革兰氏阴性细菌(*Pseudoalteromonas haloplanktis* TAH3a、*Flavobacterium frigidarium* 和 *Flavobacterium* sp.)(Pascale *et al.*,2011)、一株革兰氏阳性细菌(*Clostridium* PXY11)(Silva *et al.*,2015)、一株酵母菌(*Cryptococcus adeliae*)(Ganju *et al.*,2011)、南极磷虾(*Euphausia superba*)(Nair *et al.*,2011)、一些真菌(*Penicillium* sp.、*Alternaria alternata* 和 *Phoma* sp.)(Gray *et al.*,2011)和担子菌类(Stojkovi *et al.*,2013)等。

四、研究现状

自 1986 年 Viikarri 发现木聚糖酶在纸浆漂白和造纸工业中能够降低环境污染物的用量以来,随着人类对可持续发展和环境的重视,木聚糖酶在工业上的应用明显增加,1997~2002 年,造纸业用酶由 1.0 亿美元增加到 1.92 亿美元,增长率为 92%,是所有酶制品行业中增长率最快的(徐微等,2012)。此后木聚糖酶更加受到人们的重视,不仅是国外,近几年来在我国的研究也越来越多。

从菌种筛选、诱导产酶、酶的分离纯化、酶学特性到木聚糖酶基因的克隆与表达等方面都有大量报道,但仅限于中温、高温木聚糖酶,对于低温木聚糖酶的研究还很少。

国外对于低温木聚糖酶的研究相对来说开始得较早。

（一）分子结构研究

到目前为止，经过性质研究的低温木聚糖酶只有 6 个，分别是来自 *Pseudoalteromonas haloplanktis* TAH3a 的第 8 家族低温木聚糖酶 pXyl、来自 *Cryptococcus adeliae* 的第 10 家族低温木聚糖酶 XB（Sharma and Kumar，2013）、来自南极磷虾（*Euphausia superba*）的低温木聚糖酶 A 和 B，来自 *Flavobacterium* sp. MSY2 的低温木聚糖酶 Xyn10，以及从环境基因组文库中筛选得到并进行异源表达的第 8 家族低温木聚糖酶 Xyn8（Singh *et al.*，2011）。这 6 个适冷低温木聚糖酶的来源、类别、基本性质（酶活性的最适作用温度和最适作用 pH）如表 5-1 所示。

表 5-1　低温木聚糖酶酶学性质概述

来源	家族	最适作用温度（℃）	最适作用 pH
Euphausia superba	10	35	5
E. superba	10	37	6.5
Cryptococcus adeliae	10	25	8.0
Pseudoalteromonas haloplankits TAH3a	8	25	5.0～8.0
Flavobacterium sp. MSY2	10	30	7.0
环境基因组文库	8	20	7.0

一般来说，酶的结构决定了酶的性质，对于不同来源、不同结构的酶，其具有的酶学性质也是不同的。近年来，随着基因技术和计算机比对技术的发展，根据疏水性聚类分析方法将木聚糖酶分为 2 个家族：F 家族和 G 家族，其中也包括其他多糖水解酶类，如内切葡聚糖酶、外切葡聚糖酶、纤维二糖酶。字母分类中的 F 家族和 G 家族相当于数字分类中水解酶第 10 和 11 家族，分别包含高分子量和低分子量木聚糖酶。总的来说，第 10 家族的木聚糖酶的结构、理化性质较相似，但第 11 家族木聚糖酶在 pI、pH、热稳定性及分子结构等方面相差较大。此外，还有一些木聚糖酶属于第 5、7、8、43 家族。目前已研究的低温木聚糖酶主要集中在第 8 和 10 家族。

第 10 家族木聚糖酶分子量较大，结构较复杂，整个三级结构外形似一个色拉碗，其催化区域为一个圆柱状（α/β）8 结构，催化部位位于碗底近 C 端狭窄部位的浅沟中。该家族的木聚糖酶可以作用于对硝基苯和对硝基苯纤维二糖，含较少数量底物结合位点，底物降解后的主要产物为低聚木糖。从山羊瘤胃内容物环境的 DNA 中克隆出来的木聚糖酶基因 *xynGR40* 编码一种胞外低温木聚糖酶，这段全长 1446 bp 的基因编码含 481 个氨基酸残基的多肽，该多肽包含一个催化结构域，属于第 10 家族。xynGR40 除了具有第 10 家族糖苷水解酶的典型结构，还具有更少的氢键和盐桥，且在催化结构域上有延长的环状物，从而使该酶在常温下有更好的稳定性，并且比第 10 家族里其他的低温木聚糖酶具有更高的催化效率（Goddardborger *et al.*，2012）。

目前发现属于第 8 家族的木聚糖酶较少，其典型结构还有待进一步研究。来自南极细菌——交替假单胞菌的低温木聚糖酶就属于第 8 家族。其褶层不同于其他已知的木聚糖酶，通过考核各种可能解释适冷特性的参数，结果显示该蛋白质具有较少的盐桥和较多裸露的非极性残基（Dong *et al.*，2012）。

（二）适冷机制的研究

低温木聚糖酶较中温、高温木聚糖酶具有两个显著的特征：一是在低温下具有较高的催化效率，二是对热很敏感。这两个特征与低温木聚糖酶的分子结构有密切的关系。

木聚糖酶分子由催化区（catalytic domain，CD）、纤维素结合区（cellulose-binding domain，CBD）、木聚糖结合区（Xynl）、连接序列（linker sequence）和其他未知功能的非催化区组成（Dong *et al.*，2012）。与中温、高温木聚糖酶相比，目前已研究的低温木聚糖酶分子结构并未发生很大的构象改变，其总的折叠方式非常接近中温、高温木聚糖酶，这表明低温木聚糖酶总催化机制和反应方式没有改变。CD 的变化以及氢键和盐桥的修饰，使其在低温环境下亦具有较高的酶活性和更高的分子柔性（Moreira *et al.*，2013；Takahashi *et al.*，2013；Lafond *et al.*，2014；Gonalves *et al.*，2015）。

从低温下的高催化效率方面来讲，低温木聚糖酶通过多种途径使其催化腔变大，包括催化部位边缘变小或删除，用短侧链氨基酸残基取代催化腔入口处的长侧链氨基酸残基等（Bhardwaj *et al.*，2012；Goswami and Pathak，2013；Roy *et al.*，2013；Derntl *et al.*，2015；Tundo *et al.*，2015；Kumar *et al.*，2016；Talamantes *et al.*，2016）。催化腔变大可以使低温木聚糖酶在结合底物时消耗更少的能量完成构象变化，从而降低酶与底物形成复合物时所需的活化能；同时，较大的催化腔也易于产物的释放。另外，通过改变 CD 的结构，酶在低温下的 K_m 值降低，从而提高了低温下的催化效率，这也是其适应低温的一条途径（Balazs *et al.*，2013；Xing *et al.*，2013；Naumoff *et al.*，2014；Valenzuela *et al.*，2014；Meng *et al.*，2015；Naumoff *et al.*，2015）。

从低温木聚糖酶的稳定性及柔性来讲，与中温、高温木聚糖酶相比，其分子中氢键和盐桥的数量大大减少，或其表面有更多的非极性残基暴露在溶液中，这些结构因素的改变，减弱了酶分子的刚性，提高了柔性，降低了稳定性，使酶对热非常敏感。

（三）酶学性质

低温木聚糖酶酶学性质主要包括最适作用温度、最适作用 pH、热稳定性、pH 稳定性、酶的激活剂、酶的抑制剂及米氏常数 K_m 等。青霉 *Penicillium* sp. FS010441 所产低温木聚糖酶，在 pH 4.6、45℃时酶活性达到最大，比出发菌株提高 126%。李延啸等（2014）以耐冷皮壳正青霉（*Eupenicillium crustaceum*）为实验材料，对该菌所产低温木聚糖酶的最适作用温度和最适作用 pH、抑制剂和激活剂等进行研究，结果表明，其最适作用 pH 为 5.5，最适作用温度为 50℃，20℃下酶活性为最高酶活性的 40%，Ag^+ 和 Fe^{2+} 可大幅度提高酶活性，而 Mn^{2+} 和 Hg^{2+} 强烈抑制酶活性。从猪粪中分离出的一株产低温纤维素酶和低温木聚糖酶细菌，在 55℃、pH 6.0 下低温木聚糖酶活性最大，在 10℃时其还保持最高酶活性的 50%。

（四）基因克隆与表达

对于常温木聚糖酶的基因克隆和表达的研究已经很多。到目前为止，已有许多种微生物的木聚糖酶基因得到了分离克隆。而对低温木聚糖酶的基因研究尚在起步中，主要是利用基因克隆和表达技术实现低温木聚糖酶在常用微生物宿主中的表达。利用此技术进行菌种选育，可直接得到酶基因，避免了烦琐的菌种筛选工作，大大减少了工作量，缩短了从探索研究到应用的时间，克服了传统育种方法的盲目性；同时，低温木聚糖酶基因在常规微生物宿主中的表达，便于得到较高产量的目的酶蛋白，而且能够改变酶的性质，使多种有利特性集中到一株菌种上，从而更利于其工业化的应用。

Lee 等（2006）舍弃传统的育种方法，直接从环境 DNA 文库中克隆得到低温木聚糖酶基因 xyn8，以纯化的噬菌体质粒为载体，将得到的 xyn8 基因片段整合入质粒载体中，并将载体导入大肠杆菌 Bl21 中，实现了 xyn8 基因的表达。成功表达的目的酶蛋白由 399 个氨基酸残基构成，分子质量为 45.9 kDa，且属于糖苷水解酶第 8 家族。对纯化的酶进行酶学性质研究，该低温木聚糖酶最适作用温度为 20℃，并且在更低的温度下仍保持着较为可观的酶活性。

Zheng 等（2011）从海洋细菌 *Glaciecola mesophila* KMM241 中克隆得到基因 xynA，该基因长 1271 bp，编码由 423 个氨基酸残基组成的低温木聚糖酶。重组子 XynA 在大肠杆菌 Bl21 中得到表达，表达产物分子质量为 43 kDa。对纯化的表达产物进行酶学性质研究，该低温木聚糖酶最适作用温度为 30℃，最适作用 pH 为 7.0，在 4℃下仍具有 23% 的酶活性和 27% 的催化效率，其解链温度（T_m）为 44.5℃。

（五）应用

木聚糖酶的工业化应用始于 20 世纪 80 年代，最初应用于饲料，而后扩展到食品、纺织和造纸工业。近年来，木聚糖酶在造纸、食品、饲料等行业都有广泛的应用。

低温木聚糖酶由于在中低温下具有较高的催化效率，且热稳定性较差，其在某些工业应用中具有优势，主要体现在两个方面：一是在某些需要中低温条件的过程中低温木聚糖酶可以发挥其高活性；二是可以通过升高温度使低温木聚糖酶快速失去活性，从而可以比较容易控制反应过程，保证产品的风味和质量。

目前对于低温木聚糖酶的应用研究还比较少，主要集中在食品工业中，尤其是在果汁榨取和面包烤制等方面。在面包烤制过程中，生面团制备过程通常在低于 35℃ 的条件下进行，而最近也有研究表明来自南极的交替假单胞菌 *Pseudoalteromonas haloplanktis* TSH3a 产生的第 8 家族低温木聚糖酶 pXy1 在面包烤制上比一种普遍应用的商业化中温木聚糖酶更加有效（聂文秀，2013）。尽管目前低温木聚糖酶在工业上的应用并不广泛，但由于其简化工艺流程、节约成本和耗能等巨大优势，相信随着对其研究的逐步深入，其必将在工业上有着广阔的应用前景。

第二节　菌株选育

一、酶活性测定

（一）木聚糖标准曲线绘制

木聚糖标准液的配制：称取 100 mg 木聚糖，105℃下干燥至恒重，用 60 ml 蒸馏水溶解后转至 100 ml 容量瓶中，定容至 100 ml，摇匀，浓度为 1 mg/ml。

分别在 25 ml 具塞比色管中加入 0 ml、0.2 ml、0.4 ml、0.8 ml、1.2 ml、1.6 ml 和 2 ml

浓度为 1 mg/ml 的木聚糖标准液，加蒸馏水补至 2 ml。再分别加入 1 ml pH 6.4 的柠檬酸-柠檬酸钠缓冲液和 2 ml DNS 试剂，摇匀，沸水浴 5 min 后立即冷却。加蒸馏水定容至 25 ml。以不加木聚糖标准液的管作为空白，在 520 nm 波长下测定吸光度。以木聚糖含量为横坐标，吸光度为纵坐标，绘制木聚糖标准曲线，如图 5-1 所示。该木聚糖标准曲线的方程为

$$y = 0.4925x - 0.0094 \tag{5-1}$$

该标准曲线的线性相关系数为 0.9995，符合标准曲线的要求，可以用来计算酶解产物中木聚糖的量，从而得到菌株所产低温木聚糖酶的酶活性。

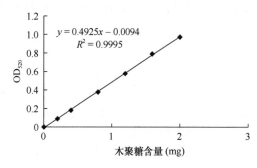

图 5-1　木聚糖标准曲线

（二）酶活性测定方法

酶活性单位定义：在特定条件（25℃，其他为最适条件）下，1 min 内转化生成 1 μmol 木聚糖的酶量为 1 个酶活性单位。

在 25 ml 具塞比色管中加入 1.6% 的木聚糖溶液 1.5 ml 和 pH 6.4 的柠檬酸-柠檬酸钠缓冲液 1 ml，30℃预热 5 min，加入 0.5 ml 预热的酶液，于 30℃恒温水浴反应 5 min，加入 2 ml DNS 试剂终止反应。摇匀，沸水浴 5 min，立即冷却后定容至 25 ml，在 520 nm 波长下测定吸光度。

酶活性计算公式：

1 ml 粗酶液中酶活性（U/ml）= 生成的木聚糖量×V×2×A/（M×t）

式中，V 为反应体积，ml；A 为粗酶液稀释倍数；M 为木聚糖相对分子质量；t 为反应时间，min。

二、筛选

（一）样品来源

样品来源于养殖场羊粪、牛粪，玉米地土样，垃圾堆土样。

（二）培养基

富集培养基：木聚糖 3 g，NaNO$_3$ 10 g，NaCl 5 g，蒸馏水 1000 ml，pH 7.0～7.2，0.1 MPa，121℃灭菌 20min。

平板分离培养基：木聚糖 3 g，蛋白胨 10 g，NaCl 5 g，琼脂 18 g，蒸馏水 1000 ml，pH 7.0～7.2，0.1 MPa，121℃灭菌 20min。

种子培养基：牛肉膏 3 g，蛋白胨 10 g，NaCl 5 g，蒸馏水 1000 ml，pH 7.4～7.6，0.1 MPa，121℃灭菌 20 min。

发酵培养基：木聚糖 3 g，蛋白胨 10 g，NaCl 5 g，K_2HPO_4 0.5 g，$MgSO_4·7H_2O$ 0.5 g，蒸馏水 1000 ml，pH 7.0，0.1 MPa，121℃灭菌 20 min。

斜面保藏培养基：牛肉膏 3 g，蛋白胨 10 g，NaCl 5 g，琼脂 18 g，蒸馏水 1000 ml，pH 7.4～7.6，0.1 MPa，121℃灭菌 20 min。

（三）试剂

刚果红染色液：刚果红 5 g，蒸馏水 1000 ml。

脱色液：2 mol/L 的 NaCl 溶液。

（四）筛选及结果

取 1 g 样品加入装有 90 ml 无菌水和玻璃珠的三角瓶中，充分振荡后，取 1 ml 悬浮液于 100 ml 富集培养基中，20℃，140 r/min 培养 5 天。取 1 ml 富集培养液做一定的梯度稀释后涂布于平板分离培养基，20℃培养 5～7 天。将具有木聚糖降解能力的菌落点接到新的平板分离培养基，培养 3～5 天，用刚果红染色，共分离得到产木聚糖酶菌株 12 株，有 3 株透明圈较大，其中 2 株为细菌，1 株为霉菌。选取透明圈直径与菌落直径比最大的菌株进行液体发酵，测定其发酵液酶活性。

经摇瓶复筛，透明圈较大的 3 株菌株木聚糖酶活性见图 5-2。产木聚糖酶活性最高的菌株是 MS001，初步测定的酶活性是 25.086 U/ml。最终确定以 MS001 为研究对象，其单菌落透明圈染色见图 5-3，该菌株在不同温度下的透明圈直径与菌落直径比见图 5-4。

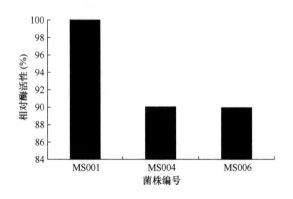
图 5-2 低温木聚糖酶菌株筛选结果

图 5-3 菌株 MS001 刚果红染色

三、鉴定

（一）形态学鉴定

挑取斜面保藏的 MS001 接种于固体种子培养基，20℃培养 2～3 天，观察平板上的菌落形态。采用革兰氏染色法及荚膜染色法等，在显微镜下观察菌体形态特征，结果如图 5-5、图 5-6 所示。

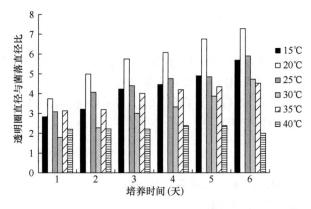

图 5-4　菌株 MS001 在不同生长温度的透明圈直径与菌落直径比

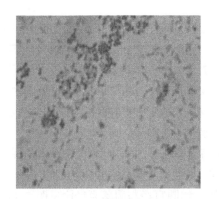

图 5-5　菌株 MS001 革兰氏染色（10×100）

图 5-6　菌株 MS001 荚膜染色（10×100）

（二）生理生化鉴定

根据《常见细菌系统鉴定手册》，对 MS001 进行淀粉水解、油脂水解、明胶水解、尿素水解、过氧化氢酶、甲基红、柠檬酸盐利用及吐温-80 试验，以鉴定其生理生化特征（表 5-2）。

表 5-2　菌株 MS001 生理生化特征

鉴定指标	鉴定结果
淀粉水解试验	+
油脂水解试验	–
明胶液化试验	+
尿素水解试验	–
过氧化氢酶试验	+
甲基红试验	+
柠檬酸盐利用试验	–
吐温-80 试验	–

注："+"阳性反应；"–"阴性反应

（三）分子生物学鉴定

采用 SK1201-UNIQ-10 柱式细菌基因组 DNA 抽提试剂盒，提取 MS001 的 DNA。应用引物 5′-AGAGTTTGATCCTGGCTCAG-3′和 5′-GGTTACCTTGTTACGACTT-3′进行 PCR 扩增。PCR 反应体系（50 μl）：模板（基因组）10 pmol，上游引物（10 μmol/L）1 μl，下游引物（10 μmol/L）1 μl，dNTP 混合物（每一种碱基 10 mol/L）1 μl，10×Taq Reaction buffer 5 μl，Taq DNA 聚合酶（5 U/μl）0.25 μl，加水至 50 μl。扩增程序：98℃预变性 5 min；循环 95℃ 35 s，55℃ 35 s，72℃ 90 s，35 个循环，延伸 8 min。PCR 产物送生工生物工程（上海）股份有限公司测序。测得的序列提交 GenBank 数据库进行 BLAST 比对，采用 ClustalX 进行多序列匹配比对，用 MEGA 4.1 软件计算序列的系统进化距离，用邻接法构建系统发育树。

菌株 MS001 的 16S rDNA 序列扩增的结果表明，其大小为 1378 bp。此序列如下：
5′-CCCTACCATGCAGTCGACGAGGCTTCGGCCTTAGTGGCGCACGGGTGCGTACGC
GTGGGATCTGCCCTTGGGTTCGGATACAGTTGGAACGACTGCTATACCGGATGATG
TCGCGAGACCAAGATTTATCGCCCAGGGATGAGCCCGCGTCGGATTAGGTAGTTGG
TGGGGTAAGGCCTACCAGCCGACGATCCGTAGCTGGTCTGAGAGGATGATCAGCC
ACACTGGGACTGAGACACGGCCCAACTCCTACGGGAGGCAGCAGTGGGGATATTG
GACATGGGCGAAGCCTGATCCACATGCCGCGTGAGTGATGAGGCCTTAGGGTTGT
AAGCTCTTTTGCCCGGGATGATATGACAGTACCGGGAGATAGCTCCGGCTACTCCG
TGCCAGCAGCCGCGGTATACGGAGGGAGCTAGCGTTGTTCGGATTACTGGGCGTA
AGCGCACGTAGGCGGCTTTGTAGTCAGGGGTGAAGCCTGGAGCTCACTCCAGACT
GCCTTTGAGACTGCATCGCTTGATCCGGGAGAGGTGAGTGGATTCCGAGTGTAGA
GGTGAATTCGTAGATATTCGGAGACACCAGTGGCGAGGCGGCTCACTGGACCGGT
ATTGACGCTGAGGTGCGAAGCGTGGGGAGCAACAGGATTAGATACCCTGGTAGTC
CACGCCGTAACGATGATACTAGCTGTCCGGGCACTTGGTGCTTGGGTGGCGCAGCT
ACGCATTAGTTATCCGCCTGGGGAGTACGGCCGCAGGTTAACTCAAGGATTGACGG
GGGCCTGCACAGCGGTGGAGCATGTGGTTTAATTCGAGCACGCGCAGACCTTACCA
GCGTTTGACATGTCCGGACGATTCCCAGAGATGGGTCTCTTCCCTTCGGGGACTGG
ACACAGGTGCTGCATGGCTGTCGTCAGCTCGTGTCGTGAGATGTTGGGTTAGTCCC
GCACGAGCGCACCCTCGCCTTTAGTTACCATCATTCAGTTGGGTACTCTAAGGACC
GCCGGTGATAGCCGGAGGAGGTGGGGATGACGTCAGTCCTCATGGCCCTTACGCG
CTGGGCTACACACGTGCTACATGGCGACTACAGTGGGCTGCATCCCGCGAGGGTG
AGCTATCTCCAAGTCGTCTCAGTTCGGATTGCTCTCTGCACTCGAGAGCATGAGGC
GGATCGCTAGTATCGCGGATCAGCATGCCGCGGTGATACGTTCCCAGGCCTTGTAC
ACACCGCCCGTCACACCATGGGAGTTGGGTTCACCCGAGGCGTTGCGCTACTCGC
AGAGAGGCAGGCGACCACGGGGGGTTGGGG-3′

建树结果见图 5-7。

其中 Sphingomonas ginsenosidimutans（HM204925.1）与 MS001 的同源性达到99.42%。结合 MS001 的形态学及生理生化鉴定，确定该菌株为变形菌门 α-变形菌纲鞘脂单胞菌目鞘脂单胞菌科鞘氨醇单胞菌属的 Sphingomonas ginsenosidimutans。

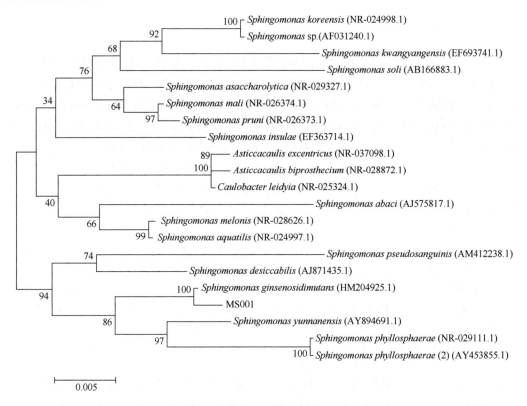

图 5-7　菌株 MS001 基因系统发育树

第三节　菌株 MS001 酶学性质研究

菌株 MS001 在种子液中生长曲线测定如下。

从斜面挑取一环菌接入种子培养液，20℃，140 r/min 振荡培养。每隔 4 h 取 3 ml 菌液，于 600 nm 波长下测定吸光度。进行三次平行实验，结果见图 5-8。由图 5-8 可知，种子培养液中菌体的对数期为 20～45 h。接种对数期的种子液，可使菌体更快地适应发酵条件，缩短发酵的迟滞期，提高低温木聚糖酶产量及活性。

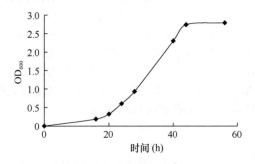

图 5-8　菌株 MS001 在种子液中的生长曲线

菌株 MS001 在发酵液中生长曲线及酶活性曲线测定如下。

对数期种子液以 3%接种量接种到初始发酵培养基，装液量 150 ml（500 ml 摇瓶），

20℃，140 r/min 培养。每 4 h 取 2 份发酵液（3 ml）分别置于灭菌后的离心管中，一份用于测定吸光度，绘制生长曲线；另一份 4℃低温离心（8000 r/min，15 min）取上清液，采用酶活性测定方法，绘制时间-相对酶活性曲线。分别进行三次平行实验，结果见图 5-9。

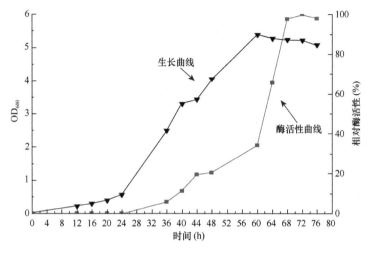

图 5-9　菌株 MS001 酶活性曲线和生长曲线

由图 5-9 可知，在 0～24 h，菌体处于停滞期，酶活性几乎为零；24 h 后开始产酶，24～68 h 酶活性迅速增加，此时菌体处于对数期及稳定期；随后酶活性稍微有所下降，此时菌体也到达了衰亡期。由此可知，此低温酶为边生长边合成型。此后的酶活性测定确定从 68 h 开始。

一、发酵培养基优化

（一）碳源对菌株 MS001 发酵产酶的影响

在发酵培养基中，分别以 3%的不同种类碳源（麸皮、玉米秸秆粉、玉米芯、乳糖、蔗糖、葡萄糖、麦芽糖、木聚糖）替换其碳源成分，进行单因素实验，20℃，装液量 150 ml（500 ml 摇瓶），接种量 3%，140 r/min 振荡培养 24 h 后跟踪测定酶活性，每组三次平行实验，结果见图 5-10。

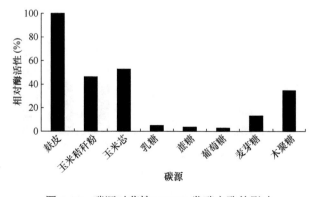

图 5-10　碳源对菌株 MS001 发酵产酶的影响

由图 5-10 可知，麸皮是最优的碳源，当以麸皮为碳源进行发酵时酶活性最高。其次是玉米芯，最差的是乳糖、蔗糖和葡萄糖。玉米秸秆粉、玉米芯及木聚糖均可作为碳源发酵产生低温木聚糖酶。由此说明麸皮、玉米秸秆粉、玉米芯及木聚糖中均含有较丰富的木聚糖成分，可诱导低温木聚糖酶的产生。

（二）碳源最适浓度的确定

在最优碳源确定的条件下，改变培养基中该碳源浓度（0.25%、0.50%、1.00%、1.50%、2.00%），20℃，装液量 150 ml（500 ml 摇瓶），接种量 3%，140 r/min 振荡培养24 h 后跟踪测定酶活性，每组三次平行实验，结果见图 5-11。

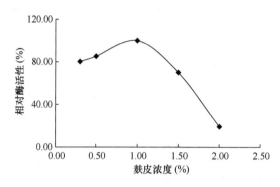

图 5-11　麸皮对菌株 MS001 发酵产酶的影响

由图 5-11 可知，当麸皮浓度为 1.00%时，酶活性达到最高，为 31.696 U/ml；当麸皮浓度超过 1.00%时，随着浓度的增加，酶活性迅速降低。由此说明，高浓度的碳源会抑制菌株的生长，从而影响酶的产量；而过低的浓度又会使菌株因缺乏营养而减少酶的合成。

（三）氮源对菌株 MS001 发酵产酶的影响

在确定最优碳源及浓度的情况下，进行单因素实验，分别以不同氮源（硝酸钠、硝酸铵、硫酸铵、尿素、蛋白胨、酵母膏、牛肉膏）替换其氮源成分，20℃，装液量 150 ml（500 ml 摇瓶），接种量 3%，140 r/min 振荡培养 24 h 后跟踪测定酶活性，每组三次平行实验，结果见图 5-12。

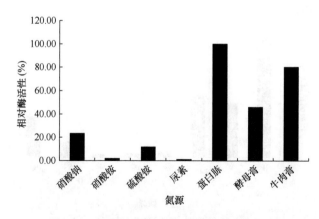

图 5-12　氮源对菌株 MS001 发酵产酶的影响

　　由图 5-12 可知，氮源为蛋白胨时，酶活性最高；其次是牛肉膏及酵母膏；当氮源为无机氮时，酶活性都很低。这是因为有机氮（蛋白胨、牛肉膏、酵母膏）相对于无机氮，除含有丰富的氮源外，还含有许多菌体生长及产酶所需的生长因子，所以更利于低温木聚糖酶的产生。

（四）氮源最适浓度的确定

　　在最优氮源确定的条件下，改变培养基中该氮源浓度（0.50%、1.00%、1.50%、2.00%、2.50%），20℃，装液量 150 ml（500 ml 摇瓶），接种量 3%，140 r/min 振荡培养 24h 后跟踪测定酶活性，每组三次平行实验，结果见图 5-13。

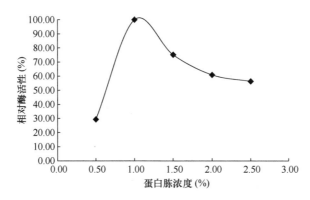

图 5-13　蛋白胨对菌株 MS001 发酵产酶的影响

　　由图 5-13 可知，蛋白胨浓度为 1.00% 时，酶活性最高，为 40.250 U/ml。蛋白胨浓度低于或高于 1.00%，酶活性均较低。这说明，过高浓度的蛋白胨对产酶有一定的抑制作用；而过低浓度的蛋白胨由于提供的营养不足，产酶量很低。

（五）无机盐对菌株 MS001 发酵产酶的影响

　　在确定最优碳源、氮源及其浓度的情况下，进行单因素实验，分别以不同无机盐（氯化钠、氯化钾、碳酸钙、磷酸氢二钾、硫酸镁）替换培养基中无机盐成分，20℃，装液量 150 ml（500 ml 摇瓶），接种量 3%，140 r/min 振荡培养 24 h 后跟踪测定酶活性，每组三次平行实验，结果见图 5-14。

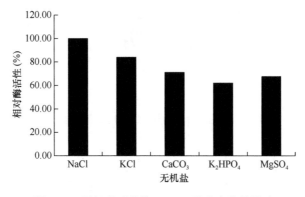

图 5-14　无机盐对菌株 MS001 发酵产酶的影响

由图 5-14 可知，在上述所选 5 种无机盐中，NaCl 最有利于低温木聚糖酶的产生及活性；其次是 KCl。因此选择 NaCl 为最适无机盐，但其他无机盐也可进行发酵产酶。

（六）无机盐最适浓度的确定

在最优无机盐确定的条件下，改变培养基中该无机盐浓度（0.50%、1.00%、1.20%、1.50%、2.00%），20℃，装液量 150 ml（500 ml 摇瓶），接种量 3%，140 r/min 振荡培养 24 h 后跟踪测定酶活性，每组三次平行实验，结果见图 5-15。

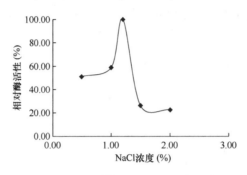

图 5-15　NaCl 对菌株 MS001 发酵产酶的影响

由图 5-15 可知，NaCl 浓度为 1.20%时，低温木聚糖酶活性最高，为 48.693 U/ml；NaCl 浓度过高或过低，都会导致酶活性很低。适宜的 NaCl 浓度有利于维持细胞渗透压平衡，从而使菌体更好地生长，提高酶产量及活性。

（七）其他成分对菌株 MS001 发酵产酶的影响

在以上因素确定的情况下，分别以其他不同成分（K_2HPO_4、$MgSO_4 \cdot 7H_2O$、吐温-80、曲拉通 X-100）进行单因素实验，20℃，装液量 150 ml（500 ml 摇瓶），接种量 3%，140 r/min 振荡培养 24 h 后跟踪测定酶活性，每组三次平行实验，结果见图 5-16。

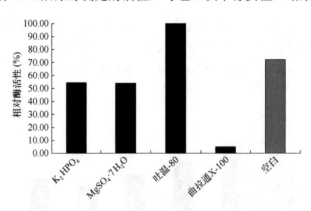

图 5-16　其他成分对菌株 MS001 发酵产酶的影响
空白为未添加其他成分

由图 5-16 可知，表面活性剂吐温-80 可明显提高低温木聚糖酶的活性，所选其他 4 种成分均对酶活性有抑制作用。因此，在确定菌株发酵所必需的营养成分之后，加入吐温-80 可增加细胞膜通透性，从而有利于低温木聚糖酶分泌到胞外。

（八）表面活性剂最适浓度的确定

在上述因素确定的情况下，改变该成分浓度（0.05%、0.10%、0.15%、0.20%、0.25%），20℃，装液量 150 ml（500 ml 摇瓶），接种量 3%，140 r/min 振荡培养 24 h 后跟踪测定酶活性，每组三次平行实验，结果见图 5-17。

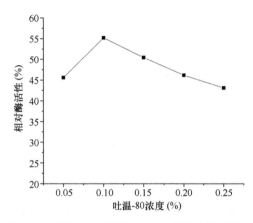

图 5-17　吐温-80 对菌株 MS001 发酵产酶的影响

由图 5-17 可知，吐温-80 浓度为 0.10% 时，低温木聚糖酶活性最高，为 55.213 U/ml；吐温-80 浓度过高或过低均不利于酶的分泌，从而导致酶活性较低。

（九）发酵培养基优化因素与水平设计

对优化确定后的碳源、氮源、无机盐及表面活性剂进行 $L_{16}(4^4)$ 正交实验，因素和水平如表 5-3 所示。

表 5-3　菌株 MS001 发酵培养基正交实验因素和水平

水平	A 碳源（%）	B 氮源（%）	C 无机盐（%）	D 表面活性剂（%）
1	0.6	0.6	1.0	0.06
2	0.8	1.0	1.2	0.10
3	1.0	1.4	1.4	0.14
4	1.2	1.8	1.6	0.18

按表 5-3 的因素和水平条件对菌株 MS001 的发酵培养基进行优化，以低温木聚糖酶活性为评价指标，结果见表 5-4，对结果进行统计学处理，见表 5-5。

表 5-4　菌株 MS001 发酵培养基优化结果

组别	A	B	C	D	酶活性（U/ml）
1	1	1	1	1	28.839
2	1	2	2	2	32.248
3	1	3	3	3	36.872
4	1	4	4	4	36.712
5	2	1	3	4	41.092
6	2	2	4	3	42.715

续表

组别	A	B	C	D	酶活性（U/ml）
7	2	3	1	2	82.163
8	2	4	2	1	59.937
9	3	1	4	2	26.893
10	3	2	3	1	35.006
11	3	3	2	4	66.818
12	3	4	1	3	47.667
13	4	1	2	3	2.306
14	4	2	1	4	25.270
15	4	3	4	1	14.396
16	4	4	3	2	29.407

如表 5-4 所示，经正交实验分析，计算均值及极差可知，$A_2B_3C_1D_2$ 为最佳培养基组合，此时所产低温木聚糖酶活性最高，即麸皮 0.8%，蛋白胨 1.4%，NaCl 1.0%，吐温-80 0.10%，pH 7.0，0.1 MPa，121℃灭菌 20 min。

如表 5-5 所示，方差分析表明，第一个因素对低温木聚糖酶活性影响显著，其他三个因素影响均不显著。说明菌株 MS001 对发酵培养基碳源浓度要求严格，而对氮源、无机盐 NaCl 及表面活性剂吐温-80 浓度无特殊要求。因此对菌株 MS001 进行大规模发酵生产时，因严格控制麸皮浓度，以使产酶量及酶活性达到最高。按上述最佳发酵培养基进行重复性验证实验（$n=3$），其低温木聚糖酶活性平均为 84.545 U/ml。

表 5-5　菌株 MS001 发酵培养基优化结果方差分析

因素	偏差平方和	自由度	F 比值	P 值	显著性
A	3214.209	3	9.420	<0.05	*
B	1468.998	3	4.305	>0.05	
C	137.777	3	0.404	>0.05	
D	544.505	3	1.596	>0.05	
误差	341.20	3			

二、发酵条件优化

（一）温度对菌株 MS001 发酵产酶的影响

在确定最优发酵培养基的情况下，控制培养温度分别为 10℃、15℃、20℃、25℃、30℃，装液量 150 ml（500 ml 摇瓶），接种量 3%，140 r/min 振荡培养，研究不同发酵温度对菌株 MS001 产低温木聚糖酶的影响。三次平行实验，结果见图 5-18。

由图 5-18 可知，低于 25℃时，菌株 MS001 所产低温木聚糖酶活性随着温度的升高逐渐增加；到 25℃时酶活性达到最高；25℃以后，随温度的升高酶活性逐渐降低。这是因为低温木聚糖酶对热敏感，温度过高易引起酶变性，从而导致酶活性降低；温度过低不利于菌体生长，从而直接影响酶的产量及活性。因此确定菌株 MS001 的发酵温度为 25℃。

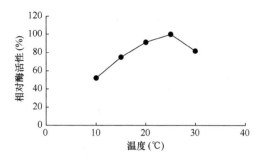

图 5-18   温度对菌株 MS001 发酵产酶的影响

（二）初始 pH 对菌株 MS001 发酵产酶的影响

在最适发酵温度确定的情况下，控制培养基初始 pH 分别为 6.0、7.0、8.0、9.0、10.0，装液量 150 ml（500 ml 摇瓶），接种量 3%，140 r/min 振荡培养，研究不同初始 pH 对菌株 MS001 产低温木聚糖酶的影响。三次平行实验，结果见图 5-19。

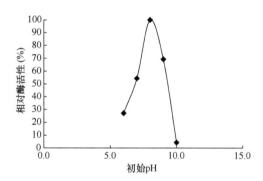

图 5-19   初始 pH 对菌株 MS001 发酵产酶的影响

由图 5-19 可知，初始 pH 为 8.0 时，菌株 MS001 所产低温木聚糖酶活性最高；培养基过酸或过碱，酶活性都较低。因此，确定菌株 MS001 发酵初始 pH 为 8.0。

（三）接种量对菌株 MS001 发酵产酶的影响

在温度和初始 pH 确定的情况下，控制培养基接种量分别为 0.5%、1.0%、1.5%、2.0%、2.5%，装液量 150 ml（500 ml 摇瓶），140 r/min 振荡培养，研究不同接种量对菌株 MS001 产低温木聚糖酶的影响。三次平行实验，结果见图 5-20。

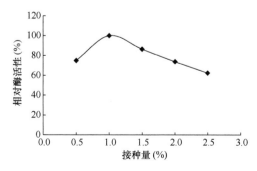

图 5-20   接种量对菌株 MS001 发酵产酶的影响

由图 5-20 可知,接种量低于 1.0%时,菌株 MS001 所产低温木聚糖酶活性随接种量的增加而增加;接种量为 1.0%时,酶活性达到最高;接种量超过 1.0%时,酶活性随接种量的增加而逐渐降低。这是因为接种量较低时,单位体积发酵液中所含菌体的数量较少,导致迟滞期延长,从而影响酶的产生;接种量过高时,单位体积发酵液中所含菌体的数量过多,导致营养物质及溶氧量不足,从而使酶产量及酶活性下降。因此,确定菌株 MS001 发酵的接种量为 1%。

(四)装液量对菌株 MS001 发酵产酶的影响

在 500 ml 三角瓶中分别装入不同体积(25 ml、50 ml、75 ml、100 ml)的发酵培养基,在以上确定的最适条件下,研究不同装液量对菌株 MS001 产低温木聚糖酶的影响。三次平行实验,结果见图 5-21。

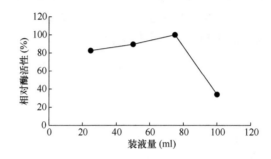

图 5-21 装液量对菌株 MS001 发酵产酶的影响

由图 5-21 可知,装液量低于 75 ml 时,低温木聚糖酶活性随装液量的增多而增加;装液量超过 75 ml 时,酶活性随装液量的增多而降低。这可能是因为装液量过低,即通气量过充足,多余的氧不能被利用,而使细胞内发生过氧化作用的概率增大,从而影响酶的产生及分泌,造成酶产量及活性的降低;装液量过多,使通气量不足,导致菌体因供氧不足而生长缓慢,能量及产物合成受阻,结果使所产低温木聚糖酶产量及活性大幅度降低。因此,确定菌株 MS001 发酵的装液量为 75 ml。

(五)种龄对菌株 MS001 发酵产酶的影响

在发酵过程中,只有将最适种龄的菌株接入发酵培养基进行发酵,才能缩短迟滞期,提高酶产量及活性。将培养不同时间(18 h、20 h、22 h、24 h、26 h)的种子液分别以最适的接种量接入发酵培养基,在以上确定的最适条件下,140 r/min 振荡培养,研究种龄对菌株 MS001 产低温木聚糖酶的影响。三次平行实验,结果如图 5-22 所示。

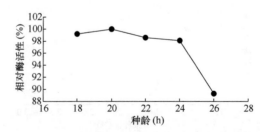

图 5-22 种龄对菌株 MS001 发酵产酶的影响

由图 5-22 可知，种龄在 18～24 h，对低温木聚糖酶活性的影响并不十分明显。但仍可确定将培养 20 h 的种子液接种到发酵培养基中，菌株 MS001 产低温木聚糖酶活性最高。

（六）发酵条件优化因素与水平设计

对确定优化后的温度、初始 pH、接种量、装液量及种龄进行 $L_{16}(4^5)$ 正交实验，因素和水平如表 5-6 所示。

表 5-6　菌株 MS001 发酵条件正交实验因素和水平

水平	A 温度（℃）	B 初始 pH	C 接种量（%）	D 装液量（ml）	E 种龄（h）
1	19	7.0	0.7	55	18
2	22	7.5	1.0	65	20
3	25	8.0	1.3	75	22
4	28	8.5	1.6	85	24

按表 5-6 的因素和水平对菌株 MS001 进行产低温木聚糖酶发酵条件优化，以低温木聚糖酶活性为评价指标，结果见表 5-7，对结果进行统计学分析，见表 5-8。

表 5-7　菌株 MS001 发酵条件优化结果

组别	A	B	C	D	E	酶活性（U/ml）
1	1	1	1	1	1	5.345
2	1	2	2	2	2	5.129
3	1	3	3	3	3	36.939
4	1	4	4	4	4	38.67
5	2	1	2	3	4	51.004
6	2	2	1	4	3	60.309
7	2	3	4	1	2	105.968
8	2	4	3	2	1	82.598
9	3	1	3	4	2	58.362
10	3	2	4	3	1	100.559
11	3	3	1	2	4	63.771
12	3	4	2	1	3	30.23
13	4	1	4	2	3	69.398
14	4	2	3	1	4	8.158
15	4	3	2	4	1	2.315
16	4	4	1	3	2	4.047

表 5-8　菌株 MS001 发酵条件优化结果方差分析

因素	偏差平方和	自由度	F 比值	P 值	显著性
A	9434.696	3	48.354	<0.05	*
B	371.932	3	1.906	>0.05	
C	7163.775	3	36.715	<0.05	*
D	789.976	3	4.049	>0.05	
E	195.116	3	1.000	>0.05	
误差	195.12	3			

经表 5-7 正交实验分析，计算均值及极差可知，$A_2B_3C_4D_1E_2$ 为最佳发酵条件组合，此时所产低温木聚糖酶活性达到最高，即温度 22℃，初始 pH 8.0，接种量 1.6%，装液量 55 ml，种龄 20 h。

表 5-8 方差分析表明，第一及第三个因素对低温木聚糖酶活性影响显著，其他三个因素影响均不显著。说明菌株 MS001 对发酵温度及接种量要求严格，而对初始 pH、装液量及种龄无特殊要求。按上述最佳发酵条件进行重复性验证实验（$n=3$），其低温木聚糖酶活性平均为 110.686 U/ml。

三、分离纯化

蛋白质含量测定方法：采用 BCA 试剂盒，根据标准曲线计算蛋白质含量。

根据实验结果绘制蛋白质标准曲线，如图 5-23 所示。该标准曲线的拟合方程为：

$$y = 0.0401x + 0.0336 \tag{5-2}$$

标准曲线的线性相关系数为 0.9979，符合标准曲线的要求，可用来计算蛋白质含量。

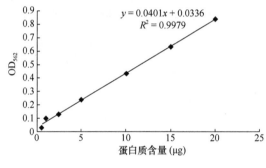

图 5-23 蛋白质标准曲线

（一）粗酶液制备

取发酵 68 h 的发酵液，4℃、8000 r/min 离心 15 min，去除沉淀后，所得上清液即为粗酶液。

（二）硫酸铵盐析

1. 最佳硫酸铵饱和度区间的确定

取粗酶液 6 份于 6 个 Tub 管中，每份 2 ml，分别编号 1～6，分别加入 20%～80% 饱和度的硫酸铵，0℃冰浴盐析 16 h 后，4℃、8000 r/min 离心 15 min，分别将上清液和沉淀用 pH 6.4 的柠檬酸缓冲液还原至原体积，测定酶活性，结果如表 5-9 所示。

表 5-9 硫酸铵饱和度与低温木聚糖酶活性关系

硫酸铵饱和度（%）	20	30	40	50	60	70	80
上清液相对酶活性（%）	100	91.71	53.17	6.22	3.50	3.59	3.48
沉淀相对酶活性（%）	0	8.29	46.83	93.78	96.5	96.41	96.52

由表 5-9 可知，硫酸铵饱和度达到 30% 时，开始析出沉淀，上清液酶活性呈现下降趋势，沉淀酶活性呈现上升趋势；继续加入硫酸铵至饱和度达到 60%，上清液酶活性基本稳定。由此说明，硫酸铵饱和度为 60% 时，低温木聚糖酶基本沉淀下来。以表 5-9 中硫酸铵饱和度为横坐标，沉淀相对酶活性为纵坐标，得到硫酸铵饱和度与沉淀相对酶活性曲线图，如图 5-24 所示。

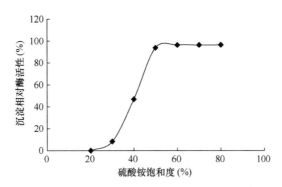

图 5-24　硫酸铵饱和度与沉淀相对酶活性曲线图

由图 5-24 可知，低温木聚糖酶硫酸铵盐析饱和度区间为 30%～60%。

2. 硫酸铵分离纯化

向粗酶液中缓慢加入硫酸铵至最佳饱和度，0℃盐析 16 h，8000 r/min 离心 15 min，收集沉淀，用 pH 6.4 的柠檬酸缓冲液溶解至原体积，透析至无铵离子后，低温木聚糖酶的比活力是原来的 2.6 倍，回收率为 85%。分离纯化结果如表 5-10 所示。

表 5-10　菌株 MS001 产低温木聚糖酶纯化结果

步骤	总蛋白（mg）	总活力（U）	比活力（U/mg）	纯化倍数	回收率（%）
粗酶液制备	71.414	65 070	911.17	1	100
硫酸铵盐析	23.73	55 332	2331.73	2.6	85

（三）SDS-PAGE 及酶谱分析

取初步分离提纯的酶液 100 μl，加入 25 μl 的上样缓冲液（Loading buffer），沸水浴 5 min 使酶蛋白变性，上样量 20 μl，为避免边缘效应，应尽量选择靠近中部的孔加样，电泳采用 12% 分离胶和 5% 浓缩胶，电压 100 V，待指示剂前沿距电泳板底部约 1 cm 时，停止电泳，结果如图 5-25 所示。

由图 5-25 可知，菌株 MS001 至少产生并向胞外分泌 2 种不同分子量的低温木聚糖酶组分，且均属于低分子量低温木聚糖酶，分子质量为 14.3～20.1 kDa。低分子量低温木聚糖酶更容易穿透植物细胞壁，发挥高效的降解作用。

在分离胶中添加 1.6% 的木聚糖，酶液样品加入 Loading buffer 后不经过沸水浴，直接上样，采用标准 SDS-PAGE 的方法进行电泳。电泳完毕后，将凝胶置于 2.5% 的曲拉通 X-100 中，振荡约 2.5 h，使蛋白质复性。然后弃去溶液，将凝胶于孵育液（pH 6.4 的柠檬酸缓冲液及 1% 的曲拉通 X-100）中 30℃保温约 10 h。弃去孵育液，用 2 g/L 的刚果红染色，最后用 1 mol/L 的 NaCl 脱色至显示出透明带。

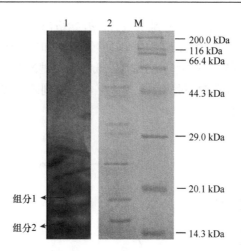

图 5-25　菌株 MS001 酶液的 SDS-PAGE 及酶谱

1. 盐析沉淀酶液（酶谱）；2. 盐析沉淀酶液（SDS-PAGE）；M. Marker

四、酶学性质表征

（一）薄层层析（TLC）法分析酶解产物

将薄层层析用硅胶板于 110℃ 活化 1 h。取酶解反应后的溶液，用毛细吸管在距离板底部约 1.5 cm 处进行点样，点样斑点间距约 1 cm，边点边用电吹风烘干点样点，以使样品迅速渗透的同时保持点样点不至于扩散。展开剂为正丁醇：冰醋酸：水（2：1：1），置于层析缸内 20～30 min 后在室温下展层约 30 min。待展开剂前沿走至距板上端 1 cm 处取出自然晾干，喷显色剂（苯胺-二苯胺），于 80℃ 烘箱中干燥约 20 min，直到薄板上显示出清晰的斑点，结果见图 5-26。

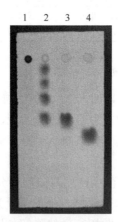

图 5-26　低温木聚糖酶酶解产物的 TLC 分析

1. 木聚糖；2. 酶解产物；3. 蔗糖；4. 木糖

由图 5-26 可知，菌株 MS001 所产的低温木聚糖酶酶解产物为木寡糖和木二糖等低聚木糖。这说明该低温木聚糖酶可能是 β-1,4-木聚糖酶，它是木聚糖酶水解酶系中最关键的水解酶，以内切方式作用于木聚糖链。

（二）温度对低温木聚糖酶活性的影响

分别在 4℃、10℃、20℃、30℃、35℃、40℃、45℃、50℃、55℃和 60℃下测定低温木聚糖酶活性，三次平行实验，结果如图 5-27 所示。

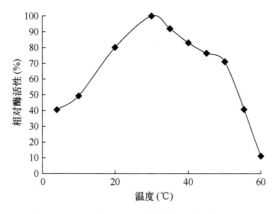

图 5-27　温度对低温木聚糖酶活性的影响

由图 5-27 可知，低温木聚糖酶的最适作用温度为 30℃，50℃以后酶活性迅速下降；且在 4℃仍保持有 40%的相对酶活性，这符合低温酶的特性。在低温条件下，相对嗜温酶而言，低温酶反应所需时间更短，催化效率更高，能耗更少，且在较高温度下易失活以保证产品质量，这是低温酶的应用优势。

（三）低温木聚糖酶的热稳定性

将酶液分别在 10℃、20℃、30℃、40℃、50℃、60℃、70℃下保温 1 h 后，测定剩余酶活性，三次平行实验，结果如图 5-28 所示。

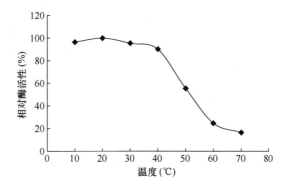

图 5-28　低温木聚糖酶的热稳定性

由图 5-28 可知，经硫酸铵盐析后的低温木聚糖酶在 10～40℃，热稳定性较好，相对酶活性均保持在 90%以上；从 40℃开始，随着温度的升高，酶活性急剧下降，且热稳定性较差；70℃处理 1 h，相对酶活性不到 20%。这可能是因为低温木聚糖酶分子柔韧性更高，结构更松散，从而使其在低温下具有高的催化活性及在高温下具有更高的热不稳定性，这是低温酶的应用优势。

（四）pH 对低温木聚糖酶活性的影响

在酶最适作用温度下，反应体系中分别用 pH 为 4.0、5.0、6.0、7.0、8.0、9.0 和 10.0 的缓冲液测定酶活性，三次平行实验，结果如图 5-29 所示。

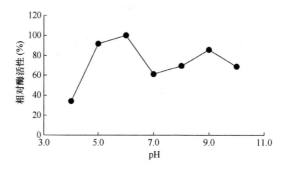

图 5-29　pH 对低温木聚糖酶活性的影响

由图 5-29 可知，低温木聚糖酶在酸性和碱性区域各有一个峰（pH 为 6.0 及 pH 为 9.0），且在 pH 5.0～10.0，相对酶活性均在 60%以上，但最适作用 pH 为 6.0。这说明低温木聚糖酶应用范围宽泛，在酸性和碱性条件下均有很高的酶活性，具有十分广阔的应用前景。

（五）金属离子对低温木聚糖酶活性的影响

在最适作用温度及最适作用 pH 条件下，加入 Mg^{2+}、Ca^{2+}、Fe^{2+}、Ni^{2+}、Cu^{2+}、Mn^{2+}、Rb^+、Na^+、Li^+，使各反应体系金属离子终浓度为 10 mmol/L，测定酶活性，三次平行实验，结果如图 5-30 所示。

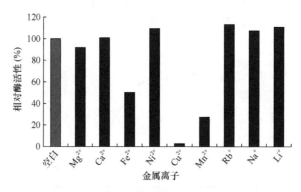

图 5-30　金属离子对低温木聚糖酶活性的影响
空白为未添加任何金属离子

由图 5-30 可知，Ni^{2+}、Rb^+、Na^+、Li^+ 对酶活性稍有促进作用；Fe^{2+}、Cu^{2+}、Mn^{2+} 对酶活性有较大的抑制作用；而 Ca^{2+}、Mg^{2+} 对酶活性影响不大。

第四节　总结与讨论

在本章的研究中，对采集的羊粪、牛粪等样品进行筛选，得到一株产低温木聚糖酶的菌株 MS001，经形态学、生理生化及 16S rDNA 鉴定，确定为鞘氨醇单胞菌属的 *Sphingomonas ginsenosidimutans*。通过单因素实验及正交实验优化发酵培养基，确定较优的发酵培养基组分及配比为：麸皮 0.8%，蛋白胨 1.4%，NaCl 1.0%，吐温-80 0.10%。由此测得的最高酶活性为 84.545 U/ml，是优化前的 3.7 倍。其中麸皮对酶活性影响显著，是需要进行严格控制的条件。在得到较优培养基的基础上，通过单因素实验及正交实验优化发酵条件，确定较优的发酵条件为：温度 22℃，初始 pH 8.0，接种量 1.6%，装液量 55 ml，种龄 20 h，此时酶活性高达 110.686 U/ml，是优化前的 4.41 倍。其中温度及接种量对酶活性影响显著，是需要严格进行控制的。对硫酸铵盐析的酶液进行薄层层析、SDS-PAGE 及酶谱分析，确定鞘氨醇单胞菌 MS001 可产生并向胞外分泌 2 种不同的小分子量 β-1,4-木聚糖酶组分，分子质量为 14.3～20.1 kDa，其酶解产物为木寡糖和木二糖等低聚木糖。对硫酸铵盐析的酶液进行酶学性质的初步研究，其最适作用温度为 30℃，在 4℃的低温条件下，仍保持约 40%的相对酶活性，但酶的热稳定性较差；最适作用 pH 为 6.0，但酶活性在酸性区域（pH 为 6.0）和碱性区域（pH 为 9.0）均有一个极值；金属离子中除了 Fe^{2+}、Cu^{2+}、Mn^{2+} 对该酶活性有较大的抑制作用，其他都对酶活性影响不大。

参 考 文 献

冯定远, 张莹, 余石英, 等. 2000. 含有木聚糖酶和 β-葡聚糖酶的酶制剂对猪日粮消化性能的影响[J]. 畜禽业, (7): 44-45.

郭学义, 张慧玲, 杨玉霞, 等. 2015. 日粮中小麦用量及添加重组葡聚糖酶和木聚糖酶对肉仔鸡生长、屠宰性能和肠道发育的影响[J]. 中国家禽, 37(5): 27-32.

国春艳, 刁其玉, 乔宇, 等. 2010. 酸性木聚糖酶产生菌株的筛选和酶学性质分析[J]. 中国农业科学, 43(7): 1524-1530.

胡向东, 焦乐飞, 李旭彬, 等. 2014. 小麦替代玉米饲粮添加木聚糖酶对生长猪生长性能、结肠菌群和氮排放的影响[J]. 动物营养学报, 26(9): 2805-2813.

李延啸, 范光森, 江正强, 等. 2014. 樟绒枝霉中一种低分子量木聚糖酶的纯化及性质研究[J]. 食品工业科技, 35(17): 161-166.

李友荣, 张艳玲, 纪西冰. 1993. 葡萄糖氧化酶的生物合成产生菌的筛选及产酶条件的研究[J]. 工业微生物, 23(3): 1-6.

李玉峰, 陈嘉川, 庞志强, 等. 2008. 木聚糖酶预处理降低漂白废水中的 AOX[J]. 上海造纸, (6): 68-70.

慕娟, 问清江, 党永, 等. 2012. 木聚糖酶的开发与应用[J]. 陕西农业科学, 58(1): 111-115.

聂文秀. 2013. 木聚糖酶的分类及其在面包烘焙中的应用[J]. 广州化工, 41(1): 17-18.

彭昊, 王志兴, 窦道龙. 2003. 由根癌农杆菌介导将葡萄糖氧化酶基因转入水稻[J]. 农业生物技术学报, 11(1): 16-19.

佘元莉, 李秀婷, 宋焕禄, 等. 2009. 产高活性木聚糖酶放线菌的筛选[J]. 江苏农业科学, 3: 398-400.

王海英, 呙于明, 袁建敏. 2003. 小麦日粮中添加木聚糖酶对肉仔鸡生产性能的影响[J]. 饲料研究, (12): 1-5.

王俊芬, 吴玉英, 谢响明, 等. 2015. 绿色糖单孢菌木聚糖酶 *Svixyn10A* 基因在不同菌株表达分泌的木聚糖酶对纸浆预漂白效果[J]. 纸和造纸, 34(1): 37-38.

徐微, 于成龙, 刘玉兵, 等. 2012. 木聚糖酶在小麦啤酒麦芽汁制备中的应用[J]. 农产品加工学刊, (7): 89-93.

张世敏, 郭庆, 徐淑霞, 等. 2010. 酸性木聚糖酶高产霉菌的筛选及发酵条件研究[J]. 河南农业大学学报, 44(3): 334-336.

赵晓芳, 张宏福. 2007. 葡萄糖氧化酶的功能及在畜牧业中的应用[J]. 广东饲料, 16(1): 34-35.

周成, 柏文琴, 薛燕芬, 等. 2013. 嗜碱菌 Bacillus sp. SN5 木聚糖酶表征、分子改造和基于结构的 11 家族木聚糖酶碱适应机制研究[C]//第九届中国酶工程学术研讨会论文摘要集. 中国微生物学会酶工程专业委员会、广西科学院、国家非粮生物质能源工程技术研究中心.

周建芹, 陈韶华, 王剑文. 2008. 测定葡萄糖氧化酶活性的一种简便方法[J]. 实验技术与管理, 25(12): 58-60.

Balazs Y S, Lisitsin E, Oshrat C, et al. 2013. Identifying critical unrecognized sugar–protein interactions in GH10 xylanases from *Geobacillus stearothermophilus* using STD NMR[J]. FEBS Journal, 280(18): 4652-4665.

Bhardwaj A, Mahanta P, Ramakumar S, et al. 2012. Emerging role of N- and C-terminal interactions in stabilizing (β; α)8, fold with special emphasis on family 10 xylanases[J]. Computational & Structural Biotechnology Journal, 2(2): 1-10.

Cheng Y, Song X, Qin Y, et al. 2009. Genome shuffling improves production of cellulase by *Penicillium decumbens* JU-A10[J]. J. Appl. Microbiol., 107(6): 1837-1846.

Chiang Y C, Cheng H L, Yang S S, et al. 2006. Characterization of a xylanase gene (*xyn R8*) from unisolated rumen microorganisms[C]//Meeting of the Taiwan Society of Microbiology November.

Derntl C, Rassinger A, Srebotnik E, et al. 2015. Xpp1 regulates the expression of xylanases, but not of cellulases in *Trichoderma reesei*[J]. Biotechnology for Biofuels, 8(1): 1-11.

Dong X, Meinhardt S W, Schwarz P B. 2012. Isolation and characterization of two endoxylanases from *Fusarium graminearum*[J]. Journal of Agricultural & Food Chemistry, 60(10): 2538-2545.

Fiedurek J. 1991. Glucose oxidase synthesis by *Aspergillus niger* GIV-10 on starch[J]. Acta. Microbiol. Pol., 40(3-4): 197-203.

Fiedurek J, Rogalski J, Iiczuk Z, et al. 1986. Screening and mutagenesis of moulds for the improvement of glucose oxidase production[J]. Enzyme and Microbial Technology, 8(12): 734-736.

Ganju R K, Vithayathil P J, Murthy S K. 2011. Purification and characterization of two xylanases from *Chaetomium thermophile* var. *coprophile*[J]. Canadian Journal of Microbiology, 35(6): 1393-1401.

Gao H, Yan P, Zhang B, et al. 2014. Expression of *Aspergillus niger* IA-001 endo-β-1,4-xylanase in *Pichia pastoris* and analysis of the enzymic characterization.[J]. Applied Biochemistry & Biotechnology, 173(8): 2028-2041.

Goddardborger E D, Sakaguchi K, Reitinger S, et al. 2012. Mechanistic insights into the 1,3-xylanases: useful enzymes for manipulation of algal biomass[J]. Journal of the American Chemical Society, 134(8): 3895-3902.

Gonalves G A L, Takasugi Y, Jia L, et al. 2015. Synergistic effect and application of xylanases as accessory enzymes to enhance the hydrolysis of pretreated bagasse[J]. Enzyme & Microbial Technology, 72: 16-24.

Goswami G K, Pathak R R. 2013. Microbial xylanases and their biomedical applications: a review[J]. International Journal of Basic & Clinical Pharmacology, 2(3): 237-246.

Gray B N, Oleg B, Carlson A R, et al. 2011. Global and grain-specific accumulation of glycoside hydrolase family 10 xylanases in transgenic maize (*Zea mays*)[J]. Plant Biotechnology Journal, 9(9): 1100-1108.

Johnsen H R, Krause K. 2014. Cellulase activity screening using pure carboxymethylcellulose: application to soluble cellulolytic samples and to plant tissue prints[J]. Int. J. Mol. Sci., 15(1): 830-838.

Kumar V, Marín-Navarro J, Shukla P. 2016. Thermostable microbial xylanases for pulp and paper industries: trends, applications and further perspectives[J]. World Journal of Microbiology & Biotechnology, 32(2): 1-10.

Kumar V, Satyanarayana T. 2014. Production of thermo-alkali-stable xylanase by a novel polyextremophilic *Bacillus halodurans* TSEV1 in cane molasses medium and its applicability in making whole wheat bread[J]. Bioprocess & Biosystems Engineering, 37: 1043-1053.

Lafond M, Guais O, Maestracci M, et al. 2014. Four GH11 xylanases from the xylanolytic fungus *Talaromyces versatilis* act differently on (arabino) xylans[J]. Applied Microbiology & Biotechnology, 98(14): 6339-6352.

Lee C C, Kibblewhite-Accinelli R E, Wagschal K, *et al*. 2006. Cloning and characterization of a cold-active xylanase enzyme from an environmental DNA library[J]. Extremophiles, 10(4): 295-300.

Liu J Z, Yang H Y, Weng L P. 1990. Synthesis of glucose oxidase and catalase by *Aspergillus niger* in resting cell culture system[J]. Lett. Appl. Microbiol., 29(5): 33-41.

Liu X, Huang Z, Zhang X, *et al*. 2014. Cloning, expression and characterization of a novel cold-active and halophilic xylanase from *Zunongwangia profunda*[J]. Extremophiles Life Under Extreme Conditions, 18(2): 441-450.

Meng D D, Ying Y, Chen X H, *et al*. 2015. Distinct roles for carbohydrate-binding modules of glycoside hydrolase 10 (GH10) and GH11 xylanases from *Caldicellulosiruptor* sp. strain F32 in thermostability and catalytic efficiency[J]. Applied & Environmental Microbiology, 81(6): 2006-2014.

Miron J, Gonzalez M P, Pastrana L, *et al*. 2002. Diauxic production of glucose oxidase by *Aspergillus niger* in submerged culture: A dynamic model[J]. Enz. Microb. Tech., 31(5): 615-620.

Moreira L R D S, Campos M D C, Silva L P, *et al*. 2013. Two β-xylanases from *Aspergillus terreus*: characterization and influence of phenolic compounds on xylanase activity[J]. Fungal Genetics & Biology, 60: 46-52.

Myers A J, Patience J F. 2013. The effects of cereal type and xylanase supplementation on pig growth performance and energy digestibility[C]//Adsa-asas Midwest Meeting.

Nair M P D, Padmaja G, Moorthy S N. 2011. Biodegradation of cassava starch factory residue using a combination of cellulases, xylanases and hemicellulases[J]. Biomass & Bioenergy, 35(3): 1211-1218.

Naumoff D G, Ivanova A A, Dedysh S N. 2014. Phylogeny of β-xylanases from Planctomycetes[J]. Molecular Biology, 48(3): 439-447.

Paës G, Berrin J G, Beaugrand J. 2011. GH11 xylanases: structure/function/properties relationships and applications[J]. Biotechnology Advances, 30(3): 564-592.

Pascale D D, Giuliani M, Santi C D, *et al*. 2011. PhAP protease from *Pseudoalteromonas haloplanktis* TAC125: gene cloning, recombinant production in *E. coli* and enzyme characterization[J]. Polar Science, 4(2): 285-294.

Reis L D, Fontana R C, Delabona P D S, *et al*. 2013. Increased production of cellulases and xylanases by *Penicillium echinulatum*, S1M29 in batch and fed-batch culture[J]. Bioresource Technology, 146(146C): 597-603.

Rincon M T, Mccrae S I, Kriby J, et al. 2001. End B, a multidomain family 44 cellulase from *Ruminococcus flavefaciens* 17, binds to cellulose via a novel cellulose-binding module and to another *R. flavefaciens* protein via a dockerin domain[J]. Applied and Environmental Microbiology, 67(10): 4426-4431.

Roy S, Dutta T, Sarkar T S, *et al*. 2013. Novel xylanases from *Simplicillium obclavatum* MTCC 9604: comparative analysis of production, purification and characterization of enzyme from submerged and solid state fermentation[J]. Springerplus, 2(1): 382-382.

Salem A Z M, German B R, Elghandour M M, *et al*. 2015. Effects of cellulase and xylanase enzymes mixed with increasing doses of *Salix babylonica* extract on *in vitro* rumen gas production kinetics of a mixture of corn silage with concentrate[J]. Journal of Integrative Agriculture, 14(1): 131-139.

Sharma M, Kumar A. 2013. Xylanases: an overview[J]. British Biotechnology Journal, 3(1): 1-28.

Silva L A O, Terrasan C R F, Carmona E C. 2015. Purification and characterization of xylanases from *Trichoderma inhamatum*[J]. Electronic Journal of Biotechnology, 18(4): 307-313.

Singh S, Dutt D, Tyagi C H, *et al*. 2011. Bio-conventional bleaching of wheat straw soda–AQ pulp with crude xylanases from SH-1 NTCC-1163 and SH-2 NTCC-1164 strains of *Coprinellus disseminatus*, to mitigate AOX generation[J]. New Biotechnology, 28(1): 47-57.

Stojkovi D, Reis F S, Ferreira I, *et al*. 2013. *Tirmania pinoyi*: chemical composition, *in vitro* antioxidant and antibacterial activities and in situ control of *Staphylococcus aureus* in chicken soup[J]. Food Research International, 53(1): 56-62.

Takahashi Y, Kawabata H, Murakami S. 2013. Analysis of functional xylanases in xylan degradation by *Aspergillus niger*, E-1 and characterization of the GH family 10 xylanase XynVII[J]. Springerplus, 2(1): 1-11.

Talamantes D, Biabini N, Dang H, *et al*. 2016. Natural diversity of cellulases, xylanases, and chitinases in bacteria[J]. Biotechnology for Biofuels, 9(1): 1-11.

Thomas L, Joseph A, Arumugam M, *et al.* 2013. Production, purification, characterization and over-expression of xylanases from actinomycetes[J]. Indian Journal of Experimental Biology, 51(11): 875-884.

Tsujibo H, Ohtsuki T, Iio T, et al. 1997. Cloning and sequence analysis of genes encoding xylanases and acetyl xylan esterase from *Streptomyces thermoviolaceus* OPC-520[J]. Applied and Environmental Microbiology, 63(2): 661-664.

Tundo S, Moscetti I, Faoro F, *et al.* 2015. *Fusarium graminearum* produces different xylanases causing host cell death that is prevented by the xylanase inhibitors XIP-I and TAXI-III in wheat[J]. Plant Science, 240: 161-169.

Valenzuela S V, Valls C, Roncero M B, *et al.* 2014. Effectiveness of novel xylanases belonging to different GH families on lignin and hexenuronic acids removal from specialty sisal fibres[J]. Journal of Chemical Technology & Biotechnology, 89(3): 401-406.

Vijay Bhasker T, Nagalakshmi D, Srinivasa Rao D. 2013. Development of appropriate fibrolytic enzyme combination for maize stover and its effect on rumen fermentation in sheep[J]. Asian Australas. J. Anim. Sci., 26(7): 945-951.

Xing S, Li G, Sun X, *et al.* 2013. Dynamic changes in xylanases and β-1,4-endoglucanases secreted by *Aspergillus niger* An-76 in response to hydrolysates of lignocellulose polysaccharide[J]. Applied Biochemistry & Biotechnology, 171(4): 832-846.

Zhang J X, Jennifer M, Flint H J. 1994. Identification of non-catalytic conserved regions in xylanases encoded by the *xynB* and *xynD* genes of the cellulolytic rumen anaerobe *Ruminococcus flavefaciens*[J]. Molecular and General Genetics, 245(2): 260-264.

Zhao L, Geng J, Guo Y, *et al.* 2015. Expression of the *Thermobifida fusca* xylanase Xyn11A in *Pichia pastoris* and its characterization[J]. BMC Biotechnology, 15(1): 18.

Zheng H, Guo B, Chen X L, *et al.* 2011. Improvement of the quality of wheat bread by addition of glycoside hydrolase family 10 xylanases[J]. Applied Microbiology & Biotechnology, 90(2): 509-515.

第六章　低温葡萄糖氧化酶

第一节　概　述

一、来源及分布

葡萄糖氧化酶（glucose oxidase，EC 1.1.3.4，简称 GOD）是指在有氧的条件下能专一性催化 β-D-葡萄糖生成葡萄糖酸和过氧化氢的酶（赵晓芳和张宏福，2007），它广泛分布于动物、植物和微生物体内。早在 1904 年人们就发现了葡萄糖氧化酶，但是由于当时对其商业价值认识不足没有引起人们的重视。直到 1928 年，Muller 首先在黑曲霉的无细胞提取液中发现葡萄糖氧化酶，并研究了其催化机制，才正式将其命名为葡萄糖氧化酶，把它归纳入脱氢酶类（李友荣等，1993）。此后 Nakamatsu、Fiedurek、Rogalski 等先后对此做了大量研究工作并将其投入生产（Fiedurek et al.，1986）。葡萄糖氧化酶广泛应用于食品、饲料、制药等行业，具有去除葡萄糖、脱氧、杀菌等作用。近年来国内外多位学者在葡萄糖氧化酶的作用机制、酶学性质、酶固定化、基因克隆表达等方面做了大量工作并取得了显著进展。微生物生长繁殖快、来源广泛等特点使其成为葡萄糖氧化酶的主要来源，微生物中的主要生产菌株为黑曲霉和青霉。生产葡萄糖氧化酶的主要菌株见表 6-1。

表 6-1　生产葡萄糖氧化酶的主要菌株

主要来源	生产菌株
细菌	弱氧化醋酸菌
霉菌	点青霉、产黄青霉、镰刀霉属、柠檬酸霉属、米曲霉、灰绿青霉、紫色青霉、黑曲霉、尼崎青霉、生机青霉

葡萄糖氧化酶是由两个完全相同的糖蛋白经二硫键共价结合而成的二聚体，每个糖蛋白单体又含有 2 个区域：一个与部分辅基 FAD 以非共价的 β-折叠形式紧密结合；另一个与底物 β-D-葡萄糖以反向平行的 β-折叠形式结合。辅基 FAD 在整个酶促反应过程中发挥了至关重要的作用。Witt 等（1998）对其进行了深入研究，进一步揭示出了 FAD 的三维结构，其活性位点重要的氨基酸残基有 Tyr-73、Phe-418、Trp-430、Arg-516、Asn-518、His-520 和 His-563，其中 Arg-516 和 Asn-518 决定了酶与底物 β-D-葡萄糖的特异性结合，Tyr-73、Phe-418 和 Trp-430 则决定了底物的氧化速率，而 His-520 和 His-563 则是与葡萄糖底物的 1-OH 形成氢键。

目前，根据葡萄糖氧化酶的高度专一性，基于不同的酶活性定义而建立的检测方法主要有以下几种。

①电化学法：电化学法是根据酶促反应中的电压或电流变化发展起来的测量葡萄糖氧化酶活性的方法。在葡萄糖氧化酶研发初期，研究人员开发了基于电化学法原理的氧

电极法、简易电化学法和自动电化学法，得到了较好的结果灵敏度和重复性。该方法需要通过测定反应体系的电位或电流变化才能实现葡萄糖氧化酶活性测定，对操作人员和仪器的要求均很高。随着检测技术的发展，该方法已很少使用。②测压法：该方法基于葡萄糖氧化酶酶促反应中耗氧量可测的原理建立，可通过使用瓦勃氏呼吸仪测定耗氧量（1 μg 酶在单位时间内所消耗的氧）来确定葡萄糖氧化酶的活性。该方法由于操作比较复杂，要求严格，且有很强的仪器依赖性（需要具备专用仪器——瓦勃氏呼吸仪），因此在应用中存在难度，未能被推广使用。③滴定法：滴定法是测定葡萄糖氧化酶活性的主要方法，其基本原理是以过量的氢氧化钠溶液终止葡萄糖氧化酶酶促反应，并中和生成的葡萄糖酸，再以标准盐酸溶液反滴，计算得葡萄糖酸的量，从而推算出葡萄糖氧化酶的活性。基于以上原理，测定时葡萄糖氧化酶的酶活性（U/ml）定义为：在 pH 为 5.6，温度为 30℃的条件下，每分钟催化 1 μmol 葡萄糖转化为葡萄糖酸和过氧化氢所需的酶量。此方法具有简便易行和检测成本较低的优势，适用于一般生产和研究，但同时也存在着工作量大、样品需要量大尤其是人工读数导致的测量精度低的缺点，不便于检测方法的标准化开发。④分光光度法：随着检测技术研究的进展，参考其他酶制剂的检测方法，采用普通的分光光度法进行检测已成为葡萄糖氧化酶活性检测方法的新方向。其原理是供体与过氧化物酶（POD）偶联的一系列反应，即葡萄糖氧化酶在有氧条件下将葡萄糖氧化为葡萄糖酸和过氧化氢，生成的过氧化氢在过氧化物酶存在的条件下氧化供体，根据形成的氧化供体特性，通过分光光度计在不同波长处进行检测。连续分光光度法是目前葡萄糖氧化酶活性检测的常用方法，该法的酶活性定义为：在 pH 7.0，温度为 25℃（或 37℃）的条件下，每分钟催化葡萄糖氧化，转化产生 1 μmol 葡萄糖酸和过氧化氢所需的葡萄糖氧化酶的量。根据供体的不同，反应式和分析过程中的参数略有区别。常见的供体有：4-氨基安替比林+苯酚和邻-联二茴香胺，其中以 4-氨基安替比林+苯酚为供体测定时，反应温度为 37℃，测量波长为 500 nm；以邻-联二茴香胺为供体测定时，反应温度为 25℃，测量波长为 436 nm。该方法需要连续测定相同间隔时间（30 s 或 1 min）的吸光度，再用线性回归方程计算，过程较为复杂，对操作人员的技能有较高要求，在一定程度上会降低实用性，李丕武等（2013）研究了用 2 点法代替连续测定，方法更为实用。普通分光光度法的检测步骤与其他酶制剂的方法也较为相似。采用该法测定时，原理和反应式与连续法相同，葡萄糖氧化酶活性定义条件改为：pH 为 5.6，温度为 30℃，供体采用 2,2'-连氮基-双-（乙基苯基噻唑啉）-6-磺酸盐（ABTS-R），检测波长为 405 nm。该方法需要制备葡萄糖氧化酶标准溶液并绘制标准曲线，且溶液需要定容，不同于连续法中直接向比色皿中加样，相对而言增加了操作步骤，但可以避免连续法中对稀释操作和反应时间准确性的要求。

葡萄糖氧化酶为淡黄色晶体，易溶于水，不溶于乙醚、氯仿、甘油等。一般酶制剂产品含有过氧化氢酶（catalase，CAT），为 15 万单位的分子量。葡萄糖氧化酶的最大吸收波长（λ_{max}）为 377 nm 或 455 nm。在紫外光下无荧光，但是热、酸或碱处理后具有特殊的绿色。葡萄糖氧化酶在 pH 为 3.5～6.5 时，酶活性稳定，最适作用 pH 为 5.0，在没有葡萄糖等保护剂存在时，pH 大于 8.0 或小于 3.0 的情况下，葡萄糖氧化酶可迅速灭活。固体酶制剂在 0℃下可至少稳定保存两年，在–15℃下可以稳定保存 8 年。

葡萄糖氧化酶的分离纯化如下。获得了葡萄糖氧化酶的高产菌株后，通过诱变、优化产酶条件以及基因工程技术等手段进一步提高葡萄糖氧化酶的产量，还需要将葡萄糖氧化酶从众多的蛋白质中分离纯化出来。现在比较成熟的葡萄糖氧化酶分离纯化过程一般包括以下几个步骤：浓缩、盐析、脱盐、层析。在葡萄糖氧化酶纯化之前首先要将粗酶液进行浓缩，一般通过离心、超滤等步骤完成。浓缩后的粗酶液通过硫酸铵沉淀，能基本将目的蛋白完全沉淀，同时也能有效除去杂蛋白。盐析后的目的酶蛋白再经过凝胶柱脱盐，能将酶蛋白和盐基有效分开。脱盐后的酶液再通过层析等手段进一步得到纯化，目前应用广泛的层析有纤维素离子交换层析和分子筛层析，层析能将目的酶蛋白中的杂蛋白进一步除去。中国科学院武汉病毒研究所利用基因重组技术，将葡萄糖氧化酶基因导入酵母中，表达得到的葡萄糖氧化酶经分离纯化后，其比活力能达到 426.25 U/mg。张茜（2009）以尼崎青霉发酵液为研究材料，将粗酶液经过浓缩、层析，最终获得的酶制剂比活力为 472 U/mg，相比粗酶制剂提纯 29.7 倍。

二、国内外研究概况

目前国内主要用基因克隆、表达等方法提高菌株的产酶活性，并取得了显著成绩。周亚凤等（2009）在酵母中高效表达黑曲霉葡萄糖氧化酶基因，彭昊等（2003）利用根癌农杆菌介导将葡萄糖氧化酶基因转入水稻，母敬郁等（2006）用瑞氏木霉表达了黑曲霉来源的葡萄糖氧化酶基因。

研究人员全面研究了不同菌株的产酶条件。Fiedurek（1991）筛选出 1 株能在淀粉上生长的黑曲霉 GIV10；Liu 等（1990）、Ganadu 等（2002）先后研究了黑曲霉及青霉的发酵工艺，并用不同方法优化了产酶条件；Miron 等（2002）通过浸没培养黑曲霉发酵菌株优化生产葡萄糖氧化酶；江洁（1996）研究了葡萄糖氧化酶膜过滤发酵工艺，在发酵过程中引进带有膜过滤器的外循环系统，产酶速率提高了 3 倍；中国科学院微生物研究所曾筛选出 1 株青霉，以液化淀粉培养液替代蔗糖作碳源，其具有相当高的产酶能力，虽然葡萄糖氧化酶生产费用降低了，但是后续的分离纯化有一定的难度。

早在 20 世纪 40 年代国外就有葡萄糖氧化酶产品出售；50 年代日本获得了结晶葡萄糖氧化酶，60 年代日本长濑产业株式会社开始出售葡萄糖氧化酶；到 70 年代葡萄糖氧化酶在国外的应用已经很普遍了。1966 年，中国科学院微生物研究所选育了葡萄糖氧化酶优良菌株并投入生产。70 年代我国成立了葡萄糖氧化酶研究协作组，开展了系统研究。2004 年至今，葡萄糖氧化酶已广泛用于饲料添加剂，代表产品为鲜尔康。目前我国虽然已有葡萄糖氧化酶商品出售，但酶制剂纯度及活性普遍较低，稳定性差，生产成本高，仍主要依赖进口。

目前国外在这一领域的研究已经比较深入。Whittington 等（1990）成功将青霉的葡萄糖氧化酶基因导入酿酒酵母中，获得了具有生物活性的葡萄糖氧化酶；Szynol 等（2004）实现了葡萄糖氧化酶基因在大肠杆菌中的表达；有学者将一株青霉的葡萄糖氧化酶基因成功导入毕赤酵母中，发酵培养物酶活性达到 50 U/ml。国内在这一方面的研究也取得了一定的进展。母敬郁等（2006）采用瑞氏木霉表达了黑曲霉来源的葡萄糖氧化酶基因，经过对重组后的瑞氏木霉进行诱变筛选，突变株的葡萄糖氧化酶发酵液酶活性达到 25 U/ml。目前已有多种外源基因表达系统被开发出来，如大肠杆菌表达系统、酵母表达系统等。大肠杆菌表达系统虽然发展较为成熟、操作简单、周期短、产量高，但其表达产物无翻译后的修饰与加工过程，不能对蛋白质进行翻译。酵母繁殖速度快、易于培养、基因工程操作简便，并且能够对目的蛋白进行翻译后加工与修饰，其广泛用作外源基因表达的宿主菌株。常用的酵母表达系统主要有酿酒酵母（*Saccharomyces cerevisiae*）和巴斯德毕赤酵母（*Pichia pastoris*）表达系统。酿酒酵母表达系统由于存在表达产物产量低、分泌效果差、不适合高密度发酵等缺点而在实际应用中有一定局限性。巴斯德毕赤酵母表达系统外源基因表达量高且稳定、培养成本低、适合高密度发酵，便于实现工业化生产，同时胞外蛋白分泌少，有利于外源蛋白后期的分离纯化，因此被广泛应用于外源基因的表达。巴斯德毕赤酵母发酵生产外源蛋白的一般过程包括：①基因工程菌株在生长培养基中富集培养达到一定的生物量；②以甲醇为诱导物诱导产酶。前一阶段并不诱导产酶，只是菌体富集；后一阶段在甲醇的诱导下，巴斯德毕赤酵母甲醇氧化酶基因 *AOX1* 才能启动和表达，此时才诱导产酶。在优化工程菌株的发酵条件时，除了控制温度、pH、溶氧等常规条件，甲醇作为诱导过程中唯一的碳源和诱导物是影响表达效果的关键因素，其诱导方式、浓度、诱导时间都会影响外源蛋白的表达，要保证甲醇浓度能够满足巴斯德毕赤酵母表达代谢所需，但甲醇浓度过高会产生过量的过氧化氢及甲醛，对细胞造成毒害，因此严格控制甲醇浓度是提高巴斯德毕赤酵母表达量的重要因素。虽然目前利用基因工程的手段实现了葡萄糖氧化酶基因的异源表达，但是表达量低、生产成本高的问题仍然没有得到有效解决，阻碍了葡萄糖氧化酶的工业化生产及应用。因此如何采用基因工程技术实现葡萄糖氧化酶基因的高效表达，使葡萄糖氧化酶的产量得到大幅度提高成为了亟待解决的关键问题之一。

葡萄糖氧化酶是一种天然食品添加剂，对人体无毒、无副作用，因而被广泛地应用于食品工业，目前主要应用在以下 5 个方面：脱氧、改良面粉、去葡萄糖、测定葡萄糖含量、杀菌。

脱氧：葡萄酒、啤酒、果汁、奶粉等食品常常出现变色、浑浊、沉淀等现象，影响了产品的品质。究其原因是氧气氧化了其中的还原性物质如黄酮、亚油酸、亚麻酸等。葡萄糖氧化酶可快速高效地去除食品中的氧气，保护食品中还原性物质不被氧化破坏，达到脱氧保鲜的效果。在啤酒生产中，加入葡萄糖氧化酶能去除啤酒中的氧气，减缓啤酒的氧化变质过程，明显降低啤酒浊度，延长啤酒的保质期。相比于其他化学除氧剂，葡萄糖氧化酶安全性更高，且不会影响啤酒中其他物质，有利于保持啤酒的原有风味。在酸奶和各种发酵乳的生产中，添加葡萄糖氧化酶消耗掉氧气，可延缓产品氧化变质。乳酸菌采用厌氧发酵，葡萄糖氧化酶的加入不会影响功能性乳制品中的益生菌，同时能抑制好氧杂菌的生长，提升了乳制品的品质和风味。在水果储存中，葡萄糖氧化酶脱除氧气，水果的非酶褐变得到抑制，品质及储存期都得到改善。

改良面粉：传统小麦粉强筋剂中，溴酸钾的应用最为普遍，但研究发现溴酸钾是动物组织致癌毒物，不利于人体健康。目前，葡萄糖氧化酶作为面粉改良剂溴酸钾的替代品，已经成为一种更为安全的面粉改良剂，在这方面的研究已取得了阶段性的成果。葡萄糖氧化酶改良面粉的原理是，葡萄糖氧化酶催化 β-D-葡萄糖生成过氧化氢，而面筋蛋白中的巯基（—SH）在过氧化氢的作用下被氧化形成二硫键（—S—S—），二硫键的形成有助于面团网络结构的形成；同时面粉中过氧化物酶作用于过氧化氢产生自由基，促进戊聚糖的氧化交联反应，有利于可溶性戊聚糖氧化凝胶形成较大的网状结构，增强了面团的弹性。在这个过程中需要控制葡萄糖氧化酶的添加量，否则多余的酶不利于强筋作用。葡萄糖氧化酶应用在面包焙烤中，能使面团更加稳定，耐机械搅拌性、入炉急涨特性等影响面包品质的关键因素都有所改善，使得面包体积增大，弹性增加，面包的外形和口感总体上得到改善。葡萄糖氧化酶应用在面条中，可提高面条的硬度和弹性，有效地增加面条的嚼劲，同时能减小面条的黏附性，改善面条的耐煮性，有利于面条综合品质的提高。

去葡萄糖：食品加工工艺中经常发生的美拉德反应能使产品褐变，破坏产品品质，全球每年因为美拉德反应造成的食物浪费都很巨大。葡萄糖氧化酶能将葡萄糖分子上的醛基转变为羧基，消除美拉德反应，从而抑制食品的非酶褐变，保持产品的色泽和溶解性。将葡萄糖氧化酶添加到蛋白粉、果酱制品等糖含量较高的食品中，能除去葡萄糖，抑制产品加工过程中产生的褐变。同时由于葡萄糖含量降低，微生物生长受到抑制，产品的货架期得以延长。

测定葡萄糖含量：葡萄糖氧化酶氧化葡萄糖具有专一性，故在食品葡萄糖含量的测定中有广泛的应用。相对于目前食品中测定还原糖的常规方法，葡萄糖氧化酶偶联反应测定葡萄糖含量操作简单，有利于快速分析，并且能用于微量糖的测定。目前利用固定化技术制成的葡萄糖氧化酶分析仪正逐步取代传统的测定方法，越来越广泛地用于发酵行业中葡萄糖含量的测定。

杀菌：由于葡萄糖氧化酶的脱氧作用，其在抑制好氧菌的生长繁殖方面有很好的效果，同时产生的过氧化氢也能起到杀菌作用。在实际生产应用中，常将过氧化氢酶与葡萄糖氧化酶组成酶系添加于食品中，这样既能利用过氧化氢的杀菌作用，同时过氧化氢酶能去除残留在食品中的过氧化氢，不仅可延长食品的保质期，对食品的品质也不会造成影响。相比于其他化学抑菌剂，葡萄糖氧化酶安全性更高。

葡萄糖氧化酶在医药上主要用于检测血糖和尿糖浓度，葡萄糖氧化酶和辣根过氧化物酶配合制成的试剂盒是目前医院测定血糖和尿糖浓度的主要方法，该方法比费林试剂更准确、简便和快速。此外，将葡萄糖氧化酶添加于牙膏中，可有效防止口腔疾病和牙病的发生，目前已有相应产品出售（杨久仙和曹靖，2013）。近年来，基于葡萄糖氧化酶和纳米材料建立的新型生物传感器亦是研究热点，将其用于血糖、尿糖浓度测定，具备快速、简便的特点。

葡萄糖氧化酶可作为一种饲用酶制剂应用于动物养殖中，目前的研究主要集中于肉鸡和仔猪养殖上，并开始向蛋鸡养殖上延伸，其在饲料和畜牧养殖业中的应用主要体现在以下几个方面。

改善饲料质量：从葡萄糖氧化酶的作用机制可以看出，由葡萄糖氧化酶和过氧化氢酶构建的氧化还原体系在消耗氧气的同时，生成过氧化氢，这使得葡萄糖氧化酶在饲料中可以用作抗氧化剂和防霉剂。氧气的消耗不仅减少了饲料营养的损失，也抑制了细菌生长；过氧化氢的产生可抑制霉菌生长，降低霉菌毒素的含量，从而达到改善饲料质量、延长饲料保质期的效果。

调节动物胃肠道微生态平衡：葡萄糖氧化酶反应过程中消耗动物肠道内的氧气而形成厌氧环境，有利于有益菌的增殖生长。另外，生成的葡萄糖酸可在一定程度上降低动物胃肠道内的 pH，为乳酸菌的生长创造酸性环境，使得有益菌大量增殖，从而形成微生态竞争优势；而反应的另一产物过氧化氢又可直接抑制多种有害菌的生长繁殖，从而减少有害菌的感染。在上述的多重作用下，在饲料中添加葡萄糖氧化酶可增强动物机体免疫力。在蛋鸡日粮中添加 0.4%葡萄糖氧化酶饲喂 180 只海兰褐蛋鸡，结果显示鸡盲肠内容物中乳酸杆菌数量显著提高，大肠杆菌数量则大幅降低。马可为等（2009）在肉鸡日粮中添加了不同剂量的葡萄糖氧化酶，结果亦证实葡萄糖氧化酶能够降低空肠和回肠内的 pH，抑制大肠杆菌生长，促进盲肠中乳酸杆菌和双歧杆菌增殖，提高了动物免疫力。

保护肠道上皮细胞完整：葡萄糖氧化酶的好氧特性和其良好的抗氧化作用，使得其在动物体内可以有效清除自由基，保护肠道上皮细胞完整，进一步抑制球虫侵入肠道上皮进行寄生，从而达到防御球虫的目的。皮劲松等（1999）在乌鸡日粮中添加 0.2%葡萄糖氧化酶，结果表明，球虫病的发病时间可以由 21 天延长至 32 天，且症状较轻，病程缩短，大大降低了死亡率。宋海彬等（2010）进一步研究了葡萄糖氧化酶对肉鸡肠道形态结构的影响，结果表明，葡萄糖氧化酶可提高肉鸡十二指肠和空肠绒毛高度、降低隐窝深度。

促进动物生长：如上所述，葡萄糖氧化酶可显著改善动物胃肠道的微生态环境，抑制有害菌及球虫的生长繁殖，提高机体免疫力，因而促生长作用明显，能在一定程度上替代抗生素的促生长作用。殷骥和梅宁安（2012）在三元杂交仔猪日粮中添加葡萄糖氧化酶进行饲喂试验，结果显示，仔猪日增重提高，料重比降低，表明葡萄糖氧化酶可显著提高仔猪的生产性能。李焰（2004）的研究表明，在肉鸡基础日粮中添加 0.15%饲用葡萄糖氧化酶制剂，能够使得肉鸡的生产性能和饲料转化率显著提高，并提高了鸡群的抗病能力和成活率。杨久仙和曹靖（2013）的研究结果亦表明，葡萄糖氧化酶能够降低断奶仔猪胃肠道 pH，改善肠道形态结构，提高营养物质消化率，进而提高断奶仔猪生产性能。汤海鸥等（2013）通过饲喂试验研究，进一步验证了添加适当比例的葡萄糖氧化酶可以较好地提高仔猪生产性能和饲养经济效益。

降低中毒反应：葡萄糖氧化酶具有很强的催化氧化还原反应的作用，可以在一定程度上加速毒性成分的分解，减少动物霉菌毒素中毒和药物中毒。

葡萄糖氧化酶在猪用配合饲料中的应用：目前已有葡萄糖氧化酶饲养母猪、仔猪及有不良症状猪等方面的研究报道。葡萄糖氧化酶可加速葡萄糖氧化耗氧和产酸，有利于控制感染和毒素排出，可以减少母猪围产期综合征，提高断奶仔猪增重速度，还可降低生猪患病率。肖淑华等（2013）在母猪围产期浓缩饲料中加入 0.2%～0.4%葡萄糖氧化酶，弱仔比例由 4.5%～5.8%下降到 2.2%～5.6%。杨久仙和曹靖（2013）以健康断奶仔猪为受试动物，在基础日粮中添加不同比例葡萄糖氧化酶进行饲养，结果显示，添加0.1%～0.2%葡萄糖氧化酶能显著降低仔猪胃肠道内食糜 pH，改善仔猪肠道形态结构，使日粮中干物质消化率由 84.34%提高到 87.83%；添加 0.2%和 0.3%葡萄糖氧化酶可分别使仔猪胃大肠杆菌数量减少 9.3%和 8.4%，回肠大肠杆菌数量减少 3.0%和 11.7%，胃乳酸菌数量增加 17.7%和 25.8%，回肠乳酸菌数量增加 16.2%和 27.0%；添加 0.2%～0.3%葡萄糖氧化酶可使断奶仔猪日增重提高 4.9%～9.4%。

葡萄糖氧化酶在牛羊配合饲料中的应用：葡萄糖氧化酶除了可用于奶牛围产前期专用预混料，还可用于有机肉牛核心预混料，而用于羊配合饲料的报道较少。杨玉福等

（2007）的发明专利表明，在奶牛围产前期专用预混料中添加葡萄糖氧化酶、酵母蛋白粉等微生物发酵物，可消除奶牛围产前期的食欲缺乏，加强瘤胃功能，促进饲料的消化吸收。魏成斌等（2009）的发明专利表明，在有机肉牛核心预混料中添加 2%葡萄糖氧化酶等复合酶制剂可提高饲料利用率，添加黑曲霉等复合微生态制剂可改善肉牛的肠道环境。刘浩川（2013）发明了一种添加了葡萄糖氧化酶、中性蛋白酶、植酸酶等成分的羊营养补剂，在饲喂羊时，可使瘤胃 pH 相对稳定，降低瘤胃发病率，但对于葡萄糖氧化酶的具体功效没有阐述。随着葡萄糖氧化酶在畜牧业应用的日益增多，如何进行酶活性评价以及准确检测成为质检工作者的关注热点。

有关葡萄糖氧化酶的固定化研究进展如下。游离葡萄糖氧化酶在催化 D-葡萄糖生成葡萄糖酸和过氧化氢的过程中，会因为体系 pH 的降低以及过氧化氢的氧化导致酶活性损失很大。将游离葡萄糖氧化酶固定化，固定化的葡萄糖氧化酶与过氧化氢的接触时间相对较短，pH 相对稳定，能减少酶活性的损失，并且固定化酶与载体结合牢固，具有良好的稳定性和重复使用性，从而提高了经济效益。目前，用于葡萄糖氧化酶固定化的载体可分为两大类，即无机载体和有机载体，以前者应用较多。为了提高酶的稳定性，拓展酶的应用领域，近年来国内外众多研究人员投身于固定化酶的研究工作。早期对于酶的固定化技术研究，主要选择乙酸纤维素膜、壳聚糖膜等来制备固定化酶，制备开管柱固定化酶反应器等。传统固定化技术包括化学吸附、交联作用、共价结合以及截留技术。近年来，越来越多的固定化新技术应用到生产中，包括高分子材料物理包埋法、导电高分子共聚法和无机凝胶包埋法。通过固定化，可以提高葡萄糖氧化酶的稳定性从而使其应用领域更加广阔。目前固定化葡萄糖氧化酶的应用领域主要集中于葡萄糖安培电极的研究，使葡萄糖含量的测定更加简单快速。

相比现在市面上的中、高温葡萄糖氧化酶，低温葡萄糖氧化酶从低温方向延伸和扩大了酶的研究内容与应用领域。低温葡萄糖氧化酶在低温环境中依然可以高效率地氧化葡萄糖。利用深海中独特而丰富的低温环境条件，科学家可以对长期生活在高盐、低温、高压环境中的微生物进行更具体的研究和探讨，观察和记录这些微生物的生活规律和代谢方式能够加深对低温葡萄糖氧化酶的认识，而在深入了解酶的过程中又促进了对微生物的研究。海洋低温条件下氧气溶解度增大，氧浓度提高使低温微生物更容易受到活性氧的影响。低温生物要保护自身免受活性氧的伤害，就要学会利用低温葡萄糖氧化酶。因此，从海洋微生物角度出发研究低温葡萄糖氧化酶的适冷机制将成为可能。

低温葡萄糖氧化酶的研究内容主要包括产低温葡萄糖氧化酶微生物的筛选方法和低温葡萄糖氧化酶的分离纯化。研究发现，不同的微生物生长条件各异，不同的筛选方法对所要分离的微生物及其产酶将产生明显的影响。故筛选方案的确定应考虑微生物的种类、来源、产酶特性及酶的特性等。

第二节　菌　株　选　育

本章实验从海洋样品中筛选产低温葡萄糖氧化酶菌株，分别采用双层平板法和酶活性测定法进行初筛、复筛，对筛选到的目的菌株进行形态学、生理生化特征和分子生物学鉴定，构建系统发育树，确定其种属。

一、酶活性测定

低温葡萄糖氧化酶的活性测定采用靛蓝胭脂红褪色分光光度法（周建芹等，2008）。原理是低温葡萄糖氧化酶催化葡萄糖氧化的过程中产生葡萄糖酸和过氧化氢，过氧化氢能使靛蓝胭脂红褪色，以此测定低温葡萄糖氧化酶的活性。

准确吸取 0 ml、1.0 ml、2.0 ml、3.0 ml、4.0 ml、5.0 ml、6.0 ml 过氧化氢标准溶液（12 mg/L），分别加入 25 ml 具塞比色管中，再加入 1.3 ml 靛蓝胭脂红溶液（1.0×10^{-3} mol/L）和 3.0 ml 乙酸-乙酸钠缓冲液，然后加入蒸馏水稀释到 25 ml，置于沸水浴中加热 13 min，放置流水下冷却比色管 5 min；用 1 cm 比色皿，以蒸馏水作参比，在波长 615 nm 处测定其吸光度 A。以 $\lg(A_0/A)$ 对过氧化氢浓度作图，得标准曲线（A_0 为加入 0 ml 过氧化氢时的吸光度）。

取 4.0 ml 0.2 mol/L 葡萄糖溶液和 1.0 ml 低温葡萄糖氧化酶粗酶液置于试管中在 20℃ 下保温 5 min，然后将酶液加入葡萄糖溶液中，在 20℃ 条件下反应 10 min，冰浴使其终止反应，得酶促反应液。向 25 ml 具塞比色管中分别加入 3.0 ml 乙酸-乙酸钠缓冲液、1.3 ml 靛蓝胭脂红溶液和 1.0 ml 的上述酶促反应液，加蒸馏水稀释至 25 ml，置于沸水浴中加热 13 min 后，取出用流水冷却 5 min，使其终止反应；用 1 cm 比色皿，用蒸馏水作参比，在波长 615 nm 处测定其吸光度 A。根据上面的标准曲线计算酶活性。酶活性单位规定为：20℃ 条件下，1 min 内催化葡萄糖反应产生 1 μg 过氧化氢所需的酶量为 1 个酶活性单位（U/ml）。

二、筛选

（一）样品来源

样品为国家海洋环境监测中心采自黄海海域 36.7014°N、123.396°E、深度 6～20 m 的海水、海泥。

（二）培养基

1）平板分离培养基：包括底层培养基和上层培养基，用于菌株的初筛与复筛。

底层培养基：葡萄糖 80 g/L，蛋白胨 3 g/L，$(NH_4)_2HPO_4$ 0.388 g/L，KH_2PO_4 0.188 g/L，$MgSO_4 \cdot 7H_2O$ 0.156 g/L，$CaCO_3$ 3.5 g/L，琼脂 20 g/L，pH 5.6；1×10^5 Pa，121℃ 灭菌 30 min。

上层培养基：葡萄糖 80 g/L，可溶性淀粉 10 g/L，KI 1.7 g/L，去氧胆酸钠 0.2 g/L，琼脂 20 g/L，pH 5.6；1×10^5 Pa，121℃ 灭菌 30 min。

2）种子培养基：蛋白胨 10 g/L，牛肉膏 5 g/L，NaCl 10 g/L，pH 7.0；1×10^5 Pa，121℃ 灭菌 30 min。

3）发酵培养基：葡萄糖 80 g/L，蛋白胨 3 g/L，KH_2PO_4 2 g/L，$MgSO_4 \cdot 7H_2O$ 0.7 g/L，KCl 0.5 g/L，$NaNO_3$ 4 g/L，pH 7.0；1×10^5 Pa，121℃ 灭菌 30 min。

4）菌种保藏培养基：蛋白胨 10 g/L，牛肉膏 5 g/L，NaCl 10 g/L，pH 7.0；1×10^5 Pa，121℃ 灭菌 30 min。

5）平板纯化培养基：牛肉膏 5 g/L，蛋白胨 10 g/L，NaCl 10 g/L，琼脂 20 g/L，pH 7.0。

（三）方法及结果

取海水样品 10.0 ml 和海泥样品 10.0 g，分别装在经灭菌（121℃、20 min）处理后装有 100 ml 无菌水且含有玻璃珠的 250 ml 锥形瓶中，振荡 30 min。然后用无菌水从 10^{-1} 依次稀释至 10^{-8}，分别用移液器吸取 10^{-6}、10^{-7}、10^{-8} 三个梯度的稀释液 0.1 ml 均匀涂布于事先配制并灭菌的平板分离培养基上，25℃培养 3 天后置于 4℃冰箱中静置 2 天，然后置于室温下存放至出现透明圈。选取透明圈中的菌株接种到平板纯化培养基中培养。

从黄海海域 123.396°E、36.7014°N、深度 6～20 m 处取海水样品，利用平板分离培养基筛选得到 6 株能产生透明圈的菌株。由菌落表面特征可以初步判断其均为细菌，分别命名为 GOD1～GOD6。

将上述筛选出来的菌株接种于发酵培养基中，于 25℃恒温摇床培养 3 天，摇床转速 150 r/min。发酵完毕，用移液器吸取 2 ml 置于 2.5 ml 的离心管中，4℃下 8000 r/min 离心 15 min，除去菌体后得粗酶液。

分别对 GOD1～GOD6 进行液体摇瓶发酵，20℃培养 30 h，利用低温葡萄糖氧化酶活性测定方法分别测定 6 个菌株的酶活性（表 6-2），筛选其中酶活性最高的菌株 GOD2 作为实验的出发菌种。

表 6-2　菌株酶活性比较

菌株编号	GOD1	GOD2	GOD3	GOD4	GOD5	GOD6
酶活性（U/ml）	3.21	5.51	4.58	3.66	4.86	2.45

三、鉴定

（一）形态学鉴定

在平板纯化培养基上观察 GOD2 菌落形状、颜色、大小等形态学特征，通过革兰氏染色在光学显微镜（10×100）下观察菌体形态，结果如图 6-1、图 6-2 所示。

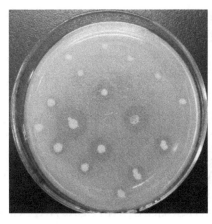 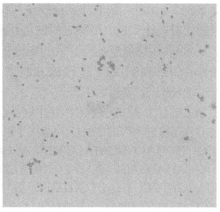

图 6-1　菌株 GOD2 菌落形态　　图 6-2　菌株 GOD2 显微形态特征（10×100）

由图 6-1、图 6-2 可知，菌株 GOD2 在平板纯化培养基上菌落为圆形，边缘整齐，微黄色，表面光滑，湿润，黏稠，在培养基上易成片存在，用接种环易挑取。镜检革兰氏染色阴性，杆状，末端钝圆。

（二）生理生化特征鉴定

参照《常见细菌系统鉴定手册》，对菌株 GOD2 进行淀粉水解试验、明胶液化试验、V-P 试验、甲基红试验、脲酶试验、过氧化氢试验、葡萄糖氧化发酵试验、吐温-80 试验，结果见表 6-3。

表 6-3　菌株 GOD2 生理生化特征

检测内容	结果	检测内容	结果
淀粉水解试验	–	明胶液化试验	–
V-P 试验	–	过氧化氢试验	+
甲基红试验	+	脲酶试验	–
葡萄糖氧化发酵试验	产酸产气	吐温-80 试验	–

注："–"阴性反应，"+"阳性反应

（三）分子生物学鉴定

菌株 GOD2 16S rDNA 基因序列测定和分析结果如下。

1）采用 UNIQ-10 柱式细菌基因组 DNA 抽提试剂盒提取菌株 DNA。应用 16S rDNA 两端保守区域设计引物：前导序列引物 7F（5′-CAGAGTTTGATCCTGGCT-3′）和反转录引物 1540R（5′-AGGAGGTGATCCAGCCGCA-3′）进行 PCR 扩增。扩增反应体系：模板（基因组 DNA 20～50 ng/µl）0.5 µl，5×buffer 2.5 µl，dNTP（各 2.5 mmol/L）1 µl，7F 引物 0.5 µl，1540R 引物 0.5 µl，补加 ddH₂O 至 25 µl。扩增反应条件为 98℃预变性 3 min；98℃变性 25 s，55℃复性 25 s，72℃延伸 1 min，进行 30 个循环；最后 72℃延伸 10 min。PCR 产物用 1%琼脂糖凝胶电泳检测。

2）16S rDNA 基因序列测定及分析：PCR 得到的扩增产物送交给生工生物工程（上海）股份有限公司测序。登录 NCBI，将得到的 16S rDNA 核苷酸序列输入 GenBank 数据库进行 BLAST 比对，获取与其核酸序列相似度高的菌种。采用 MEGA 5.0 软件进行多序列匹配比对，计算相似序列之间的进化距离，利用邻接法构建系统发育树。各分支上的数字是 1000 次自展重抽样分析的支持百分比。

对菌株 GOD2 16S rDNA 进行 PCR 扩增，扩增产物经过测序得到 16S rDNA 基因全序列，长 1429 bp，其序列如下。

5′-ACACATGCAAGTCGAGCGGTAGAGAGAAGCTTGCTTCTCTTGAGAGCGGCGGACGGGTGAGTAATGCCTAGGAATCTGCCTGGTAGTGGGGGATAACGTCCGGAAACGGACGCTAATACCGCATACGTCCTACGGGAGAAAGCAGGGGACCTTCGGGCCTTGCGCTATCAGATGAGCCTAGGTCGGATTAGCTAGTTGGTGGGGTAATGGCTCACCAAGGCGACGATCCGTAACTGGTCTGAGAGGATGATCAGTCACACTGGAACTGAGACACGGTCCAGACTCCTACGGGAGGCAGCAGTGGGGAATATTGGACAATGGGCGAAAGCCTGATCCAGCCATGCCGCGTGTGTGAAGAAGGTCTTCGGATTGTAAAGCACTT

TAAGTTGGGGAGGAA-GGGCAGTAAATTAATACTTTGCTGTTTTGACGTTACCGACA
GAATAAGCA-CCGGCTAACTCTGTGCCAGCAGCCGCGGTAATACAGAGGGTGCAA
GCGTTAATCGGAATTACTGGGCGTAAAGCGCGCGTAGGTGGTTCGTTAAGTTGGAT
GTGAAATCCCCGGGCTCAACCTGGGAACTGCATTCAAAACTGACGAGCTAGAGTA
TGGTAGAGGGTGGTGGAATTTCCTGTGTAGCGGTGAAATGCGTAGATATAGGAAGG
AACACCAGTGGCGAAGGCGACCACCTGGACTGATACTGACACTGAGGTGCGAAA
GCGTGGGGAGCAAACAGGATTAGATACCCTGGTAGTCCACGCCGTAAACGATGTC
AACTAGCCGTTGGGAGCCTTGAGCTCTTAGTGGCGCAGCTAACGCATTAAGTTGAC
CGCCTGGGGAGTACGGCCGCAAGGTTAAAACTCAAATGAATTGACGGGGGCCCGC
ACAAGCGGTGGAGCATGTGGTTTAATTCGAAGCAACGCGAAGAACCTTACCAGGC
CTTGACATCCAATGAACTTTCTAGAGATAGATTGGTGCCTTCGGGAACATTGAGAC
AGGTGCTGCATGGCTGTCGTCAGCTCGTGTCGTGAGATGTTGGGTTAAGTCCCGTA
ACGAGCGCAACCCTTGTCCTTAGTTACCAGCACGTAATGGTGGGCACTCTAAGGA
GACTGCCGGTGACAAACCGGAGGAAGGTGGGGATGACGTCAAGTCATCATGGCCC
TTACGGCCTGGGCTACACACGTGCTACAATGGTCGGTACAGAGGGTTGCCAAGCC
GCGAGGTGGAGCTAATCCCAGAAAACCGATCGTAGTCCGGATCGCAGTCTGCAAC
TCGACTGCGTGAAGTCGGAATCGCTAGTAATCGCGAATCAGAATGTCGCGGTGAAT
ACGTTCCCGGGCCTTGTACACACCGCCCGTCACACCATGGGAGTGGGTTGCACCA
GAAGTAGCTAGTCTAACCTTCGGGAGGACGGTTACCACGGTGTGATTCAT-3′

将所得序列输入 GenBank 数据库进行 BLAST 同源性比对，*Pseudomonas migulae*
（NR_024927.1）与 GOD2 相似性最高。采用 MEGA 5.0 软件计算相似序列之间的系统进
化距离构建系统发育树（图6-3），结果表明二者在同一分支中。由上述形态学及生理生
化特征结合 16S rDNA 序列鉴定菌株 GOD2 为假单胞菌（*Pseudomonas* sp.），命名为
Pseudomonas sp. GOD2。

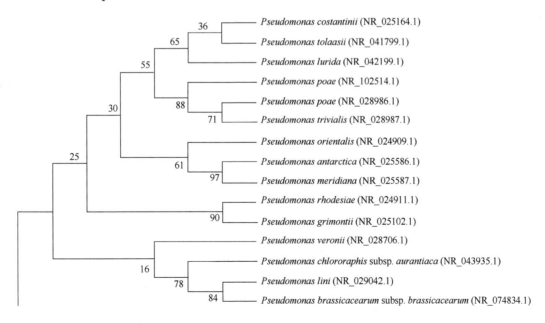

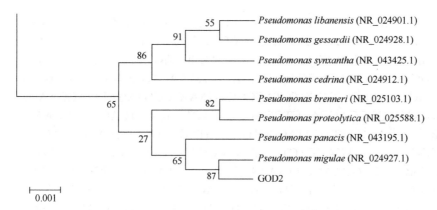

图 6-3　菌株 GOD2 系统发育树

第三节　菌株 GOD2 酶学性质研究

由图 6-4 可知，菌株 GOD2 发酵 0～4 h，菌体处于停滞期，酶活性基本为零；4 h 之后开始产酶，20～52 h 酶活性迅速增加，而此时菌体处于对数期及稳定期；52 h 后酶活性开始下降，而菌体也达到了衰亡期。由此可以将酶活性测定时间确定在 52 h；此酶为滞后合成型。

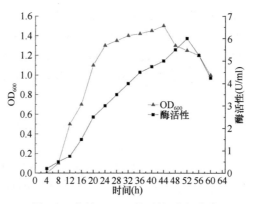

图 6-4　菌株 GOD2 酶活性-生长曲线

一、发酵培养基优化

（一）不同碳源对菌株 GOD2 发酵产酶的影响

将发酵培养基碳源成分设定为葡萄糖、乳糖、麦芽糖、蔗糖、可溶性淀粉，进行单因素实验，浓度均为 8%，接种量为 2%，装液量 100 ml（250 ml 三角瓶），20℃，150 r/min 振荡培养 48h 后跟踪测定酶活性，3 次平行实验，结果取平均值，结果如图 6-5 所示。

由图 6-5 可知，其中葡萄糖为最佳碳源，乳糖次之。

（二）碳源最适浓度确定

最适碳源确定后，改变发酵培养基中碳源浓度（4%、6%、8%、10%、12%、14%），进行单因素实验，接种量 2%，装液量 100 ml（250 ml 三角瓶），20℃，150 r/min 振荡培养 48 h 后跟踪测定酶活性，3 次平行实验，结果取平均值，结果如图 6-6 所示。

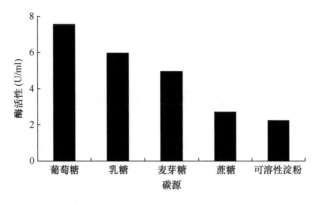

图 6-5　不同碳源对菌株 GOD2 发酵产酶的影响

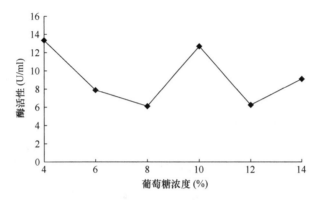

图 6-6　葡萄糖对菌株 GOD2 发酵产酶的影响

由图 6-6 可知,当葡萄糖浓度为 4% 时,发酵液低温葡萄糖氧化酶活性最高,为 13.34 U/ml。

（三）不同有机氮源对菌株 GOD2 发酵产酶的影响

分别以不同有机氮源（蛋白胨、牛肉膏、酵母膏、尿素）替换其有机氮源成分,进行单因素实验,浓度为 0.2%,装液量 100 ml（250 ml 三角瓶）,接种量 2%,20℃,150 r/min 培养 48 h 后跟踪测定酶活性,3 次平行实验,结果取平均值,结果如图 6-7 所示。

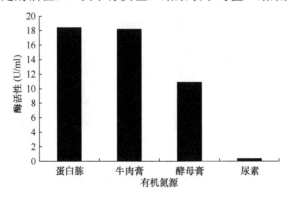

图 6-7　不同有机氮源对菌株 GOD2 发酵产酶的影响

由图 6-7 可知,添加蛋白胨效果最好,牛肉膏次之。尿素不利于低温葡萄糖氧化酶的产生。

（四）有机氮源最适浓度的确定

在最优有机氮源确定的条件下，改变培养基中有机氮源的浓度（0.1%、0.2%、0.3%、0.4%、0.5%、0.6%），装液量 100 ml（250 ml 三角瓶），20℃，150 r/min 振荡培养 48 h 后跟踪测定酶活性，3 次平行实验，结果取平均值，结果如图 6-8 所示。

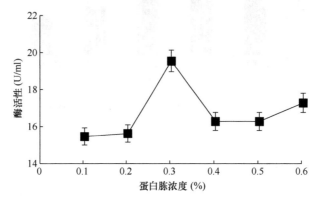

图 6-8　蛋白胨对菌株 GOD2 发酵产酶的影响

由图 6-8 可知，蛋白胨浓度为 0.3%时，发酵液低温葡萄糖氧化酶活性最高，浓度大于或小于 0.3%酶活性均降低，说明蛋白胨浓度过高虽然对菌体生长有一定的促进作用，但会抑制产酶，影响酶的合成；浓度过低不利于菌体生长，导致酶活性降低。

（五）不同无机氮源对菌株 GOD2 发酵产酶的影响

在确定最优碳源和有机氮源及其浓度的情况下，分别以不同无机氮源（硝酸钠、硫酸铵、氯化铵、亚硝酸钠、硝酸铵）替换其无机氮源成分，进行单因素实验，浓度为 0.4%。装液量 100 ml（250 ml 三角瓶），20℃，150 r/min 振荡培养 48 h 后跟踪测定酶活性，3 次平行实验，结果取平均值，结果如图 6-9 所示。

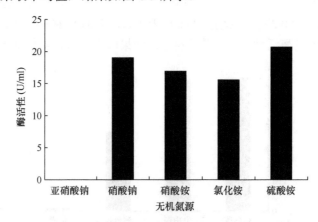

图 6-9　不同无机氮源对菌株 GOD2 发酵产酶的影响

由图 6-9 可知，当利用硫酸铵作为无机氮源时，菌株 GOD2 发酵产低温葡萄糖氧化酶的活性最高，而硝酸钠和硝酸铵次之，以亚硝酸钠为无机氮源基本没有酶活性，说明菌株 GOD2 不能利用亚硝酸钠，硫酸铵有助于菌株产酶，使产酶量增加。

（六）无机氮源最适浓度的确定

在最优无机氮源确定的条件下，改变培养基中无机氮源的浓度（0.05%、0.1%、0.2%、0.3%、0.4%、0.5%），装液量 100 ml（250 ml 三角瓶），20℃，150 r/min 振荡培养 48h 后跟踪测定酶活性，3 次平行实验，结果取平均值，结果如图 6-10 所示。

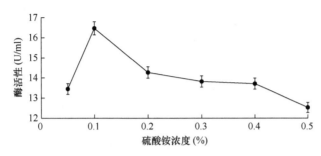

图 6-10　硫酸铵对菌株 GOD2 发酵产酶的影响

如图 6-10 所示，当硫酸铵浓度为 0.1%时，酶活性最高，并且随着硫酸铵浓度的增加酶活性下降，说明过高浓度的无机氮源对菌体生长有一定抑制作用，影响酶的合成；过低的浓度不利于酶的大量合成。

（七）不同无机盐对菌株 GOD2 发酵产酶的影响

在确定最优碳源、有机氮源和无机氮源及其浓度的情况下，分别以不同无机盐（硫酸镁、氯化钠、磷酸二氢钾、氯化钙、硫酸亚铁、碳酸钙）替换其无机盐成分，进行单因素实验，浓度为 0.3%，装液量 100 ml（250 ml 三角瓶），20℃，150 r/min 振荡培养 48 h 后跟踪测定酶活性，3 次平行实验，结果取平均值，结果如图 6-11 所示。

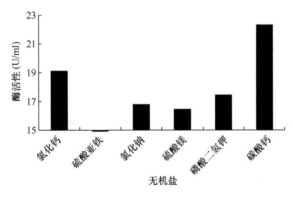

图 6-11　不同无机盐对菌株 GOD2 发酵产酶的影响

在选定的 6 种无机盐中，碳酸钙为利于产酶的最优无机盐，原因可能是酶催化葡萄糖氧化生成的葡萄糖酸能和碳酸钙反应生成葡萄糖酸钙从而消耗产物使反应一直进行，促进酶的生成。

（八）无机盐最适浓度的确定

在最优无机盐确定的条件下，改变培养基中无机盐的浓度（0.15%、0.2%、0.25%、

0.3%、0.35%、0.4%),装液量 100 ml（250 ml 三角瓶），20℃，150 r/min 振荡培养 48 h 后跟踪测定酶活性，3 次平行实验，结果取平均值，结果如图 6-12 所示。

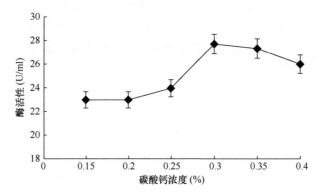

图 6-12　碳酸钙对菌株 GOD2 发酵产酶的影响

由图 6-12 可知，碳酸钙浓度为 0.3%时，发酵液低温葡萄糖氧化酶活性最高。过高或过低的碳酸钙浓度都不利于产酶。

二、发酵条件优化

（一）发酵温度对菌株 GOD2 发酵产酶的影响

在改良培养基后，将种子液以相同体积 2%加入 100 ml 发酵液中（250 ml 三角瓶），分别置于温度梯度（15℃、20℃、25℃、30℃、35℃）环境中振荡培养，150 r/min 条件下连续发酵 48 h 后测定酶活性（每次设定 3 个平行实验，取平均数值作为参考值），结果如图 6-13 所示。

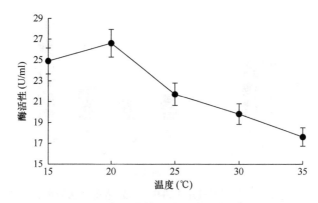

图 6-13　温度对菌株 GOD2 发酵产酶的影响

由图 6-13 可知，15～20℃发酵产低温葡萄糖氧化酶的活性逐渐提高，随着温度的继续升高，酶活性开始慢慢下降。因此，20℃为最适发酵产酶温度。

（二）初始 pH 对菌株 GOD2 发酵产酶的影响

在上述条件确定的情况下，控制发酵初始 pH 分别为 3.0、4.0、5.0、6.0、7.0、8.0、

9.0，研究不同初始 pH 对菌株 GOD2 产酶的影响，最后测定各自的酶活性（每次设定 3个平行实验，取平均数值作为参考值），结果如图 6-14 所示。

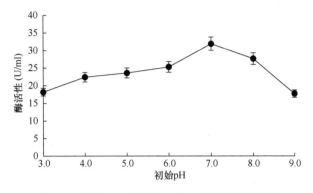

图 6-14　初始 pH 对菌株 GOD2 发酵产酶的影响

由图 6-14 可知，初始 pH 5.0～7.0 时酶活性逐渐升高；当初始 pH=7.0 时，酶活性达到最高值；当初始 pH>7.0 时，酶活性慢慢降低。因此，确定菌株发酵的最佳初始 pH 为 7.0。

（三）装液量对菌株 GOD2 发酵产酶的影响

在上述条件确定的情况下，按照不同装液量（500 ml 三角瓶装 75 ml、100 ml、125 ml、150 ml、175 ml、200ml）发酵培养，研究装液量对菌株 GOD2 产酶的影响，最后测定各自的酶活性（每次设定 3 个平行实验，取平均数值作为参考值），结果如图 6-15所示。

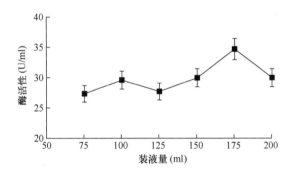

图 6-15　装液量对菌株 GOD2 发酵产酶的影响

由图 6-15 可知，当装液量为 125～175 ml 时，酶活性渐渐上升；装液量为 175 ml 时，酶活性达到最高值；当继续增加装液量时，酶活性开始下降。因此，确定最佳装液量为175 ml。

（四）转速对菌株 GOD2 发酵产酶的影响

在上述条件确定的情况下，按照发酵培养所需不同转速（90 r/min、110 r/min、130 r/min、150 r/min、160 r/min）发酵培养，研究转速对菌株 GOD2 产酶的影响，最后测定各自的酶活性（每次设定 3 个平行实验，取平均数值作为参考值），结果如图 6-16所示。

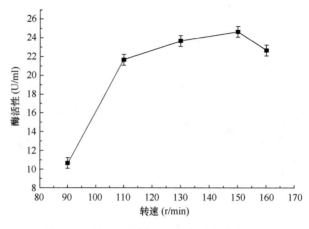

图 6-16　转速对菌株 GOD2 发酵产酶的影响

由图 6-16 可知，菌株在接近转速 110 r/min 时，随着转速的提高，酶活性也跟着上升；但是升高的幅度不是很大，在达到 150 r/min 时开始下降，所以最适转速为 150 r/min。

（五）发酵条件的 PB 设计

在单因素实验的基础上，进行了 PB 设计，目的是获得对酶活性影响显著的因子，对菌株 GOD2 进行 PB 设计，以低温葡萄糖氧化酶活性为评价指标，因素和水平如表 6-4 所示，数据分析和模型建立用 Minitab 完成，结果见表 6-5 和表 6-6，由结果可知，葡萄糖、硫酸铵和温度为 3 个影响较为显著的因素。

表 6-4　菌株 GOD2 发酵条件 PB 设计的因素和水平

代码	因素	低水平（−1）	高水平（1）
A	葡萄糖（%）	4	5
B	蛋白胨（%）	0.3	0.4
C	硫酸铵（%）	0.1	0.2
D	碳酸钙（%）	0.25	0.35
E	转速（r/min）	110	150
F	温度（℃）	15	20
G	初始 pH	7	8
H	装液量（ml）	150	175

表 6-5　菌株 GOD2 发酵条件 PB 设计与响应值（$n=12$）

编号	A	B	C	D	E	F	G	H	酶活性（U/ml）
1	1	1	−1	1	−1	−1	−1	1	19.91
2	−1	1	1	−1	1	−1	−1	−1	28.28
3	1	1	1	−1	1	1	−1	1	28.45
4	1	−1	1	−1	−1	−1	1	1	26.75
5	1	1	−1	1	1	−1	1	−1	18.79
6	−1	−1	1	1	1	−1	1	1	31.85
7	−1	−1	−1	1	1	1	1	1	28.83
8	−1	−1	−1	−1	−1	−1	−1	−1	22.23

续表

编号	A	B	C	D	E	F	G	H	酶活性（U/ml）
9	−1	−1	−1	1	1	1	−1	1	27.70
10	1	−1	−1	−1	1	1	1	−1	25.57
11	1	−1	1	1	−1	1	−1	−1	27.13
12	−1	1	1	1	−1	1	1	−1	35.43

表 6-6　菌株 GOD2 发酵条件 PB 设计结果的显著性分析

因素代码	T 值	Prob>T	重要性
A	−5.34	0.013*	2
B	−0.30	0.786	6
C	6.71	0.007*	1
D	0.13	0.901	7
E	0.07	0.947	8
F	4.87	0.017*	3
G	2.60	0.080	4
H	1.17	0.328	5

注：R^2=97.24%，Adj R^2=93.58%

*表示显著性（$P<0.05$，差异显著）

（六）最陡爬坡试验

根据 PB 设计所筛选出的显著因子效应的大小，确定它们的步长，进行最陡爬坡试验（steepest ascent experiment），进而确定试验因素的中心点，目的是找到产酶活性最高的取值范围。

针对葡萄糖、硫酸铵、温度三个因素进行最陡爬坡试验，将硫酸铵和温度按照步长逐步增大，葡萄糖逐步减少以寻找最大响应区域。试验设计和结果如表 6-7 所示，在第 2 组试验中，当温度为 20℃、硫酸铵为 0.25%、葡萄糖为 3.5% 时酶活性达到最大值。所以选取第 2 组试验为中心进行多组重复试验。

表 6-7　菌株 GOD2 发酵产酶最陡爬坡试验设计及结果

序号	葡萄糖（%）	硫酸铵（%）	温度（℃）	酶活性（U/ml）
1	4	0.2	15	26.22
2	3.5	0.25	20	28.61
3	3	0.3	25	21.28
4	2.5	0.35	30	19.96

（七）响应面模型与分析

根据最陡爬坡试验确定的因素中心点，采用 Box-Behnken 中心组合试验设计来设计响应面因素及水平。根据相应的试验设计及结果，利用 Minitab15.0 对试验数据进行分析得到二次线性回归方程，分析各变量对试验结果影响作用的大小以及相互之间的联系，控制在相应的可控数值内以期获得最佳数据，最后通过实验来验证模型的预测值与实际值是否吻合，模型是否合理。

1. Box-Behnken 中心组合试验设计

设计的 3 因素 3 水平共 15 个试验点的软件分析中的 12 个是析因点，其中 3 个是零点，零点试验应进行 3 次用于计算存在的误差。因素和水平如表 6-8 所示，设计方案和结果如表 6-9 所示，表中的试验结果为 3 次试验的平均值。数据分析和模型建立由 Minitab 软件完成。

表 6-8　菌株 GOD2 发酵产酶 Box-Behnken 中心组合试验设计因素和水平

代号	因素	因素水平		
		−1	0	1
X_1	葡萄糖	4	3.5	3
X_2	硫酸铵	0.2	0.25	0.3
X_3	温度	15	20	25

表 6-9　菌株 GOD2 发酵产酶 Box-Behnken 中心组合试验设计方案及结果

运行序号	X_1[葡萄糖（%）]	X_2[硫酸铵（%）]	X_3[温度（℃）]	响应值[酶活性(U/ml)]
1	0	1	1	29.14
2	−1	0	−1	28.76
3	1	0	−1	26.91
4	0	0	0	29.06
5	−1	0	1	28.76
6	0	1	−1	27.57
7	0	0	0	29.53
8	0	0	0	29.45
9	−1	1	0	29.13
10	1	0	1	27.65
11	1	1	0	28.15
12	−1	−1	0	28.62
13	0	−1	1	26.79
14	1	−1	0	26.1
15	0	−1	−1	27.54

2. 二次回归拟合与方差分析

运用 Minitab 软件对实验所得数据进行回归分析，得到的回归方程如下：

$$Y=29.3-0.8075X_1+0.6175X_2+0.1950X_3-0.5433X_1^2-0.8033X_2^2$$
$$-0.7833X_3^2+0.385X_1X_2+0.185X_1X_3+0.58X_2X_3。$$

在回归方程中，响应值 Y 为低温葡萄糖氧化酶活性；变量 X_1 为葡萄糖（%）；变量 X_2 为硫酸铵（%）；变量 X_3 为温度（℃）。

对该方程进行回归系数显著性检验和方差分析，见表 6-10 和表 6-11。

表 6-10 菌株 GOD2 发酵产酶试验结果回归系数的显著性检验

变量	系数	标准误差	T 值	Prob>T
X_1	−0.8075	0.064 76	−12.469	0.000
X_2	0.6175	0.064 76	9.535	0.000
X_3	0.1950	0.064 76	3.011	0.030
X_1^2	−0.5433	0.095 33	−5.700	0.002
X_2^2	−0.8033	0.095 33	−8.427	0.000
X_3^2	−0.7833	0.095 33	−8.217	0.000
X_1X_2	0.3850	0.091 59	4.204	0.008
X_1X_3	0.1850	0.091 59	2.020	0.099
X_2X_3	0.5800	0.091 59	6.333	0.001

注: R^2=98.94%; Adj R^2=94.02%

表 6-11 菌株 GOD2 发酵产酶试验结果回归方程的方差分析

方差来源	自由度	调整平方和	调整均方差	F 值	Prob>F
回归	9	15.653 33	1.739 26	51.84	0.000
线性	3	8.571 10	2.857 03	85.15	0.000
平方	3	5.006 83	1.668 94	49.74	0.000
交互作用	3	2.075 40	0.691 80	20.62	0.003
残差误差	5	0.167 77	0.033 55		
失拟	3	0.041 30	0.013 77	0.22	0.878
纯误差	2	0.126 47	0.063 23		
合计	14	15.821 1			

从表 6-10 所显示的试验结果能够看出，试验因子与响应值之间的相互作用并不直观地表现为线性相关，三因素之间交互效应较大；回归方程的相关系数 R^2=98.94%，表明该模型拟合程度良好，试验设计可靠；由表 6-11 中的方差分析结果能够推测出，方程的失拟项为 0.878>0.05，说明失拟在允许范围内，该模型比较稳定，可以较好地对结果进行预测。

3. 响应面分析

根据响应面分析数据可以获得曲面图和与之相对应的等高线图，这些图能够直观反映出葡萄糖、硫酸铵、温度及其交互作用对酶活性的影响。在曲面图中圆形曲线表示不同的参数交互作用效果不明显，椭圆形或马鞍形等高线表示不同参数的交互作用效果较强。

如图 6-17～图 6-19 所示，葡萄糖、硫酸铵和温度与酶活性存在显著的相关性。葡萄糖和硫酸铵交互作用影响酶活性最显著，硫酸铵和温度交互作用影响酶活性效果次之。葡萄糖与温度交互作用影响酶活性较其他交互作用影响不显著。

对优化结果进行 3 次验证实验，结果表明低温葡萄糖氧化酶的平均酶活性为 29.53 U/ml，比优化前的 10.26 U/ml 提高了 187.8%，与预测值 29.70 U/ml 基本一致。

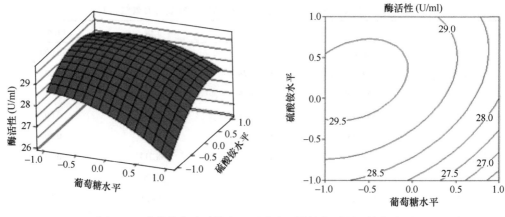

图 6-17　葡萄糖与硫酸铵交互影响酶活性的曲面图和等值线图

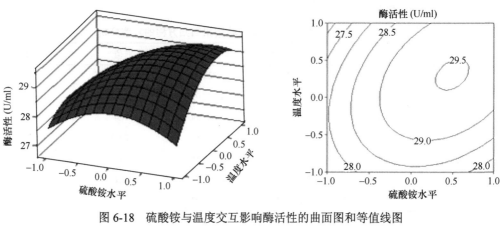

图 6-18　硫酸铵与温度交互影响酶活性的曲面图和等值线图

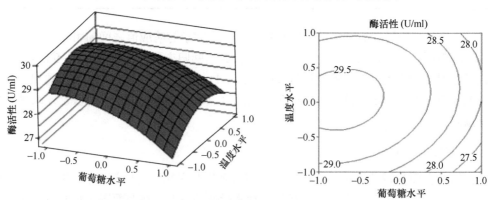

图 6-19　葡萄糖与温度交互影响酶活性的曲面图和等值线图

三、分离纯化

（一）硫酸铵沉淀

通过硫酸铵沉淀能够将蛋白质从含杂质的粗提液里分离和浓缩出来。它的原理是利用含高浓度盐离子溶液的强结合水分子特性,将所提取粗酶液中与蛋白质结合的水分子抢夺过来,从而使蛋白质表面的水分子膜破裂,降低该蛋白质的溶解度,最后使得该蛋白质从液体中沉淀析出。它的优点是相对温和，避免了对蛋白质的直接破坏，同时保持了酶活性。经硫酸铵沉淀，留存在发酵液中的少量分子肽、糖等有助于目的蛋白的分离沉淀。

具体操作方法是将发酵液离心，除去菌体，取上清液。向上清液中添加一定量的硫酸铵，收集产生的沉淀，用适量缓冲液将沉淀重新溶解，检测每个样品酶活性并记录。

粗酶液经 4℃硫酸铵盐析得到的蛋白质沉淀均无活性，说明硫酸铵分级沉淀对该酶影响很大，故粗酶液可直接进行透析、超滤除杂浓缩。

（二）透析和超滤

透析指的是一种可以将小分子物质与大分子物质分离的技术，它的原理是应用半透膜的选择透过性，小分子等物质能够穿过半透膜进入缓冲液或水中，而生物大分子无法穿过，因此会被截停于透析袋内侧。

超滤又称超过滤，用于截留水中胶体大小的颗粒，而允许水和低分子量溶质透过膜。超滤是膜表面机械筛分、膜孔阻滞和膜表面及膜孔吸附的综合效应，以筛滤为主。

实验前需要对透析袋预处理：将适量长度的透析袋浸入质量分数 2%的碳酸氢钠溶液中煮沸 10 min，之后放入 1 mmol/L 的 EDTA 溶液中煮沸 10 min，最后于 ddH$_2$O 中持续煮 10 min 即可。保存时确保透析袋浸泡于去离子水液面以下，保存温度为 5℃。

硫酸铵溶解得到的酶液装入预先处理好的透析袋中，4℃透析，用硝酸盐溶液检测透析袋外部，无沉淀产生时除去 NaCl，同时除去小分子物质和金属离子。将透析完成的样品转入截留分子质量为 10 kDa、经过预处理的超滤管超滤，4℃、5000 r/min 离心 20 min，移液枪小心取出浓缩液，4℃保藏备用。

（三）Sephacry I^{TM} S-200 凝胶柱层析

凝胶柱层析是在具有多孔网状结构的凝胶颗粒的分子筛作用下，根据分离样品中分子量大小的差异进行洗脱分离的一项技术。按照分子在层析凝胶中的保留时间长短逐步洗脱。取 5 ml 超滤后酶液加入预先用 pH 6.8 磷酸缓冲液平衡过的 Sephacry I^{TM} S-200 凝胶柱（ϕ1.6 cm×50 cm），调节恒流泵，洗脱速度控制在 0.3 ml/min。调节自动收集器，每管收集 6 ml，根据显示器的洗脱峰记录试管号，分别测定酶活性（图 6-20），有酶活性的收集起来冷冻干燥备用。

（四）SDS-PAGE

SDS-PAGE 垂直平板电泳是在蛋白质样品中一并加入 SDS 和巯基乙醇。一方面，借用阴离子表面活性物质有效地破解微观分子结构互相作用力；另一方面，借用巯基乙醇所具有的还原特性，可以有效破坏微观结构中的二硫键；最后，经解聚后的侧链与 SDS 充分结合形成带有负电荷的蛋白质-SDS 复合物，利用迁移效果差异和迁移率的不同完成有效分离。

操作：电泳方法主要参照汪家政的《蛋白质技术手册》，将凝胶柱层析收集液中低温葡萄糖氧化酶活性最高的一管用于电泳检测。电泳指标：分离胶 12%，浓缩胶 5%，起始电压 50 V，时间 30 min，然后改 100 V 电压，时间 2 h，1.5 mm 梳，考马斯亮蓝 R250 染色。分子质量标准 14.3～97.2 kDa。

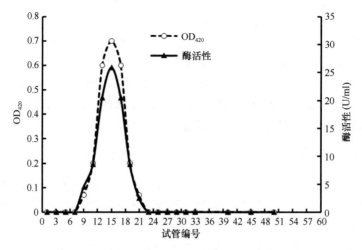

图 6-20　低温葡萄糖氧化酶 Sephacry I™ S-200 凝胶柱层析洗脱结果

经过每一步分离纯化处理的酶液进行 SDS-PAGE，得到的电泳结果如图 6-21 所示。粗酶液进过透析、超滤、Sephacry I™ S-200 凝胶柱层析处理后电泳得到了单一条带，说明纯化效果较好。根据相对迁移率与分子质量的关系，可以估算出该低温葡萄糖氧化酶的分子质量约为 39.0 kDa。

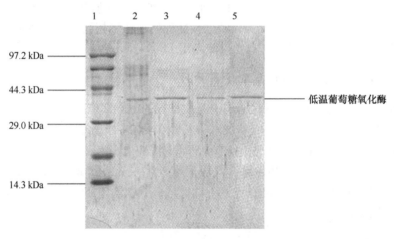

图 6-21　低温葡萄糖氧化酶酶液 SDS-PAGE 结果
1. Marker；2. 粗酶液；3. 透析液；4. 超滤液；5. 柱层析

四、酶学性质表征

（一）温度对低温葡萄糖氧化酶活性的影响

分别设定纯化酶液反应温度为 10℃、15℃、20℃、25℃、30℃、35℃、40℃，反应 10 min，测定酶活性（图 6-22）；另一组反应体系分别置于 20℃、25℃、30℃、35℃、40℃、50℃、60℃保温 1 h，取出后迅速冷却，常规方法测定其剩余酶活性，研究其热稳定性（图 6-23）。

由图 6-22 可知，酶的最适作用温度为 20℃；40℃时相对酶活性不足 80%。

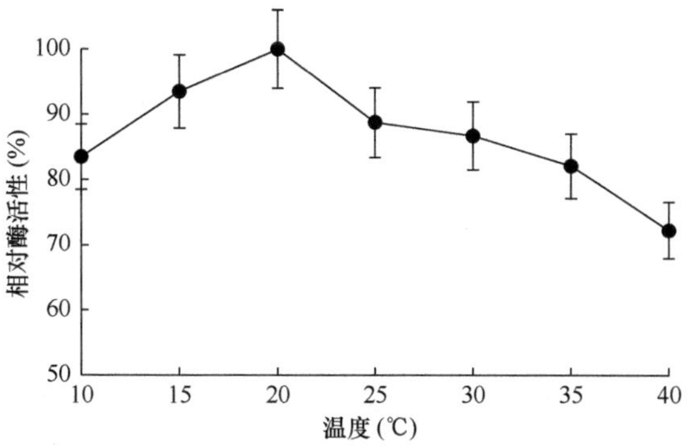

图 6-22　温度对低温葡萄糖氧化酶活性的影响

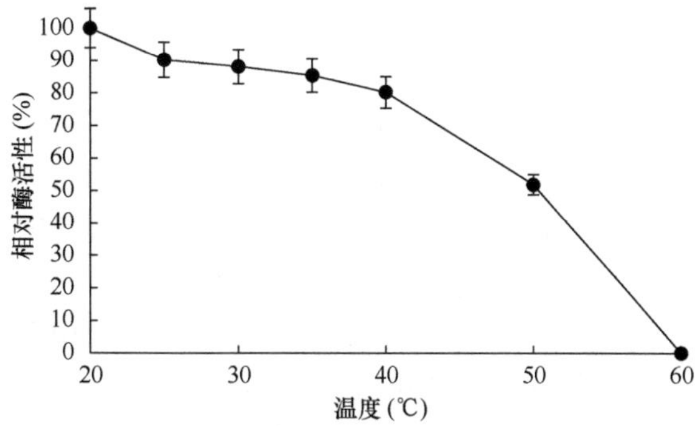

图 6-23　低温葡萄糖氧化酶的热稳定性

由图 6-23 可知，低温葡萄糖氧化酶在低温条件下热稳定性较好。当温度为 40℃，处理 1 h 时，相对酶活性为 80%，热处理温度超过 40℃，酶活性大部分损失。60℃处理后基本没有酶活性，该低温酶对热较敏感，热稳定性较差。

（二）pH 对低温葡萄糖氧化酶活性的影响

调整纯化酶液和葡萄糖反应体系 pH 分别为 3.0、4.0、5.0、6.0、7.0、8.0、9.0，反应 10 min，测定酶活性。

酶活性受环境 pH 影响很大，在最适作用 pH 下酶活性最高，低于或者高于最适作用 pH，酶活性均降低。由图 6-24 可知，低温葡萄糖氧化酶的最适作用 pH 为 7.0。

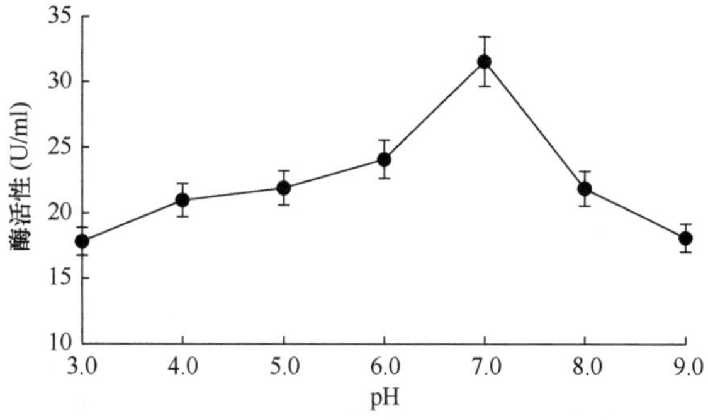

图 6-24　pH 对低温葡萄糖氧化酶活性的影响

第四节　总结与讨论

海洋微生物所产的低温葡萄糖氧化酶具有在低温环境下催化活性高、热稳定性好等特点，能有效填补当今市场上的应用不足，有利于降低能耗、缓解当前全球所面临的环境危机，扩展了葡萄糖氧化酶的使用空间。本研究具体成果如下。

1）从黄海海域筛选出一株产低温葡萄糖氧化酶的菌株，经形态学研究、生理生化实验结合 16S rDNA 序列鉴定，确定该菌株为假单胞菌，命名为 *Pseudomonas* sp. GOD2。

2）发酵培养基和发酵条件优化研究表明：0.3%碳酸钙，发酵温度20℃；初始 pH 7.0，装液量为 175 ml，转速为 150 r/min，低温葡萄糖氧化酶最大酶活性为 29.53 U/ml，比优化前提高了 187.8%。

3）通过透析、超滤、凝胶柱层析等策略对菌株 GOD2 所产低温葡萄糖氧化酶进行分离纯化。SDS-PAGE 检测得到纯度较高的电泳级纯酶，分子质量约为 39.0 kDa。

4）对菌株 GOD2 所产低温葡萄糖氧化酶的酶学性质进行研究，结果表明：其最适作用温度为 20℃；最适作用 pH 为 7.0，pH 7.0～8.0 酶活性较稳定，pH 大于 7.0，酶活性显著下降，说明此酶在中性偏碱的反应环境中较稳定。

本研究虽然取得了一定成果，但还存在很多不足之处，如由于采样的限制，菌株的筛选量不够大，对高产菌株的选择受到制约；对低温葡萄糖氧化酶酶学性质的研究仅限于基础性相关实验，要全面地了解低温葡萄糖氧化酶的性质还要对其结构等方面进行深入研究，从而为该酶的生产和应用奠定基础。

参 考 文 献

江洁. 1996. 葡萄糖氧化酶膜过滤发酵工艺的研究[J]. 华东理工大学学报, (3): 289-293.

李丕武, 刘瑜, 李瑞瑞, 等. 2013. 两种葡萄糖氧化酶活力测定方法的比较[J]. 食品工业科技, 34(12): 71, 80.

李焰. 2004. 葡萄糖氧化酶饲养肉鸡效果试验[J]. 龙岩师专学报, (6): 81-82.

李友荣, 张艳玲, 纪西冰. 1993. 葡萄糖氧化酶的生物合成产生菌的筛选及产酶条件的研究[J]. 工业微生物, 23(3): 1-6.

刘浩川. 2013-06-26. 一种营养补剂: CN.201210087822.9[P].

马可为, 张振红, 赵国先, 等. 2009. 葡萄糖酸对肉鸡生产性能及养分表观消化率的影响[J]. 中国家禽, 31(16): 15-18.

母敬郁, 王峤, 杨纯中, 等. 2006. 瑞氏木霉表达黑曲霉葡萄糖氧化酶[J]. 生物工程学报, 22(1): 82-86.

彭昊, 王志兴, 窦道龙. 2003. 由根癌农杆菌介导将葡萄糖氧化酶基因转入水稻[J]. 农业生物技术学报, 11(1): 16-19.

皮劲松, 杜金平, 申杰, 等. 1999. 金水乌鸡部分产蛋性状遗传参数分析[J]. 中国家禽, (2): 3-5.

宋海彬, 赵国先, 刘彦慈, 等. 2010. 葡萄糖氧化酶对肉鸡肠道形态结构和消化酶活性的影响[J]. 中国畜牧杂志, 46(23): 56-59.

汤海鸥, 高秀华, 姚斌, 等. 2013. 葡萄糖氧化酶在仔猪上的应用效果研究[J]. 中国饲料, (19): 21-23.

魏成斌, 张卫国, 徐照学, 等. 2009-09-17. 有机肉牛核心预混料: CN.200910066187.4[P].

肖淑华, 燕富永, 赵胜军, 等. 2013-09-11. 一种母猪围产期浓缩饲料: CN103284002A.

杨久仙, 曹靖. 2013. 葡萄糖氧化酶的应用进展[J]. 山西农业大学学报(自然科学版), 33(1): 88-92.

杨玉福, 石国庆, 姜新生. 2007-10-03. 奶牛围产前期专用预混料及其生产方法: CN.200710084579.4[P].

殷骥, 梅宁安. 2012. 日粮中添加饲用葡萄糖氧化酶对肉仔猪生长性能的影响[J]. 当代畜牧, (2): 35-36.

张茜. 2009. 尼崎青霉菌葡萄糖氧化酶的分离纯化及性质研究[D]. 厦门: 厦门大学硕士学位论文.

赵晓芳, 张宏福. 2007. 葡萄糖氧化酶的功能及在畜牧业中的应用[J]. 广东饲料, 16(1): 34-35.

周建芹, 陈韶华, 王剑文. 2008. 测定葡萄糖氧化酶活性的一种简便方法[J]. 实验技术与管理, 25(12): 58-60.

周亚凤, 张先恩, 刘丹, 等. 2009-01-21. 一种高活力葡萄糖氧化酶的编码基因及制备方法和应用: CN101348794A[P].

Fiedurek J. 1991. Glucose oxidase synthesis by *Aspergillus niger* GIV-10 on starch[J]. Acta. Microbiol. Pol., 40(3-4): 197-203.

Fiedurek J, Rogalski J, Iiczuk Z, *et al.* 1986. Screening and mutagenesis of moulds for the improvement of glucose oxidase production[J]. Enzyme and Microbial Technology, 8(12): 734-736.

Ganadu M L, Andreotti L, Vitali I, *et al.* 2002. Glucose oxidase catalyses the reduction of O_2 to H_2O_2 in the presence of irradiated TiO_2 and isopropyl alcohol[J]. Photochemical & Photobiological Sciences, 1(12): 951-954.

Liu J Z, Yang H Y, Weng L P. 1990. Synthesis of glucose oxidase and catalase by *Aspergillus niger* in resting cell culture system[J]. Lett. Appl. Microbiol., 29(5): 33-41.

Miron J, Gonzalez M P, Pastrana L, *et al.* 2002. Diauxic production of glucose oxidase by *Aspergillus niger* in submerged culture: A dynamic model[J]. Enz. Microb. Tech., 31(5): 615-620.

Szynol A, Soet D, Tuyl E. 2004. Bactericidal effects of a fusion protein of llama heavy-chain antibodies coupled to glucose oxidase on oral bacteria[J]. Antimicrob. Agent Chemother., 48(9): 3390-3395.

Whittington H, Kerry W S, Bidgood K. 1990. Expression of the *Aspergillus niger* glucose oxidase gene in *A. niger*, *A. nidulans* and *Saccharomycess cerevisiae*[J]. Curr. Genet., 18(6): 531-536.

Witt S, Singh M, Kalisz H. 1998. Structural and kinetic properties of nonglycosylated recombinant *Penicillium amagasakiense* glucose oxidase expressed in *Escherichia coli*[J]. Applied and Environmental Microbiology, 64(4): 1405-1411.

第七章　低温植酸酶

第一节　概　述

　　磷是有机体的重要组成部分，作为一种必需的矿质元素其在动物营养中发挥着重要作用，磷的添加对配合饲料生产成本及产品质量影响重大。作为猪、禽饲料主要来源的玉米、豆饼粕、谷糠、棉籽饼粕等，它们所含的磷40%～70%以植酸磷的形式存在。而猪、禽等单胃动物，由于消化道内缺乏能分解消化植酸磷的微生物，仅能利用玉米中磷的10%～20%、豆饼粕中磷的25%～35%，典型猪日粮中磷的利用率只有15%，其余85%左右的磷从粪便中排出。植酸危害严重，其化学名称为肌醇六磷酸（inositol hexaphosphate），分子式为$C_6H_{18}O_{24}P_6$，分子量为660.04，为淡黄色或淡褐色的浆状液体，几乎不以游离形式存在。植酸易溶于水、95%乙醇和甘油，溶于乙醇-醚水溶液，微溶于无水乙醇、甲醇，不溶于苯、无水乙醚、氯仿等有机溶剂。其密度为1.285，折射率为1.391。其本身毒性很小，但分子中有12个可解离的酸性氢离子，所以具有强大的螯合能力。植酸在植物体中一般以各种盐形式存在，植酸是植物体内最重要的含磷化合物，60%～80%的有机磷以植酸为载体而存在。

　　植酸因其6个磷酸基团而具有强大的络合能力，多与Ca^{2+}、Mg^{2+}、Fe^{2+}、Cu^{2+}、Mn^{2+}和Zn^{2+}等金属离子生成稳定的植酸盐络合物（菲丁），尤其值得关注的是，植物饲料原料中约有2/3的磷以植酸盐的形式存在（Viveros *et al.*，2000）；同时其也能螯合蛋白质分子，形成植酸-蛋白质络合物，使蛋白质可溶性明显下降，蛋白质的生物效价和消化率明显降低，影响酶、蛋白质的功能，进而影响动物对淀粉、脂肪等物质的消化与吸收。因此植酸是植物性饲料中主要的抗营养因子之一，其水解反应在生命系统的能量代谢、代谢调节、信号转导中有重要作用（Vats and Banerjee，2004）。与此同时，植酸难以被单胃动物分解利用，因此大量未被同化的植酸被排出体外，造成土壤、水环境中有机磷的大量积累，引起环境污染。

　　随着人们对绿色食品消费需求的增加和对畜牧业生产过程中生态环境保护的重视，饲用酶制剂以高效、安全、低成本等特点，已成为世界新型饲料添加剂研究和应用的热点。有幸的是存在一类植酸酶，能够满足上述需求。植酸酶（phytase）是一类可将植酸及其盐类催化为磷酸（或磷酸盐）和肌醇的酶，可解决植酸带来的营养及环境问题，已广泛作为酶制剂、食品及饲料添加剂。现已知的植酸酶有3种类型：肌醇六磷酸-3-磷酸水解酶（EC 3.1.3.8）、肌醇六磷酸-6-磷酸水解酶（EC 3.1.3.26）和非特征性的正磷酸单酯磷酸水解酶（EC 3.1.3.2）。此外，植酸酶还可划分为组氨酸酸性磷酸酶植酸酶（HAPhy）、β-螺旋植酸酶（BPP）、半胱氨酸磷酸酶植酸酶（CPhy）和紫色酸性磷酸酶植酸酶（PAPhy）。HAPhy属于组氨酸酸性磷酸酶（histidine acid phosphatase，HAP）家族，此类植酸酶分布广泛。它是现在所知最大的植酸酶类群，广泛存在于植物、真菌、细菌中。目前主要以产植酸酶最为普遍的真核生物 *Aspergillus* 和原核生物 *E. coli* 为代表，研究 HAPhy 的催化机制，它们都具有保守催化基元 N 端 RHGXRXP 和 C 端 HD。BPP 属于一类新的碱性磷酸酶，它与此前已知的磷酸酶没有相似性。BPP 首先分离自芽孢杆菌，如典型的淀粉液化芽孢杆菌（*Bacillus amyloliquefaciens*）及枯草芽孢杆菌（*B. subtilis*）。BPP 因其高级结构主要由 β-折叠片（β-pleated sheet）组成而得名。CPhy 属于半胱氨酸磷酸酶（cysteine phosphatase，CP）超家族，在瘤胃微生物中有发现，推断其氨基酸序列包含活性部位序列 HCXXGXXR（T/S），且与 CP 类群的成员蛋白酪氨酸磷酸酶（protein tyrosine phosphatase，PTP）具有较高的相似性。PAPhy 属于紫色酸性磷酸酶（purple acid phosphatase，PAP）金属磷酸酯酶类群，具有植酸酶活性的 PAPhy 在大豆等植物中有发现。PAP 金属磷酸酯酶类群包含特有的 7 个金属配合氨基酸残基（D、D、Y、N、H、H、H），7 个残基包含在 5 个保守基元[DXG/GDXXY/GNH（ED）/VXXH/GHXH]里。

目前工业上应用的植酸酶大多是中温和高温植酸酶，且大多由微生物产生，产酶的最适温度多在 30℃ 以上，而酶的最适作用温度一般在 45～60℃。开发低温植酸酶具有一定的应用价值。

一、来源及分布

植酸酶在动植物及微生物中都有存在，其中微生物是植酸酶的主要来源，其动力学特征显示，微生物植酸酶有效性是其他来源植酸酶有效性的 1 000 000 倍（Wyss *et al.*，1999）。

McCollum 等于 1908 年最早报道动物组织中存在植酸酶。动物植酸酶存在于哺乳动物的小肠及脊椎动物的红细胞中，但含量很少且活性低，牛等反刍动物的瘤胃中植酸酶活性较高，这可能是瘤胃微生物产生植酸梅的缘故。研究发现，人类小肠中的植酸酶活性很低，其中活性最高的在十二指肠，而在回肠中的活性最低。尽管在小鼠、鸡和牛的肠黏膜上植酸酶降解植酸盐的活性已得到证实，但由于动物植酸酶含量较少且活性低，因此对动物植酸酶的研究报道很少。与猪营养相关的植酸酶来源有 4 种：动物肠黏膜的内源性植酸酶、胃肠道微生物产生的植酸酶、植物性饲料本身含有的植酸酶，以及外源添加的微生物植酸酶。此外，磷酸酯酶也会参与猪消化道或某些植物原料中植酸磷的降解过程。

1915 年，Anderson 提出天然饲料成分中存在能够将植酸磷水解为无机磷的酶——植酸酶，并对植酸酶的来源、理化特性及作用机制进行了研究，引起了学者的广泛关注。随后研究人员相继在多种植物中发现植酸酶的存在，但植物源植酸酶提纯有难度，且酶活性不够稳定。自 1968 年 Nelson 首次发现无花果曲霉（*Aspergillus ficuum*）能够产生植酸酶后，植酸酶的研究便进入微生物领域。同年，研究发现大量的曲霉能产生胞外植酸酶。

到目前为止，已从枯草芽孢杆菌、乳酸杆菌、黑曲霉、酵母、大肠杆菌、肥大杆菌、耶尔森菌、光岗菌、孢子丝菌、青霉、米曲霉、毛霉、无花果曲霉、根霉、土曲霉、放线菌等微生物中分离到植酸酶，其中黑曲霉是富产植酸酶的主要菌种之一，产生的植酸酶为酸性植酸酶，最适作用 pH 为 2.0～6.0，最适作用温度为 53～70℃，适用于胃环境呈酸性的单胃动物；芽孢杆菌生产的植酸酶具有接近中性的最适作用 pH，酶活性较高，热稳定性较好，可以广泛应用于鱼类的饲料中；地衣芽孢杆菌（*Bacillus licheniformis*）ATCC 14580 产生的植酸酶，拥有作为动物饲料成分的最佳特性（Borgi *et al.*，2014）；来自大肠杆菌的 AppA 植酸酶是一种新型植酸酶，在单胃动物胃肠道的酸性环境中适应能力和分解植酸的能力都很强，是目前已知的活性最高的植酸酶。

此外，国内外克隆了多株芽孢杆菌的植酸酶基因，并在此基础上进行了表达研究。由于芽孢杆菌属于原核生物，目前用于芽孢杆菌植酸酶基因的表达系统主要是大肠杆菌表达系统和芽孢杆菌表达系统，也有在乳酸杆菌中进行表达的研究。作为原核生物基因的模式表达系统，用大肠杆菌表达芽孢杆菌植酸酶基因，具有培养简单、菌体生长速度快的特点，但由于其分泌较为困难和容易形成包涵体等，酶产量提高有限。用枯草芽孢杆菌表达芽孢杆菌植酸酶基因，具有生物活性好、胞外分泌等特点，特别是基于 *Pst* 启动子的 pGT44 表达系统不仅有精密的表达调控机制，而且表达效率高，是很有发展前途的一类表达系统。但枯草芽孢杆菌培养较为复杂，植酸酶产量还难以用于实际的工业化生产，仍需进一步改造。此外，利用芽孢杆菌植酸酶基因构建转基因植物，对于提高农业和园艺生产力是有意义的尝试，但此转基因植物并不适合作为生产该酶的生物发酵器。

二、国内外研究概况

（一）发展历程

1971 年，Nelson 等首次将来自无花果曲霉的纯植酸酶制剂添加到鸡的玉米–豆饼日粮中，有效分解了饲料中的植酸磷。但由于生产价格高出直接添加无机磷，因此直到 1991 年，荷兰的 Gist-brocades 公司才首次在动物饲料中添加植酸酶。同年，Ullah 从无花果曲霉中提纯出植酸酶 PhyA 和 PhyB，测得 PhyA 的一级结构，2 年后又测得 PhyB 的一级结构，在此基础上他们利用基因工程技术分别得到了 PhyA 和 PhyB 的第一株工程菌。之后欧盟、美国、芬兰、丹麦、德国等的生产企业前后推出各种植酸酶制剂，为广泛应用植酸酶提供了可能。1996 年，美国将饲用植酸酶商品投入了市场。1998 年，姚斌等通过基因工程的方法获得了高效表达、生产植酸酶的基因工程酵母，其植酸酶的表达量较野生黑曲霉（*A. niger*）963 高 3000 倍以上。2015 年，肖艳等报道了所构建的重组酿酒酵母，其植酸酶表达水平达到 6.4 U/g（菌体湿重），发酵后酒糟中植酸磷含量与对照相比降低了 91%。以玉米粉为原料的同步糖化发酵实验表明，重组酵母 PHY 的生长速度高于出发菌株，同时乙醇产量相较于出发菌株提高了 3.7%。2016 年，Boukhris 等首次对链霉菌 *Streptomyces* sp. US42 的胞外植酸酶基因进行了克隆和测序，发现该植酸酶于 pH 7、65℃时活性最大，热稳定性好，在有 $CaCl_2$ 存在的情况下，75℃培养 10 min 仍有 80% 的活性，可与酸性植酸酶混合作为单胃动物的食物添加剂。

（二）活性检测方法

植酸酶活性的检测方法包括从 Berry 等建立的反相高效液相色谱-紫外（RP-HPLC-UV）法，到近红外光谱快速检测技术，直至最近刘磊等首次建立的以四苯乙烯季铵盐为荧光探针分子对植酸和植酸酶进行检测的新方法，逐步实现了对植酸和植酸酶的快速、便捷检测（刘磊等，2015；杨海锋等，2008；Berry and Berry，2005）。目前，植酸酶活性的测定方法比较多，一般用测定植酸盐水解释放无机磷的量来间接测定酶活性，常用方法有以下几种。

1. 维生素 C-钼蓝法

加入三氯乙酸终止植酸酶的水解反应，然后加入钼酸铵与维生素 C 的混合液，使溶液显色，在波长 820 nm 下测定吸光度，再以标准磷溶液的吸光度为纵坐标，以磷溶液浓度对应的酶活性单位为横坐标建立直线回归方程，最后以待测样品吸光度代入方程，从而计算出酶活性。

2. 钒-钼酸铵法

用酸性钒-钼酸铵试剂终止植酸酶的水解反应，同时该试剂与水解释放的无机磷产生显色反应，生成黄色的钒钼磷络合物，在波长 415 nm 下测定吸光度，以标准植酸酶为对照，间接测出植酸酶的活性。

3. 硫酸亚铁-钼蓝法

加入盐酸终止植酸酶的水解反应，然后加入钼酸铵及硫酸亚铁的混合液使溶液显色，在波长 720 nm 下测定其吸光度，以标准植酸酶为参照，间接计算样品中植酸酶的活性。

4. 丙酮-磷钼酸铵法

磷酸盐在酸性条件下与过量的钼酸铵混合后，可以生成黄色的磷钼酸铵，加入丙酮后，可将黄色的化合物溶于丙酮中，在波长 355 nm 下测定吸光度，用标准曲线来计算样品中的植酸酶活性。

（三）培养及生产

用真菌生物膜培养丝状真菌以生产酶，是一种新型培养方式。该法类似于深层发酵，但又有着固态发酵的产率，在生物技术及不同工业中应用都有很大可能（Sato et al.，2014）。Sato 等（2014）曾应用生物膜培养根霉 *Rhizopus microsporus* var. *microsporus*，首次研究了该培养方式下植酸酶性质。该霉所产生的胞外植酸酶 RMPhy1，最适作用温度为 55℃，最适作用 pH 为 4.5，在 60℃时半衰期为 115 min，钙离子可提高酶活性，锌离子、砷酸、磷酸钠可抑制酶活性，并且该植酸酶对植酸钠显示出很高的底物特异性。

欧洲著名的酶制剂生产商 BASF 公司和 Novo 公司自 20 世纪 90 年代开始对饲用酶在饲料高温制粒条件下的热稳定性进行了研究，到 1996 年取得了重大进展。研制生产的包被型饲用植酸酶颗粒酶活性高、热稳定性好，在饲料工业中得到了广泛应用。其制备过程大致如下：基因工程菌 CBS513.88 发酵获得植酸酶溶液，酶活性为 300～1000 FYT/ml。经过滤和超滤以后获得植酸酶浓缩液，酶活性可达 15 000～20 000 FYT/ml。把浓缩酶液与淀粉、水溶性的无机盐和有机物按一定配比混合，均匀糅合成面团状，经挤压、切割、整圆，制成小颗粒，再经低温气流干燥、筛分，获得直径适中的含酶颗粒。颗粒直径一般控制在 0.2～1.6 mm。然后选用一些合适的水不溶物，按一定比例喷涂在颗粒表面，经低温干燥后制成包被型含酶颗粒。史峰等（2002）提出了一种制备稳定化颗粒酶的方案，可提高酶的耐热性，减少制粒时酶活性的损失，具体方法是制备酶液稳定剂—混合—造粒—干燥。这里常使用的干燥方法有喷雾干燥、真空烘箱干燥、滚筒干燥、鼓风干燥及流化床干燥，常用的稳定剂有淀粉、麦麸等。用该方法制备的稳定化颗粒酶回收率可达90%，大大减少了酶活性的损失。

（四）植酸酶的结构及作用机制

植酸酶活性部位的氨基酸残基与组氨酸酸性磷酸酶家族有很高的同源性，其中最保守的氨基酸序列是RHGXRXP，精氨酸和组氨酸是这段保守序列中的前两个氨基酸，利用化学修饰的方法已证实RHGXRXP序列中的Arg58与酶的催化活性有直接关系。Ullah等（1993）采用苯甲酰甲醛专一修饰植酸酶精氨酸残基，发现精氨酸残基位于其活性部位。定点突变也显示植酸酶Arg297可能直接与底物的一个磷酸基团结合。Kostrewa等（1997）利用0.25 nm分辨率X射线对无花果曲霉植酸酶的晶体结构进行研究，发现其由1个较大的α′β结构域和一个α结构域组成，α′β结构域的中心是一个由6片折叠组成的折叠区域，结构中共有14个α螺旋。在两个结构域的内表面有一个很深的凹槽，凹槽中有酶催化活性的必需氨基酸Arg58和His59。此外，在整个酶分子的氨基酸序列上有数量不等的潜在糖基化位点，翻译后的蛋白质都需进行糖基化修饰后才具有正常的生物学活性。Han等（1999）将植酸酶去糖基化后，热稳定性降低了40%，说明糖基化对植酸酶的热稳定性具有重要作用。

对植酸酶的高级结构研究较多的是来源于无花果曲霉NRRL3135的植酸酶PhyA，Kostrewa等（1997）利用X射线衍射分析了它的晶体结构，PhyA的高级结构中有5对二硫键：分别是Cys8-Cys17、Cys248-Cys391、Cys192-Cys442、Cys241-Cys295和Cys413-Cys421。Song等（2005）研究发现，去折叠过程中酶活性的丧失与酶的构象变化有关，说明二硫键对维持植酸酶的三级结构及催化活性具有重要作用。Wang等（2004）研究发现，对于相同的变性剂，植酸酶PhyA在有还原剂二硫苏糖醇（DTT）存在的条件下，失活和去折叠现象加强。有学者研究了脲变性的植酸酶活性的变化，圆二色光谱和荧光光谱结果表明，该酶的空间结构变化与活性的变化密切相关。说明二硫键对植酸酶的催化活性和维持其空间结构起着重要作用。Ullah等（1993）研究得出二硫键对植酸酶的再折叠是必需的。

外源植酸酶可提高氨基酸和蛋白质利用率仍有争议。一个重要原因是植酸磷是否抑制蛋白质和氨基酸利用率仍不明确，尽管有多篇文献从不同角度探讨了其作用机制。其中，比较重要的几个理论包括：形成蛋白质植酸复合物；加速内源氨基酸损失；抑制氨基酸的吸收。而添加外源植酸酶可能在一定程度上缓解植酸磷的抗营养作用。

植酸酶属于磷酸单酯水解酶，是磷酸酶的一种类型。植酸酶可以专一性地水解植酸中的磷酸键，将植酸分子上的磷酸基团逐个切下，形成中间产物IP5、IP4、IP3、IP2、IP1，最终产物为肌醇和无机磷酸。不同来源的植酸酶作用机制有所不同。来源于植物的肌醇六磷酸-6-磷酸水解酶，首先在植酸的第6碳位点开始催化而释放出无机磷，而微生物产生的肌醇六磷酸-3-磷酸水解酶作用于植酸时，首先从植酸的第3碳位点开始水解酯键而释放出无机磷，然后依次释放出其他碳位点的磷，最终酯解整个植酸分子，此酶需要Mg^{2+}参与催化。

饲料中的植酸往往与二价阳离子如 Ca^{2+}、Mg^{2+}、Fe^{2+}、Zn^{2+}、Cu^{2+} 等形成稳定的络合物，它们不溶于水，不能被消化吸收，从而导致畜禽体内这些微量元素的缺乏与不平衡，因此植酸是饲料中的抗营养因子。其抗营养作用主要表现在以下几个方面。①植酸对金属离子有较强的络合性能，降低这些离子的可消化性。②植酸抑制淀粉、脂肪、蛋白质的分解，影响这些营养物质的吸收。③植酸与内源蛋白质如胰蛋白酶和糜蛋白酶结合，抑制这些酶的活性。④在低 pH 时，植酸的阴性磷酸根基团能和蛋白质的阳性基团结合，尤其和氨基酸的氨基相结合，影响蛋白质和氨基酸的消化。禽日粮中添加的植酸酶在禽消化道可水解饲料中的植酸盐，释放出磷酸根离子和被植酸螯合的锌、铜、钙、锰等矿质元素及蛋白质和氨基酸等营养物质，使这些营养成分能被有效吸收利用。

（五）植酸酶基因

1. 肌醇六磷酸-6-磷酸水解酶基因

1997 年，研究人员首次分离了玉米的植酸酶基因 *physll*，它全长 1335 bp，包含了一个编码 387 个氨基酸的可读框，该酶的氨基酸序列与黑曲霉植酸酶差别较大，但有 33 个氨基酸的同源区，该区包含了组氨酸酸性磷酸酶的活性保守区 RHGXRXP（X 为任意氨基酸），它被认为是磷酸酶的接受位点，但位置靠后。2001 年，研究人员从 4 株担子菌中克隆出了 5 个新的肌醇六磷酸-6-磷酸水解酶基因，并在米曲霉中表达了这些基因。

2. 肌醇六磷酸-3-磷酸水解酶基因

近年来对肌醇六磷酸-3-磷酸水解酶基因的研究取得了一系列进展，目前已分离、鉴定并克隆了多个来自真菌的肌醇六磷酸-3-磷酸水解酶基因，它们普遍具有以下特点：存在一个可读框，长度为 1.4～1.5 kb，两个外显子被一个公认的真菌内含子隔开，内含子的长度为 48～111 bp，但多数为 102 bp，所有内含子均含有相同的保守序列，如丝状真菌尤其是曲霉的肌醇六磷酸-3-磷酸水解酶基因具有较高的同源性。肌醇六磷酸-3-磷酸水解酶基因中 G+C 含量高，密码子第三位的 G+C 含量接近或超过 70%。在密码子第三位碱基上高频使用 G 和 C 碱基是丝状真菌高效表达蛋白质的原因之一。去除内含子序列后的碱基序列编码含有信号肽的成熟肽，真菌肌醇六磷酸-3-磷酸水解酶基因编码的成熟肽氨基酸为 460～480 个，多数为 467 个，氨基酸序列具有较高的同源性，均具有活性位点保守序列 RHGXRXP（X 为任意氨基酸），在氨基酸序列上有数量不等的潜在 *N*-糖基化位点（Asn-X-Ser/Thr，X 为任意氨基酸），翻译后的肌醇六磷酸-3-磷酸水解酶需要进行糖基化修饰才能有正常的生物学活性，糖基化对肌醇六磷酸-3-磷酸水解酶的生物合成、分子量、结构和热稳定性至关重要。肌醇六磷酸-3-磷酸水解酶信号肽长度为 18～28 个氨基酸，但多数真菌肌醇六磷酸-3-磷酸水解酶信号肽长度为 19 个氨基酸。

3. 酸性植酸酶基因

1985 年研究人员通过对不同大肠杆菌突变株的研究及其他佐证推断新发现的 *appA* 基因是编码酸性磷酸酶的结构基因。有学者在大肠杆菌中成功表达了 *appA* 基因，并证实了 *appA* 基因实际上编码一种双功能酶，该双功能酶既表现出植酸酶活性，也表现出酸性磷酸酶活性。

（六）活性调节

1. 化学修饰

蛋白质化学修饰法是研究蛋白质结构与功能关系的重要手段，其主要包括：蛋白质分子侧链基团的改变和蛋白质分子中主链结构的改变。其中侧链基团的修饰是通过选择性的试剂或亲和标记试剂与蛋白质分子侧链上特定的功能基团发生化学反应来实现的，反应试剂与蛋白质分子接触并发生化学反应，与蛋白质分子的侧链氨基酸残基共价连接形成某些可探测的报告基团。

采用化学修饰法对酶进行研究时，修饰剂会与酶的某些必需基团发生化学反应，形成共价键，从而造成酶活性的全部或部分丧失。与可逆抑制不同，酶活性的这种丧失不能通过透析等物理手段去除修饰剂使之恢复，因此又称为不可逆抑制作用。20 世纪，酶化学修饰的不可逆抑制动力学的研究有了很大的发展，用不可逆化学修饰的方法研究催化过程中酶的必需基团的性质时，能够给出可逆抑制作用所不可能给出的确切信息，尤其是早在 20 世纪 90 年代，邹承鲁和赵康源（1991）对单底物酶不可逆抑制动力学进行研究后，提出了底物和抑制剂竞争的概念，并建立了区别不可逆抑制剂类型的定量判据。根据他所推导出的在有抑制剂存在的条件下底物反应的动力学方程，由一次试验即可得到酶活性不可逆抑制的表现动力学常数。

组氨酸残基的咪唑基可以通过氮原子的烷基化或碳原子的亲核取代来修饰。植酸酶的组氨酸残基在该酶的催化过程中起到亲核基团的作用。因此，采用化学试剂对植酸酶组氨酸残基进行修饰，可进一步研究组氨酸残基在植酸酶催化过程中的作用机制。N,N-二乙基丙炔胺（DEP）是蛋白质组氨酸残基高度专一性修饰剂，与组氨酸残基反应使咪唑基上的一个氮发生羧乙基化。吲哚乙酸（IAA）同样是组氨酸修饰剂，但其在酸性条件下可与巯基发生反应，故在试验过程中可先采用高度专一性的巯基修饰剂 5,5′-二硫代双（2-硝基苯甲酸）（DTNB）对植酸酶进行修饰，研究其对植酸酶活性的影响。

2. 调节因子

金属离子是许多酶的调节因子。虽然已发现有些金属离子能抑制植酸酶活性，但抑制机制并不十分明确。潘冬梅等（2001）的研究结果显示，Ca^{2+}对无花果曲霉植酸酶活性有轻微的激活作用，Al^{3+}几乎无影响，Fe^{2+}、Cu^{2+}对酶活性有抑制作用，Co^{2+}、Hg^{2+}有较强的抑制作用。

植酸酶的活性也受一些底物类似物、产物及产物类似物的影响。宋耿云等（2005）研究了植酸、矾酸盐和磷酸盐对植酸酶活性的影响。研究表明，高浓度植酸对植酸酶有明显的抑制作用，动力学分析表明底物抑制常数 K_i 为 2.0 mmol/L。以对硝基苯基磷酸酯（p-NPP）作底物时，矾酸盐对植酸酶的抑制表现为非竞争性抑制，而磷酸盐对植酸酶表现为竞争性抑制。氟化物是许多植酸酶和磷酸酶的抑制剂。大豆发芽时子叶中的植酸酶受到氟化物、矾酸盐、无机磷的强烈抑制。无机磷也是大豆种子中植酸酶的竞争性抑制剂，K_i 值为 28 μmol/L，这表明大豆植酸酶活性受无机正磷酸盐的竞争性抑制。不同来源的植酸酶其底物抑制浓度不同，300 μmol/L 以上的底物浓度能抑制草履虫植酸酶活性。寡孢根霉植酸酶也受较高浓度底物的抑制。玉米根和大豆植酸酶分别在底物浓度为

300 μmol/L 和 20 μmol/L 时受到抑制。

3. 基因表达调控

对于植酸酶基因表达调控的研究近年来也有不少成就，主要集中在来源于真核微生物的 *phyA* 基因和来源于原核微生物的 *appA* 基因、*phyC* 基因。Farhat-Khemakhem 等（2013）发现，用 Pro 代替 PhyL 的残基 Ala 257，则突变体 PhyL 的热稳定性提高。包含有枯草芽孢杆菌 US417 植酸酶基因 *PHY-US417* 的拟南芥，在以植酸为唯一磷源的情况下，分泌的植酸酶不仅能够促进转基因植物自身的生长，也能促进周围拟南芥及烟草的生长。天蓝色链霉菌（*Streptomyces coelicolor*）中编码植酸酶的基因 *sco7697* 在磷限制的条件下，由反应调控子 Phop 结合操纵子序列 PHO 盒子而引起表达，另一个潜在的操纵子位点 DR 是能够加强负调控的位点。

有学者以产植酸酶的黑曲霉泡盛变种 ALKO2268（*Aspergillus niger* var. *awamori* ALKO2268）为受体，将同样来源于黑曲霉泡盛变种 ALKO243（*A. niger* var. *awamori* ALKO243）的植酸酶基因 *phyA* 导入受体中，使其表达量达到 329 U/ml，比出发菌株提高了 7.3 倍，*phyB* 的表达量提高了 59 倍。Han（1999）等将来源于黑曲霉的植酸酶基因 *phyA* 导入酿酒酵母（*Saccharomyces cerevisiae*），成功获得了有活性的胞外植酸酶，在相同条件下，该酶在 1 h 内在体外从豆饼中释放的无机磷量与商品植酸酶相当。该酶发生高度糖基化，分子质量为 120 kDa，但去糖基化后热稳定性下降 40%，说明糖基化对其热稳定性有重要影响。有学者利用毕赤酵母（*Pichia pastoris*）高效表达了烟曲霉（*Aspergillus fumigatus*）植酸酶，比活力较在黑曲霉和酿酒酵母中表达时高，此前还以此受体成功表达了黑曲霉 phyA 植酸酶，烟曲霉植酸酶和黑曲霉 phyA 植酸酶在毕赤酵母中的成功表达，证明了毕赤酵母可作为宿主菌高效表达异源蛋白。

1997 年，Brian 等将黑曲霉植酸酶基因 *phyA* 克隆到大肠杆菌中，表达出了一个没有活性的胞内蛋白质，该蛋白质没有被糖基化，在体外溶解和重折叠后才具有活性。天然植酸酶基因 *phyC* 连同自身的信号肽连在 T5 启动子下，将其克隆到大肠杆菌中，可表达出一个与天然植酸酶分子量相同但没有活性的蛋白质，而将 *phyC* 基因置于果胶裂解酶的信号肽下游，可在大肠杆菌中表达出有活性的植酸酶，其分子量、最适作用 pH、最适作用温度都与天然植酸酶相同。

我国植酸酶基因工程的研究虽然起步较晚，但已取得了突破性进展。姚斌等（1998）采用毕赤酵母作为生物反应器高效表达了来源于黑曲霉 963 的植酸酶基因 *phyA2*。根据毕赤酵母表达系统的密码子偏爱，首先对该基因进行改造，去掉该基因中原有的内含子和信号肽编码序列，在不改变氨基酸序列的情况下，采取定点突变的方法将使用频率极低的 Arg 密码子 CGG 和 CGA 突变为酵母中高频使用的密码子 AGA。将改造后的植酸酶基因融合到毕赤酵母表达载体 Ppic9K 上的 α-因子信号肽编码序列 3′端，启动子采用诱导型高效 AOXI 启动子。通过电击转化将植酸酶基因整合到毕赤酵母基因组中，植酸酶在重组酵母中得到高效表达和有效分泌。表达产物与天然植酸酶在酶学性质上没有差异，具有正常的生物学活性。研究结果还表明，Arg 密码子经优化改造后，植酸酶表达量比未经优化的高 37 倍，比原菌株黑曲霉 963 的表达量高 3000 多倍，重组毕赤酵母经发酵罐高密度发酵培养后植酸酶表达量进一步得到提高。王红宁等（2001）进行了黑曲霉 N25 植酸酶 *phyA* 基因克隆、序列分析及其在巴斯德毕赤酵母中高效表达等研究。结果表明，该基因与黑曲霉 NRRL3135 *phyA* 基因的同源性为 96.7%，编码的氨基酸序列同源性为 97.6%。将此基因克隆到 pPIC9K 载体中，电击转化毕赤酵母 GS115 菌株，使其得到高效表达，重组毕赤酵母植酸酶表达量达出发菌株的 40 倍以上。姚斌等（1998）还将来源于枯草芽孢杆菌（*Bacillus subtilis*）中性植酸酶基因 *nphy* 在大肠杆菌（*Escherichia coli*）中进行高效表达，表达量达到大肠杆菌中可溶性蛋白的 40% 以上，且酶具有正常的生物学功能。邹立扣等（2004）将扩增出的枯草芽孢杆菌中性植酸酶基因 *phyC* 克隆至 T 载体中，经酶切鉴定及序列测定后重组入谷胱甘肽 *S*-转移酶融合表达载体 pGEX-4T-1 中，转化大肠杆菌 Jml09。重组质粒在宿主大肠杆菌 Jml09 中有较好的稳定性，在无选择压力的条件下转代 45 次基本保持稳定。0.1 mmol/L 异丙基硫代-β-D-半乳糖苷（IPTG）诱导后酶活性测定结果表明，表达产物具有生物学活性。SDS-PAGE 显示出明显的特异性表达条带，分子质量为 69 kDa，30℃诱导 3 h 后，表达的目的蛋白量占菌体总蛋白的 47.4%。

（七）应用及前景

在当今的饲料酶市场中，植酸酶所占份额近乎 60%，以下是部分微生物来源商业植酸酶（表 7-1）（Kumar *et al.*，2012）。目前已构建各种基因工程菌并高效表达植酸酶，并进行了规模化发酵生产，大大提高了酶产量，降低了生产成本，已在饲料工业中得到广泛应用。由于酸性植酸酶的有效作用 pH 为 2.5～5.5，因此主要用于消化道呈酸性的单胃动物及少数鱼类如虹鳟等，但不适合用于消化道呈中性的鲤科鱼类，对肠道 pH 接近中性的单胃动物也不适用。随着水产养殖业的发展，水体磷的污染越来越严重，急需开发出适于鱼类饲料用的植酸酶。研究表明，来源于芽孢杆菌的植酸酶属于中性植酸酶，其具有较好的热稳定性，有助于抵抗饲料制粒或膨化过程中引起的酶失活，而且其酶促反应的有效作用 pH 为 6.5～7.5，可以有效弥补酸性植酸酶的不足；同时其也可与真菌植酸酶混合使用，一个在胃中起作用，一个在肠道中起作用，从而更有效地在单胃动物中水解植酸盐，提高植酸磷的利用率。

表 7-1　部分微生物来源商业植酸酶

公司	国家	植酸酶来源	生产菌株
AB Enzymes	德国	*Aspergillus awamori*	*Trichoderma reesei*
Alko Biotechnology	芬兰	*A. oryzae*	*A. oryzae*
Altech	美国	*A. niger*	*A. niger*
BASF	德国	*A. niger*	*A. niger*
BioZyme	美国	*A. oryzae*	*A. oryzae*
DSM	美国	*P. lycil*	*A. oryzae*
Fermic	墨西哥	*A. oryzae*	*A. oryzae*
Finnfeeds International	芬兰	*A. awamori*	*T. reesei*
Genencor International	美国	*Penicillium simplicissimum*	*Penicillium funiculosum*
Roal	芬兰	*A. awamori*	*T. reesei*
Novozymes	丹麦	*A. oryzae*	*A. oryzae*

研究表明，植酸酶对 Ca、Zn、Fe 等矿物质消化吸收的影响与对 P 消化吸收的影响不一致，大多数试验没有使用这些矿物质不足的日粮，导致其结果具有不确定性。同时，在没有添加植酸酶的情况下，应该对含有植酸盐的日粮中的矿物质进行测定和评估，日粮中矿物质利用率的降低往往是由日粮中的植酸盐引起的。当动物日粮中添加植酸酶时，可降低 Ca 的添加量，提高动物骨的矿化程度。植酸酶的添加能够改善动物对氨基酸和蛋白质的消化吸收，而在其他的一些研究中，则得出相反的结果。Ravindran 等（2001）的研究结果表明，在赖氨酸不足的日粮中添加植酸酶可以提高赖氨酸的消化吸收率，并发现植酸酶的添加可替代日粮中 0.074% 的赖氨酸。而 Selle 等（2003）对猪的研究结果表明，植酸酶的添加对赖氨酸的消化吸收没有影响。在一定条件下，植酸酶的添加能够提高日粮的表观代谢能值（AME），其促进作用在小麦型日粮中显得尤为突出，但是目前其提高的机制尚不清楚，可能是由于降低了内源损失或提高了内源酶的作用效率。具体应用表述如下。

首先在家禽、猪、鱼的饲料中加入植酸酶，可以提高动物对矿物质、氨基酸及能量的利用率。多年前上市的第一个植酸酶产品，用微生物植酸酶代替单胃动物饲料中的无机磷酸盐，可以明显减少磷的排泄。在植物来源的饲料中植酸磷占磷总质量的 60%～80%。单胃动物对植酸盐中磷的利用很少甚至无法利用，因为它们的消化系统缺乏能够水解这种底物的植酸酶（邓世权，2006）。禽日粮中添加的植酸酶在禽消化道中可水解饲料中的植酸磷或植酸盐，释放出磷酸根离子和被植酸螯合的锌、铜、钙、锰等矿物元素及蛋白质和氨基酸等营养物质，使这些营养成分能被有效地吸收利用（姚银花和谢爱纯，2003）。磷是畜禽不可缺少的一种必需常量元素，是畜禽骨骼的重要组成物质，并参与机体的多种代谢。虽然在植物性饲料中总磷的含量较高，但大多以植酸磷的形式存在。猪和禽类等单胃动物消化道内缺乏水解植酸的植酸酶，对植物性饲料中磷的利用率较低，必须通过添加磷酸盐或含磷较高的动物性饲料来满足畜禽对磷的需要。磷缺乏将会引起畜禽骨骼发育不良和生产性能下降。在畜禽日粮中添加植酸酶水解植酸可提高日粮中磷的利用率，降低无机磷的添加量，减少粪中磷的排泄量。添加植酸酶的水平与替代无机磷的数量，是植酸酶在畜禽日粮中应用的关键。

植酸酶在产蛋鸡日粮中的应用最为普遍。在产蛋鸡日粮中添加适量植酸酶替代部分无机磷对产蛋鸡生产性能无影响，并可在一定程度上降低生产成本，提高经济效益。有研究报道，在 20～24 周龄产蛋鸡低磷日粮中添加 250 U/kg 植酸酶，其水解植酸所释放出的磷相当于添加 1.3 g/kg 无机磷。但随着产蛋鸡日龄增加，其钙和磷吸收能力明显降低，在 24～36 周龄蛋鸡低磷日粮中添加 250 U/kg 植酸酶时，仅相当于添加 0.8 g/kg 无机磷。Gordon 和 Sr（1998）研究发现，在无机磷水平为 0.1% 的产蛋鸡日粮中添加 300 U/kg 植酸酶，产蛋鸡未出现磷缺乏现象。有实验表明，添加 300 U/kg 的植酸酶可以使产蛋鸡日粮无机磷添加量降低 0.1%。虽然不同实验结果存在些差异，但总体上在产蛋鸡日粮中添加 250～300 U/kg 植酸酶可替代 0.1% 左右或全部替代产蛋鸡日粮中的有效磷，产蛋鸡的生产性能不受影响，并能适当降低饲料成本。与产蛋鸡相比，肉仔鸡生长和骨骼发育也较快，对钙和磷的需求与产蛋鸡相比存在差异。因此，植酸酶在肉仔鸡中的应用剂量与产蛋鸡也有所不同。

关于植酸酶在猪日粮中的应用也有大量研究报道，主要集中在断奶仔猪阶段。有报道，在体重为 8.18 kg 的断奶仔猪日粮中用 750 U/kg 植酸酶替代全部无机磷后，显著提高了磷沉积，粪中磷排泄量相应降低，血液中磷和钙以及碱性磷酸酶活性均接近正常水平。

作为用于饲料工业的酶制剂，由于饲料制粒工艺和动物生理生化的要求，真正得到推广利用的植酸酶必须具有良好的热稳定性，同时又在动物正常体温下具有较高的酶活性。如何解决既使其耐短暂制粒高温又能在动物正常体温下具有高酶活性这一对矛盾是目前包括植酸酶在内的所有饲用酶制剂均需解决的问题。此外，植酸酶催化的反应 pH 也必须与动物消化道相适应。不同动物消化道的 pH 不同，即使是一种动物在消化道的不同部位 pH 也不同，一般胃为 1.5～3.5，小肠为 5～7，大肠为 7 左右。因此要求饲用酶对 pH 有较大的适应范围。

在谷类和豆制品中，植酸能抑制铁的吸收，一些研究指出，六磷酸肌醇和五磷酸肌醇都可以抑制铁的吸收。三磷酸肌醇和四磷酸肌醇单独存在时没有显示这种副作用，但是当它们与六磷酸肌醇和五磷酸肌醇共存时将会加强对铁吸收的抑制。这与人体缺铁有很大的相关性，如发展中国家婴儿普遍缺铁，在孕育期的妇女和素食者中缺铁现象更为严重。所以为了提高谷物和豆制品中铁的吸收，最好将肌醇磷酸盐降解为比三磷酸肌醇低的肌醇磷酸盐形式（莫意平等，2004；李伟伟等，2006；杨燕凌等，2007）。

植酸酶能够缓解我国磷资源匮乏、磷供应不足的局面。我国是一个缺磷大国，磷的产量不足需求量的 1/10，是仅亚于蛋白质的第二大缺口饲料原料。植酸酶的使用可代替饲料原料中所添加的无机磷（主要为磷酸氢钙），从而可关停一批磷酸氢钙生产企业，具有极为重要的社会效益和生态效益（张莉等，2006）。

三磷酸肌醇是植酸盐降解过程中最重要的一种中间产物。根据磷酸基团位置的不同，三磷酸肌醇有多种同分异构体，比较常见的有：1, 2, 6-三磷酸肌醇、1, 4, 5-三磷酸肌醇、1, 2, 3-三磷酸肌醇、1, 2, 5-三磷酸肌醇和 1, 3, 4-三磷酸肌醇等，分别简称为 I（1, 2, 6）P_3、I（1, 4, 5）P_3、I（1, 2, 3）P_3、I（1, 2, 5）P_3 和 I（1, 3, 4）P_3 等。三磷酸肌醇（简称 IP_3）具有多种同分异构体，不同结构的 IP_3 具有不同的功能。有的异构体对多种疾病具有预防作用，有的能消除或减轻一些药物对人和动物产生的副作用，有的对动植物细胞内的信息传递具有非常重要的作用。Streb 等（1983）首先发现 I（1, 4, 5）P_3 是生物体内的第二信使，为 Ca^{2+} 运输、细胞信号传递所不可缺少。

植酸酶作为一种新型的饲料添加剂近年来发展迅速，筛选品质优良的植酸酶菌株、提高植酸酶的热稳定性以及实现植酸酶基因的高效表达仍是饲料添加剂领域的研究热点。本实验筛选出高产低温植酸酶菌株，并研究其酶学特性，为下一步通过蛋白质工程、基因工程进行酶分子改造奠定了基础。

第二节　菌　株　选　育

一、酶活性测定

（一）无机磷标准曲线绘制

1）精确称取 105℃下干燥的 KH_2PO_4 0.4394 g，溶于 1000 ml 水中，将磷标准储备

液（1 mg/L）稀释 10 倍使用。

2）取 7 支试管按表 7-2 的顺序加入各试剂。

表 7-2　无机磷标准液配比

试剂	试管编号						
	1	2	3	4	5	6	7
10 μg/ml 磷标准使用液（ml）	0	0.5	1.0	2.0	3.0	4.0	5.0
5%钼酸铵溶液（ml）	2	2	2	2	2	2	2
20%亚硫酸钠溶液（ml）	1	1	1	1	1	1	1
0.5%对苯二酚溶液（ml）	1	1	1	1	1	1	1
加水至 25 ml	—	—	—	—	—	—	—

3）将试管内试剂混匀，静置 30 min，在 660 nm 处测定 OD 值，并绘制吸光度-磷浓度曲线。

无机磷的标准曲线如图 7-1 所示。

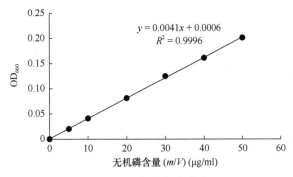

$y = 0.0041x + 0.0006$
$R^2 = 0.9996$

图 7-1　无机磷标准曲线

（二）酶活性测定方法

酶活性定义：35℃、pH 5.5 条件下，每分钟从植酸钠中释放 1 nmol 无机磷所需的酶量为一个酶活性单位（U/ml）。

取发酵液（2 ml）于灭菌后的离心管中，在 4℃下离心（6000 r/min，10 min）后取上清液（即粗酶液），以测定酶活性。

酶活性测定方法：取 0.1 ml 粗酶液（对照为 0.1 ml 的粗酶液），加 0.9 ml 1.25 mmol/L 植酸钠溶液并摇匀，35℃水浴保温反应 30 min，立即加 1 ml 10%三氯乙酸（TCA）溶液摇匀终止反应（对照为先加入 1 ml 15% TCA，然后 35℃水浴保温 30 min），加入 2 ml 5%钼酸铵溶液，摇匀，再依次加入 1 ml 20%亚硫酸钠溶液、1 ml 0.5%对苯二酚溶液摇匀，用蒸馏水定容至 25 ml，静置 30 min 后，用分光光度计测定 OD660 值。酶活性计算公式如下：

$$酶活性 = \frac{(OD_{660} - OD_0) \times N \times 1000}{31 \times K \times T} \tag{7-1}$$

式中，OD_{660} 为测定样品在 660 nm 下的吸光度；OD_0 为对照样品在 660 nm 下的吸光度；N 为样品的稀释倍数，$N=10$；31 为磷的原子量；K 为标准曲线的斜率，$K=0.0041$；T 为酶作用时间（min），T=30。

二、筛选

（一）样品来源

海水、海泥（渤海海域）；土样（长白山、大黑山）。

（二）培养基

固体分离培养基：植酸钙 0.1%、葡萄糖 3.0%、NH₄NO₃ 0.5%、KCl 0.05%、MgSO₄·7H₂O 0.05%、MnSO₄·4H₂O 0.003%、FeSO₄·7H₂O 0.003%、琼脂 1.5%、蒸馏水 100 ml、自然 pH。

液体产酶发酵培养基：葡萄糖 5%、蛋白胨 1%、NaCl 0.05%、MgSO₄·7H₂O 0.05%、CaCl₂·2H₂O 0.05%、MnSO₄·4H₂O 0.003%、FeSO₄·7H₂O 0.003%、蒸馏水 100 ml、自然 pH。

液体种子培养基：葡萄糖 5%、蛋白胨 1%、NaCl 0.05%、蒸馏水 100 ml、自然 pH。

（三）方法及结果

采用稀释涂布的方法，将土样及水样以不同梯度（10^{-1}、10^{-2}、10^{-3}、10^{-4}、10^{-5}）稀释，取适量稀释液均匀涂布于事先准备好的固体分离培养基的平板上，在 10℃下，培养 3 天，以菌落周围是否出现透明圈、透明圈直径大小为筛选指标，分离得到 9 株产低温植酸酶的菌株。经液体发酵培养，测定酶活性后，得菌株 CZC0806（来自海水样品）、Y1（来自大黑山土样）产低温植酸酶活性最高，选择该两株菌为后续实验所用菌株。

三、鉴定

（一）形态学鉴定

菌株 CZC0806 菌落为白色，不透明（图 7-2）；菌体大小为 (0.8～1.2) μm×(2～4) μm，革兰氏阳性，有长链出现（图 7-3）。

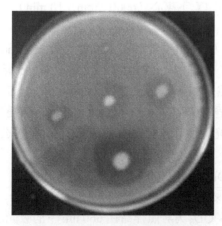

图 7-2　菌株 CZC0806 菌落形态

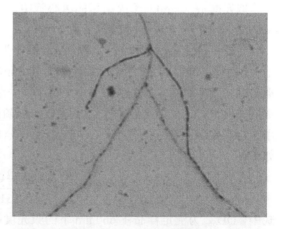

图 7-3　菌株 CZC0806 形态学特征（10×100）

　　将纯化后的菌株 Y1 点接到固体分离培养基中，15℃下培养 3 天，观察到菌体能够再次分解植酸钙产生透明圈，见图 7-4。挑取少许分离纯化后的菌体，进行亚甲蓝染色，观察其为酵母，见图 7-5。

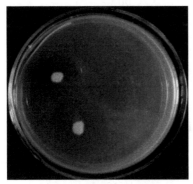
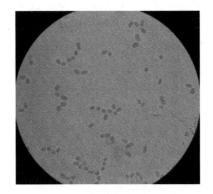

图 7-4　菌株 Y1 菌落形态　　　　图 7-5　菌株 Y1 形态学特征（10×100）

　　Y1 在不同条件下培养，发现 10℃下，菌体生长缓慢，在第 5 天开始产生明显的透明圈，使平板上的植酸钙完全分解需要 10 天左右；15℃下，菌体生长变快，第 2 天开始产生明显透明圈，完全分解植酸钙需要 5 天；20℃下，菌体生长迅速，第 2 天便将底物大面积分解，完全分解需要 2 天；40℃下，菌体基本不分解植酸钙，不产生透明圈。

（二）菌株 CZC0806 分子生物学鉴定

1. 基因组的提取

利用 UNIQ-10 柱式细菌基因组 DNA 抽提试剂盒提取菌株 CZC0806 基因组 DNA。

2. 基因组提取产物琼脂糖凝胶电泳检测

　　制作 0.8%琼脂糖凝胶，取 1 μl 6×DNA 上样缓冲液与 5 μl 样品溶液，混合后上样。110 V 恒压，电泳 60 min 左右。电泳完成后，染色，在成像系统中观察结果，如图 7-6 所示。

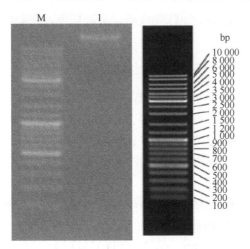

图 7-6　菌株 CZC0806 基因组提取产物电泳图谱
1. 样品，M. Marker SM0331

3. 16S rDNA PCR 扩增引物的设计

选择 16S rDNA 通用引物：

27f：5'-AGAGTTTGATCCTGGCTCAG-3'　　　（20 bp）

1492r：5'-GGTTACCTTGTTACGACTT-3'　　　（19 bp）

PCR 反应体系（50 μl）：

CZC0806 基因组 DNA 模板	10 pmol
27f（10 μmol/L）	1.0 μl
1492r（10 μmol/L）	1.0 μl
dNTP 混合物（每种 10 mmol/L）	1.0 μl
10×*Taq* Reaction buffer	5.0 μl
Taq DNA 聚合酶（5 μ/μl）	0.25 μl
补加双蒸水至	50 μl

扩增程序为：

98℃预变性 5 min

95℃变性35 s ⎫

55℃复制35 s ⎬ 共35个循环

72℃延伸90 s ⎭

72℃延伸 8 min，4℃保存

4. PCR 产物回收

使用生工生物工程（上海）股份有限公司的 UNIQ-10 柱式 DNA 胶回收试剂盒回收 PCR 产物。

5. PCR 产物琼脂糖凝胶电泳检测

制备 1%琼脂糖凝胶，取 1 μl 6×DNA 上样缓冲液与 5 μl 样品溶液，混合后上样。110 V 恒压，电泳 60 min 左右。电泳完成后，凝胶染色，在凝胶成像系统中观察结果，如图 7-7 所示。

6. 16S rDNA 序列分析与系统进化树构建

回收后的 PCR 产物由生工生物工程（上海）股份有限公司进行测序，获得菌株 CZC0806 的 16S rDNA 序列，长度为 789 bp（图 7-8）。将该序列在 GenBank 数据库进行 BLAST 比对，获取与菌株 CZC0806 16S rDNA 序列相似度高的 7 个序列。采用 ClustalX 进行多序列匹配比对，通过 MEGA 4.1 软件计算出序列的系统进化距离，用邻接法构建系统发育树，结果见图 7-9。

由系统发育树可知，CZC0806 与 *Kurthia qibsonii* strain WAB1921（AM184261.1）、*Kurthia qibsonii* strain AU57（EF032685.1）、*Kurthia* sp. B4（GU397444.1）、*Kurthia qibsonii*（AB271738.1）、*Kurthia qibsonii* strain AU23（EF032677.1）在同一分支上，同源性都达到了 99%。再综合形态学的特征，可初步鉴定菌株 CZC0806 属于库特氏菌属（*Kurthia*），为细菌。

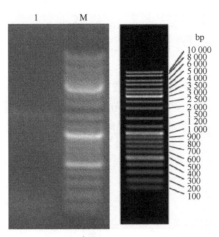

图 7-7 菌株 CZC0806 PCR 产物电泳图谱
1. 样品；M. Marker SM0331

5′-GGCGAAGGCGACTGTCTGGTCTGTAACTGACACTGAGGCGCGAAAGCGTGGGGAGCAAACAGGATTAGATACCCTGGTAG

TCCACGCCGTAAACGATGAGTGCTAAGTGTTAGGGGGTTTCCGCCCCTTAGTGCTGCAGCTAACGCATTAAGCACTCCGCCT

GGGGAGTACGACCGCAAGGTTGAAACTCAAAGGAATTGACGGGGGCCCGCACAAGCGGTGGAGCATGTGGTTTAATTCGA

AGCAACGCGAAGAACCTTACCAGGTCTTGACATCCCAATGACCGTTCTAGAGATAGGATTTTCCCTTCGGGGACATTGGTGA

CAGGTGGTGCATGGTTGTCGTCAGCTCGTGTCGTGAGATGTTGGGTTAAGTCCCGCAACGAGCGCAACCCTTATTCTTAGTT

GCCATCATTTAGTTGGGCACTCTAAGGAGACTGCCGGTGACAAACCGGAGGAAGGTGGGGATGACGTCAAATCATCATGCC

CCTTATGACCTGGGCTACACACGTGCTACAATGGACGATACAAAGAGTCGCAAACTCGCGAGGGTAAGCTAATCTCATAAAA

TCGTTCTCAGTTCGGATTGTAGGCTGCAACTCGCCTGCATGAAGCCGGAATCGCTAGTAATCGCGGATCAGCATGCCGCGGT

GAATACGTTCCCGGGCCTTGTACACACCGCCCGTCACACCACGAGAGTTTGTAACACCCGAAGTCGGTGGTGTAACCGTAA

GGAGCCAGCCGCCTAAGATGGGATAGATGATTGGGGTGAAGTCGTAACAAGGTAACC-3′

图 7-8 菌株 CZC0806 的 16S rDNA 序列

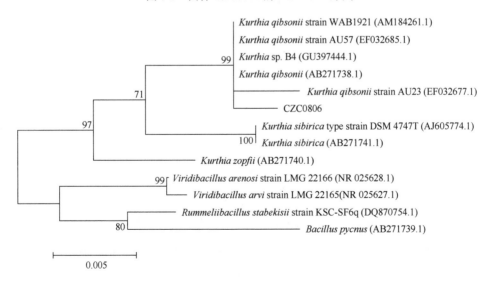

图 7-9 邻接法构建的菌株 CZC0806 的 16S rDNA 序列的系统发育树

第三节　菌株 CZC0806 酶学性质研究

活化菌种后，再以相同接种量（10%）接种于液体种子培养基中，分别在 10℃、15℃、20℃、25℃、30℃、35℃条件下，于 140 r/min 恒温振荡培养箱中培养，每隔一定时间取样，测 OD_{600}，绘制吸光度-时间曲线（每个温度做 3 个平行，所得结果取平均值）（图 7-10）。

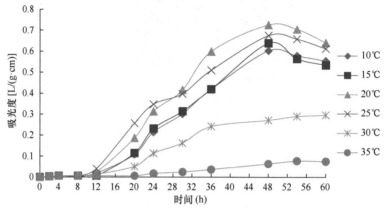

图 7-10　菌株 CZC0806 在不同温度下的生长曲线

由图 7-10 可知，在 48 h，20℃培养的菌株 CZC0806 浓度达到最大，高于其他温度下的最大浓度；10℃、15℃下菌株生长相对比较缓慢；25℃菌株初期比 20℃生长快，但 30 h 后，菌体浓度开始逐渐低于 20℃时的菌体浓度；30℃、35℃菌体生长很缓慢（估计是温度过高所致）。因此，20℃为最佳培养温度。

在菌体最适生长温度下，将对数期的种子液接种于液体产酶发酵培养基，20℃，装液量 100 ml/250 ml，接种量 10%，140 r/min 振荡培养，每隔一定时间取发酵液（2 ml）于灭菌后的离心管中，在 4℃下离心（6000 r/min，10 min）后取上清液测定酶活性（做 3 个平行，结果取平均值），绘制时间-相对酶活性曲线（图 7-11）。

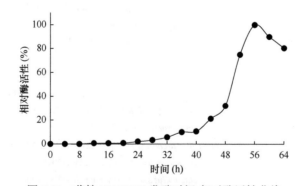

图 7-11　菌株 CZC0806 发酵时间-相对酶活性曲线

由图 7-11 可知，在菌体发酵 0～24 h，相对酶活性几乎为零；48～56 h 相对酶活性增加较快；在 56 h 达到最大，随后相对酶活性开始下降。与 20℃菌体生长曲线相比较可知，菌株在生长后期的产酶量较大。

一、发酵培养基优化

（一）碳源对菌株 CZC0806 发酵产酶的影响

在发酵培养基中，分别加 5%的不同碳源（葡萄糖、麦芽糖、蔗糖、乳糖、可溶性淀粉、麸皮）替换其碳源成分，进行单因素实验，20℃，装液量 100 ml/250 ml，接种量 10%，140 r/min 培养 56 h 后测定酶活性，如图 7-12 所示。由图 7-12 可知，蔗糖为最优碳源。

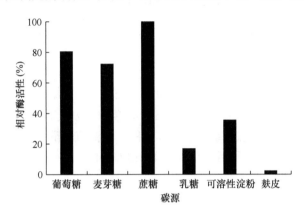

图 7-12　不同碳源对菌株 CZC0806 发酵产酶的影响

（二）碳源最适浓度的确定

改变培养基中蔗糖浓度（1.0%、2.0%、3.0%、4.0%、5.0%、6.0%），20℃，装液量 100 ml/250 ml，接种量 10%，140 r/min 培养 56 h 后测定酶活性。由图 7-13 可知，最适蔗糖浓度为 3%。

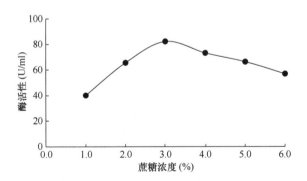

图 7-13　蔗糖对菌株 CZC0806 发酵产酶的影响

（三）氮源对菌株 CZC0806 发酵产酶的影响

在确定最优碳源和碳源浓度的情况下，分别以不同氮源（硫酸铵、硝酸铵、蛋白胨、牛肉膏、尿素、酵母膏）替换培养基中氮源成分，20℃，装液量 100 ml/250 ml，接种量 10%，140 r/min 培养 56 h，测定相对酶活性，如图 7-14 所示。由图 7-14 可知，最优氮源为蛋白胨。

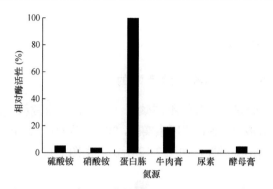

图 7-14　不同氮源对菌株 CZC0806 发酵产酶的影响

（四）氮源最适浓度的确定

改变培养基中蛋白胨浓度（0.5%、1.0%、1.5%、2.0%、2.5%、3.0%），20℃，装液量 100 ml/250 ml，接种量 10%，140 r/min 培养 56 h 测定酶活性，如图 7-15 所示。由图 7-15 可知，蛋白胨浓度过高或过低都不利于低温植酸酶的大量合成。蛋白胨浓度为 1.0% 时，发酵液低温植酸酶活性最高为 86.13 U/ml。

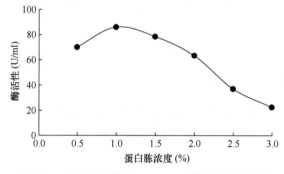

图 7-15　蛋白胨对菌株 CZC0806 发酵产酶的影响

（五）无机盐对菌株 CZC0806 发酵产酶的影响

在以上条件确定的情况下，分别以不同的 0.05% 无机盐（氯化钠、氯化钙、硫酸锰、硫酸亚铁、硫酸镁、硫酸锌）替换培养基中的无机盐成分，以不加无机盐的培养基为对照，装液量 100 ml/250 ml，接种量 10%，20℃，150 r/min 培养 56 h 测定相对酶活性，如图 7-16 所示。只有在培养基中添加氯化钠会提高相对酶活性，而其他几种无机盐与对照组相比均对酶活性有一定的抑制作用。

（六）发酵培养基 PB 设计

在以上单因素实验的基础上，进一步对发酵培养基进行优化，进行 PB 设计（表 7-3），每个因素取 2 个水平：高水平（+1）和低水平（–1），以筛选出对低温植酸酶活性影响显著的因子。装液量 100 ml/250 ml，接种量 10%，20℃，140 r/min 培养 56 h 后测定酶活性。

利用 Minitab15.0 软件分析实验结果，见表 7-3 和表 7-4，由表中结果可知，蛋白胨、蔗糖和氯化钠（NaCl）为 3 个影响显著的因素。

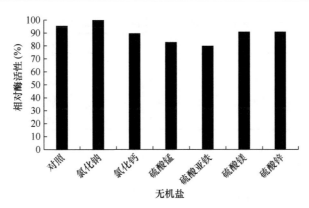

图 7-16　不同无机盐对菌株 CZC0806 发酵产酶的影响

表 7-3　菌株 CZC0806 发酵培养基优化 PB 设计各因素和水平及分析

因子代码	变量（%）	低值（−1）	高值（+1）	t 值	P 值
X_1	蔗糖	3.0	10.0	−6.39	0.001*
X_2	蛋白胨	0.5	2.5	−9.87	0.000*
X_3	NaCl	0.4	1.0	4.63	0.006*
X_4	$CaCl_2 \cdot 2H_2O$	0.03	0.07	0.97	0.376
X_5	$MgSO_4 \cdot 7H_2O$	0.03	0.07	−2.36	0.065
X_6	$FeSO_4 \cdot 7H_2O$	0.003	0.007	1.58	0.176

注：R^2=97.12%

* 表示显著性（$P<0.05$，差异显著）

表 7-4　菌株 CZC0806 发酵培养基优化 PB 设计结果

序号	X_1	X_2	X_3	X_4	X_5	X_6	酶活性（U/ml）
1	−1	−1	−1	−1	−1	−1	91.17
2	−1	1	−1	1	1	−1	34.37
3	−1	−1	1	−1	1	1	95.11
4	−1	1	1	1	−1	−1	72.86
5	1	−1	1	1	1	−1	77.03
6	1	1	−1	−1	−1	1	28.58
7	1	−1	1	1	−1	1	87.26
8	1	1	−1	1	1	1	26.04
9	1	−1	−1	−1	1	−1	51.57
10	−1	1	1	−1	1	1	67.68
11	−1	−1	−1	1	−1	1	93.39
12	1	1	1	−1	−1	−1	34.01

（七）最陡爬坡试验

根据 PB 设计筛选出的显著因子效应大小，设计其步长，进行最陡爬坡试验，确定试验因素中心点，以找到产酶活性最高的区域。装液量 100 ml/250 ml，接种量 10%，20℃，140 r/min 培养 56 h 测定酶活性，结果如表 7-5 所示。可知，低温植酸酶活性最高值在第 3 次试验附近，故选其作为中心点（蛋白胨、蔗糖、氯化钠分别为 1.0%、3.0% 和 0.8%）。

表 7-5　菌株 CZC0806 发酵培养基优化最陡爬坡试验

实验号	蛋白胨（%）	蔗糖（%）	氯化钠（%）	酶活性（U/ml）
1	2.0	7.0	0.4	74.63
2	1.5	5.0	0.6	84.03
3	1.0	3.0	0.8	103.28
4	0.5	1.0	1.0	72.56

（八）响应面分析

采用 Box-Behnken 中心组合试验设计，根据最陡爬坡试验确定的试验因素中心点，设计响应面因素及水平（表 7-6），结果见表 7-7。通过软件 Minitab 15.0 对试验数据进行分析得到二次线性回归方程：

$$Y=-274.29+213.47X_1+9.17X_2+633.88X_3-98.00X_1^2-3.01X_2^2-388.00X_3^2$$
$$+2.48X_1X_2-35.55X_1X_3+10.56X_2X_3 \tag{7-2}$$

式中，Y 为低温植酸酶活性；X_1 为蛋白胨浓度；X_2 为蔗糖浓度；X_3 为氯化钠浓度。

表 7-6　菌株 CZC0806 发酵培养基优化响应面因素设计水平表

因素	水平		
	−1	0	1
蛋白胨（%）	0.5	1.0	1.5
蔗糖（%）	1.0	3.0	5.0
氯化钠（%）	0.6	0.8	1.0

表 7-7　菌株 CZC0806 发酵培养基优化 Box-Behnken 中心组合试验设计结果

序号	蛋白胨（%）		蔗糖（%）		氯化钠（%）		酶活性（U/ml）
	X_1	编码 X_1	X_2	编码 X_2	X_3	编码 X_3	
1	1.5	1	3.0	0	1.0	1	61.34
2	1.0	0	3.0	0	0.8	0	104.42
3	1.0	0	1.0	−1	0.6	−1	72.65
4	1.0	0	1.0	−1	1.0	1	68.12
5	1.5	1	1.0	−1	0.8	0	62.30
6	1.0	0	3.0	0	0.8	0	106.09
7	1.0	0	5.0	1	0.6	−1	77.76
8	0.5	−1	3.0	0	0.6	−1	60.95
9	0.5	−1	3.0	0	1.0	1	71.75
10	1.0	0	5.0	1	1.0	1	90.13
11	0.5	−1	1.0	−1	0.8	0	71.29
12	1.5	1	3.0	0	0.6	−1	65.00
13	1.0	0	3.0	0	0.8	0	103.65
14	0.5	−1	5.0	1	0.8	0	69.12
15	1.5	1	5.0	1	0.8	0	70.03

回归方程的方差分析结果见表 7-8、表 7-9。由表 7-8 可知，显著水平为 0.05 时，

X_2、X_1^2、X_2^2、X_3^2 显著。由表 7-9 可知，回归方程显著性（P 值）为 0.001，为非常显著，模型失拟项为 0.075，大于 0.05，模型失拟项不显著，模型选择比较合适。回归系数 $R^2=0.9829$，大于 0.9，说明模型相关度很好。因此，可以使用该模型来分析响应值的变化。

表 7-8　菌株 CZC0806 发酵培养基优化回归方差系数表

项目	系数	标准误差	t 值	P 值
常量	104.720	2.030	51.589	0.000
X_1	−1.775	1.243	−1.428	0.213
X_2	4.085	1.243	3.286	0.022
X_3	1.843	1.243	1.482	0.198
X_1^2	−24.500	1.830	−13.390	0.000
X_2^2	−12.035	1.830	−6.578	0.001
X_3^2	−15.520	1.830	−8.482	0.000
X_1X_2	2.475	1.758	1.408	0.218
X_1X_3	−3.555	1.758	−2.022	0.099
X_2X_3	4.225	1.758	2.403	0.061

表 7-9　菌株 CZC0806 发酵培养基优化响应面方差分析结果

来源	自由度	顺序平方和	调整均方	F 值	P 值
回归	9	3553.57	394.84	31.94	0.001
线性	3	185.86	61.95	5.01	0.057
平方	3	3221.25	1073.75	86.86	0.000
交互	3	146.46	48.82	3.95	0.087
残差	5	61.81	12.36		
失拟	3	58.69	19.56	12.57	0.075
纯误差	2	3.11	1.56		
合计	14	3615.38			

注：$R^2=98.29\%$

利用 Minitab15.0 软件绘制曲面图进行可视化分析，进一步研究相关变量间的交互作用和确定最优点，图 7-17～图 7-19 分别显示了 3 组以低温植酸酶活性为响应值的趋势图，由图可知，蛋白胨与蔗糖这一组交互作用较强。

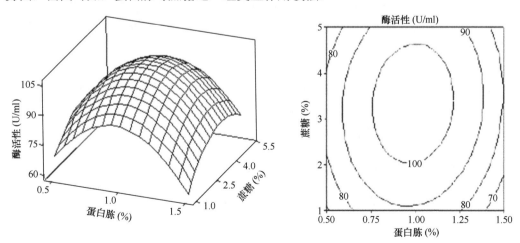

图 7-17　蛋白胨与蔗糖交互影响低温植酸酶活性的曲面图和等高线图

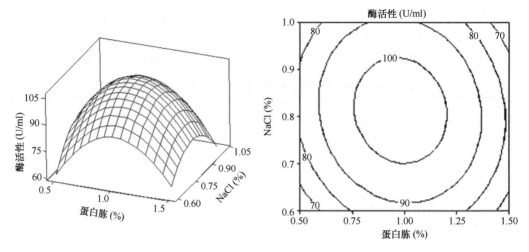

图 7-18　蛋白胨与 NaCl 交互影响低温植酸酶活性的曲面图和等高线图

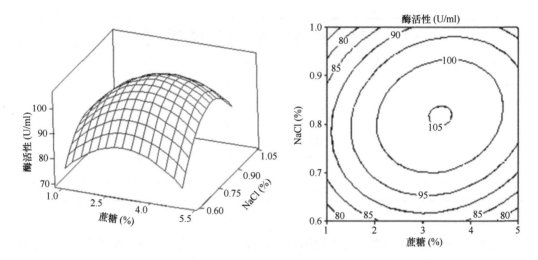

图 7-19　蔗糖与 NaCl 交互影响低温植酸酶活性的曲面图和等高线图

由图 7-17～图 7-19 可知，响应值存在最大值，经软件分析计算，得到低温植酸酶活性预测值最大时的培养基浓度：蛋白胨 0.99%，蔗糖 3.38%，NaCl 0.82%，预测酶活性最大值为 105.20 U/ml。

对优化结果（蛋白胨 0.99%，蔗糖 3.38%，NaCl 0.82%，$CaCl_2 \cdot 2H_2O$ 0.03%，$MgSO_4 \cdot 7H_2O$ 0.07%，$FeSO_4 \cdot 7H_2O$ 0.007%）进行 3 次验证实验，结果低温植酸酶活性平均值为 103.11 U/ml，与理论预测值基本吻合，表明该模型合理。与发酵产酶培养基未进行优化时菌株产低温植酸酶活性 80.56 U/ml 相比，有了明显提高。

二、发酵条件优化

（一）发酵时间对菌株 CZC0806 发酵产酶的影响

在培养基确定的条件下，控制发酵时间分别为 36 h、40 h、44 h、48 h、52 h、56 h、60 h、64 h、68 h、72 h，研究发酵时间对 CZC0806 产低温植酸酶的影响。

由图 7-20 可知，在 36～60 h，酶活性逐渐增高，60 h 以后酶活性开始有所下降。因此 60 h 为最佳发酵时间。

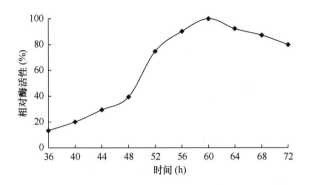

图 7-20 发酵时间对菌株 CZC0806 发酵产酶的影响

（二）温度对菌株 CZC0806 发酵产酶的影响

在最佳发酵时间确定的条件下，控制培养温度分别为 10℃、15℃、20℃、25℃、30℃，研究温度对 CZC0806 产低温植酸酶的影响。

由图 7-21 可知，10～20℃低温植酸酶活性逐渐提高，超过 20℃后，酶活性逐步下降。因此 20℃为最佳发酵产酶温度。

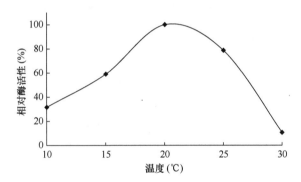

图 7-21 温度对菌株 CZC0806 发酵产酶的影响

（三）初始 pH 对菌株 CZC0806 发酵产酶的影响

在最佳发酵时间、温度确定的条件下，控制培养基初始 pH 分别为 3.0、4.0、5.0、6.0、7.0、8.0，研究初始 pH 对 CZC0806 产低温植酸酶的影响。

由图 7-22 可知，初始 pH 为 3.0～7.0，低温植酸酶活性逐渐提高，pH 超过 7.0 后，酶活性开始下降。因此 7.0 为最佳初始 pH。

（四）接种量对菌株 CZC0806 发酵产酶的影响

在确定了最佳发酵时间、培养温度及初始 pH 后，控制发酵培养接种量分别为 2%、4%、6%、8%、10%、12%、14%，研究接种量对 CZC0806 产低温植酸酶的影响。

由图 7-23 可知，接种量为 2%～10%，低温植酸酶活性逐渐提高，接种量超过 10%后，酶活性开始下降。因此 10%为最佳接种量。

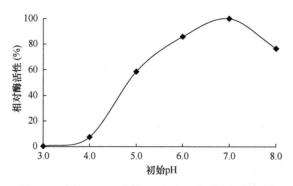

图 7-22　初始 pH 对菌株 CZC0806 发酵产酶的影响

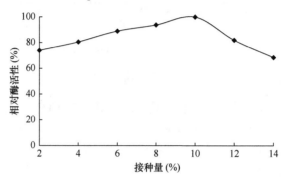

图 7-23　接种量对菌株 CZC0806 发酵产酶的影响

（五）转速对菌株 CZC0806 发酵产酶的影响

在确定了最佳发酵时间、培养温度、初始 pH 及接种量后，控制振荡培养的转速分别为 60 r/min、80 r/min、100 r/min、120 r/min、140 r/min、160 r/min、180 r/min，研究转速对 CZC0806 产低温植酸酶的影响。

由图 7-24 可知，随着振荡培养转速的加快，低温植酸酶活性逐渐提高，转速为 180 r/min 时酶活性最高。

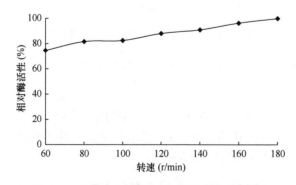

图 7-24　转速对菌株 CZC0806 发酵产酶的影响

（六）正交设计优化发酵条件

经过以上各单因素实验，采用正交设计来进一步优化发酵条件，对温度、初始 pH、时间、接种量、转速进行 L_{16}（4^5）正交实验，因素水平表如表 7-10 所示。

表 7-10 菌株 CZC0806 发酵条件优化 L$_{16}$（4^5）正交实验因素水平表

水平	A 温度（℃）	B 初始 pH	C 时间（h）	D 接种量（%）	E 转速（r/min）
1	10	6.0	55	6	60
2	15	6.5	60	8	100
3	20	7.0	65	10	140
4	25	7.5	70	12	180

由表 7-11、表 7-12 的结果及分析可知，以第 11 组的发酵条件进行发酵时酶活性最高，发酵产酶最佳条件为：温度 20℃，初始 pH 7.0，发酵时间 55 h，接种量 8%，转速 180 r/min，在此发酵条件下酶活性达到 112.70 U/ml。

表 7-11 菌株 CZC0806 发酵条件优化 L$_{16}$（4^5）正交实验表

编号	A 温度（℃）	B 初始 pH	C 时间（h）	D 接种量（%）	E 转速（r/min）	酶活性（U/ml）
1	10	6.0	55	6	60	23.01
2	10	6.5	60	8	100	36.46
3	10	7.0	65	10	140	38.08
4	10	7.5	70	12	180	33.06
5	15	6.0	60	10	180	42.89
6	15	6.5	55	12	140	38.71
7	15	7.0	70	6	100	48.80
8	15	7.5	65	8	60	51.34
9	20	6.0	65	12	100	68.32
10	20	6.5	70	10	60	70.56
11	20	7.0	55	8	180	112.70
12	20	7.5	60	6	140	90.04
13	25	6.0	70	8	140	82.91
14	25	6.5	65	6	180	96.88
15	25	7.0	60	12	60	104.43
16	25	7.5	55	10	100	72.00

表 7-12 菌株 CZC0806 发酵条件优化研究结果直接分析 （酶活性：U/ml）

编号	A	B	C	D	E
均值 1	32.653	54.282	61.605	64.683	62.335
均值 2	45.435	60.653	68.455	70.852	56.395
均值 3	85.405	76.002	63.655	55.883	62.435
均值 4	89.055	61.610	58.833	61.130	71.382
极差	56.402	21.720	9.622	14.969	14.987

表 7-13 的方差分析表明，5 个因素中温度为显著性影响因素，因此，保持好发酵时的温度对发酵产酶是非常重要的。

表 7-13　菌株 CZC0806 发酵条件优化正交实验结果方差分析

因素	偏差平方和	自由度	F 比值	F 临界值	显著性
温度	9 641.088	3	4.092	3.290	*
初始 pH	1 009.711	3	0.429	3.290	
时间	197.701	3	0.084	3.290	
接种量	474.293	3	0.201	3.290	
转速	458.315	3	0.195	3.290	
误差	11 781.11	15			

按照上述最佳培养基和发酵条件进行 3 次验证实验，结果取平均值，得到菌株所产低温植酸酶活性为 114.51 U/ml。与未进行发酵产酶条件优化时的酶活性（80.56 U/ml）相比，提高了 42.14%。

三、酶学性质表征

（一）菌株 CZC0806 产低温植酸酶的最适作用温度

将粗酶液分别在 0℃、5℃、10℃、15℃、20℃、25℃、30℃、35℃、40℃和 45℃下测定低温植酸酶活性，每个实验做 3 个平行，结果取平均值，如图 7-25 所示。由图 7-25 可知，该酶在 0℃能保持约 27%的相对酶活性，最适作用温度为 35℃（中温酶的最适作用温度一般为 50℃左右），温度达到 45℃时，相对酶活性仅为约 10%。以上特征符合低温酶的特点。

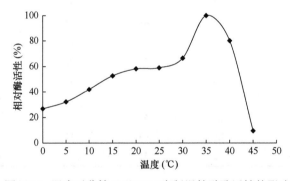

图 7-25　温度对菌株 CZC0806 产低温植酸酶活性的影响

（二）菌株 CZC0806 产低温植酸酶的热稳定性

将粗酶液分别置于 35℃、45℃、55℃、65℃、75℃、85℃的水浴中保温 30 min，立即冷却并测定剩余酶活性，每个实验做 3 个平行，结果取平均值，如图 7-26 所示。由图 7-26 可知，该酶的热稳定性较差，当温度超过 45℃时，热稳定性下降明显，在 75℃下保持 30 min 后相对酶活性仅为 3%。因此该酶若在工厂生产中进行高温制粒，需要运用包埋法及基因工程等方法来解决热稳定性差的问题。

（三）菌株 CZC0806 产低温植酸酶的最适作用 pH

在最适作用温度下，分别用 pH 为 3.0、3.5、4.0、4.5、5.0、5.5、6.0、6.5、7.0 的

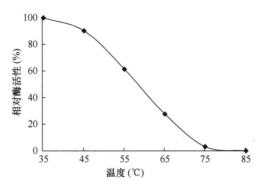

图 7-26　菌株 CZC0806 产低温植酸酶的热稳定性

缓冲液，测定低温植酸酶活性，每个实验做 3 个平行，结果取平均值，如图 7-27 所示。由图 7-27 可知，该酶的最适作用 pH 为 5.5，这与多数文献报道的酸性植酸酶的最适作用 pH 相一致。

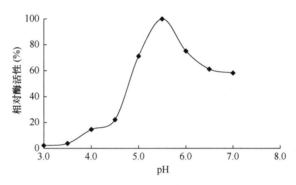

图 7-27　pH 对菌株 CZC0806 产低温植酸酶活性的影响

（四）金属离子对菌株 CZC0806 产低温植酸酶活性的影响

在最适作用 pH 5.5、最适作用温度 35℃的条件下，分别用配制的含有 0.5 mmol/L 金属离子（Fe^{2+}、Zn^{2+}、Cu^{2+}、Mg^{2+}、Ca^{2+}、K^+、Na^+、Mn^{2+}）的柠檬酸-柠檬酸钠缓冲液代替反应体系中的缓冲液，测定酶活性，每个实验做 3 个平行，结果取平均值，如图 7-28 所示。由图 7-28 可知，金属离子对酶活性的影响不明显。

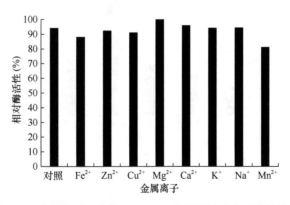

图 7-28　金属离子对菌株 CZC0806 产低温植酸酶活性的影响

第四节　菌株 Y1 酶学性质研究

测定一定时间内菌株 Y1 产低温植酸酶活性，得时间-酶活性曲线，在前 24 h 内酶活性逐渐上升，在 24 h 时酶活性达到最高，以后酶活性逐渐降低，见图 7-29。

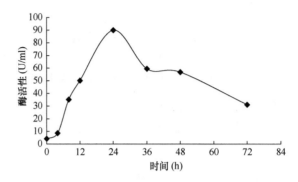

图 7-29　菌株 Y1 产低温植酸酶时间-酶活性曲线

由图 7-29 可知，菌株 Y1 在 24 h 前开始产低温植酸酶，在 24 h，酶产量达到最大，酶活性为 89.9715 U/ml，24 h 以后酶活性开始下降，在 36～48 h，酶活性趋于稳定，在 48 h 以后，酶活性下降幅度较大。

一、发酵培养基优化

（一）碳源对菌株 Y1 发酵产酶的影响

分别以果糖、麦芽糖、淀粉、葡萄糖、蔗糖、木糖作为发酵培养基中的唯一碳源（浓度均为 5%）进行培养，取在 15℃、145 r/min 下培养到对数期（24 h）的 Y1 种子液接种于发酵培养基中，接种量为 10%，在 15℃、145 r/min 下发酵 24 h 停止发酵，分别取发酵液 0.1 ml，测定酶活性，确定最佳碳源，如图 7-30 所示。

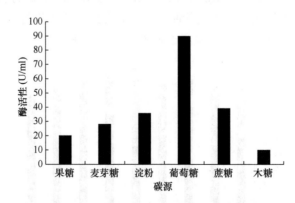

图 7-30　碳源对菌株 Y1 发酵产酶的影响

由图 7-30 可以看出，以葡萄糖为唯一碳源时酶活性最高，可达 89.97 U/ml，蔗糖和淀粉次之，因此采用葡萄糖作为发酵培养基的碳源。

（二）碳源最适浓度的确定

以葡萄糖为最佳碳源，设置浓度梯度为 3%、4%、5%、6%、7%，进行培养比较实验，结果见图 7-31。

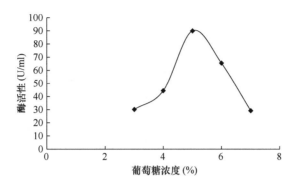

图 7-31 葡萄糖对菌株 Y1 发酵产酶的影响

由图 7-31 可知，当葡萄糖浓度为 5% 时，酶活性最大，可达 89.97 U/ml，当浓度为 3%～4% 时，酶活性呈上升趋势，当浓度为 6%～7% 时酶活性开始下降。

（三）氮源对菌株 Y1 发酵产酶的影响

确定最佳碳源后，分别选择硝酸铵、硫酸铵、尿素、玉米浆、蛋白胨、酵母膏（浓度为 1%）为唯一氮源进行培养，取在 15℃、145 r/min 下培养到对数期（24 h）的 Y1 种子液接种于发酵培养基中，接种量为 10%，在 15℃、145 r/min 下发酵 24 h 停止发酵，分别取发酵液 0.1 ml，测定酶活性，确定最佳氮源，如图 7-32 所示。

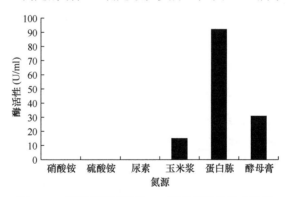

图 7-32 不同氮源对菌株 Y1 发酵产酶的影响结果

由图 7-32 可知，以蛋白胨为唯一氮源时，酶活性最高，可达 92.17 U/ml，酵母膏和玉米浆次之，而以无机氮源作唯一氮源时，基本没有酶活性。

（四）氮源最适浓度的确定

以蛋白胨为最佳氮源，设置浓度梯度为 0.5%、1%、2%、3%、4% 进行培养，比较实验结果如图 7-33 所示。

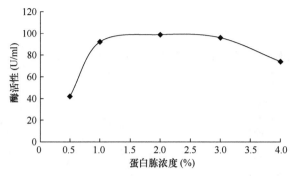

图 7-33　蛋白胨对菌株 Y1 发酵产酶的影响

由图 7-33 可知，当蛋白胨浓度为 2%时，酶活性最大，可达 98.75 U/ml，当其浓度为 0.5%～1%时，酶活性逐渐上升，浓度为 3%～4%时，酶活性开始下降。

（五）无机盐对菌株 Y1 发酵产酶的影响

以 5%的葡萄糖为最佳碳源、2%的蛋白胨为最佳氮源，设置硫酸镁的浓度梯度为 0.03%、0.04%、0.05%、0.06%、0.07%进行培养，取在 15℃、145 r/min 下培养到对数期（24 h）的 Y1 种子液接种于发酵培养基中，接种量为 10%，在 15℃、145 r/min 下发酵 24 h 停止发酵，分别取发酵液 0.1 ml，测定酶活性，确定最佳无机盐含量，如图 7-34 所示。

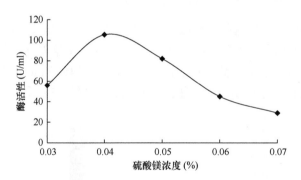

图 7-34　硫酸镁对菌株 Y1 发酵产酶的影响

由图 7-34 可以看出，硫酸镁浓度为 0.04%时，酶活性最高，可达 105.33 U/ml，当浓度超过 0.04%时，酶活性开始逐渐下降。

以 5%的葡萄糖为最佳碳源、2%的蛋白胨为最佳氮源，选定硫酸镁的浓度为 0.04%，设置硫酸铵的浓度梯度为 0.1%、0.2%、0.3%、0.4%、0.5%进行培养，比较实验结果如图 7-35 所示。

由图 7-35 可以看出，当硫酸铵浓度为 0.2%时，酶活性最大，可达 111.92 U/ml，随着硫酸铵浓度的增大，酶活性逐渐下降。

以 5%的葡萄糖为最佳碳源、2%的蛋白胨为最佳氮源，设置氯化钾浓度梯度为 0.03%、0.04%、0.05%、0.06%、0.07%进行培养，比较实验结果如图 7-36 所示。

由图 7-36 可知，当氯化钾浓度为 0.06%时，酶活性可达到 116.30 U/ml，当浓度为 0.03%～0.05%时，酶活性逐渐上升，浓度超过 0.06%，酶活性开始下降。

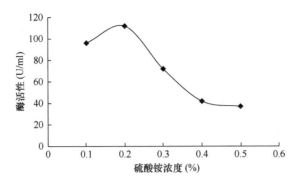

图 7-35 硫酸铵对菌株 Y1 发酵产酶的影响

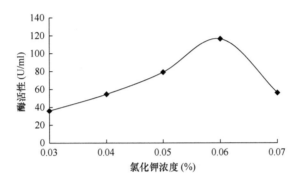

图 7-36 氯化钾对菌株 Y1 发酵产酶的影响

通过单因素实验可以得出，最佳碳源为葡萄糖 5%、蛋白胨 2%、硫酸镁 0.04%、硫酸铵 0.2%、氯化钾 0.06%。

（六）正交实验

对已确定的碳源、氮源、无机盐进行 5 因素 3 水平的正交实验，以找出各因素的最适用量和配比，实验设计见表 7-14。

表 7-14 菌株 Y1 发酵培养基优化正交实验设计

水平	A 葡萄糖（%）	B 蛋白胨（%）	C 硫酸铵（%）	D 硫酸镁（%）	E 氯化钾（%）
1	4	1	0.1	0.03	0.05
2	5	2	0.2	0.04	0.06
3	6	3	0.3	0.05	0.07

按表 7-15 分别配制发酵培养基，将各瓶培养基分别编号，然后取在 15℃、145 r/min 下培养到对数期（24 h）的 Y1 种子液接种于发酵培养基中，接种量为 10%，在 15℃、145 r/min 下发酵 24 h 停止发酵，分别取发酵 0.1 ml，测定酶活性，实验结果如表 7-15 所示。

由表 7-15 可以看出，实验 2 的低温植酸酶活性最高，约为 125.46 U/ml，此时发酵培养基组成为：葡萄糖 4%、蛋白胨 2%、硫酸铵 0.2%、硫酸镁 0.04%、氯化钾 0.06%，并通过正交实验分析软件得到正交实验直接分析表（表 7-16）和方差分析表（表 7-17）。

表 7-15　菌株 Y1 发酵培养基优化 L_{18}（3^5）正交实验结果

序号	葡萄糖（%）	蛋白胨（%）	硫酸铵（%）	硫酸镁（%）	氯化钾（%）	酶活性（U/ml）
1	4	1	0.1	0.03	0.05	37.3053
2	4	2	0.2	0.04	0.06	125.4608
3	4	3	0.3	0.05	0.07	57.0551
4	5	1	0.1	0.04	0.06	81.1938
5	5	2	0.2	0.05	0.07	114.1101
6	5	3	0.3	0.03	0.05	61.4439
7	6	1	0.2	0.03	0.07	41.6941
8	6	2	0.3	0.04	0.05	63.6384
9	6	3	0.1	0.05	0.06	37.3053
10	4	1	0.3	0.05	0.06	35.1108
11	4	2	0.1	0.03	0.07	70.2216
12	4	3	0.2	0.05	0.05	89.9714
13	5	1	0.2	0.05	0.05	57.0551
14	5	2	0.3	0.04	0.06	96.5547
15	5	3	0.1	0.04	0.07	68.6384
16	6	1	0.3	0.04	0.07	37.3503
17	6	2	0.1	0.05	0.05	57.0551
18	6	3	0.2	0.03	0.06	68.0272

由表 7-16 可以看出，对 A 而言，均值 2 酶活性最高，为 78.998 U/ml，此时 A 为 4%；对于 B 而言，均值 2 酶活性最高，为 87.840 U/ml，此时 B 为 2%；对于 C 而言，均值 2 酶活性最高，为 87.720 U/ml，此时 C 为 0.2%；对于 D 而言，均值 2 酶活性最高，为 76.868 U/ml，此时 D 为 0.04%；对于 E 而言，均值 2 酶活性最高，为 73.942 U/ml，此时 E 为 0.06%。

表 7-16　菌株 Y1 发酵培养基优化正交实验直接分析表（酶活性：U/ml）

序号	A	B	C	D	E
均值 1	69.188	48.277	57.787	62.541	61.078
均值 2	78.998	87.840	87.720	76.868	73.942
均值 3	50.840	65.908	58.518	59.618	64.005
极差	28.158	39.562	24.932	17.250	12.862

由表 7-16 可以看出，发酵培养基最佳组合为 $A_2B_2C_2D_2E_2$。

由表 7-17 可以看出，所研究的 5 个因素中，葡萄糖、蛋白胨、硫酸铵是影响低温植酸酶活性的显著性因素。

综上所述，菌株 Y1 液体发酵产酶培养基最佳组合为葡萄糖 4%、蛋白胨 2%、硫酸铵 0.2%、硫酸镁 0.04%、氯化钾 0.06%。

表 7-17 菌株 Y1 发酵培养基优化正交实验方差分析表

因素	偏差平方和	自由度	F 比值	F 临界值	显著性
葡萄糖	2451.578	2	36.997	19.000	*
蛋白胨	4801.501	2	72.460	19.000	*
硫酸铵	2415.683	2	36.455	19.000	*
硫酸镁	1022.800	2	15.435	19.000	
氯化钾	545.431	2	8.231	19.000	
误差	66.26				

二、发酵条件优化

（一）温度对菌株 Y1 发酵产酶的影响

设置温度为 10℃、15℃、20℃、25℃、30℃，将在 145 r/min 下培养到对数期（24 h）的 Y1 种子液接种于发酵培养基中，接种量为 10%，145 r/min 下发酵 24 h 停止发酵，分别取发酵液 0.1 ml，测定酶活性，实验结果见图 7-37。

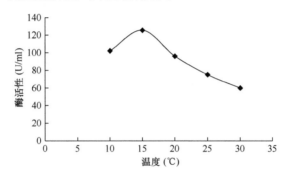

图 7-37 温度对菌株 Y1 发酵产酶的影响

实验结果表明，温度在 15℃时，酶活性最高，达到 125.46 U/ml，随着温度升高，酶活性下降。

（二）初始 pH 对菌株 Y1 发酵产酶的影响

在最适温度为 15℃的条件下，设置初始 pH 为 3、4、5、5.5、6、7，将在 145 r/min 下培养到对数期（24 h）的 Y1 种子液接种于发酵培养基中，接种量为 10%，145 r/min 下发酵 24 h 停止发酵，分别取发酵液 0.1 ml，测定酶活性，实验结果见图 7-38。

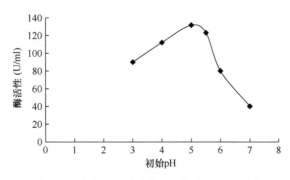

图 7-38 初始 pH 对菌株 Y1 发酵产酶的影响

实验结果表明，初始 pH 在 5 时，酶活性最高，达到 131.67 U/ml，当初始 pH 再增大时，酶活性开始下降。

（三）培养时间对菌株 Y1 发酵产酶的影响

在最适温度、最适 pH 下，设置培养时间分别为 12 h、24 h、36 h、48 h 和 60 h，接种量为 10%，145 r/min 下发酵 24 h，测定酶活性，实验结果见图 7-39。

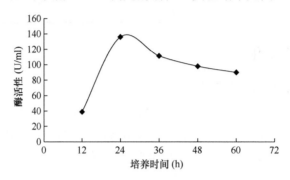

图 7-39 培养时间对菌株 Y1 发酵产酶的影响

实验结果表明，随培养时间增加，酶活性增加，当培养 24 h 时，酶活性达到最大值 136.05 U/ml，当时间再增加时，酶活性开始下降。

（四）接种量对菌株 Y1 发酵产酶的影响

在最适温度为 15℃、初始 pH 为 5、培养时间为 24 h 时，设置接种量为 2%、5%、8%、10%、12%，在 145 r/min 下发酵 24 h 停止发酵，分别取发酵液 0.1ml，测定酶活性，结果见图 7-40。

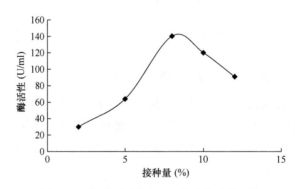

图 7-40 接种量对菌株 Y1 发酵产酶的影响

由图 7-40 可以看出，当接种量为 8%时，酶活性达到最大，为 140.44 U/ml。

（五）装液量对菌株 Y1 发酵产酶的影响

在最适温度为 15℃、初始 pH 为 5、培养时间为 24 h、接种量为 8%时，设置装液量为 100 ml、150 ml、200 ml、250 ml、300 ml，在 145 r/min 下发酵 24 h 停止发酵，分别取发酵液 0.1 ml，测定酶活性，结果见图 7-41。

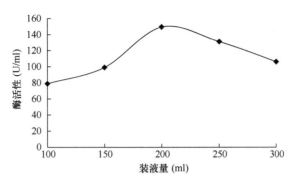

图 7-41　装液量对菌株 Y1 发酵产酶的影响

实验结果表明，在装液量为 200 ml（500 ml 三角瓶）时，酶活性最大，达到 149.221 U/ml，装液量增加，酶活性变低。

（六）正交实验

对已确定的最适温度、初始 pH、时间、接种量、装液量进行 5 因素 3 水平的正交实验，来找出各因素的最适用量和配比，以得出最大酶活性，实验设计见表 7-18。分别制备培养时间为 12 h、24 h、36 h 的种子液，接种于优化后的发酵培养基中，将各瓶培养基编号，置于不同条件下发酵 24 h 停止发酵，取 0.1 ml 发酵液，测定酶活性。

表 7-18　菌株 Y1 发酵条件优化正交实验设计

水平	A 温度（℃）	B 初始 pH	C 时间（h）	D 接种量（%）	E 装液量（ml）
1	10	4	12	5	150
2	15	5	24	8	200
3	20	5.5	36	10	250

将配制好的发酵培养基按表 7-19 分别在不同的温度、初始 pH、时间、接种量、装液量下，145 r/min 发酵 24 h 停止发酵，分别取发酵液 0.1 ml，测定酶活性，实验结果如表 7-19 所示，通过正交分析软件分析得到最佳发酵培养条件组合。

表 7-19　菌株 Y1 发酵条件优化 L_{18}（3^5）正交实验结果

序号	温度（℃）	初始 pH	时间（h）	接种量（%）	装液量（ml）	酶活性（U/ml）
1	10	4	12	5	150	54.86
2	10	5	24	8	200	96.55
3	10	5.5	36	10	250	68.86
4	15	4	12	8	200	138.25
5	15	5	24	10	250	162.39
6	15	5.5	36	5	150	81.19
7	20	4	24	5	250	68.03
8	20	5	36	8	150	54.86
9	20	5.5	12	10	200	48.28
10	10	4	36	10	200	109.72
11	10	5	12	5	250	87.78

续表

序号	温度（℃）	初始 pH	时间（h）	接种量（%）	装液量（ml）	酶活性（U/ml）
12	10	5.5	24	8	150	92.17
13	15	4	24	10	150	89.97
14	15	5	36	5	200	72.41
15	15	5.5	12	8	250	57.06
16	20	4	36	8	250	54.86
17	20	5	12	10	150	48.27
18	20	5.5	24	5	200	43.89

由表 7-19 可以看出，本次实验序号 5 酶活性最高，达到 162.39 U/ml，比发酵培养基正交实验结果提高了 36.93 U/ml，此时发酵培养条件是温度 15℃，初始 pH 5，培养时间 24 h，接种量 10%，装液量 250 ml。通过正交实验分析软件得到正交实验直接分析表（表 7-20）和方差分析表（表 7-21）。

表 7-20 菌株 Y1 发酵条件优化正交实验直接分析表 （酶活性：U/ml）

序号	A	B	C	D	E
均值 1	84.990	85.948	72.418	68.028	70.222
均值 2	100.213	87.047	92.167	82.292	84.852
均值 3	53.033	65.242	73.652	87.917	83.163
极差	47.180	21.805	19.749	19.889	14.630

表 7-21 菌株 Y1 发酵条件优化正交实验方差分析表

因素	偏差平方和	自由度	F 比值	F 临界值	显著性
温度	6958.012	2	113.513	19.000	*
初始 pH	1811.006	2	29.545	19.000	*
时间	1468.686	2	23.960	19.000	*
接种量	1261.312	2	20.577	19.000	*
装液量	768.628	2	12.539	19.000	
误差	61.30				

由表 7-20 可以看出，对温度而言，均值 2 时酶活性最高，为 100.213 U/ml，对初始 pH 而言，均值 2 时酶活性最高，为 87.047 U/ml，对时间而言，均值 2 时酶活性最高，为 92.167 U/ml，对接种量而言，均值 3 时酶活性最高，为 82.292 U/ml，对装液量而言，均值 2 时酶活性最高，为 84.852 U/ml。此时温度为 15℃，初始 pH 为 5，培养时间为 24 h，接种量为 10%，装液量为 250 ml。

由表 7-20 可以看出，最佳发酵培养条件组合为 $A_2B_2C_2D_3E_2$。

由表 7-21 可以看出，所研究的 5 个因素中，温度、初始 pH、时间、接种量是影响低温植酸酶产生菌 Y1 产酶的显著性因素。

综上所述，菌株 Y1 液体发酵产酶的最佳培养条件组合是：温度 15℃，初始 pH 5，培养时间 24 h，接种量 10%，装液量为 250 ml。

三、酶学性质表征

（一）菌株 Y1 产低温植酸酶的最适作用 pH

配制 pH 分别为 3、4、5、5.5、6、7、8、9 的缓冲液，底物溶液溶于上述不同缓冲液的 1.25 mol/L 植酸钠溶液，反应温度为 20℃，反应时间为 15 min，测定样品的酶活性以确定最适作用 pH，结果如图 7-42 所示。

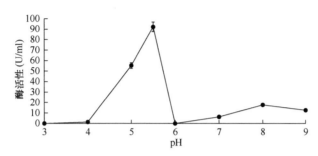

图 7-42　pH 对菌株 Y1 产低温植酸酶活性的影响

由图 7-42 可以看出，低温植酸酶在 pH 3～4 时活性几乎为 0，说明该酶在该 pH 范围内失活，当 pH 从 4 开始增大时，酶活性开始逐渐提高，基本呈直线上升趋势，当 pH 为 5.5 时酶活性最高，为 92.17 U/ml，当 pH 超过 5.5 时，酶活性急剧下降，到 6.0 时酶活性为 0，当 pH 为 7～9 时酶活性很低，说明该低温植酸酶对 pH 要求比较严格，其酶活性作用的 pH 为 4.0～6.0，最适作用 pH 为 5.5。

（二）菌株 Y1 产低温植酸酶的最适作用温度

底物溶液和酶液分别在 15℃、25℃、35℃、45℃、55℃、65℃和 75℃的反应体系下反应，pH 5.5，反应时间为 15 min，测定待测样品的酶活性以确定最适作用温度，结果如图 7-43 所示。

由图 7-43 可以看出，在 15～35℃酶活性呈逐渐上升趋势，由 60 U/ml 达到 90.17 U/ml，当温度在 35℃时酶活性达到最高点，为 90.17 U/ml，到 45℃时，酶活性有一定的下降，然后从 45℃开始上升，到 55℃时，呈现另一高峰，酶活性为 79.97 U/ml。由以上分析可以看出，该酶在低温 20～30℃时，有一定的催化活力，但是其最适作用温度为 35℃。

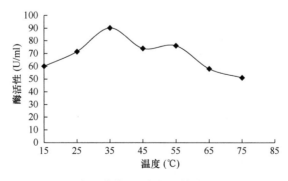

图 7-43　温度对菌株 Y1 产低温植酸酶活性的影响

（三）菌株 Y1 产低温植酸酶的反应动力学

以浓度分别为 0.5 mmol/L、0.25 mmol/L、0.05 mmol/L、0.001 mmol/L 的植酸钠为底物，在 20℃、pH 5.5 的条件下进行酶促反应，测定酶活性，计算相应的反应速率，利用米氏方程双倒数作图法求得 K_m 值和 V_{max} 值。反应时间为 20 min，通过 V-V[S]图，可以看出随底物浓度[S]的增加，反应速率线性增加，反应速率与底物浓度成正比，结果见图 7-44。

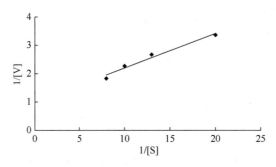

图 7-44   米氏方程双倒数作图法测定 K_m

以不同浓度的植酸钠为底物，20℃下进行反应，采用米氏方程双倒数作图法作图，得出回归方程：

$$y=0.1215x+0.9835 \tag{7-3}$$

通过计算可得 K_m=0.1235 mmol/L，V_{max}=1.017 mmol/（min·L）。

（四）低温植酸酶分子质量的测定

取待测样品 40 μl，加入 10 μl 配制好的前沿指示剂溴酚蓝溶液，沸水浴 5 min 使酶蛋白变性解离。

SDS-PAGE 电泳采用 5%浓缩胶和 12%分离胶，其配制分别见表 7-22 和表 7-23。

表 7-22   菌株 Y1 产低温植酸酶 SDS-PAGE 电泳 5%浓缩胶配比

组分	各种凝胶体积所对应的各组分的取样量（ml）						
	2 ml	3 ml	4 ml	5 ml	6 ml	8 ml	10ml
H₂O	1.4	2.1	2.7	3.4	4.1	5.5	6.8
30%丙烯酰胺	0.33	0.5	0.67	0.83	1.0	1.3	1.7
1mol/L Tris-HCl	0.25	0.38	0.5	0.63	0.75	1.0	1.25
10%SDS	0.02	0.03	0.04	0.05	0.06	0.08	0.1
10%过硫酸铵	0.02	0.03	0.04	0.05	0.06	0.08	0.1
四甲基乙二胺（TMEDA）	0.002	0.003	0.004	0.005	0.006	0.008	0.01

表 7-23   菌株 Y1 产低温植酸酶 SDS-PAGE 电泳 12%分离胶配比

12%Gel 组分	各种凝胶体积所对应的各组分的取样量（ml）						
	5ml	10 ml	15 ml	20 ml	25 ml	30 ml	40ml
H₂O	1.6	3.3	4.9	6.6	8.2	9.9	13.2

续表

12%Gel 组分	各种凝胶体积所对应的各组分的取样量（ml）						
	5ml	10 ml	15 ml	20 ml	25 ml	30 ml	40ml
30%丙烯酰胺	2.0	4.0	6.0	8.0	10.0	12.0	16.0
1.5mol/L Tris-HCl	1.3	2.5	3.8	5.0	6.3	7.5	10.0
10%SDS	0.05	0.1	0.15	0.2	0.25	0.3	0.4
10%过硫酸铵	0.05	0.1	0.15	0.2	0.25	0.3	0.4
TMEDA	0.002	0.004	0.006	0.008	0.01	0.012	0.016

用蒸馏水将玻璃板洗净，再用去离子水冲洗，晾干后安置于电泳槽中，再固定在制胶器中，并用去离子水试验是否密封好。

分别配制分离胶的各种成分，然后按表 7-22 和表 7-23 配比配制分离胶 15 ml，再迅速将分离胶加入密封好的玻璃槽中，加入量约 7 ml（玻璃板 2/3 的高度），然后加入蒸馏水封住凝胶，此过程须注意防止分离胶产生气泡。加蒸馏水水封的目的是保证分离胶上沿平直并排除气泡。分离胶聚合好的标志是胶与水层之间形成清晰的界面。

倒出水并用滤纸把剩余的水分吸干，连续平稳地加入已按表 7-22 比例配好的浓缩胶至顶部，然后插上样品孔梳，梳口处不能有气泡，静置至胶凝固后垂直取出样品孔梳，取出电泳槽，将电解缓冲液注入电泳槽中，上槽溶液要没过短玻璃板。

用微量注射器缓慢加入样品及蛋白 Marker，加样量为 15 μl，电流为 30 mA。为避免边缘效应，最好选用中部的孔加样。接通电源进行电泳，开始时电压为 80 V，当进入分离胶后改为 100 V，直到样品中的染料迁移至离下端 1 cm 时，停止电泳。电泳结束后，撬开玻璃板，轻轻用水冲下凝胶，先用固定液固定 20 min，然后将胶置于装染色液的大培养皿中，密闭染色 3 h。染色结束后回收染色液，再用脱色液 40 r/min 振荡脱色蛋白条带清晰即可，弃脱色液，加入固定液将蛋白条带固定。

如图 7-45 所示，对粗酶液进行 SDS-PAGE 电泳，得到 SDS-PAGE 凝胶电泳图，低温植酸酶的分子质量在 81.8 kDa 左右。

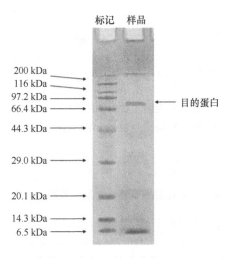

图 7-45　菌株 Y1 产低温植酸酶的 SDS-PAGE 图谱

第五节　总结与讨论

分别从大连附近海域样本、大黑山土样中分离到高产低温植酸酶菌株 CZC0806 和 Y1。菌株 CZC0806 鉴定为属于库特氏菌属（*Kurthia*），发酵优化后酶活性为 114.51 U/ml。菌株 Y1 经发酵优化酶活性为 162.39 U/ml。具体总结与讨论如下。

1. 菌株 CZC0806 总结

1）经过对样品的筛选，并进行酶活性测定，菌株 CZC0806 所产的低温植酸酶活性最高（分离自海水）；由形态学特征及 16S rDNA 序列分析并构建系统发育树，初步鉴定菌株 CZC0806 属于库特氏菌属，未见有关此属菌种产低温植酸酶的报道。

2）通过对菌株 CZC0806 所产低温植酸酶的酶学性质进行初步研究，可知该酶的最适作用温度为 35℃，最适作用 pH 为 5.5，金属离子对酶活性的影响不明显。

3）对菌株 CZC0806 的发酵产酶条件进行了优化研究，得到培养基最佳组成为：蔗糖 3.38%、蛋白胨 0.99%、NaCl 0.82%、$CaCl_2·2H_2O$ 0.03%、$MgSO_4·7H_2O$ 0.07%、$FeSO_4·7H_2O$ 0.007%。优化后的发酵条件为：发酵时间 55h，温度 20℃，初始 pH 7.0，接种量 8%，振荡培养箱转速 180 r/min。在最佳发酵产酶条件下，菌株所产低温植酸酶活性为 114.51 U/ml。

2. 菌株 Y1 总结

菌株 Y1 的对数期在 24 h，此时菌体生长旺盛，通过酶活性曲线图可以得到菌株 Y1 在 24 h 时酶活性基本达到顶点，对菌株 Y1 的酶学性质进行了研究，得到该酶的最适作用温度为 35℃（保温 15 min），最适作用 pH 为 5.5，分子质量为 81.8 kDa，以植酸钠为底物测得 K_m 为 0.1235 mmol/L，V_{max} 为 1.017 mmol/（min·L）。通过正交实验得到 Y1 发酵最优培养基组合是葡萄糖 4%、蛋白胨 2%、硫酸铵 0.2%、硫酸镁 0.04%、氯化钾 0.06%，酶活性约为 125.46 U/ml。菌株 Y1 液体发酵产酶培养条件最优组合是：温度 15℃，初始 pH 5，培养时间 24 h，接种量 10%，装液量 250 ml，酶活性为 162.39 U/ml。

参 考 文 献

陈建欣. 2006. 影响植酸酶作用效果的因素[J]. 中国动物保健, 11: 48-50.

邓世权. 2006. 饲用微生物添加剂的使用效果[J]. 饲料饲草, 7: 22-23.

李伟伟, 吕吉祥, 刘均洪. 2006. 植酸酶在食品工业中的应用[J]. 食品工程, 3: 5-8.

刘磊, 黄凯, 吕海军, 等, 2015. 基于聚集诱导发光的荧光探针法检测植酸和植酸酶[J]. 化学通报, 78(12): 1150-1143.

莫意平, 娄永江, 吴祖芳. 2004. 海洋微生物低温酶特性及其在食品工业中的应用[J]. 食品研究与开发, 25(4): 101-103.

潘冬梅, 李弘剑, 李白桦, 等. 2001. 无花果曲霉植酸酶发酵及酶动力学[J]. 暨南大学学报(自然科学与医学版), 22(5): 107-112.

史峰, 王璋, 许时婴. 2002. 用流化床干燥法改善颗粒酶的热稳定性[J]. 食品与生物技术, 23(3): 12-14.

宋耿云, 王敏, 王晓云. 2005. 底物和产物及其类似物对植酸酶的抑制动力学[J]. 山东农业大学学报(自然科学版), (2): 235-240.

孙谧, 洪义国, 李勃生, 等. 2003. 海洋微生物低温酶特性及其在工业中的潜在用途[J]. 海洋水产研究, 23(3): 44-49.

王红宁, 马孟根, 吴琦, 等. 2001. 黑曲霉N25植酸酶 *phyA* 基因在巴斯德毕赤酵母中高效表达的研究[J]. 菌物学报, 20(4): 486-493.

肖艳, 陈献忠, 沈微, 等, 2015. 表面展示表达植酸酶的重组酿酒酵母构建及酒精发酵[J]. 生物工程学报, 31(12): 1700-1710.

杨海锋, 赵志辉, 秦玉昌. 2008. 植酸酶酶活的近红外光谱快速检测研究[J]. 中国饲料, (7): 36-38.

杨燕凌, 汪世华, 胡开辉, 2007. 植酸酶的纯化及其酶学性质初步研究[J]. 微生物学通报, (6): 1142-1145.

姚斌, 张春义, 王建华, 等. 1998. 高效表达具有生物学活性的植酸酶的毕赤酵母[J]. 中国科学C辑: 生命科学, 3: 46-52.

姚银花, 谢爱纯. 2003. 植酸酶及其应用[J]. 贵州师范大学学报(自然科学版), 21(2): 101-105.

张莉, 赵耘, 王郡美. 2006. 植酸酶在饲料工业中的应用及其研究进展[J]. 畜牧兽医科技信息, 8: 7-9.

邹承鲁, 赵康源. 1991. 酶活性不可逆改变动力学理论研究[J]. 自然科学进展, (1): 26-39.

邹立扣, 王红宁, 吴琦, 等. 2004. 植酸酶 *phyC* 基因表达载体的构建及其在 *E. coli* 中的表达[J]. 生物技术, (3): 11-14.

Belgaroui N, Berthomieu P, Rouached H, et al, 2016. The secretion of the bacterial phytase PHY-US417 by *Arabidopsis* roots reveals its potential for increasing phosphate acquisition and biomass production during co-growth[J]. Plant Biotechnology Journal, 14: 1914-1924.

Berry D F, Berry D A. 2005. Tethered phytic acid as a probe for measuring phytase activity[J]. Bioorg. Med. Chem. Lett., 15(12): 3157-3161.

Borgi M A, Boudebbouze S, Aghajari N, et al. 2014. The attractive recombinant phytase from *Bacillus licheniformis*: biochemical and molecular characterization[J]. Appl. Microbiol. Biotechnol., 98: 5937-5947.

Boukhris I, Dulermo T, Chouayekh H, et al. 2016a. Evidence for the negative regulation of phytase gene expression in *Streptomyces lividans* and *Streptomyces coelicolor*[J]. Journal of Basic Microbiology, 56(1): 59-66.

Boukhris I, Farhat-Khemakhem A, Bouchaala K, et al. 2016b. Cloning and characterization of the first actinomycete β-propeller phytase from *Streptomyces* sp. US42[J]. J. Basic. Microbiol., 56(10): 1080-1089.

Farhat-Khemakhem A, Ali M B, Boukhris I, et al. 2013. Crucial role of Pro 257 the thermostability of *Bacillus* phytases: biochemical and structural investigation[J]. Int. J. Biol. Macromol., 54: 9-15.

Gordon R W, Sr R D A. 1998. Influence of supplemental phytase on calcium and phosphorus utilization in laying hens[J]. Poultry Science, 77(2): 290-294.

Han Y, Wilson D B, Xin G L. 1999. Expression of an *Aspergillus niger* phytase gene (*phyA*) in *Saccharomyces cerevisiae*[J]. Applied & Environmental Microbiology, 65(5): 1915-1918.

Kostrewa D, Gruninger-Leitch F, Arcy A D, et al. 1997. Crystal structure of phytase from *Aspergillus ficuum* 0.25nm resolution[J]. Nat. Struct. Bio., 4(3): 185-195.

Kumar V, Sinha A K, Makkar H P S, et al. 2012. Phytate and phytase in fish nutrition[J]. Journal of Animal Physiology and Animal Nutrition, 96: 335-364.

Nelson T S, Shieh T R, Wodzinski R J, et al. 1971. Effect of supplemental phytase on the utilization of phytate phosphorus by chicks[J]. Journal of Nutrition, 101(10): 1289-1293.

Patricin C, Maughan J P, Mendoza A, et al. 2001. Generation of low phytic acid *Arabidopsis* seeds expressing an *E. coli* phytase during embryo development [J]. Seed Science Research, 11(1): 185-291.

Phillippy B Q, Mullaney E J. 1997. Expression of an *Aspergillus niger* phytase (*phyA*) in *Escherichia coli*[J]. Journal of Agricultural & Food Chemistry, 45(8): 3337-3342.

Ravindran V, Selle PH, Ravindran G, et al. 2001. Microbial phytase improves performance, apparent metabolizable energy, and ileal amino acid digestibility of broilers fed a lysine-deficient diet[J]. Poultry Science, 80(3): 338.

Sato V S, Jorge J A, Guimarães L H S. 2016. Characterization of a thermotolerant phytase produced by *Rhizopus microsporus* var. *microsporus* biofilm on an inert support using sugarcane bagasse as carbon source[J]. Appl. Biochem. Biotechnol., 179: 610-624.

Sato V S, Jorge J A, Oliveira W P, *et al*. 2014. Phytase production by *Rhizopus microsporus* var. *microsporus* biofilm: characterization of enzymatic activity after spray drying in presence of carbohydrates and nonconventional adjuvants[J]. Journal of Microbiology and Biotechnology, 24: 177-187.

Selle P, Cadogan D, Bryden W. 2003. Effects of phytase supplementation of phosphorus-adequate, lysine-deficient, wheat-based diets on growth performance of weaner pigs[J]. Australian Journal of Agricultural Research, 54: 323-330.

Song G, Wang X, Wang M. 2005. Influence of disulfide bonds on the conformational changes and activities of refolded phytase[J]. Protein & Peptide Letters, 12(6): 533-535.

Streb H, Irvine R F, Berridge M J, et al. 1983. Release of Ca^{2+} from a nonmitochondrial intracellular store in pancreatic acinar cells by inositol-1,4,5-trisphosphate[J]. Nature, 306(5938): 67-69.

Ullah A H, Dischinger H C. 1993. *Aspergillus ficuum* phytase: complete primary structure elucidation by chemical sequencing[J]. Biochem. Biophys. Res. Commun., 192(2): 747-753.

Vats P, Banerjee U C. 2004. Production studies and catalytic properties of phytases (myo-inositol hexakisphosphate phosphohydrolases): an overview[J]. Enz. Microb. Tech., 35: 3-14.

Viveros A, Centeno C, Brenes A, *et al*. 2000. Phytase and acid phosphatase activities in plant feedstuffs[J]. Journal of Agricultural and Food Chemistry, 48(9): 4009-4013.

Wang X Y, Meng F G, Zhou H M. 2004. The role of disulfide bonds in the conformational stability and catalytic activity of phytase[J]. Biochemistry & Cell Biology, 82(2): 329-334.

Wyss M, Brugger R, Kronenberger A, *et al*. 1999. Biochemical characterization of fungal phytases (myo-inositol hexakisphosphate phosphohydrolases): catalytic properties[J]. Applied and Environment Microbiology, 65: 367-373.

第八章 低温纤溶酶

第一节 概 述

一、来源及分布

纤溶酶可来源于人体（如尿激酶和组织型纤溶酶原激活物等）、动物（如蝮蛇抗栓酶、蚓激酶等）、微生物等，其中，微生物是纤溶酶的重要来源。从作用机制上来说微生物来源的纤溶酶可以分成两类：一类是纤溶酶原激活物，如溶栓酶（SK）、葡激酶（SaK）；另一类是纤溶酶类物质，主要是来源于枯草芽孢杆菌的纳豆激酶（NK）以及来源于芽孢杆菌、粪链球菌、链霉菌等的纤溶酶活性物质。

纤溶酶可降解纤维蛋白和纤维蛋白原，保持血管和分腺管通畅，进一步研究发现，纤溶酶的功能还包括促进胶原酶活性以及在营养和细胞移动方面起辅助作用。纤溶酶还可水解多种凝血因子（Ⅱ、Ⅴ、Ⅶ、Ⅷ、Ⅹ、Ⅺ），使纤溶酶原转变为纤溶酶等。使纤溶酶原转变为纤溶酶的过程包括两部分，即纤溶酶原的激活和纤维蛋白或纤维蛋白原的降解。

纤溶酶原是相对分子质量为 9.2×10^4 的单链糖蛋白，由 791 个氨基酸组成。纤溶酶原激活剂通过切割 Arg561-Val562 肽键将纤溶酶原转变为纤溶酶。双链纤溶酶分子由重链和轻链组成，重链包括 5 个 Kringle 结构域，每个 Kringle 结构域大约有 80 个氨基酸残基；轻链是丝氨酸蛋白酶区，含有催化三联体，由 His603、Asp646 和 Ser741 组成。

纤溶酶原 Kringle 结构域含有赖氨酸结合位点，介导纤溶酶原与纤维蛋白的特异性结合以及纤溶酶与抗纤溶酶相互作用，在纤维蛋白降解过程中发挥重要作用。Kringle 1 结构域与纤维蛋白的结合显著阻碍抗纤溶酶对纤溶酶的抑制，该机制允许局部纤溶酶诱导溶栓。除抗纤溶酶外，其他血浆抑制剂，如巨球蛋白、抗凝血酶Ⅲ和 C1-酯酶抑制剂也可抑制纤溶酶。

小纤溶酶由 Kringle 5 结构域、连接区和丝氨酸蛋白酶结构域组成。纤溶酶原被猪胰弹性蛋白酶限制性切割后产生 3 个功能性片段，其中包括由丝氨酸蛋白酶结构域与 Kringle 5 相连组成的小纤溶酶原。有关小纤溶酶溶栓效率的结果存有争议，一项研究显示其溶栓效率是纤溶酶的 2 倍，而另一项研究表明其溶栓效率比纤溶酶低 50%。

小纤溶酶原通过 Kringle 5 结合纤维蛋白，小纤溶酶最有效的抑制剂是 α_2-巨球蛋白。α_2-抗纤溶酶的抑制速率比纤溶酶小 2 个数量级。

Δ-纤溶酶由 Kringle 1 结构域直接与丝氨酸蛋白酶部分相连组成。Hunt 等（2008）通过大肠杆菌表达系统以包涵体形式获得了 Δ（K2-K5）-纤溶酶。Kringle 1 具有调控 Δ-纤溶酶与 α_2-抗纤溶酶和纤维蛋白相互作用的功能，赋予 Δ-纤溶酶结合 α_2-抗纤溶酶和纤维蛋白的能力。蛋白酶原激活后表现出与天然纤溶酶原相似的酶活性和抑制能力。Δ-

纤溶酶原与天然纤溶酶原仅仅在尿激酶激活速率上表现出微弱的差异。尽管 Δ-纤溶酶原 K_m 值较高，但其较高激活速率使尿激酶对天然纤溶酶原和 Δ-纤溶酶原的催化效率相似。

首次制备微小纤溶酶是在 pH 11 条件下进行的，由纤溶酶自我催化切割 Arg530-Lys531 肽键得到。目前微小纤溶酶原可通过重组技术生产，其宿主包括昆虫细胞、大肠杆菌表达系统以及毕赤酵母表达系统。微小纤溶酶缺少所有 5 个 Kringle 结构域，不能结合纤维蛋白，α_2-抗纤溶酶对微小纤溶酶的抑制速率很低，是纤溶酶抑制速率的 1/100，主要的血浆抑制剂可能是 α_2-巨球蛋白。

二、国内外研究概况

我国传统的大豆发酵食品豆豉营养丰富，在人们的营养保健方面也起到了重要作用。它的生产菌株和生产工艺均与日本的纳豆极为类似，在日本纳豆激酶的影响下，我国研究者开始对豆豉纤溶酶的产生菌进行筛选鉴定，对豆豉纤溶酶的分离纯化和相关理化性质，以及基因的克隆表达进行研究。研究发现，豆豉纤溶酶只能降解纤维蛋白，不能作用于血浆纤维蛋白原，所以具有较好的抗凝和溶栓作用，再者其分子量也比较小，可以通过消化道直接被吸收，因此可以将其开发成方便的口服溶栓药。因此，来源于传统大豆发酵食品的豆豉在作为抗栓药物或是制成预防血栓的保健品方面有十分广阔的开发应用前景，这为我们通过微生物来研发新型的溶栓药物奠定了信心。

纤溶酶产生菌的菌株筛选及发酵条件优化：日本学者已从日本的传统大豆发酵食品纳豆中发现了具有高纤溶酶活性的纳豆激酶；接着首次对纳豆激酶的基因进行了研究，测定了包括调控序列在内的全基因序列，经过对纳豆激酶理化性质的分析研究，他们发现纳豆激酶实际上是一种丝氨酸蛋白酶，它的纤溶酶活性也比较高，可以直接降解纤维蛋白。此外，韩国学者等从本国的传统发酵食品中也分离得到了一种由枯草芽孢杆菌分泌的具有高活性的纤溶酶，该酶同属于丝氨酸蛋白酶，其不仅可以直接降解纤维蛋白，还可以激活纤溶酶原，所以其降解能力也比一般的纳豆激酶高。由此可见，国外的研究人员早已经开始在微生物领域寻求新型溶栓制剂的探索。随后我国研究人员从豆豉中筛选出具有高纤溶酶活性的纤溶酶，并将其定名为豆豉纤溶酶，也称为溶栓酶、豆豉激酶等。因为该酶可以通过食品发酵而获得，所以它具有安全性好、无副作用等优点，具有广阔的应用前景，国内的研究者对该酶的研究也越来越多。例如，吴晖等（2008）从豆豉中筛选到了一种丝氨酸蛋白酶，它是由枯草芽孢杆菌产生的；谢秋玲等（2001）也从枯草芽孢杆菌发酵液中分离到了具有较高活性的纤溶酶。纵观国内的纤溶酶研究情况，我国研究人员在纤溶酶产生菌的筛选及发酵优化提高酶活性方面也取得了一定的成绩，这使我们更加坚信通过微生物可以研制出新型的溶栓制剂。

经过多位研究人员的研究发现，纤溶酶主要的生产菌是芽孢杆菌，其中多以枯草芽孢杆菌较为常见，但来源不同的菌种发酵所得的纤溶酶在酶学性质上有一定的差异，因此为了加深对发酵液中具有纤溶酶活性的物质的认识，我们需要对其理化性质进行研究。通常在进行理化性质研究之前，我们会对该酶进行分离纯化，而溶纤酶在分离纯化过程中最为关键的问题在于要尽可能地保证酶活性、回收率和纯度。其常见的分离纯化方法有超滤、盐析、凝胶过滤层析和离子交换层析等。因为柱层析操作简便、选择性强等诸多优点，通常会将离子交换层析、凝胶过滤层析、疏水层析和亲和层析中的两种或以上的层析方法联合使用，并通过研究将其广泛应用于规模化工业生产中去。此外，在应用过程中，要结合各粗酶液的组成成分及其独特的性质来选择合适的分离方法，但都需要确保整个分离纯化过程在低温条件下进行。

李立民等（2003）对从枯草芽孢杆菌发酵液中获得的较纯的纳豆激酶进行了研究，他们首先在发酵液中加入氯化钙和碳酸钠对发酵液进行预处理，然后经过一系列的离心过滤、超滤浓缩和离子交换层析等得到了较纯的酶蛋白，在这个过程中酶蛋白的回收率为 17%，纤溶酶活性回收率为 61.74%。郝淑凤等（2002）利用色谱柱对纳豆激酶进行分离纯化，最终也得到了纯化的酶。韩润林等（2000）则采用离子交换层析、丙酮沉淀及凝胶过滤等一系列的分离纯化方法，最终得到了分子质量约 27 kDa 的纤溶酶。相信随着分离纯化技术的不断研究与发展，研究设计出更为高效、经济并适宜大规模操作的新型分离技术和工艺势在必行，这为今后获取更高纯度的纤溶酶打下了坚实的基础。

当获得了较高纯度的纤溶酶后，研究者开始对纤溶酶活性进行研究。研究发现，我国的豆豉纤溶酶是一种丝氨酸蛋白酶，其理化性质和纳豆激酶非常相似，它们的等电点一般在 8~9，但豆豉纤溶酶是一种单链蛋白质。到目前为止，所得到的纤溶酶分子质量有多种。其中四川大学彭勇和张义正（2002）对解淀粉芽孢杆菌产生的纤溶酶进行了初步研究，研究发现，该酶的分子质量为 28 kDa，其最适作用温度为 42℃，最适作用 pH 为 8.0，在 40℃以下稳定性良好，在 50℃条件下保存将严重失活，在 60℃条件下活性可以全部丧失；在 pH 为 6.0~10.0 酶活性比较稳定，并且它的作用方式是直接溶解纤维蛋白但不激活纤溶酶原。类似的研究还有很多，随着分离纯化技术的不断研究与发展，对纤溶酶学的性质研究越来越准确，这为纤溶酶的应用奠定了基础。

纤溶酶基因的克隆表达：虽然目前已从微生物中筛选到了多种产纤溶酶的菌株，但是其产酶量均比较低，因此需要寻求一些途径来提高发酵液中纤溶酶的活性。随着分子生物学技术的发展，利用基因工程技术来进一步提高纤溶酶活性逐步成为一种有效的手段。

近年来，我国学者对豆豉纤溶酶基因的克隆和表达进行了初步研究，并取得了一定的成绩。黄志立和罗立新（2000）对纳豆激酶基因进行了克隆，成功实现了其在大肠杆菌中的诱导表达，最后通过凝块溶解时间法检测到该基因工程菌表达产生的纤溶酶活性可达 120 U/ml。谢秋玲等（2002）克隆到了纳豆激酶原基因，将其重组后也转化至大肠杆菌，经诱导表达后可以得到一种以包涵体形式存在的目的表达蛋白，该蛋白质的分子质量为 38 kDa，经复性检测它具有较低的纤溶酶活性。Peng 等（2003）实现了解淀粉芽孢杆菌的豆豉纤溶酶前肽-成熟肽编码序列及成熟肽编码序列在大肠杆菌中的诱导表达，豆豉纤溶酶成熟肽编码序列的表达产物以融合蛋白的形式存在，前肽-成熟肽编码序列的表达产物仍以融合蛋白的形式存在于包涵体中，但菌体破碎后上清液中纤溶酶活性达到了 270 U/ml。罗文华等（2007）利用重叠启动子对豆豉纤溶酶基因进行表达，又进一步地提高了纤溶酶产量，最终酶活性高达 690 U/ml，但是其存在着发酵周期比较长的缺点。此外，豆豉纤溶酶是一种可降解蛋白的丝氨酸蛋白酶，当其表达量过高时会对细胞产生毒害作用，这些因素限制了豆豉纤溶酶在枯草芽孢杆菌中表达量的进一步提高，因此还需进一步研究。

纤溶酶活性常用的测定方法有以下几种。①纤维蛋白平板法：纤维蛋白平板法是1952年最早提出的测定纳豆激酶溶栓活力的方法，基本原理是以纤维蛋白原在凝血酶作用下生成的纤维蛋白作为底物，依据纤溶酶活性与底物透明圈的面积之间呈现线性相关性，用透明圈的面积来表示纤溶酶活性。在此方法的基础上经过改进后，人工血栓平板则以琼脂糖作为支撑物，然后在平板上打孔后加样品于孔中，以标准尿激酶为对照，绘制出尿激酶标准曲线，然后在尿激酶标准曲线上计算出各个样品的酶活性。当然利用此方法测定纤溶酶活性存在一定的弊端，如底物透明圈面积易受样品纯度和温育时间等的影响，但这种测定纤溶酶活性的方法操作方便，也比较直观，并且可以同时测定多个样品，所以已成为目前最为常用的测定纤溶酶活性的方法。②聚丙烯酰胺纤维蛋白平板测定纤溶酶活性：此方法是在纤维蛋白平板法的基础上进行改进而得来的，它是用聚丙烯酰胺代替琼脂糖作为载体，用平板电泳制胶磨具代替平板而制作成的厚度相同且均匀的薄层聚丙烯酰胺纤维蛋白平板，通过蛋白染色法指示纤维蛋白溶解情况来测定纤溶酶活性的。此方法灵敏度高且易于标准化，所以适用于对纤溶酶活性的测定，但是其操作相对比较复杂。③酶联免疫吸附法：酶联免疫吸附法的原理是首先制作具有抗纤溶酶特异性的单抗，并将其吸附到微孔板上，然后用 BSA-PBS 缓冲液冲洗并封闭未被吸附的部位，接着加入样品使之与单抗结合，最后加入用过氧化氢酶标记的多克隆抗体，再加入新配制的底物溶液，温育10 min 后用硫酸终止反应，最后在490 nm 处测定吸光度。此方法灵敏度高，结果也比较稳定，但操作比较复杂且成本比较高。④四肽底物法：因为豆豉纤溶酶是一种丝氨酸蛋白酶，且和枯草芽孢杆菌蛋白酶有极高的同源性，所以有研究者用检测枯草芽孢杆菌蛋白酶的方法来检测纤溶酶活性。该检测方法的具体步骤为：先将样品加入四肽底物溶液中，在37℃水浴锅中温育后，在410 nm 处测定吸光度。这种测定方法比较快速简便，但其测得结果实际上为蛋白酶活性，不能完全代表纤溶酶活性，所以针对二者之间的相关性及相关性的高低还有待进一步验证。综上，上述几种纤溶酶活性测定方法各有优缺点。

（一）蚯蚓纤溶酶的研究背景

对蚯蚓纤溶酶分子的晶体结构解析表明，其是由富含谷氨酰胺的轻链和 *N*-糖基化的重链构成的双链。翁郁华等（2010）证明了蚯蚓纤溶酶的晶体结构具有较高的稳定性，揭示了蚯蚓纤溶酶复杂的转录修饰过程。蚯蚓纤溶酶除了对器官移植导致的血栓有抑制作用，也能溶解癌细胞周围的纤维蛋白，使得抗癌剂更易进入细胞，即蚯蚓纤溶酶具有协助抗癌能力。

（二）蚯蚓纤溶酶基因的获取与表达

有关蚯蚓纤溶酶基因的研究也是当前的热点。陈飞等（2004）通过 RT-PCR 从蚯蚓中获取了蚯蚓纤溶酶基因，将其命名为 *PI239*，该基因含有852个核苷酸，翻译后加工与修饰得到的成熟肽含239个氨基酸，构建重组质粒后，在大肠杆菌中进行原核表达，经纯化后测定活性，发现表达的蛋白质不仅有激酶作用，还能直接溶解血栓。除了采用大肠杆菌作为表达载体，也有采用苜蓿银纹夜蛾核型多角体病毒等作为载体的，将 *PI239* 基因重组病毒转染昆虫 sf9 细胞，蚯蚓纤溶酶基因也成功表达（沈悦等，2003）。上述的研究说明用生物反应器的方法来生产蚯蚓纤溶酶完全可行。随着研究的不断深入，将来蚯蚓纤溶酶的大规模生产和纯化完全有可能。

利用 RT-PCR 法得到蚯蚓纤溶酶的 cDNA，将其克隆到乳腺特异表达引导质粒 pIbCP 中。将 pIbCP-LK 转导子直接注入泌乳山羊的乳腺组织中。结果发现，在山羊的乳汁中检测到蚯蚓纤溶酶的存在。说明通过优化密码子可以提高蚯蚓纤溶酶的表达。另外，重组蚯蚓纤溶酶对温度和 pH 具有较好的耐受性，对胃蛋白酶敏感。重组蚯蚓纤溶酶为用于心脑血管疾病药物的开发提供了理论依据。

（三）蛇毒纤溶酶的分离纯化

有学者首次研究了蛇毒纤溶酶，报道了烙铁头蛇来源的 2 种蛇毒纤溶酶和 1 种尖吻蝮来源的蛇毒纤溶酶。同其他溶栓的药物相比，其副作用小，起效快，溶栓效果极其明显，蛇毒纤溶酶能够直接降解纤维蛋白原的 α 肽链和 β 肽链，使其即使在凝血酶存在时也不会凝固，大多数蛇毒纤溶酶可以溶解纤维蛋白。此后的研究层出不穷，临床应用蛇毒纤溶酶遇到的第一个问题是出血副作用。纤溶酶的出血作用也很普遍，造成出血的主要原因是纤溶酶具有广泛的蛋白水解性能，它们能摧毁细胞间的基质蛋白。不同的纤溶酶造成的出血程度不同，出血作用限制了这一类酶继续用于试验和临床。人们在寻找无出血作用的纤维蛋白原溶酶，从分子水平研究纤维蛋白原降解活性和出血活性的机制。据报道，从南美铜头蝮、北美铜头蝮和矛头蝮等中分离纯化的蛇毒纤溶酶就没有出血副作用（Hu *et al.*，2004）。

另外，利用基因工程和蛋白质工程技术获得高效、高产的蛇毒纤溶酶成为研究的重点，而外源基因表达系统是当前突破这一研究热点的较好途径。于德涵等（2011）首次克隆出岩栖蝮蛇的纤溶酶基因，并成功构建了真核表达载体，解决了纤溶酶基因在原核表达系统中不能正确折叠和修饰的难题，为后续的纤溶酶基因在真核细胞中成功表达奠定了基础。

（四）产纤溶酶菌株的筛选与研究

微生物是获得高效无毒的溶栓物质的重要来源，现已成功筛选到许多产生纤溶酶活性物质的微生物，有报道从枯草芽孢杆菌、短小芽孢杆菌、根霉、密环菌、蛹虫草、链霉菌等微生物中发现了具有纤溶酶活性的物质。这些产纤溶酶菌株主要来源于动物、植物，以及土壤、海泥等自然环境来源的微生物。目前，不仅从自然界的微生物中筛选产纤溶酶菌株，还通过改造微生物基因获得工程菌，从而提高溶栓药物作用的专一性（熊强等，2003）。

王骏等（1999）从云南土壤中筛选到一株可产生纤溶酶活性物质的链霉菌 Y405，对纤溶酶性质和纤溶机制进行了初步研究，证实了纤溶酶活性蛋白 SW-1 直接降解纤维蛋白而无激活纤溶酶原的作用，因此 SW-1 可能是一种新型的具有纤溶酶活性但不具有纤溶酶原激活特性的蛋白酶。武临专等（2002）从一株链霉菌 C-3662 的发酵液中分离纯化出一种纤溶酶，初步研究了链霉菌 C-3662 的特征和分类以及该菌株发酵产生纤溶酶的条件和纤溶酶的药效学（王骏等，1999）。

刘晨光等（2001）从海洋中筛选出一株海洋假单胞菌，其产生的纤溶酶具有纤溶酶活性，研究其酶学性质实验结果显示，该酶的等电点为 7.4～7.5，分子质量为 21 kDa，最适作用 pH 为 8.0，最适作用温度为 50℃。在此基础上研究了该酶的纤溶性质、体外溶栓作用以及对红细胞形态的影响，结果表明，该纤溶酶能直接水解纤维蛋白，但不能通过激活的方式间接水解纤维蛋白，是一种体外的不依赖纤溶系统的溶栓因子。

杜连祥等（2005）从南方小酒药中发现了具有纤溶酶活性的根霉 12#，作者又对培养基中的碳源、氮源及其浓度和配比进行了研究，对培养基配方和培养条件进行了优化，并进行了扩大培养实验，该菌株发酵可产生纤溶酶的原料为豆粕和麸皮，相对比较经济实惠。这种酶能特异性降解纤维蛋白原 α、β、γ 链，还可激活血纤维蛋白溶酶原，然后间接降解纤维蛋白，这在之前的研究中少有报道。并且发现这种根霉纤溶酶 N 端氨基酸序列与其他生物来源的纤溶酶 N 端氨基酸序列没有同源性，说明无论从结构上还是酶的作用方式上，其都可能是一种新型的纤溶酶。采用凝胶层析等方法分离纯化以后，经 SDS-PAGE 电泳发现该纤溶酶有两条带，分子质量分别为 16.6 kDa 和 18.0 kDa，所以认为其是一种单亚基的纤溶酶。该纤溶酶分子质量相对较小，容易被吸收，在未来可以开发成口服类溶栓剂（璩竹玲等，2003）。

1987 年，日本学者从纳豆中提取出一种具有纤溶性质的酶，并定名为纳豆激酶（NK），它是由发酵纳豆的枯草芽孢杆菌分泌的，这是最早发现的纳豆激酶，目前国内外已陆续发现了多株枯草杆菌产生纤溶酶。有学者从豆豉中分离了一株枯草芽孢杆菌，其产生的纤溶酶降解纤维蛋白的活性较高，初步研究其酶学性质，发现其与纳豆激酶有相似之处，但作用方式又有所不同，所以有望成为一种新型抗血栓药物或预防血栓病的保健食品。董明盛等（2000）从豆豉、酱豆和纳豆等多个样品中分离筛选，得到一株具有较强纤溶酶活性的细菌，编号为 NK-5，经鉴定该菌为芽孢杆菌属枯草杆菌群细菌。该菌在固态基质及液体培养基中均能产生大量胞外纤溶酶，为高产纤溶酶菌株提供了新的来源。从广西北海的海泥中通过严格初筛、复筛，筛选出一株具有稳定遗传性能的高产纤溶酶菌株 HQS-3。该菌株产纤溶酶初始酶活性高达 1980 U/ml，传代 10 次后酶活性依然保持稳定，并且该酶的溶血性实验结果未发现有溶血现象，说明该酶相对比较安全，没有传统药物服用后易出血的副作用。

韩国的 Kim 等（1996）也从韩国豆酱中分离到产纤溶酶的菌株 CK-114，他们从菌株 CK-114 分泌物中分离纯化到了一种纤溶酶，分子质量为 28.2 kDa，被命名为枯草激酶（CK）。CK 的最适作用温度为 70℃，是报道较少的高温纤溶酶，具有较好的热稳定性，在常规的发酵过程中避免了降温的步骤，与同类的枯草芽孢杆菌蛋白激酶相比，CK 纤溶酶活性更强。此外，CK 还具有促纤溶酶活性，可协助溶解血栓。CK 已经引起了许多研究人员的注意，在许多动物模型试验中表现出较理想的溶栓效果（黄珊等，2009）。

（五）纤溶酶酶学性质研究

纤溶酶的酶学性质尤为重要，直接影响其应用前景，由于纤溶酶主要作用于人体，因此对其酶学性质的要求很高。已发现的微生物来源的纤溶酶分子质量普遍在 21～40 kDa，芽孢杆菌属的纤溶酶分子质量主要集中在 28 kDa 左右，也有分子质量较高的酶，如 41 kDa 的 Jeot-Gal 酶（章海锋等，2008）、43～46 kDa 的 SK006 纤溶酶（Kim et al.，1997）。蛹虫草纤溶酶分子质量也较高，为 52 kDa（Hua et al.，2008），目前发现的根霉 12#纤溶酶的分子质量是纤溶酶中最小的，仅有 18 kDa。这些纤溶酶的稳定性大多在低于 40℃

和弱碱性环境下较好，并且具有较高活性。属于此类的酶包括纳豆激酶（NK）、DJ-4、Jeot-Gal酶、SW-1、CMase、AMMP及FVP-I等。还有部分纤溶酶具有较强的热耐受力，最适作用温度可达到50℃左右。这些酶有MPAP（50℃）、*Bacillus subtilis* LD-8547纤溶酶（50℃）、Tpase（50℃）、*Fasarium*酶（50℃）、FS33（55℃）、BSF1（60℃）、QK02（55℃）、BKII（50℃）及DFE（48℃）。分离自温泉的链霉菌SD5产生的纤溶酶在55℃时酶活性最高，在70℃时仍有50%的活性，研究发现Ca^{2+}对维持该酶的热稳定性具有重要作用（Kim *et al.*，2006）。还有极少数纤溶酶最适作用温度更高，如CK（Chitte and Dey，2000）和AJ（Cheng *et al.*，2009）的最适作用温度分别达到了75℃和85℃，并且后者具有很强的耐酸性，能在酸性、高温（100℃）以及SDS存在的条件下稳定存在，这些纤溶酶也可以为纤溶酶基因组学研究提供原始材料。

在体外溶栓实验和动物实验方面也取得了很大进展。王敏等（1998）用体外加热平板法、试管凝块法研究了一种具有纤溶酶活性的蛋白酶SW-1，并在体内对其溶解大鼠静脉血栓及对纤溶因子的作用等进行了实验，发现SW-1在体外可直接降解纤维蛋白，而无激活纤溶酶原的作用。在体内SW-1对大鼠静脉血栓有显著的溶解效果，与同剂量尿激酶的溶栓作用相当。给药30 min后，SW-1引起大鼠血浆中纤溶酶、纤溶酶原水平提高，纤维蛋白原水平下降，而对组织型纤溶酶原激活物（t-PA）、2-纤溶酶抑制剂无显著影响，为纤溶酶的应用奠定了理论基础。

（六）纤溶酶的分子生物学研究

随着分子生物学和基因工程技术的发展，有关纤溶酶的分子水平的研究越来越多，有关纤溶酶基因的测序和重组、工程菌的构建、克隆蛋白的表达及蛋白质结构的分析已成为纤溶酶研究的重要方向。链霉菌的发酵液上清经过分离纯化后，经电泳显示为单一的条带，分子质量约为30 kDa。运用分子生物学技术测定纤溶酶的基因序列，并确定其核苷酸序列组成，测定重组质粒中编码纤溶酶基因及其上游序列的2171个核苷酸序列，用计算机软件分析及互联网比较表明这一序列有一个完整的阅读框，将这一阅读框用PCR扩增后，在大肠杆菌中进行表达，产物具有纤溶酶活性。在核苷酸水平与GenBank收录的基因进行比较，未见有完全相同的序列，初步认定所克隆到的纤溶酶基因可能是一个新基因，这一基因的获得为纤溶酶的结构研究及其高水平表达和分子水平的改造奠定了基础（龚勇和王以光，2001）。

张少平等（2010）对豆豉纤溶酶定向进化进行了研究，通过易错PCR方法对豆豉纤溶酶*DFE*基因进行突变并构建突变体文库，利用底物对突变体文库进行筛选。通过3轮易错PCR最终获得催化效率较高的突变酶mDFE3。酶动力学测定结果表明，突变酶mDFE3的K_m值由0.58 mmol/L降低至0.45 mmol/L，经过突变后纤溶酶催化常数（K_{cat}）比野生型更高。

罗文华和郭勇（2006）、罗文华等（2007）对传统食品微生物所产纤溶酶的N端氨基酸序列进行比较，发现不同发酵食品纤溶酶间存在很高的同源性。但是来源于不同产地的同种类食品的纤溶酶存在不同性质，说明了食品中微生物纤溶酶资源的多样性和丰富性。Lee等（2007）经过大量数据的收集，先构建了深海沉积物样本全DNA的宏基因文库，调取纤溶酶的基因后，进行克隆表达，在脱脂牛奶琼脂平板上筛选携带克隆基因的重组体，发现有蛋白水解酶活性的阳性克隆出现，该阳性克隆基因在大肠杆菌中表达的纤溶酶为金属蛋白酶，这是一种新型的重组蛋白酶。

（七）纤溶酶的应用前景

传统治疗血栓栓塞性疾病通常大剂量用药，易引发出血或溶栓后血管再闭塞。溶栓药多从动物体提取，提取周期长、成本高、价格昂贵，而且患者使用溶栓药后有过敏反应或血管出血等副作用。利用微生物技术生产溶栓酶已成为生物医药发展的一个重要方向。目前已知许多微生物都具有分泌蛋白酶的能力，这些微生物为开发新型高效溶栓药物奠定了基础。例如，豆豉纤溶酶具有较高的纤溶酶活性及良好的抗凝、溶栓作用，且不溶解血细胞，可通过口服给药，有望被开发成为新一代溶栓、防栓药物，并且该酶来源于传统食品，安全可靠，无毒，造价低廉，可用细菌或霉菌发酵大量生产（刘晓婷和蔺新英，2006）。

与此同时，可采用分子生物学方法开展纤溶酶的基因重组表达，解析这些酶的空间结构并结合生物信息学手段确定对酶的功能有影响的氨基酸残基，通过定点突变技术有目的地改造基因以提高酶的比活力和纤维蛋白的特异性，这些新技术的运用为微生物纤溶酶的研究夯实了基础，并且促进了溶栓药物的发展。

近年来，通过重组 DNA 技术在酵母或大肠杆菌中对纤溶酶原的活性小分子进行高表达研究发现，小纤溶酶、微纤溶酶是纤溶酶的短链衍生物，具有与纤溶酶相似的溶栓活性，且相对分子质量较小，易于在外源系统中表达，特别是小纤溶酶由于分子结构上的优势，其底物选择性、反应速率和体内半衰期综合优于纤溶酶与微纤溶酶，在临床应用上可能会有更好的预期效果。但其在人体内的代谢、毒性和安全性还需要进一步的实验研究（张晴妮和杨子义，2009）。

随着现代技术的发展，人们将越来越关注微生物产纤溶酶的能力，以期获得产生新型纤溶酶的微生物，对纤溶酶的分离、鉴定、纯化及酶学性质研究，以及通过分子生物学手段构建工程菌，克隆基因进行蛋白表达，最终获得工业化大规模生产，将成为这一领域今后发展的方向。

第二节　菌株选育

目前，国内外已使用的传统溶栓药物有溶栓酶（SK）、尿激酶（UK）、组织型纤溶酶原激活物（t-PA）等。传统药物主要从动植物组织中提取获得，大都因为缺乏对纤维蛋白的特异性和稳定性而造成易出血等毒性作用，价格昂贵，还需大量给药，并且均不能口服。微生物种类丰富、生长速度快、条件易控制、易于基因工程改造，是寻找潜在溶栓药物的重要来源。自然界是一个菌种的宝库，控制一定的条件，选择性地从自然界中筛选出符合人类生产需要的菌株，是人们获得优良菌株的一个重要手段和途径。对获得的优良菌株进行鉴定，了解菌株属性，可为心血管疾病的药物开发、功能性保健食品的开发以及为后续纤溶酶的分子生物学性质研究提供材料和科学依据。

通过严格的初筛和复筛，从大连海域附近土壤中筛选到了一株产低温纤溶酶活性良好的菌株 CNY16，经形态学特征、生理生化特性和 16S rDNA 基因序列分析等多项分类研究，鉴定为沙福芽孢杆菌（*Bacillus safensis*）（GenBank 登录号 KF802857）。

一、筛选

（一）样品来源

大连大黑山泥土样品 8 个，大连地区食品加工厂附近土壤及污水样品各 5 个，大连地区附近海域海泥样品 7 个、海水样品 6 个。

（二）培养基

初筛培养基：干酪素 5 g，葡萄糖 1 g，蛋白胨 10 g，酪氨酸 0.1 g，NaCl 5 g，CaCl$_2$ 0.1 g，琼脂 20 g，蒸馏水 1000 ml，pH 7.0～7.2。

琼脂-纤维蛋白双层平板：称取 0.2 g 琼脂加热溶于 10 ml 巴比妥钠缓冲液中，倒入培养皿中，待冷却凝固形成第一层。称取 0.1 g 琼脂糖加热溶于 10 ml 巴比妥钠缓冲液中，后放入 55℃水浴锅中。称取 0.02 g 纤维蛋白原溶于 5 ml 巴比妥钠缓冲液中，待溶解后与琼脂糖溶液混匀，并加入 200 μl 200 IU 凝血酶。充分混匀后倒入已凝固的琼脂平板上。待冷却形成双层纤维蛋白平板后，放入冰箱中备用。由于纤维蛋白原易失活，故纤维蛋白平板最好现用现配，确保每一平板厚度相同，以减少实验误差。然后用 3 mm 胶头滴管打孔，4℃备用。

种子培养基：蛋白胨 10 g，牛肉膏 3 g，NaCl 5 g，蒸馏水 1000 ml，pH 7.0。

发酵培养基：蛋白胨 20 g，葡萄糖 20 g，NaCl 5 g，K$_2$HPO$_4$·3H$_2$O 0.5 g，MgSO$_4$·7H$_2$O 0.5 g，CaCl$_2$ 0.01 g，水 1000 ml，pH 7.0。

LB 培养基：胰蛋白胨 10 g/L，酵母提取物 5 g/L，NaCl 10 g/L，琼脂 15 g（固体培养基），蒸馏水 1000 ml，pH 7.4。

（三）方法及结果

从来自大连地区附近海泥和海水样品中分离到 16 株具有纤溶酶活性的菌株。对 16 株菌进行摇瓶发酵复筛，每株菌做 3 个平行组，最后测得并计算出 3 组平均值（表 8-1）。其中编号为 CNY16 的菌株在琼脂-纤维蛋白双层平板上能形成较大水解透明圈（图 8-1），选作出发菌株，如表 8-1 所示。

表 8-1 纤溶酶菌株发酵复筛的结果

初筛菌株	1	2	3	4	5	6	7	8	9	10	11	12	13	14	15	16
复筛	+	+	−	−	+	+	+	+	−	−	−	−	−	−	−	+
直径比	6.4	7.3			7.3	7.0	6.8	7.5								9.5

注：直径比为水解透明圈直径与菌落直径的比值

二、鉴定

（一）形态学鉴定

菌株 CNY16 在 LB 培养基上的菌落特征如图 8-2 所示，菌落呈乳黄色，不透明，为圆形或者近圆形，边缘不整齐，菌落表面无光泽，中央有突起。显微镜下观察菌株为单个菌体，直杆状，菌体两端钝圆，革兰氏染色阳性（图 8-3），有芽孢，无荚膜。

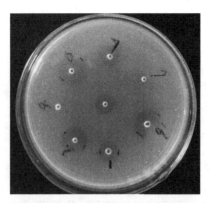

图 8-1　菌株 CNY16 的水解透明圈

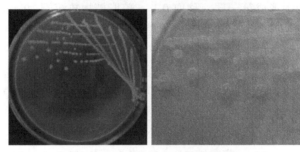

图 8-2　菌株 CNY16 菌落形态

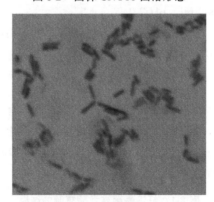

图 8-3　菌株 CNY16 革兰氏染色结果（10×100）

（二）生理生化鉴定

菌株 CNY16 能够分解蔗糖、甘露糖、吐温-80，不能分解淀粉、明胶、纤维素。氧化酶试验、接触酶试验、过氧化氢酶试验、V-P 试验、反硝化试验、脲酶试验结果为阳性，甲基红试验、亚硝酸还原试验、硝酸盐还原试验、吲哚试验等结果为阴性。参考菌株为一株沙福芽孢杆菌（Toshiaki *et al.*，1993），生理生化特征对照结果见表 8-2。

表 8-2　菌株 CNY16 的生理生化特征

鉴定特征	菌株 CNY16	参考菌株	鉴定特征	菌株 CNY16	参考菌株
氧化酶试验	+	+	纤维素分解	−	−
过氧化氢酶试验	+	ND	V-P 试验	+	+
接触酶试验	+	+	亚硝酸还原试验	−	−

续表

鉴定特征	菌株 CNY16	参考菌株	鉴定特征	菌株 CNY16	参考菌株
淀粉水解试验	−	−	反硝化试验	+	+
蔗糖水解	+	+	硝酸盐还原试验	−	−
甘露糖水解	+	+	脲酶试验	+	−
吐温-80 水解	+	ND	吲哚试验	−	−
明胶液化试验	−	−	甲基红试验	−	−

注："+"阳性反应；"−"阴性反应；ND. 无数据

（三）分子生物学鉴定

将菌株 CNY16 提取的 DNA 经 PCR 扩增后对其产物进行序列测定，得到长度为 1423 bp 的序列（图 8-4），提交到 GenBank 上，获得 GenBank 登录号为 KF802857，利用 BLAST 软件与 GenBank 中的相关序列进行同源性比较，结果显示菌株 CNY16 的目的 DNA 序列与芽孢杆菌属的沙福芽孢杆菌（*Bacillus safensis*）同源性高达 100%。利用 MEGA 5.05 的 Neighbor-Joining 软件进行系统发育树构建，结果如图 8-5 所示，遗传距离显示菌株 CNY16 与 *Bacillus safensis* FO-036b 遗传距离最近。

```
5'-CGGACAGAAGGGAGCTTGCTCCCGGATGTTAGCGGCGGACGGGTGAGTAACACGT
GGGTAACCTGCCTGTAAGACTGGGATAACTCCGGGAAACCGGAGCTAATACCGGATA
GTTCCTTGAACCGCATGGTTCAAGGATGAAAGACGGTTTCGGCTGTCACTTACAGATG
GACCCGCGGCGCATTAGCTAGTTGGTGGGGTAATGGCTCACCAAGGCGACGATGCGTA
GCCGACCTGAGAGGGTGATCGGCCACACTGGGACTGAGACACGGCCCAGACTCCTAC
GGGAGGCAGCAGTAGGGGAATCTTCCGCAATGGACGAAAGTCTGACGGAGCAACGCCG
CGTGAGTGATGAAGGTTTTCGGATCGTAAAGCTCTGTTGTTAGGGAAGAACAAGTGCG
AGAGTAACTGCTCGCACCTTGACGGTACCTAACCAGAAAGCCACGGCTAACTACGTGC
CAGCAGCCGCGGTAATACGTAGGTGGCAAGCGTTGTCCGGAATTATTGGGCGTAAAGG
GCTCGCAGGCGGTTTCTTAAGTCTGATGTGAAAGCCCCCGGCTCAACCGGGGAGGGTC
ATTGGAAACTGGGGAAACTTGAGTGCAGAAGAGGAGAGTGGAATTCCACGTGTAGCGG
TGAAATGCGTAGAGATGTGGAGGAACACCAGTGGCGAAGGCGACTCTCTGGTCTGTAA
CTGACGCTGAGGAGCGAAAGCGTGGGGAGCGAACAGGATTAGATACCCTGGTAGTCCA
CGCCGTAAACGATGAGTGCTAAGTGTTAGGGGGTTTCCGCCCCTTAGTGCTGCAGCTAA
CGCATTAAGCACTCCGCCTGGGGAGTACGGTCGCAAGACTGAAACTCAAAGGAATTGA
CGGGGGCCCGCACAAGCGGTGGAGCATGTGGTTTAATTCGAAGCAACGCGAAGAACCT
TACCAGGTCTTGACATCCTCTGACAACCCTAGAGATAGGGCTTTCCCTTCGGGGACAGA
GTGACAGGTGGTGCATGGTTGTCGTCAGCTCGTGTCGTGAGATGTTGGGTTAAGTCCCG
CAACGAGCGCAACCCTTGATCTTAGTTGCCAGCATTCAGTTGGGCACTCTAAGGTGACT
GCCGGTGACAAACCGGAGGAAGGTGGGGATGACGTCAAATCATCATGCCCCTTATGACC
TGGGCTACACACGTGCTACAATGGACAGAACAAAGGGCTGCAAGACCGCAAGGTTTAG
GGAATCCCATAAATCTGTTCTCAGTTCGGATCGCAGTCTGCAACTCGACTGCGTGAAGCT
GGAATCGCTAGTAATCGCGGATCAGCATGCCGCGGTGAATACGTTCCCGGGCCTTGTACA
CACCGCCCGTCACACCACGAGAGTTTGCAACACCCGAAGTCGGTGAGGTAACCTTTATG
GAGCCAGCCGCCGAAGGTGGGGCAGATG-3'
```

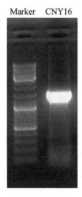

Marker　CNY16

图 8-4　菌株 CNY16 16S rDNA 序列及图谱

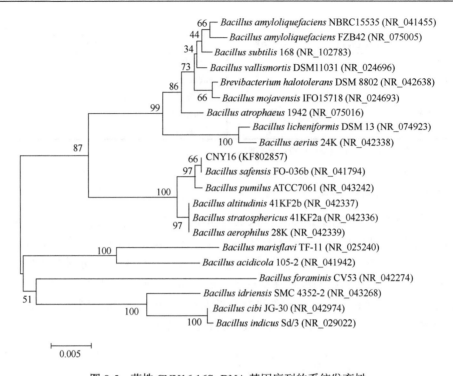

图 8-5　菌株 CNY16 16S rDNA 基因序列的系统发育树

发育树节点的数字表示自展值（自举 1000 次），括号内是 GenBank 上的序列登录号，线段 0.005 代表 1/200 进化距离单位

第三节　菌株 CNY16 酶学性质研究

如图 8-6 所示，产低温纤溶酶菌株 CNY16 对数期时间和稳定期时间相对较长，菌株在 8 h 前处于滞缓期，8 h 以后菌株快速生长，这个阶段菌株活力最旺，在 64 h 以后开始进入衰亡期，菌体总数下降，并且个体形态开始发生变化。

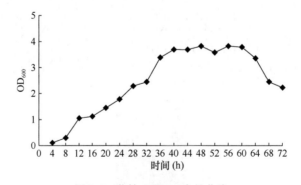

图 8-6　菌株 CNY16 生长曲线

由图 8-7 可知，菌株发酵在 20 h 以后开始产生低温纤溶酶，发酵到 44 h 以后大量产酶，在 52 h 酶活性达到最大，从 64 h 以后酶活性开始下降，因此，在摇瓶培养时尽量在 44～64 h 结束发酵，或者在补料发酵培养时在 64 h 左右补料培养。

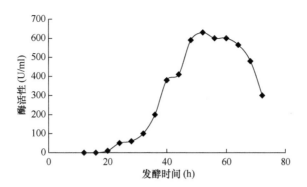

图 8-7　菌株 CNY16 发酵时间-酶活性曲线

一、发酵培养基优化

（一）氮源对菌株 CNY16 发酵产酶的影响

在发酵培养基中，用 2% 的 7 种不同氮源（硝酸铵、蛋白胨、牛肉膏、酵母膏、牛肉浸膏、干酪素、豆饼粉）替换培养基中氮源成分，接种量 2%，30℃，150 r/min 培养 48 h 后通过琼脂-纤维蛋白双层平板测定酶活性。根据实验结果初步确定透明圈最大的为最适氮源，结果如图 8-8 所示。

由图 8-8 可以看出，当利用酵母膏作为氮源时，菌株 CNY16 产低温纤溶酶活性最高，而利用牛肉浸膏作为氮源时酶活性次之，用硝酸铵作为氮源时酶活性最低，最适氮源为酵母膏。

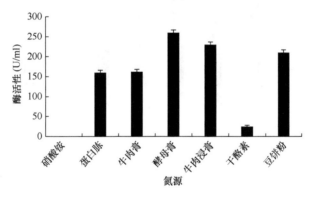

图 8-8　氮源对菌株 CNY16 发酵产酶的影响

（二）氮源最适浓度的确定

以最适氮源为唯一氮源，改变培养基中该氮源浓度（1.5%、2.0%、2.5%、3.0%、3.5%、4.0%、4.5%），接种量 2%，30℃，150 r/min 培养 48 h 后通过琼脂-纤维蛋白双层平板测酶活性。根据实验结果初步确定透明圈最大的为最适氮源浓度，结果如图 8-9 所示。

由图 8-9 可以看出，当酵母膏浓度为 4.0% 时，酶活性最高，为 337.0 U/ml，酵母膏浓度为 4.5% 时，酶活性为 280.5 U/ml。酵母膏浓度为 3.5% 时，酶活性为 298.3 U/ml；随着酵母膏浓度的降低酶活性继续下降，说明过低浓度的氮源不利于酶的大量合成；而氮源浓度过高则对菌体生长有一定抑制作用，影响酶的合成。

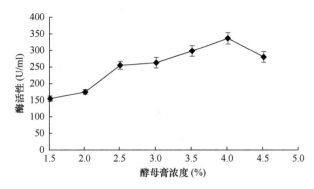

图 8-9　酵母膏对菌株 CNY16 发酵产酶的影响

（三）碳源对菌株 CNY16 发酵产酶的影响

在确定最优氮源及其浓度的情况下，分别以浓度为 2%的不同碳源（葡萄糖、麦芽糖、蔗糖、α-乳糖、无水乳糖、可溶性淀粉、马铃薯淀粉）替换其碳源成分，进行单因素实验。接种量 2%，30℃，150 r/min 培养 48 h 后通过琼脂-纤维蛋白双层平板测定酶活性。根据实验结果初步确定透明圈最大的为最适碳源，结果如图 8-10 所示。

由图 8-10 可以看出，当用麦芽糖作为碳源时菌株 CNY16 发酵产低温纤溶酶的活性最高，α-乳糖、蔗糖次之，麦芽糖对低温纤溶酶的生成促进作用最大，为最适碳源。

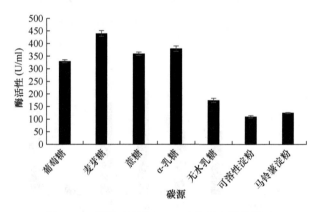

图 8-10　碳源对菌株 CNY16 发酵产酶的影响

（四）碳源最适浓度的确定

以最适碳源为唯一碳源，最适氮源为唯一氮源，改变培养基中该碳源浓度（1.0%、1.5%、2.0%、2.5%、3.0%、3.5%、4.0%），接种量 2%，30℃，150 r/min 培养 48 h 后通过琼脂-纤维蛋白双层平板测酶活性。根据实验结果初步确定透明圈最大的为最适碳源浓度，结果如图 8-11 所示。

由图 8-11 可以看出，当麦芽糖浓度为 2.0%时，酶活性最高，为 434.6 U/ml，麦芽糖浓度为 1.5%时，酶活性为 348.1 U/ml；而麦芽糖浓度为 1.0%时，酶活性仅为 216.5 U/ml。麦芽糖浓度为 2.5%时，酶活性为 387.4 U/ml；麦芽糖浓度为 4.0%时，酶活性仅 265.7 U/ml，并且随着麦芽糖浓度的增加酶活性继续下降，说明过高浓度的碳源对菌体生长有一定抑制作用，影响酶的合成；而碳源浓度过低则不利于酶的大量合成。

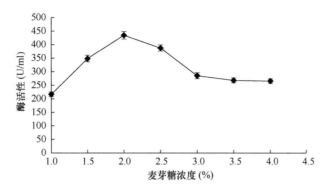

图 8-11　麦芽糖对菌株 CNY16 发酵产酶的影响

（五）无机盐最适浓度的确定

在确定最优氮源、碳源及其浓度的情况下，改变培养基中 NaCl 浓度（0.25%、0.50%、0.75%、1.00%、1.25%）、K_2HPO_4 浓度（0.05%、0.10%、0.15%、0.20%）、$MgSO_4$ 浓度（0.02%、0.04%、0.06%、0.08%），接种量 2%，30℃，150 r/min 培养 48 h 后通过琼脂–纤维蛋白双层平板测定酶活性。根据实验结果初步确定透明圈最大的为无机盐最适浓度，结果如图 8-12～图 8-14 所示。

由图 8-12 可知，NaCl 浓度为 0.50%时，低温纤溶酶活性最高，为 430.0 U/ml；说明适量 NaCl 对该菌株产酶有促进作用。

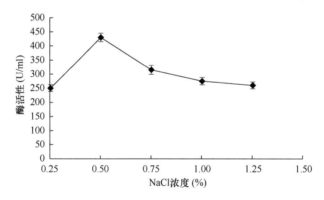

图 8-12　NaCl 对菌株 CNY16 发酵产酶的影响

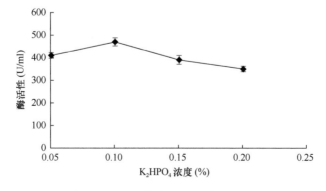

图 8-13　K_2HPO_4 对菌株 CNY16 发酵产酶的影响

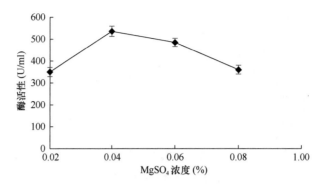

图 8-14　MgSO$_4$ 对菌株 CNY16 发酵产酶的影响

由图 8-13 可知，当 K$_2$HPO$_4$ 浓度为 0.10% 时，低温纤溶酶活性最高，为 470.0 U/ml；说明少量 K$_2$HPO$_4$ 对该菌株产酶有促进作用。

由图 8-14 可知，当 MgSO$_4$ 浓度为 0.04% 时，低温纤溶酶活性最高，为 535.9696 U/ml；说明少量 MgSO$_4$ 对该菌株产酶有促进作用。

二、发酵条件优化

（一）菌体最适种龄确定

分别培养种子液不同时间（12 h、16 h、20 h、24 h）之后接种于优化过的发酵培养基中，接种量 2%，30℃，150 r/min 培养 48 h 后通过琼脂-纤维蛋白双层平板测定酶活性。根据实验结果初步确定透明圈最大的为最适种龄，结果如图 8-15 所示。

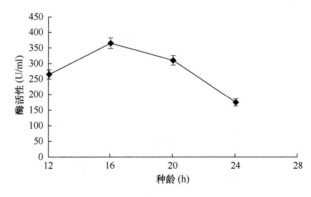

图 8-15　种龄对菌株 CNY16 发酵产酶的影响

由图 8-15 可以看出，当种子液培养时间为 16 h 左右时，菌体产生的低温纤溶酶活性最高，而当培养时间为 20～24 h 时酶活性过低，可能是由于这时的菌种已经开始消耗低温纤溶酶或是菌种产生了其他物质影响了低温纤溶酶的活性。

（二）菌体最适接种量确定

在最适种龄确定的情况下，分别取 1%、2%、3%、4%、5% 种子液接种于优化过的发酵培养基中，30℃，150 r/min 培养 48 h 后通过琼脂-纤维蛋白双层平板测定酶活性。根据实验结果初步确定透明圈最大的为最适接种量，结果如图 8-16 所示。

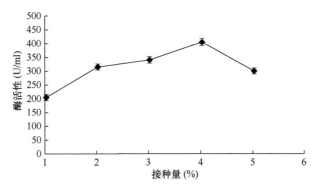

图 8-16　接种量对菌株 CNY16 发酵产酶的影响

由图 8-16 可以看出，当接种量为 1%～3% 时，酶活性增加缓慢；当接种量为 3%～4% 时，酶活性急剧增加；当接种量达到 4% 时酶活性最大，之后随着接种量的增加，酶活性反而开始下降。由于通气量和营养物质等因素的限制，发酵液中的菌体数量不宜过多，由此确定 4% 为最佳发酵接种量。

（三）菌体最适培养温度确定

在发酵周期确定的情况下，取培养 16 h 的种子液接种于优化过的发酵培养基中，分别在不同温度（20℃、25℃、30℃、35℃、40℃、45℃）下，接种量 4%，150 r/min，培养 48 h 后通过琼脂-纤维蛋白双层平板测定酶活性。根据实验结果初步确定透明圈最大的为最适培养温度，结果如图 8-17 所示。

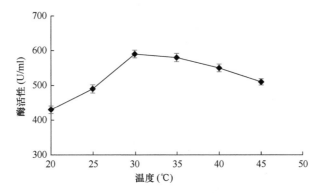

图 8-17　温度对菌株 CNY16 发酵产酶的影响

由图 8-17 可以看出，酶活性在 25～30℃迅速增加，30℃时酶活性最高，30℃之后随着温度的升高，酶活性开始下降，主要是因为温度过高或过低都不利于菌体生长或产酶。

（四）菌体最适转速确定

在最适培养温度确定的情况下，取培养 16 h 的种子液接种于优化过的发酵培养基中，分别在不同转速（100 r/min、110 r/min、120 r/min、130 r/min、140 r/min、150 r/min、160 r/min、170 r/min）下，接种量 4%，30℃培养 52 h 后通过琼脂-纤维蛋白双层平板测定酶活性。根据实验结果初步确定透明圈最大的为最适转速，结果如图 8-18 所示。

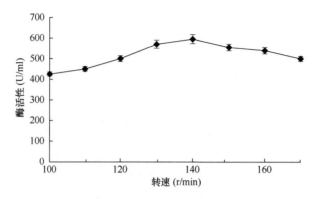

图 8-18　转速对菌株 CNY16 发酵产酶的影响

由图 8-18 可以看出，当转速为 110～140 r/min 和 140～170 r/min 时上升和下降的速率基本相同，而当摇床转速达到 140 r/min 时，酶活性最高，为 594.64 U/ml。

（五）菌体最适装液量确定

在最适转速确定的情况下，取培养 16 h 的种子液接种于优化过的发酵培养基中，分别设置不同装液量[75 ml（500 ml 摇瓶）、100 ml（500 ml 摇瓶）、125 ml（500 ml 摇瓶）、150 ml（500 ml 摇瓶）、175 ml（500 ml 摇瓶）]，接种量 4%，150 r/min，30℃培养 52 h 后通过琼脂-纤维蛋白双层平板测定酶活性。根据实验结果初步确定透明圈最大的为最适装液量，结果如图 8-19 所示。

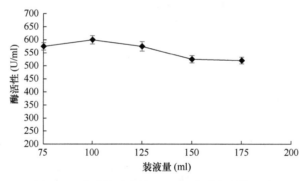

图 8-19　装液量对菌株 CNY16 发酵产酶的影响

由图 8-19 可以看出，装液量约为 100 ml 时菌株 CNY16 产低温纤溶酶的酶活性最高，达到 612.18 U/ml。当装液量为 75～125 ml 时，酶活性相对较高，说明当装液量处于 75～125 ml 时溶氧量相对适宜，对菌体产酶具有较好的促进作用。

三、发酵综合设计

（一）PB 设计

本实验以低温纤溶酶活性为测定指标，在单因素实验的基础上，选取影响发酵的 9 个因素，进行实验次数 n=12 次的 PB 设计，参考各因素的主效应和交互作用的一级作用，确定 3 个重要影响因素，因素和水平见表 8-3。

表 8-3 菌株 CNY16 发酵 PB 设计因素及水平

代码	因素	水平	
		−1	+1
A	麦芽糖（%）	1.50	2.50
B	酵母膏（%）	3.50	4.50
C	氯化钠（%）	0.25	0.75
D	磷酸氢二钾（%）	0.05	0.15
E	硫酸镁（%）	0.02	0.06
F	接种量（%）	3	5
G	转速（r/min）	130	150
H	温度（℃）	25	35
J	装液量（ml）	75	125

PB 设计结果及响应值见表 8-4，参考各因素的主效应和交互作用的一级作用，效应评价分析结果表明（表 8-5），酵母膏、氯化钠、转速的 P 值分别为 0.011、0.009、0.014，均小于 0.05，表明这三个因素对实验结果的影响均大于 95%，达到显著水平，在所选因素中对实验结果影响最大。

表 8-4 菌株 CNY16 发酵 PB 设计结果与响应值（n=12）

序号	A	B	C	D	E	F	G	H	J	酶活性（U/ml）
1	−1	1	1	1	−1	1	1	−1	1	741.80
2	−1	1	1	−1	1	−1	−1	−1	1	706.70
3	1	−1	1	1	−1	1	−1	−1	−1	626.40
4	1	1	−1	1	1	−1	1	−1	−1	675.30
5	1	1	−1	1	−1	−1	−1	1	1	674.60
6	1	−1	1	−1	−1	−1	1	1	1	713.70
7	−1	−1	−1	1	1	1	−1	1	1	584.20
8	−1	1	−1	−1	1	1	1	1	−1	672.80
9	−1	−1	−1	−1	−1	−1	−1	−1	−1	564.30
10	1	1	1	−1	1	1	−1	1	−1	683.50
11	1	−1	−1	−1	1	1	1	−1	1	627.90
12	−1	−1	1	1	1	−1	1	1	−1	701.50

表 8-5 菌株 CNY16 发酵 PB 设计的效应评价

代码	因素	t 值	Prob>t	重要性
A	麦芽糖	0.86	0.479	8
B	酵母膏	9.66	0.011	2
C	氯化钠	10.75	0.009	1
D	磷酸氢二钾	1.00	0.422	7
E	硫酸镁	−0.42	0.718	9
F	接种量	−2.86	0.104	5
G	转速	8.42	0.014	3
H	温度	2.52	0.128	6
J	装液量	3.59	0.070	4

（二）最陡爬坡试验

经过 PB 设计与分析以后得到 3 个最显著影响因素后，进行最陡爬坡试验。将氯化钠和转速的值按照步长逐步增大，酵母膏浓度按照步长依次减小。试验设计和结果如表 8-6 所示，在第 2 组试验中，当 NaCl 为 1.00%、酵母膏为 3.20%、转速为 160 r/min 时酶活性最大。故以第 2 组试验作为中心组合试验的中心点，进行响应面试验设计。

表 8-6　菌株 CNY16 发酵最陡爬坡试验设计及结果

序号	X_1 氯化钠（%）	X_2 酵母膏（%）	X_3 转速（r/min）	酶活性（U/ml）
1	0.75	3.50	150	724.70
2	1.00	3.20	160	760.60
3	1.25	2.90	170	708.80
4	1.50	2.60	180	690.40

（三）Box-Behnken 中心组合试验

根据 PB 设计和最陡爬坡试验确定三因素三水平（表 8-7），运用 Design-Expert V8.0.6.1 软件 Box-Behnken 设计 15 个试验点，其中 12 个试验点为析因点，3 个为零点，然后运用软件分析得到最优结果，最后对预测值进行验证，每组试验重复三次取平均值，设计结果与响应值见表 8-8。

表 8-7　菌株 CNY16 发酵 PB 设计和最陡爬坡试验确定的因素和水平

因素	水平		
	−1	0	1
氯化钠（A）（%）	0.75	1.00	1.25
酵母膏（B）（%）	2.90	3.20	3.50
转速（C）（r/min）	150	160	170

表 8-8　菌株 CNY16 发酵 Box-Behnken 中心组合试验设计（n=15）

序号	氯化钠（%）		酵母膏（%）		转速（r/min）		酶活性（U/ml）
	X_1	编码 X_1	X_2	编码 X_2	X_3	编码 X_3	
1	0.75	−1	2.90	−1	160	0	730.40
2	1.25	1	3.50	1	160	0	833.80
3	1.25	1	3.20	0	150	−1	765.50
4	1.00	0	2.90	−1	150	−1	702.90
5	1.25	1	2.90	−1	160	0	795.50
6	1.00	0	3.20	0	160	0	835.50
7	1.00	0	3.20	0	160	0	828.80
8	1.00	0	3.20	0	160	0	840.80
9	1.25	1	3.20	0	170	1	838.70
10	1.00	0	3.50	1	150	−1	778.50
11	0.75	−1	3.20	0	150	−1	735.60
12	1.00	0	3.50	1	170	1	835.80
13	1.00	0	2.90	−1	170	1	826.50
14	0.75	−1	3.50	1	160	0	786.90
15	0.75	−1	3.20	0	170	1	757.80

1. 回归模型建立与方差分析

运用 Design-Expert V8.0.6.1 软件对表 8-8 数据进行回归分析，得到回归方程：
$$Y=835.033+7.850X_1+22.463X_2+34.538X_3-4.550X_1X_2+12.750X_1X_3$$
$$-16.575X_2X_3-29.954X_1^2-18.429X_2^2-30.679X_3^2$$

对回归系数进行显著性检验（表 8-9）和方差分析（表 8-10）。在统计学中，模型显著性检验 $P<0.05$，表明模型建立有意义。由表 8-9 可知，其自变量一次项 X_1、X_2、X_3，二次项 X_1^2、X_3^2 显著（$P<0.05$）。失拟项用来表示所用模型与实验拟合的程度，即二者差异的程度。该设计失拟项 P 值为 0.1067，大于 0.05，对模型是有利的，无失拟因素存在。回归方程的相关系数 $R^2=99.4\%$，校正决定系数 R^2（Adj）为 0.9057，大于 0.80，说明该模型只有 9.43% 的变异。进一步说明模型拟合度较好，因此可用该回归方程代替试验真实点对试验结果进行初步分析和预测。

表 8-9　菌株 CNY16 发酵 Box-Behnken 中心组合试验设计结果回归系数显著性检验

变量	系数估计	标准误	F 值	P 值
X_1	27.850	4.996	31.070	0.0026
X_2	22.463	4.996	20.212	0.0064
X_3	34.538	4.996	47.783	0.0010
X_1X_2	−4.550	7.066	0.415	0.5480
X_1X_3	12.750	7.066	3.256	0.1310
X_2X_3	−16.575	7.066	5.503	0.0659
X_1^2	−29.954	7.354	16.589	0.0096
X_2^2	−18.429	7.354	6.279	0.0541
X_3^2	−30.679	7.354	17.402	0.0087

表 8-10　菌株 CNY16 发酵 Box-Behnken 中心组合试验设计结果回归方程的方差分析

方差来源	自由度	调整平方和	调整均方	F 值	P 值
回归	9	2.866×10^{-4}	3.185×10^{-3}	15.946	0.0036
残差误差	5	998.539	199.708		
失拟	3	926.213	308.738	8.537	0.1067
纯误差	2	72.327	36.163		
合计	14	2.966×10^{-4}			

2. 响应面分析

根据响应面法分析数据绘出曲面图及等高线图，该图可以反映 NaCl、酵母膏、转速及其交互作用对酶活性的影响（图 8-20～图 8-22）。圆形等高线表示参数之间交互作用不显著，椭圆形或马鞍形等高线表示参数之间交互作用较强。由图 8-20～图 8-22 可以看出，NaCl、酵母膏、转速与酶活性存在显著的相关性。当酵母膏和转速固定在一般水平时，NaCl 浓度为 0.75%～1.05% 时，酶活性呈增大趋势，之后变化不大；当 NaCl 和转速在一般水平时，酵母膏为 2.90%～3.30% 时，酶活性呈增大趋势，酵母膏浓度大于 3.30% 时，酶活性在小范围变化；当 NaCl 和酵母膏固定在一般水平时，转速为 150～160 r/min

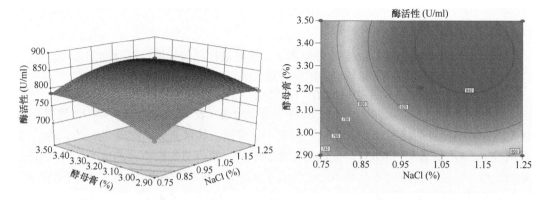

图 8-20 NaCl 与酵母膏交互影响酶活性的曲面图和等高线图

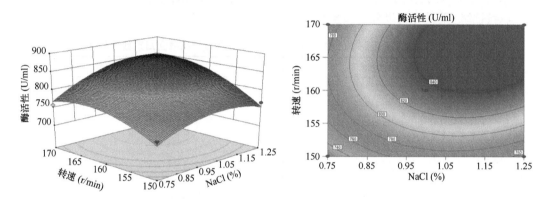

图 8-21 NaCl 与转速交互影响酶活性的曲面图和等高线图

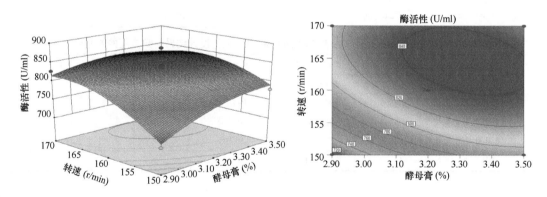

图 8-22 酵母膏与转速交互影响酶活性的曲面图和等高线图

时, 酶活性呈增大趋势, 高于 160 r/min 时, 酶活性开始渐渐降低。上述结果可使我们在发酵生产时科学合理地选择 NaCl 浓度、酵母膏浓度和转速, 提高发酵效率, 避免资源浪费。

3. 最优条件的确定与验证

利用 Design-Expert V8.0.6.1 软件分析可以得到最优发酵条件为: NaCl 1.14%、酵母膏 3.28% 和转速 166.12 r/min, 预测最大酶活性为 856.553 U/ml (图 8-23)。根据实际情

况将最优条件调整为 NaCl 1.14%、酵母膏 3.28% 和转速 166 r/min。通过多次验证实验得到纤溶酶活性均值为 875.932 mg/L，相对偏差为 2.3%，与理论预测相近度较高，表明采用响应面法对培养条件进行优化准确可靠。

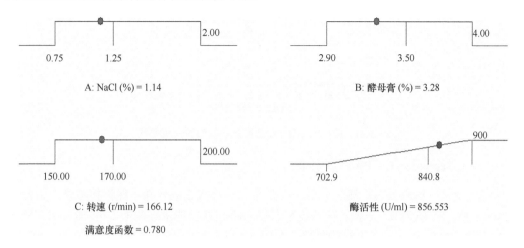

图 8-23 菌株 CNY16 发酵预测最佳条件及最大酶活性

四、分离纯化

（一）粗酶液制备

将菌株 CNY16 接种到装有 100 ml 发酵培养基的 250 ml 锥形瓶中，置于 30℃、转速 166 r/min 条件下培养 52 h，发酵液经 6000 r/min、4℃ 离心 25 min，去除菌体，得到粗酶液。

（二）盐析

盐析曲线的绘制：新鲜发酵液 10 000 r/min 离心 10 min，分别吸取 1 ml 上清液加入 EP 管中。参照硫酸铵盐析溶解度表，将相应质量的硫酸铵加入每管中，使硫酸铵饱和度分别达到 20%、25%、30%、35%、40%、45%、50%、55%、60%、65%、70%、75%、80%、85%、90%。4℃ 过夜，8000 r/min 离心 15 min，将离心沉淀分别用 1 ml 缓冲液溶解。分别取每个饱和度的上清液和沉淀溶液 10 μl，加入琼脂-纤维蛋白双层平板小孔中，30℃ 孵育 16 h 后，测量透明圈直径大小，并与未加硫酸铵的溶液进行对比计算，绘制盐析曲线。

结果发现，当硫酸铵饱和度达 45% 时，沉淀中开始出现纤溶酶活性，而上清液中纤溶酶活性开始快速下降，当饱和度达到 65% 时，上清液中几乎没有纤溶酶活性，而沉淀中的纤溶酶活性较高，因而确定硫酸铵分段盐析范围为 45%~65%（图 8-24）。

（三）透析和超滤

将粗酶液装入预先处理好的透析袋子中，于层析柜中 4℃ 下透析，其间更换几次透析液，可以有效去除盐离子及其他生物小分子物质，对目的酶蛋白初步纯化。将完成透析的样品用移液器转移到 3 kDa 离心超滤管中离心超滤。

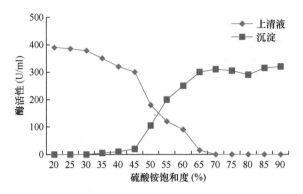

图 8-24　菌株 CNY16 发酵粗酶液硫酸铵盐析曲线

（四）Sephadex G-100 凝胶层析

将凝胶柱、核酸蛋白检测仪、自动收集器和计算机正确连接，保持核酸蛋白检测仪 T 值为 100，1A 值为 0.1 不变；待基线平衡以后将超滤后的浓缩酶液 2 ml 加入用同样缓冲液平衡好的 Sephadex G-100 凝胶柱（Φ 1.6 cm×60 cm），使洗脱速度保持在 0.3 ml/min 左右；调节设置自动收集器，根据显示器上的洗脱峰，记录相应试管管号，分别测定其蛋白质含量和酶活性。

通过盐析除杂后，再经过透析去除盐离子和小分子物质，超滤初浓缩后，用 Sephadex G-100 凝胶层析，结果如图 8-25 所示。共有两个峰，检测的蛋白曲线为单一主峰，经检测低温纤溶酶组分主要集中在后面主峰内。

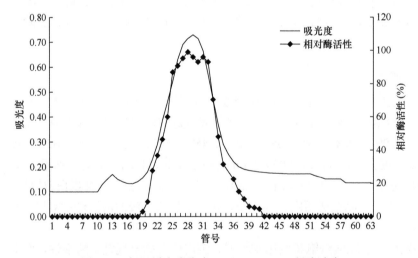

图 8-25　低温纤溶酶酶液 Sephadex G-100 凝胶过滤

（五）SDS-PAGE

15%分离胶，5%浓缩胶，30 mA 恒流电泳 2.5 h，考马斯亮蓝 R250 染色，结果如图 8-26 所示。

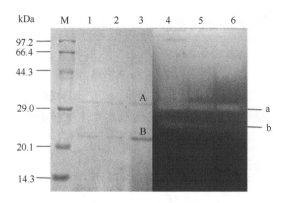

图 8-26　SDS-PAGE 电泳图谱（左图）和纤维蛋白酶谱（右图）

A、B 为 SDS-PAGE 电泳图谱中的两种蛋白的条带；a、b 为纤维蛋白酶谱图中的纤维蛋白被分解的两部分纤维蛋白的条带

M. Marker；1. 粗酶液；2. 盐析；3. 超滤；4. 超滤酶谱；5. 盐析酶谱；6. 粗酶液酶谱

五、酶学性质表征

（一）纤维蛋白酶谱法检测纤溶组分

纤维蛋白酶谱是 SDS-PAGE 与纤维蛋白自显影方法的融合,在 12%分离胶中加入适量纤维蛋白原和凝血酶反应生成纤维蛋白,其他不变。经过 SDS-PAGE 后,用蒸馏水冲洗干净凝胶,转入 2.5%（*V/V*）曲拉通 X-100 溶液中,轻摇 2 h,其间更换两次溶液。用蒸馏水冲洗分离胶后将其放在反应液中孵育 16 h,最后用常规考马斯亮蓝 R250 染色,经脱色后在分离胶的蓝色背景下观察是否有裂解带。

菌株 CNY16 产低温纤溶酶 SDS-PAGE 和纤维蛋白酶谱如图 8-26 所示,可以看出每个泳道前段的纤维蛋白有被分解的迹象,说明该低温纤溶酶具有显著的纤溶酶活性,且每个泳道都存在两条亮带 a 和 b,可判断该低温纤溶酶系中至少有两种纤溶酶活性成分；SDS-PAGE 电泳图谱也有两条带 A 和 B,初步判断该低温纤溶酶系主要存在两种蛋白；将两个结果进行对比分析,由于纤维蛋白酶谱实验中,分离胶在其他条件不变的基础上加入了纤维蛋白原和凝血酶,可能导致不同蛋白在分离胶内运动距离与 SDS-PAGE 不能完全一致,我们初步判断 a 带与泳道中 A 带对应,分子质量约为 33 kDa,b 带与泳道中 B 带对应,分子质量约为 23 kDa。

（二）溶解纤维蛋白作用方式测定

购买的血纤维蛋白原中一般存在纤溶酶原,因此配制的血纤维蛋白平板中含有纤溶酶原（阳性平板）。阳性平板置 85℃保温 30 min,冷却至室温制成阴性平板。制得两个纤维蛋白平板。用直径为 3 mm 的打孔器在平板上打孔,将 10 μl 粗酶液分别加入两个平板中,30℃培养 16 h 后测量透明圈直径。阳性平板反映了直接溶解纤维蛋白及激活纤溶酶原间接溶解纤维蛋白的双重作用,而阴性平板中纤溶酶原受热失活,仅反映酶的直接纤溶酶活性。以此判断纤溶酶溶解纤维蛋白的作用方式。

阳性平板和阴性平板上都形成透明圈,阳性平板上纤维蛋白透明圈比阴性平板上显得略大。初步推断该纤溶酶除直接降解纤维蛋白外,还可激活血纤维蛋白溶酶原成纤溶酶,从而间接降解纤维蛋白。

（三）低温纤溶酶最适作用温度

将低温纤溶酶粗酶样品添加到琼脂-纤维蛋白双层平板上，分别置于 20℃、30℃、40℃、50℃、60℃、70℃检测纤溶酶活性，每次做 3 组平行。

如图 8-27 所示，低温纤溶酶最适作用温度为 30℃。该酶的作用温度比较宽泛，对高温比较敏感，在中低温环境下酶活性保持较高水平，这对于医药和保健食品的开发有重要意义。

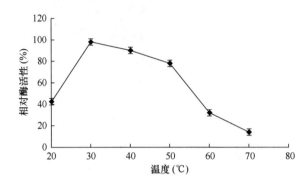

图 8-27　低温纤溶酶最适作用温度

（四）低温纤溶酶最适作用 pH

在配制纤维蛋白平板时，各成分分别用 pH 2.5、3.5、4.5、5.5、6.5、7.5、8.5、9.5、10.5、11.5 的同类型缓冲液配制，其他条件均相同。加样后置于 30℃恒温箱，保温 16 h 后取出测各平板中透明圈的垂直直径，以确定酶的最适作用 pH。

该酶的最适作用 pH 为 6.5（图 8-28）。在 pH 为 3.5 时，酶活性为最适作用 pH 时的 35%，表明该酶在微酸性环境下具有较好的作用效果。

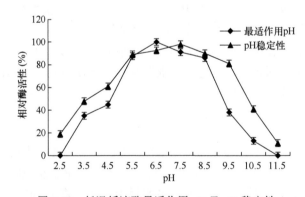

图 8-28　低温纤溶酶最适作用 pH 及 pH 稳定性

（五）低温纤溶酶的 pH 稳定性

将样品分别用 pH 2.5、3.5、4.5、5.5、6.5、7.5、8.5、9.5、10.5、11.5 的缓冲液溶解，放 30℃恒温箱保温 2 h，取出后再调整 pH 为 6.5，测酶活性。

pH 对低温纤溶酶活性的影响如图 8-28 所示。低温纤溶酶的 pH 稳定性曲线表明，pH 在 5.5～9.5、30℃保温 2 h，相对酶活性保存 80%以上，pH 稳定性较好，这与 NK、

CK 等略有不同。

（六）体外溶栓及红细胞溶血检测

由辽宁省（大连市）糖脂代谢研究重点实验室提供新鲜实验小鼠血液，待其自然凝固形成凝块，用滤纸吸附表面液体称取 1 g 血块。加入 1 ml CNY16 粗酶液（含 0.9% NaCl）放在 30℃培养箱内保存 8 h 后，称量溶栓后血块质量，即可计算出溶掉的血块质量，同时以血栓在含 0.9% NaCl 的巴比妥钠缓冲液中的溶解情况进行对照，并镜检每组各阶段红细胞形态变化，以上实验做三组重复以减小误差。

CNY16 粗酶液对实验小鼠血块的溶解情况如表 8-11 所示，凝血块在菌株 CNY16 粗酶液中 8 h 之后大部分被溶解，而血栓在缓冲液中 8 h 后只有很少量被溶出。在显微镜下观察红细胞形态发现几乎不变，表明该菌株粗酶液对红细胞无溶血作用。

表 8-11 CNY16 粗酶液对实验小鼠血块的溶解情况

类别	粗酶液	缓冲液
血块初始质量（g）	1.000±0.023	1.000±0.026
血块最终质量（g）	0.130±0.046	0.910±0.041
溶解的血块质量（g）	0.870±0.069	0.090±0.067

注：表中数据为平均值±标准差

第四节　总结与讨论

从大连附近海泥、土壤等环境筛选，最终得到一株性能优良的低温纤溶酶产生菌 CNY16，在显微镜下观察菌株为单个菌体，直杆状，两端钝圆，革兰氏染色阳性。菌株 CNY16 的 16S rDNA 序列长度为 1423 bp，提交到 GenBank 上，获得 GenBank 登录号为 KF802857，利用 BLAST 软件与 GenBank 中的相关序列进行同源性比较，结果显示与芽孢杆菌属的沙福芽孢杆菌（*Bacillus safensis*）同源性高达 100%，可初步鉴定为沙福芽孢杆菌。

对产低温纤溶酶菌株 CNY16 的发酵条件进行优化，首先进行单因素实验，采用 PB 设计和最陡爬坡试验确定三因素三水平，运用 Design-Expert V8.0.6.1 软件 Box-Behnken 模型对 CNY16 发酵产生低温纤溶酶的培养条件进行优化，方差分析后表明模型拟合度良好。最优的发酵条件为 NaCl 1.14%、酵母膏 3.28%和转速 166 r/min，通过培养条件优化，低温纤溶酶活性由优化前的约 600 U/ml 提高到 875.932 U/ml，比优化前提高了约 46%，结果表明，对发酵条件的优化是成功有效的。

通过盐析、透析、超滤和 Sephadex G-100 凝胶层析可得到较纯的酶液。对 SDS-PAGE 电泳图谱和纤维蛋白酶谱对比分析，可初步判断菌株 CNY16 可以分泌至少两种纤溶酶，分子质量分别为 23 kDa 和 33 kDa，这在发现的产低温纤溶酶菌株中很少见。另外，该酶的最适作用温度为 30℃，最适作用 pH 为 6.5，在微酸性（pH 3.5）环境中有部分酶活性。体外溶栓实验表明菌株 CNY16 产低温纤溶酶能有效溶解血块中纤维蛋白，并且对红细胞不产生降解作用，这为开发出一种新型、安全、实用的食品级功能性添加剂和药用溶栓剂提供了必要的科学依据。

参 考 文 献

陈飞, 孟宪志, 李莉, 等. 2004. 蚯蚓纤溶酶基因 *P239* 的原核表达、纯化及活性测定[J]. 微生物学杂志, 24(1): 19-21.

董明盛, 江晓, 刘诚. 2000. 胞外纤溶酶产生菌的筛选及其产酶条件研究[J]. 食品与发酵工业, 27(1): 23-26.

杜连祥, 刘晓兰, 路福平, 等. 2005. 根霉 12#发酵产生纤溶酶的酶学性质[J]. 生物工程学报, (2): 323-327.

龚勇, 王以光. 2001. 一种来源于链霉菌的纤溶酶的纯化及其基因的克隆[J]. 微生物学报, 41(2): 186-190.

韩润林, 张小勇, 张建安, 等. 2000. 枯草杆菌溶栓酶的分离纯化研究[J]. 中国生化药物杂志, 21(5): 219-222.

郝淑凤, 韩斯琴, 曾青, 等. 2002. 一种具有纤溶活性的蛋白酶的分离纯化及性质[J]. 沈阳药科大学学报, (6): 451-454.

黄珊, 李家群, 张云开. 2009. 一株高活力产纤溶酶海洋微生物的筛选及鉴定[J]. 食品科技, 34(12): 19-22.

黄志立, 罗立新. 2000. 纳豆激酶基因的克隆及其在大肠杆菌中的表达[J]. 广东医学院学报, 16(4): 265-267.

李立民, 惠洪文, 王明芳. 2003. 纳豆激酶分离提纯方法中试研究[J]. 内蒙古农业大学学报(自然科学版), 24(4): 51-54.

李秀珍, 刘同军, 杨平平, 等. 2006. 植酸酶在食品和医药方面的应用展望[J]. 中国酿造, 12: 9-12.

刘晨光, 魏香, 刘万顺. 2001. 海洋假单胞菌纤溶酶的酶学性质研究[J]. 青岛海洋大学学报, 31(5): 730-734.

刘晓婷, 蔺新英. 2006. 豆豉纤溶酶的研究进展[J]. 预防医学论坛, 12(4): 459-461.

路福平, 杜连祥, 杜冰, 等. 1999. 微生物发酵生产纤溶酶的研究[J]. 天津轻工业学院学报, 1: 5-9.

罗文华, 郭勇. 2006. 食品纤溶酶研究进展[J]. 中国生物工程杂志, 26(8): 111-114.

罗文华, 郭勇, 韩双艳. 2007. 枯草杆菌纤溶酶基因的克隆及表达[J]. 华南理工大学学报, 35(11): 115-119.

毛建平, 孙志贤. 1997. 蛇毒纤维蛋白水解酶[J]. 动物学杂志, 32(2): 50-55.

彭勇, 张义正. 2002. 豆豉溶栓酶产生菌的筛选及其酶等性质的初步研究[J]. 高技术通讯, 12(2): 5.

璩竹玲, 刘赛, 刘晨光, 等. 2003. 海洋假单胞菌碱性蛋白酶的纤溶和溶栓作用研究[J]. 中国海洋药物, (4): 26-29.

沈悦, 梁宏, 孙兆军. 2003. 蚯蚓纤溶酶 *PI239* 基因在杆状病毒中的表达[J]. 首都医科大学学报, 24(1): 23-26.

王骏, 王敏, 王以光. 1999. 链霉菌产生的新型纤溶酶的纯化和性质的研究[J]. 生物工程学报, 15(2): 147-151.

王敏, 王骏, 邵明远. 1998. 链霉菌产生的新型纤溶酶的纤溶性质和溶栓作用[J]. 药学学报, 33(7): 481-485.

翁郁华, 杨晓彤, 杨明俊, 等. 2010. 微生物纤溶酶的多样性与应用前景[J]. 现代生物医学进展, 10(8): 1562-1564.

吴晖, 卓林霞, 解检清, 等. 2008. 发酵条件对枯草芽孢杆菌发酵豆粕中的蛋白酶活力的影响[J]. 现代食品科技, 24(10): 973-976.

武临专, 陈昉, 王以光, 等. 2002. 一种产生纤溶酶的链霉菌 C-3662 的鉴定及发酵研究[J]. 微生物学报, 42(5): 600-605.

谢秋玲, 林剑, 郭勇. 2001. 一种潜在的溶血栓药物——纳豆激酶[J]. 药物生物技术, 8(1): 51-53.

谢秋玲, 孙奋勇, 廖美德, 等. 2002. 纳豆激酶原基因的克隆及表达[J]. 华南理工大学学报 (自然科学版), 30(6): 19-21.

熊强, 梁剑光, 熊晓辉. 2003. 微生物——几种溶栓药物的重要来源[J]. 微生物学通报, 30(5): 116-118.

阎家麒, 童岩, 臧莹安. 2000. 豆豉纤溶酶的纯化及其性质研究[J]. 药物生物技术, 7(3): 149-152.

于德涵, 赵文阁, 王广慧, 等. 2011. 岩栖蝮蛇毒纤溶酶基因克隆、序列分析及真核表达载体的构建与鉴定[J]. 中国农学通报, 27(14): 17-21.

张晴妮, 杨子义. 2009. 纤溶酶溶栓新药的研究进展[J]. 中国生物制品学杂志, 22(5): 518-520.

张少平, 崔堂兵, 陈亮, 等. 2010. 豆豉纤溶酶的定向进化[J]. 华南理工大学学报, 38(9): 138-141.

章海锋, 朱建良, 傅明亮, 等. 2008. 微生物发酵生产纤溶酶研究进展[J]. 食品工程·技术, (9): 115-117.

Chitte R R, Dey S. 2000. Potent fibrinolytic enzyme from a thermophilic *Streptomyces megasporus* strain SD5[J]. Lett. Appl. Microbiol., 31(6): 405-410.

Choi N S, Song J J, Chung D M, et al. 2009. Purification and characterization of a novel thermoacid-stable fibrino lytic enzyme from *Staphylococcus* sp. strain AJ isolated from Korean salt-fermented Anchovy-joet[J]. J. Ind. Microbiol. Biotechnol., 36(3): 417-426.

Egorov N S, Kochetov G A, Khaĭdarova N V. 1976. Isolation and properties of the fibrinolytic enzyme from the *Actinomyces thermovulgaris* cultural broth[J]. Mikrobiologiia, 45: 455-459.

Hu R, Zhang S, Liang H. 2004. Codon optimization, expression, and characterization of recombinant lumbrokinase in goat milk[J]. Protein Expr. Purif., 37(1): 83-88.

Hua Y, Jiang B, Mine Y, et al. 2008. Purification and characterization of a novel fibrinolytic enzyme from *Bacillus* sp. nov. SK006 isolated from an Asian traditional fermented shrimp paste[J]. J. Agric. Food. Chem., 56(4): 1451-1457.

Hunt J, Petteway S, Scuderi P, et al. 2008. Simplified recombinant plasmin: Production and functional comparison of a novel thrombolytic molecule with plasnu-derived plasim[J]. Thromb Haemost, 100(9): 413-419.

Kim H K, Kim G T, Kim D K, et al. 1997. Purification and characterization of a novel fibrinolytic enzyme from *Bacillus* sp. KA38 originated from fermented fish[J]. J. Ferment. Bioeng., 84(4): 307-312.

Kim J S, Sapkota K, Park S E, et al. 2006. A fibrinolytic enzyme from the medical mushroom *Cordyceps militaris*[J]. J. Microbiol., 44(6): 622-631.

Kim W, Choi K, Kim Y, et al. 1996. Purification and characterization of a fibrinolytic enzyme produced from *Bacillus* sp. strain CK11-4 screened from Chungkook-Jang[J]. Applied & Environmental Microbiology, 62(7): 2482-2488.

Lee D G, Jeon J H, Min K J, et al. 2007. Screening and characterization of a novel fibrinolytic metalloprotease from a metagenomic library[J]. Biotechnol. Lett., 29(3): 465-472.

Peng Y, Huang Q, Zhang R H, et al. 2003. Purification and characterization of a fibrinolytic enzyme produced by *Bacillus amyloliquefaciens* DC-4 screened from douche, a traditional Chinese soybean food[J]. Comp. Biochem. Physiol. B: Biochem. Mol. Biol., 134(1): 45-52.

Toshiaki N, Yoshiyuki O, Youichi H, et al. 1993. Isolation and characterization of fibrinogenase from *Candida albicans* NH-1[J]. International Journal of Biochemistry, 25(12): 1815-1822.

第九章 低温超氧化物歧化酶

第一节 概 述

一、来源及分布

（一）SOD 的种类

根据超氧化物歧化酶（superoxide dismutase，SOD）结合金属离子的不同，到目前为止，其主要有 Cu/Zn-SOD、Mn-SOD、Fe-SOD、Ni-SOD 几种类型，以上所述 SOD 都存在于细胞内，近年来，发现在细胞外液中活跃着一种胞外 SOD（EC SOD），这些 SOD 在结构的统一性、进化的保守性上具有高度同源性，却也不尽相同。

（二）SOD 的结构

通常认为 Fe-SOD 是最早出现在较为原始的生物体内的，而 Mn-SOD 则是在 Fe-SOD 基础上进化而来的，所以这两类 SOD 的同源性很高，推测可能为同一个祖先，但在结构基础、理化性质上，Mn-SOD 和 Fe-SOD 与存在最为广泛的 Cu/Zn-SOD 则表现出了不同。从结构上讲，作为第一族的 Cu/Zn-SOD，每个分子中含有两个亚基，每个亚基各含有一个铜原子和锌原子，铜原子在与 4 个组氨酸残基（His44、His46、His61、His118）的咪唑氮配位时，还与轴向另一侧的水分子构成第五配位，锌原子与一个天冬氨酸（D81）以及三个组氨酸残基（His61、His69、His78）形成配位。铜原子、锌原子与 His61 连接，共同组成了"咪唑桥"结构。若失去分子中的锌原子，而保留原有环境中的铜原子，则 SOD 的活性几乎不会受影响。若 Cu/Zn-SOD 失去铜离子，则酶失活，因此在 Cu/Zn-SOD 分子结构中，锌原子起着结构作用，而铜原子则起着催化作用。相关文献证明，在一定浓度范围内，增加游离 Cu^{2+} 的浓度可显著提高 SOD 活性。

Mn-SOD 是由 203 个氨基酸残基组成的，在真核生物中以四聚体结构居多，而在原核生物中则多为二聚体结构。该酶为三角双锥形结构，锰原子位于结构中心，与两个轴向的 H_2O 及一个咪唑基（His28）连接在赤道平面上形成三个配位基，构成了底物和内界配体靠近锰原子的通道。酶的活性部位在一个主要由疏水残基构成的环境里。

Fe-SOD 和 Mn-SOD 的结构类似，铁原子与一个天冬氨酸、三个组氨酸和一个水分子配位，构成一个扭曲的四面体锥形结构。

Ni-SOD 是人们近几年才发现的一种新型 SOD，对其结构上的研究并不是很清晰，现存在两种关于 Ni-SOD 结构的说法，即 Ni-SOD 活性中心部位 Ni（Ⅲ）单核和双核论，单核结构论认为是由两个 Cys 和一个 Met（Cys2、Cys6 和 Met28）、一个组氨酸（His28）和一个氧原子或氮原子配位，构成了 Ni（Ⅲ）的 5 配位四方锥空间结构；双核结构论则认为两个金属离子通过一个半胱氨酸残基的硫原子桥联成键，另外两个半胱氨酸的硫原子则和金属离子端配位，而顶部也有一个氮原子配位，和单核结构一样。

Fe/Zn-SOD、Co-SOD 以极少数量存在于自然界中，对其结构的研究更少。

（三）SOD 的来源

植物体内提取 SOD 工艺复杂，动物体内提取 SOD 安全性低，考虑到提取率，相比较而言，工艺简单、无毒、获得率高的微生物发酵法生产 SOD 更具有前景。现在对产 SOD 微生物的研究多数集中在中温和嗜热菌株上，极少数从超低温或极端环境中分离出能够产生 SOD 的菌株，近年来产 SOD 部分菌株统计如表 9-1 所示。

表 9-1　部分产 SOD 菌株

菌株名称	研究人员
南极嗜冷菌 Colwellia sp. NJ 522	郑洲
变形链球菌 Streptococcus mutans	Antonello Merlino
酿酒酵母 Saccharomyces cerevisiae	王景龙
超嗜热古细菌 Aeropyrum pernix K1	Lee H J
洋葱霍尔德氏菌 Burkholderia contaminans B-1	范三红
红假单胞菌 Rhodobacter sphaeroides	李祖明
嗜热菌 Thermos thermophiles	陈全战
克鲁维酵母 Kluyveromyces marxianus L3	Raimondi S
地芽孢杆菌属 Geobacillus	Zhu Y B、李鹤宾

二、国内外研究概况

（一）SOD 的主要理化性质

SOD 的主要理化性质如表 9-2 所示。

表 9-2　SOD 的主要理化性质

理化性质	Cu/Zn-SOD	Mn-SOD	Fe-SOD	Ni-SOD	EC SOD
分子质量	32～65 ku	4285 ku	42 ku	53.4 ku	52 ku
金属含量	1Cu 1Zn	0.5～1Mn	0.5～1 Fe	4Ni	4Cu4Zn
颜色	蓝绿色	粉红色	黄褐色		
特征吸收峰：					
紫外	258 nm	280 nm	280 nm	276 nm	
可见光	680 nm	475 nm	350 nm	378 nm	
氨基酸组成	少量或无 Tyr、Trp	无 Cys	无 Cys	少量或无 Tyr、Trp	Tyr、Trp
H_2O_2（1 mmol/L）	抑制	否	抑制	抑制	抑制
KCN（1 mmol/L）	抑制	否	否	抑制	抑制
SDS（1 mmol/L）	否	抑制	抑制		
NaN_3（1 mmol/L）	敏感	不敏感	敏感		敏感

SOD 是一种能够较好溶于水的蛋白质，以研究最多的牛的红细胞 Cu/Zn-SOD 为例，该分子含有的 310 个氨基酸中，极性氨基酸占 30%，芳香族氨基酸只有 3%左右。结构决定性质，所以该 SOD 具有很好的水溶性不足为奇。但是 SOD 的半衰期短，可能与其结构中的非极性氨基酸数量少存在一定关系。

（二）SOD 的提取

SOD 广泛存在于动植物和微生物体内，这决定了 SOD 的提取方法不尽相同。大部分 SOD 活跃于细胞内部，只有少量的胞外 SOD，因此，提取 SOD 的必经之路是破碎细胞壁，细胞壁破碎得越彻底，SOD 的提取就越充分。细胞壁破碎有物理破碎法和化学破碎法。物理破碎是指利用机械破碎，如最初的研磨法到后来的超声破碎提取法，再到如今的大规模生产采用异丙醇作为助溶剂的高压匀浆法。化学破碎法则包括甲苯法、异丙酮和乙醇氯仿法及热变性法。物理破碎法提取 SOD 的优点是可以快速、彻底、高效率地进行，缺点是破壁机械会产生大量的热，不利于酶的存储，可能还会破坏酶活性。但随着设备的改进，已经出现低温细胞破碎仪和低温高压匀浆机。化学破碎法在制备 SOD 的过程中，一般都需要将样品与化学试剂共同作用几小时甚至以上，这对 SOD 酶活性来说是一个很大的挑战，所以化学破碎法逐渐被物理破碎法取代。

（三）SOD 的生理功能

在机体运作正常的情况下，生物体内的氧自由基处于一个相对平稳的状态，但是氧自由基产生过多而又不能被及时清除时，就会损伤到机体，从而产生各种病变，现简要介绍 SOD 的生理功能。

人体在逐渐衰老的过程中，不断地产生黑色素、脂褐素和蜡样质等有害色素使皮肤变黑，变粗糙。各种有害于新陈代谢的色素在形成和转运时都与超氧自由基有很大关系，尤其是在光照条件下，黑色素不断消耗氧，生成氧自由基和羟自由基。SOD 在清除超氧自由基的同时，可以起到改善皮肤性能的作用。

SOD 的生理功能不仅表现在对皮肤的保护上，在机体产生某些病变时，也表现出了相应的作用。通常肺气肿是体内产生过多的自由基破坏了肺组织中的中性粒细胞里的弹性蛋白酶抑制剂，导致弹性蛋白酶与其抑制剂达到不平衡的状态。人体自身免疫性疾病，如类风湿关节炎、系统性红斑狼疮等都是由于机体未能阻止自身组分抗体的形成，而形成了自体抗体。自体抗体与正常机体级组分相互结合，导致了吞噬细胞发挥作用，从而表现出了病理状态。吞噬细胞运作过程中有大量的超氧阴离子生成，超氧阴离子攻击机体导致病变的加剧。还有很多病变与超氧自由基和 SOD 有关，如机体受到过度辐射时会产生超氧自由基，而发生辐射病。药物中毒中的氧中毒是由于体内产生了不能被清除的超氧自由基。

三、SOD 的应用

（一）SOD 在医药方面的应用

SOD 因其特殊的运作机制，在临床试验中广泛被用作探针检测疾病以及患者的康复指标，周鹏（2017）就将 SOD 表达量作为判断子宫内膜病变的一个指标。甲状腺疾病形成过程中，低浓度的碘可使体内甲状腺激素生成大量的过氧化氢和超氧阴离子，因此可将 SOD 的浓度及活性作为甲状腺水平异常的一个断定指标。研究表明，肺癌、结肠癌、前列腺癌、卵巢癌以及膀胱癌的发生都与 Mn-SOD 基因多态性明显相关。动物模型有关研究表明，乙醇诱导过的肝硬化小鼠中，Mn-SOD mRNA 的表达水平和稳定性显著降低，Mn-SOD 基因中 Val16Ala 的多态性显著提高了肝细胞癌发生率。但在乳腺癌病患中，突变的 Mn-SOD 基因与乳腺癌的发生并无相关性。与正常细胞相比，癌细胞中的 Mn-SOD 表达水平呈显著升高之势，但 Mn-SOD 活性反而普遍降低。

根据作用机制、生理功能和毒性试验，人们研究发现机体的许多疾病与体内活性自由基等有关，如超氧阴离子自由基，它能断裂 DNA 链及损伤细胞膜、破坏蛋白质结构等而引起机体的病变。SOD 是机体内超氧阴离子最有效的清除剂，因此 SOD 可用于治疗由超氧阴离子自由基引起的多种疾病，如糖尿病、贝赫切特综合征、自身免疫性疾病、烧伤、放疗及化疗副作用、新生儿特发性呼吸窘迫综合征等。特别是，SOD 作为一种新型有效、无副作用的抗炎类药物，对关节炎和类风湿关节炎有明显疗效。目前，我国已开始对 SOD 药品进行研发，由华东理工大学、山东医科大学和湖南医科大学等单位组成的 SOD 协作组，经过多年努力研究出的 SOD 药品，已被卫生部（现为国家卫生健康委员会）新药审评委员会批准在临床上应用，希望在不久的以后，我国有自己的药用 SOD 投放市场。

SOD 在国外虽未能被正式列入药典，但在美国、日本、澳大利亚等国已有出售商品信息。近年来，美国、日本、英国等对 SOD 作为药品开发应用进行了一系列研究和临床试验（表 9-3）。

表 9-3　SOD 临床试验

批量生产技术	临床试验单位	用途及备注
重组生产 SOD	BTN 公司（美国）	风湿性关节炎、溃疡性肠炎、支气管肺异型临床试验
聚合物 SOD	Chiron 公司（美国） Gruenenthal 公司（德国）	肾移植时的再循环障碍治疗药，二、三阶段的临床试验
从牛血中提取 SOD	DDIP 公司（美国）	关节炎的治疗
重组生产 SOD（酵母基因）	Chiron 公司（美国） 武田药品公司（日本）	治疗关节炎临床试验
重组生产 SOD（大肠杆菌基因）	日本化药公司（日本）	治疗血虚性再回流障碍疾病
	东洋酿造公司（日本）	治疗心肌梗死等血虚性心脏病
重组人 Mn-SOD	三井东亚化学公司（日本）	用作心肌梗死后的血液再灌注时心肌保护剂
	三井东亚化学公司（九州大学）	对慢性类风湿关节炎有疗效
基因重组-化学合成	味之素公司（日本）	PEG 修饰 SOD，增加 SOD 半衰期，延长寿命；降低抗癌剂副作用
PEG-SOD	HAMMERSMIT 医院（英国）	用于肾移植

（二）SOD 在农业中的应用

各种环境因素的胁迫控制着植物 SOD 基因表达，环境条件的不同导致了 SOD 基因表达的不同。在植物正常生长发育情况下，体内的 SOD 表达相对稳定，但当处于温度胁迫、盐胁迫、氧胁迫、干旱等条件时，SOD 表达及活性就会发生变化。除此之外，水分胁迫、病虫害、养分胁迫、化学药剂胁迫以及重金属胁迫等胁迫因素都能使细胞内 SOD 的活性出现明显变化。研究发现，植物低温胁迫过程中，SOD 活性的提高能够加强冬南瓜对低温胁迫的耐受性。有学者在高温环境下对小麦幼苗进行高温预处理，并且将其和未经高温预处理的小麦幼苗相比较，发现提前调控前者相关 SOD 基因表达，能够有效地清除活性氧。有学者发现丝石竹属植物随着盐浓度的增加，其体内 SOD 以及其同工酶活性提高，超过一定的盐浓度后，活性反而受到抑制。表明在丝石竹属植物的生长阶段，可通过增强 SOD 活性来改善其盐胁迫的耐受性。对水稻、小黑麦、玉米、大豆、穿心莲、柑橘和胡杨的研究也得出了类似结论。研究发现，葡萄植株在遇到扇叶病毒后，能在体内积累过多的活性氧，从而激活酶的防御系统，使得 SOD 活性提高。

（三）SOD 在日常生活中的应用

随着人们生活水平的升高，越来越多的人更多地将注意力转移到日常生活用品的质量及功效上。而 SOD 作为抗炎、抗氧化、美容除疤痕这些名词的代表者，已经深深走入了人们的心中。SOD 作为抗氧化剂添加到化妆品中，可有效防止皮肤受到紫外线（辐射中的一种）的伤害，起到了防晒作用，还可以防止皮肤衰老、黑色素的形成。SOD 明显的抗炎作用，在皮肤病的防治上也具有一定的效果。SOD 不仅可以添加到化妆品中，在日常的饮食中，也是随处可见 SOD，多数水果、蔬菜中都含有 SOD，如猕猴桃、刺梨、大蒜等，而且水果果皮中的含量要高于果肉。作为食品添加剂的 SOD 出现在咖啡、面包、啤酒、果汁饮料等中；以片剂或胶囊形式出现的 SOD，也是一种新型的保健产品。

第二节　菌株选育

一、酶活性测定

SOD 活性可以直接反映出机体除去超氧阴离子自由基的能力，测定 SOD 活性的方法，根据不同的测定原理主要分为直接检测法和间接检测法。

（一）直接检测法

直接检测法原理：通过不同手段直接测定反应过程中超氧阴离子浓度的变化，得到 SOD 与超氧阴离子反应动力学信息，从而检测 SOD 活性。直接检测法主要有极谱法、极谱氧电极法和截流光谱分析法等。直接检测法虽然直接、精准，但是由于作为 SOD 底物的超氧阴离子自由基化学性质极其不稳定、存在时间短，而产物 H_2O_2 和 O_2 的含量又比较低，无形中增加了测量的难度，直接检测法大多数情况下需要精密且昂贵的试剂和仪器。考虑到以上因素，直接检测法很难在类似实验室等环境中大范围推广。因此，间接检测 SOD 活性更被多数研究人员采纳。

（二）间接检测法

间接检测法原理：存在一个产生氧的超氧阴离子自由基体系，而后产生的氧被超氧阴离子歧化，因而氧还原或氧化检测体系的反应受到抑制。间接检测法主要是根据 SOD

抑制反应的不同程度进行检测。常用方法有：邻苯三酚自氧化法、羟胺发色法、黄嘌呤氧化酶还原细胞色素 C 法、蓝四氮唑（NBT）光化还原法、肾上腺素自氧化法等。

1. 邻苯三酚自氧化法

邻苯三酚（连苯三酚）自氧化法原理：在碱性条件下，邻苯三酚快速发生自氧化，生成超氧阴离子以及有色的中间产物，在 420 nm 和 325 nm 处都有紫外吸收，且此处 OD_{420} 和 OD_{325} 与反应时间呈现出良好的线性关系。而在存在 SOD 的情况下，超氧阴离子会在 SOD 的作用下，发生歧化反应生成水和过氧化氢，使生成有色的中间产物受到抑制，致使吸光度降低。到目前为止，对邻苯三酚自氧化法的研究已经很深入了。1794 年，Marklund 研究出了最经典也是最早的邻苯三酚自氧化法，简称 420 nm 法。而后，邻苯三酚自氧化法广泛地用于检测 SOD 活性并且不断地被改进。邻苯三酚自氧化法被后人改进后，称其为 325 nm 法，检测灵敏更高，更适用于检测 SOD 活性较低的样品，目前已应用到检测动物血液、肝中的 SOD 活性，以及微生物、植物等生物体细胞内 SOD 活性。由于邻苯三酚自氧化法检测 SOD 是随着反应的进行，适时测量紫外吸收值，这就导致了一次只能测定一个样品，为大量实验重复设定了障碍。有研究者通过向反应液中加入抗氧化剂维生素 C 和二硫苏糖醇（DTT）作为终止剂，使得自氧化反应与紫外吸收值的检测独立进行，并且 OD 值在一段时间内会保持恒定状态。因此，可以同时检测多个样品。随着对邻苯三酚自氧化法广泛而深入的研究，王炳娟等（2008）已成功研发了邻苯三酚自氧化法检测 SOD 活性的电化学方法和荧光动力学方法。邻苯三酚自氧化法检测 SOD 的优势是所用到的仪器和试剂相对普通，测试比较容易、方便，灵敏度高，已广泛应用于各种动植物和微生物体内 SOD 的活性检测。但该方法对 pH、温度、邻苯三酚浓度以及 SOD 酶液的存放时间等因素相对敏感，因此检测时须严格控制以上因素。

2. 羟胺发色法

羟胺发色法原理：邻苯三酚自氧化产生的超氧阴离子与羟胺反应生成亚硝酸盐，在酸性条件下，亚硝酸盐与氨基苯磺酸和 N-甲萘基二氨基乙烯反应生成红色化合物，而 SOD 抑制此反应，根据抑制率计算活性。

羟胺色素还原法也是比较常用的检测 SOD 活性的方法。目前，已成功研制出 SOD 试剂盒，用于临床患者 SOD 水平的检测。但该检测方法的弊端在于金属离子对反应的影响很大，因此常需要在反应体系中加入离子螯合剂如乙二胺四乙酸等，尽量避免金属离子影响酶活性的检测。

3. 黄嘌呤氧化酶还原细胞色素 C 法

黄嘌呤氧化酶还原细胞色素 C 法也称化学发光法，是指黄嘌呤氧化酶在有氧条件下催化黄嘌呤发生反应，氧化形成尿酸并且同时产生超氧阴离子，氧化型细胞色素 C 被还原成了在 550 nm 处有吸收峰的还原型细胞色素 C，SOD 能够歧化超氧阴离子，减少了细胞色素 C 的还原。

4. 蓝四氮唑（NBT）光化还原法

光照含有核黄素、NBT 的反应混合物，核黄素立即生成超氧阴离子，而超氧阴离子能将 NBT 还原为蓝色的蓝四氮唑盐，其在 530～580 nm 处有吸收值，SOD 可抑制 NBT 的还原反应，通过检测吸收值的降低来检测 SOD 活性。蓝四氮唑（NBT）光化还原法由于操作简便、成本较低等优点，已应用于 SOD 模拟物、模拟无脂质体和植物细胞中 SOD 活性的检测。

5. 肾上腺素自氧化法

在碱性条件下，多酚衍生物肾上腺素能自行氧化，氧化过程涉及有超氧阴离子存在的链式反应，肾上腺素形成最终在 480 nm 和 320 nm 处有吸收峰的肾上腺素红，SOD 作用于超氧阴离子，以此来降低反应速率，减少肾上腺素红的生成。因此，通过检测肾上腺素红吸光度可检测 SOD 活性。肾上腺素自氧化法虽然操作方法简单、快速，但由于在波长 480 nm 处灵敏度较低，测活反应体系比较大，限制了其应用。顾含真等（2006）研究改进了肾上腺素自氧化法，改进后的检测系统准确度和灵敏度都很高，且重复性相对良好。

二、筛选

从大连渤海近海底泥中分离得到 14 株菌株，根据菌株的菌落特征、显微形态、生长能力等特征，确定均为酵母菌。通过邻苯三酚自氧化法测定低温 SOD 活性，筛选到一株产低温 SOD 活性高达 4185.67 U/g 湿菌体的酵母菌，以其作为目的菌株进行深入研究，将该菌命名为 CD-008，如表 9-4 所示。

表 9-4　产低温 SOD 菌株筛选结果

菌株编号	菌体湿重（g/L）	酶活性（U/g 湿菌体）
CD-001	22.5	723.5
CD-002	20.26	515.58
CD-003	52.43	1177.57
CD-004	39.14	789.94
CD-005	41.3	2578
CD-006	36.67	2190
CD-007	11.68	352.46
CD-008	28	4185.67
CD-009	28.25	2473.15
CD-010	16	1772.21
CD-011	30.1	2148.65
CD-012	28.46	1340.81
CD-013	30.39	2173.2
CD-014	29.28	3663.35

三、鉴定

（一）形态学观察

由图 9-1 可知，在 22℃条件下于 YPD 培养基培养菌株 CD-008 30 h。该菌株单个菌落呈粉红色，半透明，隆起，表面光滑，菌苔黏稠。显微镜下观察，亚甲蓝染色结果为椭球形、有核、出芽生殖。

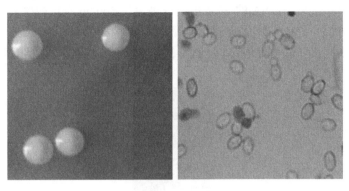

图 9-1　菌株 CD-008 在 YPD 平板上的菌落特征（左图）和显微形态（右图）（×1000）

（二）生理生化试验

菌株 CD-008 生理生化试验结果如表 9-5 所示。菌株 CD-008 可利用碳源中的 D-木糖、蔗糖、麦芽糖，不能利用淀粉、肌醇、D-乳糖、甲醇；不能利用氮源中的硝酸盐；对以下糖类：葡萄糖、乳糖、麦芽糖、甲基-D-吡喃葡萄糖苷、蔗糖、淀粉都不能发酵；能分解尿素，可产生带有香气的酯类，石蕊牛乳试验结果为胨化，不能分解脂肪。

表 9-5　菌株 CD-008 生理生化特征

鉴定特征		结果
碳源同化试验	D-木糖	+
	甲基-D-吡喃葡萄糖苷	V
	L-阿拉伯糖	V
	蔗糖	+
	麦芽糖	+
	水杨苷	V
	淀粉	−
	肌醇	−
	D-乳糖	−
	柠檬酸	V
	甲醇	−
氮源同化试验	硝酸盐	−
糖发酵试验	葡萄糖	−
	乳糖	−
	麦芽糖	−
	甲基-D-吡喃葡萄糖苷	−
	蔗糖	−
	淀粉	−
尿素分解试验		+
产酯试验		+
石蕊牛乳试验		胨化
分解脂肪		−

注："+"阳性反应；"−"阴性反应；"V"可变反应

（三）26S rDNA 序列分析

菌株 CD-008 的 26S rDNA 的 PCR 扩增产物为长 590 bp 左右的序列（图 9-2），该序列在 NCBI 数据库进行 BLAST 比对，选取同源性较高菌株的 26S rDNA 序列，采用 MEGA 5.01 软件构建系统发育树（图 9-3）。从图 9-3 可以看出，该菌株与胶红酵母 *Rhodotorula*

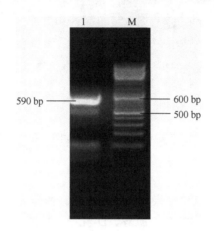

图 9-2　菌株 CD-008 的 26S rDNA PCR 扩增结果

1. 菌株 CD-008 的 26S rDNA PCR 扩增产物；M. Marker

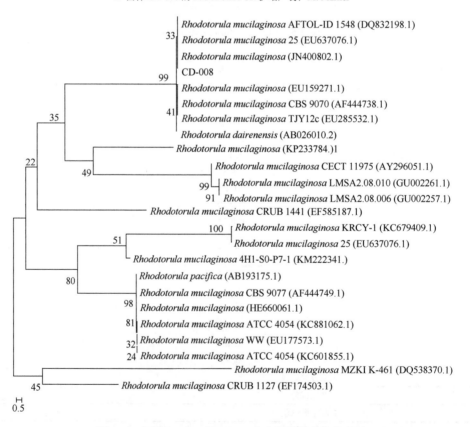

图 9-3　菌株 CD-008 的 26S rDNA 序列的系统发育树

mucilaginosa（EU159271.1）同源性较高，为 99%。结合菌落形态特征和 26S rDNA 系统发育分析，确定该菌属于胶红酵母属，命名为 *Rhodotorula mucilaginosa* CD-008。

5′-AGCGGAGGAAAAGAAACTAACAAGGATTCCCCTAGTAGCGGCGAGCGAAGCG
GGAAGAGCTCAAATTTATAATCTGGCACCTTCGGTGTCCGAGTTGTAATCTCTAGA
AATGTTTTCCGCGTTGGACCGCACACAAGTCTGTTGGAATACAGCGGCATAGTGGT
GAGACCCCGTATATGGTGCGGACGCCCAGCGCTTTGTGATACATTTTCGAAGAGT
CGAGTTGTTTGGGAATGCAGCTCAAATTGGGTGGTAAATTCCATCTAAAGCTAAAT
ATTGGCGAGAGACCGATAGCGAACAAGTACCGTGAGGGAAAGATGAAAAGCACT
TTGGAAAGAGAGTTAACAGTACGTGAAATTGTTGGAAGGGAAACGCTTGAAGTCA
GACTTGCTTGCTGAGCAATCGGTTTGCAGGCCAGCATCAGTTTTCCGGGATGGATA
ATGGTAGAGAGAAGGTAGCAGTTTCGGCTGTGTTATAGCTCTCTGCTGGATACATC
TTGGGGGACTGAGGAACGCAGTGTGCCTTTGGCGGGGGGTTTCGACCTCTTCACAC
TTAGGATGCTGGTGGAATGGCTTTAAACGACCCGTCTT-3′

（四）粗酶液电泳及活性染色结果分析

菌株 CD-008 粗酶液的电泳及活性染色分析结果如图 9-4 所示，该菌株产生的低温 SOD 条带尽管在 SDS-PAGE 凝胶上显示并不是很清晰，但在非变性蓝紫色凝胶上呈现出相对应的明显透明条带，分子质量约为 37.5 kDa，推测存在低温 SOD 且酶活性较高，这与该菌株能够在极端的海洋环境中高产低温 SOD 有密切关系。

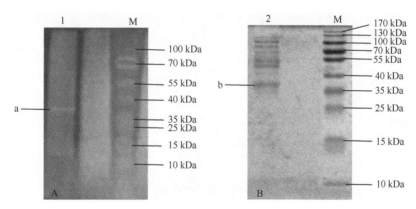

图 9-4 低温 SOD 非变性电泳活性染色和 SDS-PAGE 电泳图谱
A. 低温 SOD 非变性电泳；B. SDS-PAGE；1. 粗酶液；2. 粗酶液；M. Marker

第三节 菌株 CD-008 酶学性质研究

一、发酵培养基优化

（一）生长曲线

如图 9-5 所示，菌株 CD-008 迟滞期时间和对数期时间相对较短，菌株在 8 h 前处于迟滞期；8 h 以后菌株快速增长，这个阶段菌株活力最旺，菌株进入对数期；32 h 后菌株进入平稳期，这个过程菌株总数基本不变，代谢产物开始积累；96 h 以后开始进入衰亡期，菌体总数下降，并且个体形态开始发生变化。

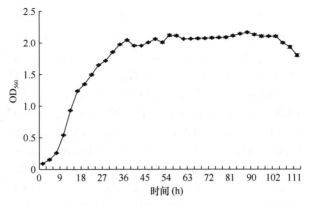

图 9-5　菌株 CD-008 生长曲线

（二）酶活性曲线

由图 9-6 可知，菌株 CD-008 随着培养时间延长产酶量逐渐增加，发酵 24～30 h 产低温 SOD 量最大，从 30 h 以后酶活性开始有所下降，60 h 后菌株几乎不再产生低温 SOD，这种产酶情况与低温 SOD 为胞内酶有很大关系。因此在摇瓶培养时尽量在 6～36 h 结束发酵，或者在补料发酵培养中在 36 h 左右补料培养。

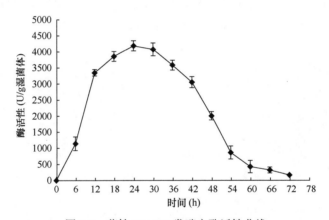

图 9-6　菌株 CD-008 发酵产酶活性曲线

（三）发酵培养基优化单因素实验结果

1. 不同氮源对菌株 CD-008 发酵产酶的影响

氮源是微生物生长的五大必需因子之一。由图 9-7 可以看出，当利用酵母膏单独作为氮源时，低温 SOD 活性最高，而利用蛋白胨作为氮源时相对酶活性剩余 90% 左右，用尿素作为氮源时酶活性最低，几乎没有酶活性。最适氮源为酵母膏，分析其原因可能是酵母膏为菌株生长提供了些许生长因子。

2. 氮源的最适浓度

由图 9-8 可以看出，当酵母膏浓度为 0.3%～0.5% 时酶活性逐渐增加，当酵母膏浓度为 0.5% 时，酶活性最高。因此，过低浓度的氮源不利于酶的大量合成；而氮源浓度过高则对菌体生长有一定抑制作用，影响酶的合成。

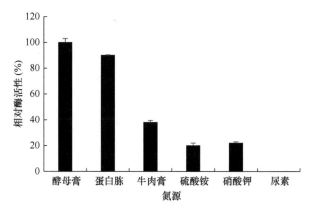

图 9-7　氮源对菌株 CD-008 发酵产酶的影响

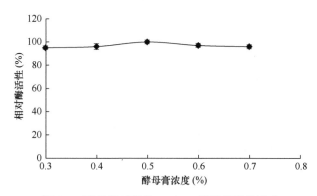

图 9-8　酵母膏对菌株 CD-008 发酵产酶的影响

3. 不同碳源对菌株 CD-008 发酵产酶的影响

碳源是异养微生物重要的能源物质，由图 9-9 可知，麦芽糖作为碳源时菌株 CD-008 发酵产低温 SOD 的活性最高，葡萄糖、蔗糖次之，麦芽糖对菌株 CD-008 产生低温 SOD 的促进作用最大，作为最适碳源。

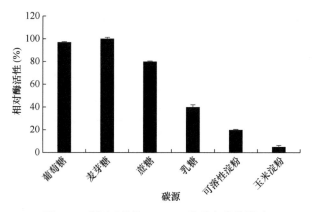

图 9-9　碳源对菌株 CD-008 发酵产酶的影响

4. 碳源的最适浓度

由图 9-10 可以看出，当麦芽糖浓度为 2% 时，酶活性最高，麦芽糖浓度为 1.75% 时，相对酶活性约为 90%；而麦芽糖浓度为 2.5%时，酶活性为 85%，酶活性随着麦芽糖浓度的增加继续下降。过高浓度的碳源对菌体生长有一定抑制作用，影响酶的合成；而碳源浓度过低则不利于酶的大量合成。

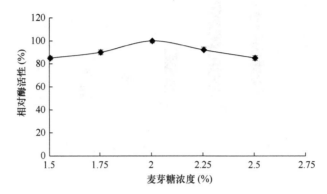

图 9-10　麦芽糖对菌株 CD-008 发酵产酶的影响

5. 最适无机盐及其浓度的确定

由表 9-6 可知，Mn^{2+}浓度为 0.9 mmol/L 时，低温 SOD 相对酶活性为 98%；Cu^{2+}浓度为 0.8 mmol/L 时，低温 SOD 相对酶活性为 100%；Na^+浓度为 0.2%时，低温 SOD 相对酶活性为 100%，说明 0.9 mmol/L 的 Mn^{2+}、0.8 mmol/L 的 Cu^{2+} 及 0.2%的 Na^+对该菌株产酶有促进作用。

表 9-6　无机盐对菌株 CD-008 发酵产酶的影响

无机盐	添加浓度	相对酶活性（%）
硫酸锰（mmol/L）	0.6	76
	0.7	86
	0.8	90
	0.9	98
	1.0	90
硫酸铜（mmol/L）	0.6	60
	0.7	71
	0.8	100
	0.9	97
	1.0	81
硫酸镁（mmol/L）	0.6	48
	0.8	53
	1.0	60
	1.2	40
硫酸锌（mmol/L）	2.0	—
	2.25	—
	2.50	—
	2.75	—

续表

无机盐	添加浓度	相对酶活性（%）
乙酸钠（%）	0.10	80
	0.15	85
	0.2	100
	2.5	90
	3.0	82

6. 最适表面活性剂及其浓度的确定

由表 9-7 可知，添加表面活性剂能够增加菌株细胞壁的通透性，使得在菌株破壁提取低温 SOD 的过程增加了低温 SOD 的产量，当吐温-80 浓度为 0.20% 时，低温 SOD 相对酶活性最高，表明 0.20% 的吐温-80 为菌株 CD-008 产低温 SOD 的最适表面活性剂。

表 9-7　表面活性剂对菌株 CD-008 发酵产酶的影响

浓度（%）	相对酶活性（%）			
	空白	吐温-80	聚乙二醇-6000	曲拉通 X-100
0.10	80	80	30	—
0.15	78	88	38	—
0.20	81	100	93	—
0.25	80	95	76	—
0.30	80	75	70	—

（四）发酵培养基优化 PB 设计

1. PB 设计模型建立

PB 设计以菌株 CD-008 产低温 SOD 活性为评价指标，因素和水平见表 9-8，利用 Minitab 软件完成数据分析和模型建立。

表 9-8　菌株 CD-008 发酵培养基优化 PB 设计因素与水平

代码	参数	水平	
		低（−1）	高（+1）
A	麦芽糖（%）	1.8	2.2
B	酵母膏（%）	0.4	0.6
C	硫酸锰（mmol/L）	0.8	1
D	硫酸铜（mmol/L）	0.7	0.9
E	乙酸钠（%）	0.15	0.25
F	虚拟项	—	—
G	吐温-80（%）	0.15	0.25
H	虚拟项	—	—

2. PB 设计筛选重要影响因素

进行实验次数 n=12 次的 PB 设计,设计结果及响应值见表 9-9,参考各因素的主效应和交互作用的一级作用,效应评价分析结果(表 9-10)表明,硫酸铜、麦芽糖、酵母膏的 P 值分别为 0.001、0.003、0.004,均小于 0.05,表明这 3 个因素对实验结果的影响均大于 95%,达到显著水平,在所选因素中对实验结果影响最大。

表 9-9　菌株 CD-008 发酵培养基优化 PB 设计结果与响应值(n=12)

序号	A	B	C	D	E	F	G	H	酶活性(U/g 湿菌体)
1	−1	1	1	−1	1	−1	−1	−1	4843.19
2	−1	1	−1	−1	−1	1	1	1	4765.23
3	1	−1	1	−1	−1	−1	1	1	4469.12
4	1	1	−1	1	1	−1	1	−1	4119.54
5	−1	−1	1	1	1	−1	1	1	4328.43
6	1	−1	1	1	−1	1	−1	−1	4102.67
7	1	1	−1	1	−1	−1	−1	1	4222.71
8	1	−1	−1	−1	1	1	1	−1	4232.1
9	−1	1	1	1	−1	1	−1	1	4152.19
10	−1	1	1	1	−1	1	−1	1	4452.19
11	−1	−1	−1	−1	−1	−1	−1	−1	4487.98
12	1	1	1	−1	1	1	−1	1	4538.32

注:R^2= 99.22%;Adj R^2= 97.13%

表 9-10　菌株 CD-008 发酵培养基优化 PB 设计的各因素水平及效应评价分析

代码	t 值	Prob>t	重要性
A	−9.15	0.003	2
B	7.86	0.004	3
C	6.28	0.008	4
D	−13.66	0.001	1
E	−1.37	0.265	5
G	−0.59	0.596	6

(五)发酵培养基优化最陡爬坡试验

经过 PB 设计与分析以后得到 3 个最显著影响因素后进行最陡爬坡试验。将硫酸铜和麦芽糖的值按照步长减小,酵母膏按步长值增大。试验设计和结果如表 9-11 所示,在第 2 组试验中,当硫酸铜为 0.6 mmol/L、麦芽糖为 1.7%、酵母膏为 0.7%时酶活性最大。故以第 2 组试验作为中心组合试验的中心点,进行响应面试验设计。

表 9-11　菌株 CD-008 发酵培养基优化最陡爬坡试验设计及结果

序号	硫酸铜(mmol/L)	麦芽糖(%)	酵母膏(%)	酶活性(U/g 湿菌体)
1	0.7	1.8	0.6	4863.39
2	0.6	1.7	0.7	5052.35
3	0.5	1.6	0.8	4763.51
4	0.4	1.5	0.9	4721.81

（六）发酵培养基优化响应面试验设计及结果分析

1. Box-Behnken 中心组合试验设计

在 PB 设计和最陡爬坡试验确定的三因素三水平的基础上，运用 Design-Expert V8.0.6.1 软件进行 Box-Behnken 中心组合试验设计，设计结果与响应值见表 9-12。

表 9-12　菌株 CD-008 发酵培养基优化 Box-Behnken 中心组合试验设计与结果

序号	硫酸铜（mmol/L）		麦芽糖（%）		酵母膏（%）		酶活性（U/g 湿菌体）
	X_1	编码 X_1	X_2	编码 X_2	X_3	编码 X_3	
1	0.6	0	1.8	1	0.6	−1	4796.36
2	0.5	−1	1.7	0	0.6	−1	4976.34
3	0.7	1	1.6	−1	0.7	0	4557.81
4	0.7	1	1.7	0	0.6	−1	4502.27
5	0.5	−1	1.6	−1	0.7	0	4979.37
6	0.7	1	1.8	1	0.7	0	4908.02
7	0.7	1	1.7	0	0.8	1	4938.1
8	0.6	0	1.8	1	0.8	1	5215.29
9	0.6	0	1.7	0	0.7	0	5194.37
10	0.6	0	1.7	0	0.7	0	5226.18
11	0.6	0	1.7	0	0.7	0	5218.63
12	0.6	0	1.6	−1	0.6	−1	4676.35
13	0.5	−1	1.8	1	0.7	0	5193.29
14	0.5	−1	1.7	0	0.8	1	4979.40
15	0.6	0	1.6	−1	0.8	1	4812.69

注：R^2 =99.13%；Adj R^2= 97.58%

2. 回归模型建立与方差分析

运用 Design-Expert.V8.0.6.1 软件对表 9-12 数据进行回归分析，得到回归方程：
$$Y=5213.06-152.78X_1+135.84X_2+124.27X_3-164.79X_1^2-138.65X_2^2$$
$$-199.24X_3^2+34.07X_1X_2+108.19X_1X_3+70.65X_2X_3$$

对回归系数进行显著性检验（表 9-13）和方差分析（表 9-14）。在统计学中，模型显著性检验 $P<0.05$，表明模型建立有意义。由表 9-13 可知，其自变量一次项 X_1、X_2、X_3，二次项 X_1X_3、X_2X_3、X_1^2、X_2^2、X_3^2 对酶活性影响显著（$P<0.05$）。而失拟项表示的是设计的模型与试验拟合程度。该设计中失拟项（P）值为 0.1153，大于 0.05，未存在失拟因素，模型可靠。相关系数 R^2=99.13%，校正系数 Adj R^2 为 0.9758，大于 0.80，说明该模型的变异程度只有 2.42%。进一步说明模型拟合度良好，因此可用该回归方程代替试验真实点对试验结果进行初步分析和预测。

表 9-13   菌株 CD-008 发酵培养基优化 Box-Behnken 中心组合试验设计结果回归系数显著性检验

变量	系数估计	标准误差	F 值	P 值
X_1	−152.78	13.27	132.56	<0.0001
X_2	135.84	13.27	104.80	0.0002
X_3	124.27	13.27	87.71	0.0002
X_1X_2	34.07	18.77	3.30	0.1291
X_1X_3	108.19	18.77	33.24	0.0022
X_2X_3	70.65	18.77	14.17	0.0131
X_1^2	−164.79	19.53	71.18	0.0004
X_2^2	−138.65	19.53	50.39	0.0009
X_3^2	−199.24	19.53	104.05	<0.0002

表 9-14   菌株 CD-008 发酵培养基优化 Box-Behnken 中心组合试验设计结果回归方程的方差分析

方差来源	自由度	调整平方和	调整均方	F 值	P 值
回归	9	8.062×10^5	89 582.55	63.60	< 0.000 1
残差误差	5	7 043.12	1 408.62		
失拟	3	6 490.64	2 163.55	7.83	0.115 3
纯误差	2	552.48	276.24		
合计	14	8.133×10^5			

3. 响应面分析

根据响应面法分析数据绘出等高线图及曲面图，可以反映出硫酸铜、麦芽糖、酵母膏及其交互作用对酶活性的影响（图 9-11～图 9-13）。在等高线图中当等高线为马鞍形时，两因素交互作用明显；等高线为椭圆形时表示参数之间交互作用显著。因此，由图可知硫酸铜、麦芽糖、酵母膏与酶活性存在显著的相关性，硫酸铜与酵母膏交互作用最为明显，硫酸铜与麦芽糖的交互作用次之，麦芽糖和酵母膏交互作用最不明显。

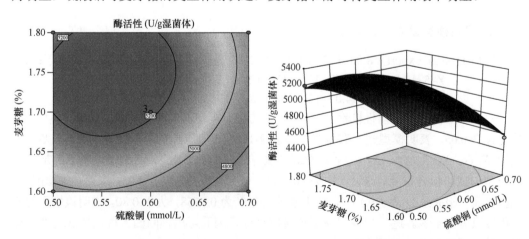

图 9-11   硫酸铜与麦芽糖交互影响的等高线图和曲面图

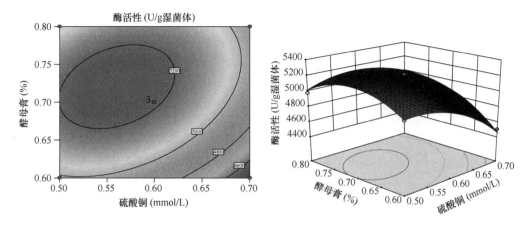

图 9-12 硫酸铜与酵母膏交互影响的等高线图和曲面图

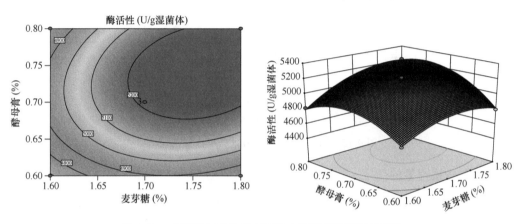

图 9-13 麦芽糖与酵母膏交互影响的等高线图和曲面图

4. 最优条件的确定与验证

利用 Design-Expert V8.0.6.1 软件分析可以得到最优发酵培养基成分（图 9-14）为：硫酸铜 0.57 mmol/L、麦芽糖 1.75%和酵母膏 0.73%，预测最大酶活性为 5292.66 U/g 湿菌体。调整各组分添加量硫酸铜 0.57 mmol/L、麦芽糖 1.75%和酵母膏 0.7%，通过多次验证实验得到酶活性均值为 5308.65 U/g 湿菌体，接近理论预测值，表明响应面法优化培养基方法可行。

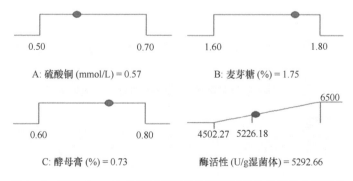

图 9-14 菌株 CD-008 发酵培养基优化预测最佳条件及最大酶活性

二、发酵条件优化

（一）发酵条件单因素实验结果

1. 最适温度的确定

由图 9-15 可知，随着温度的增加，菌株产酶量呈现一个增加后降低的过程，当温度为 18～22℃时，酶活性逐渐增加到最高峰，随后酶活性降低。因此，22℃是菌株产酶的最适温度。

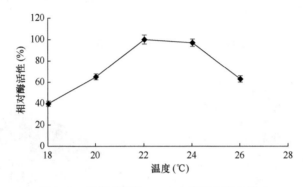

图 9-15　温度对菌株 CD-008 发酵产酶的影响

2. 最适接种量的确定

发酵液中接种量对菌株 CD-008 发酵产酶的影响，主要表现在发酵液中营养物质的最适消耗量。过低的接种量，意味着发酵液中的菌体量少，会造成营养物质的浪费。而过高的接种量则会导致营养物质过度消耗，导致后期营养物质不足而影响代谢产物的合成。由图 9-16 可知，当接种量为 3% 时，酶活性最高，因此确定菌体发酵最适接种量为 3%。

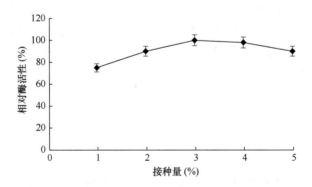

图 9-16　接种量对菌株 CD-008 发酵产酶的影响

3. 最适转速的确定

转速对菌株 CD-008 发酵产酶的作用主要表现在发酵液中溶氧量的控制，从而控制产酶量。由图 9-17 可知，当转速为 100～140 r/min 时，随着转速的加大，酶活性也相应地增加。随后，酶活性具有减小之势，因此确定 140 r/min 为菌株 CD-008 产低温 SOD 的最适转速。

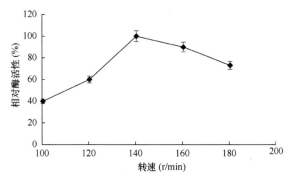

图 9-17　转速对菌株 CD-008 发酵产酶的影响

4. 最适装液量的确定

装液量对菌株 CD-008 发酵产酶的作用主要是改变发酵容器的含氧量来控制代谢产物的生成量。由图 9-18 可知，当 250 ml 三角瓶容纳 70~90 ml 液量时，酶活性是逐渐增加的，可知是三角瓶内的溶氧量逐渐增加到最适的一个状态，随后酶活性逐渐降低，意味着过高的含氧量是不利于菌体产酶的。可确定，菌株 CD-008 发酵产酶最适装液量为 90 ml。

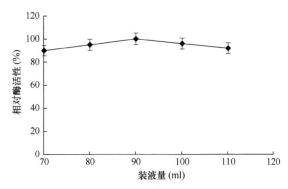

图 9-18　装液量对菌株 CD-008 发酵产酶的影响

5. 最适初始 pH 的确定

不同菌株在繁殖过程中对酸碱度的敏感程度不一，酸碱度不适导致菌株生长过快或过慢，进而影响了菌株代谢产物的含量。由图 9-19 可知，随着初始 pH 的增加，菌株 CD-008 产酶逐渐增加，当初始 pH 超过 5.5 时，产酶量呈现下降趋势。可确定，菌株 CD-008 发酵产酶最适初始 pH 为 5.5。

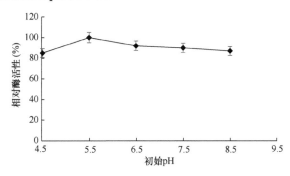

图 9-19　初始 pH 对菌株 CD-008 发酵产酶的影响

（二）发酵条件优化 PB 设计

1. PB 设计模型建立

PB 设计以菌株 CD-008 产低温 SOD 活性为评价指标，因素和水平见表 9-15，利用 Minitab 软件完成数据分析和模型建立。

表 9-15　菌株 CD-008 发酵条件优化 PB 设计因素与水平

代码	参数	水平	
		低 (−1)	高 (+1)
A	温度（℃）	20	24
B	接种量（%）	2	4
C	虚拟项	—	—
D	转速（r/min）	130	150
E	装液量（ml）	80	100
F	虚拟项	—	—
G	虚拟项	—	—
H	初始 pH	4.5	6.5

2. PB 设计筛选重要影响因素

进行 12 次的 PB 设计，结果及响应值见表 9-16，参考各因素的主效应和交互作用的一级作用，效应评价分析结果（表 9-17）表明，初始 pH、转速、温度的 P 值分别为 0.005、0.007、0.009，均小于 0.05，各因素对低温 SOD 活性影响重要性排序为 H>D>A>E>B，即初始 pH>转速>温度>装液量>接种量；初始 pH、转速、温度对酶活性有显著影响（$P<0.05$）。综合考虑，选取初始 pH、转速和温度作为下一步响应面设计的主要影响因素。

表 9-16　菌株 CD-008 发酵条件优化 PB 设计结果与响应值

序号	A	B	C	D	E	F	G	H	酶活性（U/g 湿菌体）
1	−1	−1	1	1	1	−1	1	1	4 967.72
2	1	1	−1	1	1	−1	1	−1	5 438.29
3	−1	1	1	−1	1	−1	−1	−1	6 220.47
4	1	−1	−1	−1	1	1	1	−1	5 479.38
5	−1	−1	−1	−1	−1	−1	−1	−1	5 359.18
6	−1	1	−1	1	1	1	1	1	5 628.73
7	1	1	1	−1	1	1	−1	1	5 772.49
8	−1	1	1	1	−1	1	1	−1	6 021.14
9	−1	−1	−1	1	1	1	−1	1	4 967.32
10	1	1	−1	1	−1	−1	−1	1	4 535.88
11	1	−1	1	−1	−1	−1	1	1	4 836.84
12	1	−1	1	1	−1	1	−1	−1	4 880.85

注：$R^2 = 98.60\%$；Adj $R^2 = 94.86\%$

表 9-17　菌株 CD-008 发酵条件优化 PB 设计效应评价分析

代码	因素	t 值	Prob>t	重要性
A	温度	−6.14	0.009	3
B	接种量	3.91	0.030	5
D	转速	−6.64	0.007	2
E	装液量	−5.48	0.012	4
H	初始 pH	7.72	0.005	1

（三）发酵条件优化最陡爬坡试验

根据 PB 设计结果选取 3 个重要因子，即初始 pH、转速和温度来设计显著因素的最陡爬坡路径及步长，最陡爬坡试验设计及结果见表 9-18。由表 9-18 可知，随着 3 个显著因素的变化，菌株发酵粗酶液的酶活性在初始 pH 6.0、转速 130 r/min 和温度 21℃时出现最高值，故选择此条件作为响应面的设计中心。

表 9-18　菌株 CD-008 发酵条件优化最陡爬坡试验设计及结果

序号	初始 pH	转速（r/min）	温度（℃）	酶活性（U/g 湿菌体）
1	5.5	140	22	6002.56
2	6.0	130	21	6189.3
3	6.5	120	20	5584.27
4	7.0	110	19	4972.86

（四）发酵条件优化响应面试验设计

1. Box-Behnken 中心组合试验设计

在 PB 设计和最陡爬坡试验确定的三因素三水平的基础上，运用 Design-Expert V8.0.6.1 软件进行 Box-Behnken 中心组合试验设计（表 9-19），设计结果与响应值见表 9-20。

表 9-19　菌株 CD-008 发酵条件优化 Box-Behnken 中心组合试验设计因素与水平

因素	−1	0	1
X_1 初始 pH	5.5	6.0	6.5
X_2 转速（r/min）	120	130	140
X_3 温度（℃）	19	21	23

表 9-20　菌株 CD-008 发酵条件优化 Box-Behnken 中心组合试验设计与结果

试验号	初始 pH X_1	转速（r/min） X_2	温度（℃） X_3	酶活性（U/g 湿菌体）
1	1	1	0	5779.2
2	−1	0	1	5627.19
3	1	0	1	5158.94
4	0	0	0	6219.2
5	0	1	1	5330.96
6	0	0	0	6230.19

续表

试验号	初始 pH X_1	转速（r/min） X_2	温度（℃） X_3	酶活性（U/g 湿菌体）
7	0	0	0	6198.78
8	−1	−1	0	6054.38
9	0	−1	−1	5001.31
10	0	−1	1	5689.62
11	0	1	−1	5962.36
12	1	−1	0	5291.12
13	1	0	−1	4965.72
14	−1	1	0	6029.72
15	−1	0	−1	5545.87

注：R^2=99.76%；Adj R^2=99.32%

2. 回归模型建立与方差分析

运用 Design-Expert V8.0.6.1 软件对表 9-20 中的数据进行回归分析，得到酶活性（Y）和发酵条件的二次回归方程如下：

$$Y=6216.06-233.62X_1+133.23X_2+17.28X_3-275.39X_1^2-152.06X_2^2$$
$$-567.93X_3^2+128.19X_1X_2-20.33X_1X_3-329.93X_2X_3$$

由表 9-21、表 9-22 可知，除 X_3 和 X_1X_3 对低温 SOD 活性没有显著影响（P>0.05）外，其他项对低温 SOD 活性均具有显著影响（P<0.05），即转速与初始 pH 和温度交互项对酶活性有显著影响，而初始 pH 与温度交互项对酶活性影响显著性不大。回归模型的 R^2=99.76%，模型稳定，设计可靠；校正决定系数 Adj R^2=99.32%，说明该模型只有 0.68%的变异不能由该模型解释。因此，该模型的拟合性较好。模型 P 值（<0.0001）远远小于 0.001，说明该模型设计合理，失拟项数值为 0.1215，大于 0.05，说明失拟不显著，可用于菌株 CD-008 酶活性的分析与预测。

表 9-21 菌株 CD-008 发酵条件优化 Box-Behnken 中心组合试验设计结果回归系数显著性检验

变量	系数估计	标准误	F 值	P 值
X_1	−233.62	12.39	355.51	<0.0001
X_2	133.23	12.39	115.61	0.0001
X_3	17.28	12.39	1.94	0.2220
X_1X_2	128.19	17.52	53.51	0.0007
X_1X_3	−20.33	17.52	1.35	0.2983
X_2X_3	−329.93	17.52	354.51	<0.0001
X_1^2	−275.39	18.24	228.00	<0.0001
X_2^2	−152.06	18.24	69.51	0.0004
X_3^2	−567.93	18.24	969.68	<0.0001

表 9-22　菌株 CD-008 发酵条件优化 Box-Behnken 中心组合试验设计结果回归方程的方差分析

方差来源	自由度	调整平方和	调整均方	F 值	P 值
回归	9	$2.506×10^6$	$2.784×10^5$	226.68	< 0.0001
残差误差	5	6140.92	1228.18		
失拟	3	5632.81	1877.60	7.39	0.1215
纯误差	2	508.11	254.06		
合计	14	$2.512×10^6$			

3. 响应面分析

通过回归方程构建初始 pH、转速和温度对菌株 CD-008 产低温 SOD 酶活性影响的曲面图和等高线图，见图 9-20～图 9-22。由图 9-20～图 9-22 可以较直观地看出，初始 pH、转速和温度的曲面图都为椭圆形或马鞍形，等高线都呈椭圆形的结果也可以看出三因素之间有很明显的交互作用，对酶活性影响都较为显著。

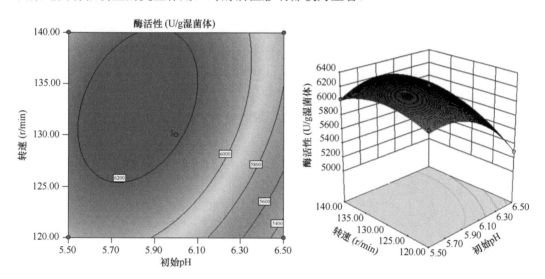

图 9-20　初始 pH 与转速交互影响酶活性等高线图和曲面图

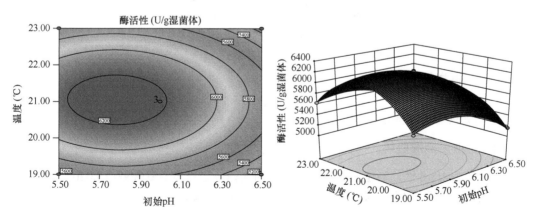

图 9-21　初始 pH 与温度交互影响酶活性等高线图和曲面图

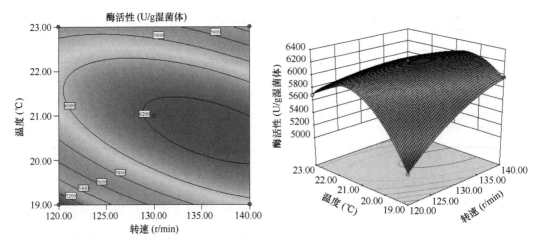

图 9-22　转速与温度交互影响酶活性等高线图和曲面图

4. 最优条件的确定与验证

根据 Design-Expert V8.0.6.1 软件进行分析，可得其最佳发酵条件为初始 pH 5.84、转速 134.05 r/min、温度 20.81℃、预测酶活性为 6280.34 U/g 湿菌体（图 9-23）。调整最优发酵条件：初始 pH 5.8、转速 135 r/min、温度 21℃，经过多次实验验证，得到实际酶活性为 6300.52 U/g 湿菌体，是优化前酶活性的 1.5 倍，并且优化后粗酶液酶活性的测定值与预测值 6280.34 U/g 湿菌体非常接近，说明模型的设计是合理有效的。

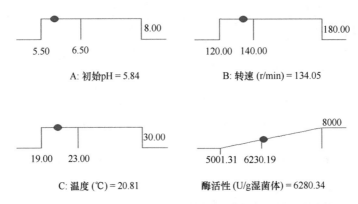

图 9-23　菌株 CD-008 发酵条件预测最佳条件及最大酶活性

三、酶学性质表征

（一）酶分离纯化结果

1. 蛋白质标准曲线

根据 Bradford 法，测定所得蛋白质标准曲线拟合方程为 $y=0.0092x+0.0204$，线性相关系数 $R^2=0.9946$，大于 0.99，符合制作标准，如图 9-24 所示。利用该标准曲线可以测量蛋白质含量。

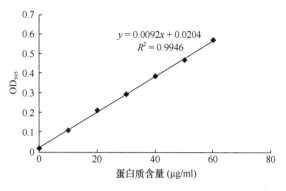

图 9-24　蛋白质标准曲线

2. 低温 SOD 的纯化结果

菌株 CD-008 产低温 SOD 粗酶液经过硫酸铵饱和溶液沉淀，通过邻苯三酚自氧化法测定酶活性，检测到粗酶液中低温 SOD 活性主要集中在硫酸铵梯度 50%～75%，因此选用 50%～75%梯度硫酸铵对酶液进行盐析，pH 7.8 的磷酸缓冲液溶解沉淀进行超滤，除去大部分离子及小分子蛋白进行浓缩，浓缩酶液经 Sephadex G-100 凝胶层析，结果如图 9-25 所示，在整个洗脱过程出现 7 个蛋白峰，分别测定各试管酶活性，低温 SOD 活性存在于最后一个蛋白峰（69～83 管）内，收集最后一个蛋白峰内的酶液，测定蛋白质含量。4℃浓缩后进行下一步电泳。

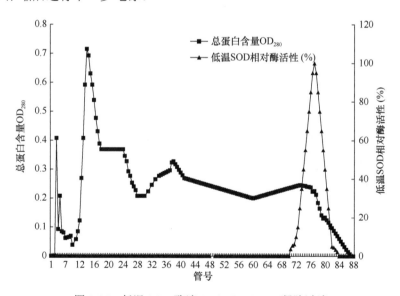

图 9-25　低温 SOD 酶液 Sephadex G-100 凝胶过滤

低温 SOD 的纯化结果见表 9-23。由表 9-23 可知，菌株 CD-008 发酵粗酶液经盐析、超滤离心和层析后，低温 SOD 的比酶活达到 419.90 U/mg，蛋白回收率为 8.20%，纯化倍数为 9.60。

表 9-23 菌株 CD-008 产低温 SOD 的纯化结果

方法	总蛋白（mg）	总活力（U）	比酶活（U/mg）	蛋白回收率（%）	纯化倍数
制备粗酶液	81.152	3 549.93	43.74	100	1.00
硫酸铵盐析	63.978	10 011.12	156.48	49.18	3.58
超滤离心	13.592	4 229.2	311.15	31.28	7.11
Sephadex G-100 凝胶层析	0.969 6	407.138	419.90	8.20	9.60

（二）SDS-PAGE 电泳结果

将纯化后的低温 SOD 酶液进行 SDS-PAGE，结果如图 9-26 所示。粗酶液经过硫酸铵沉淀、超滤、Sephadex G-100 凝胶层析，得到了单一条带，说明纯化效果较好，根据相对迁移率与分子质量的关系，可以计算出该低温 SOD 的分子质量为 37.5 kDa。

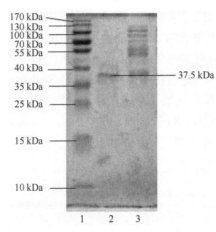

图 9-26 低温 SOD 的 SDS-PAGE 电泳图

泳道 1 为 Marker；2 为纯化后低温 SOD；3 为粗酶液

（三）酶学性质表征

1. 温度对低温 SOD 活性的影响

温度对 CD-008 摇瓶发酵产低温 SOD 活性的影响如图 9-27 所示，低温 SOD 最适作用温度为 25℃。低温 SOD 在不同温度下孵育 30 min 后，在 4℃下相对酶活性为 100%，

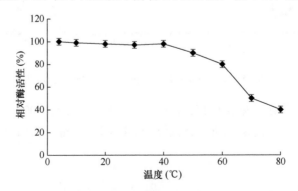

图 9-27 温度对低温 SOD 活性的影响

60℃时保持在 80%以上，在 70℃仍有 50%的相对酶活性，显示出该酶对温度的广泛适应性。低温 SOD 在低于 40℃情况下仍能保持稳定的酶活性，这符合低温酶的生理特性。

2. pH 对低温 SOD 活性的影响

pH 对纯化后的低温 SOD 活性的影响见图 9-28。在 pH 4.5～6.5，酶活性相对较高，当 pH 超过 6.5 时，酶活性下降明显，说明低温 SOD 是一种在偏酸环境下作用的蛋白质。由图还可知，pH 5.5 时，酶活性最高，即该酶最适作用 pH 为 5.5。

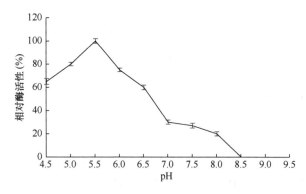

图 9-28　pH 对低温 SOD 活性的影响

3. 金属离子对低温 SOD 活性的影响

金属离子对酶活性有影响，主要表现为：一是金属离子不作为酶结构的一部分，但酶需要加入金属离子才能发挥其催化作用；二是金属离子作为酶结构中的一员，在催化过程中，若丢失掉作为辅基的金属离子则影响整个酶的催化活性，SOD 就是后一种酶类。由图 9-29 可知，Cu^{2+}对低温 SOD 活性的影响最显著，验证了前文推测菌株 CD-008 所产低温 SOD 类型可能为 Cu/Zn-SOD。

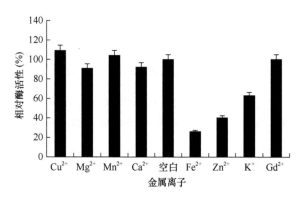

图 9-29　金属离子对低温 SOD 活性的影响

第四节　总结与讨论

从大连附近渤海海泥环境筛选得到一株高产低温 SOD 的酵母菌，命名为 CD-008，该菌株在 22℃条件下于 YPD 培养基长势良好，单个菌落呈粉红色，半透明，隆起，表面光滑，菌苔黏稠。光学显微镜下观察，菌体为椭圆形、有核、出芽生殖。菌株 CD-008 的 26S rDNA 的 PCR 扩增产物大小约为 590 bp，利用 NCBI 数据库与 GenBank 中的同源序列进行 BLAST 比对，结果显示与胶红酵母 Rhodotorula mucilaginosa（EU159271.1）同源性高达 99%，鉴定属于胶红酵母属，命名为 Rhodotorula mucilaginosa CD-008。本研究发现筛选于低温海洋的胶红酵母 Rhodotorula mucilaginosa CD-008 是潜力较大的高产低温 SOD 菌株，目前未见相关报道。

首先对菌株 CD-008 产低温 SOD 进行单因素条件优化，在其基础上通过 PB 设计和最陡爬坡试验确定三因素三水平，运用 Design-Expert V8.0.6.1 软件 Box-Behnken 模型对 CD-008 发酵产生低温 SOD 的培养基成分和发酵条件进行优化，方差分析后表明模型拟合度良好。最优的发酵培养基成分为硫酸铜 0.57 mmol/L、麦芽糖 1.75% 和酵母膏 0.7%；最优发酵条件为初始 pH 5.8、转速 135 r/min、温度 21℃，通过优化培养基成分以及发酵条件，低温 SOD 活性由优化前的约 4185.67 U/g 湿菌体提高到 6300.52 U/g 湿菌体，是优化前酶活性的 1.5 倍，结果表明，对培养基成分、发酵条件的优化是成功有效的。

通过盐析、超滤和 Sephadex G-100 凝胶层析纯化可得到较纯酶液；SDS-PAGE 图谱和 SDS-PAGE 染色结果对比分析，可初步判断菌株 CD-008 产低温 SOD 的分子质量为 37.5 kDa，根据何献君等（2010）报道 Cu/Zn-SOD 分子质量为 32～40 kDa 这一论述，推测该低温 SOD 属于 Cu/Zn-SOD。该酶在 0～40℃ 仍具有良好的稳定性，最适作用温度为 25℃，符合低温酶生理特性；该酶在偏酸环境下具有稳定的催化活性，最适作用 pH 为 5.5，表明低温 SOD 是一类适合在偏酸性环境下作用的酶类。Cu^{2+} 对酶活性的影响最为显著。相关文献证明，在一定浓度范围内，增加游离 Cu^{2+} 的浓度可显著提高 Cu/Zn-SOD 活性这一说法，推测菌株 CD-008 产生的低温 SOD 类型为 Cu/Zn-SOD。

参 考 文 献

陈全战，张边江，王立科，等. 2015. 深海嗜热菌超氧化物歧化酶基因耐盐性研究[J]. 湖北农业科学，54(19): 4766-4770.

范三红，李静，施俊凤. 2016. 拮抗菌 Burkholderia contaminans 对玫瑰香葡萄采后灰霉病的抗性诱导[J]. 食品科学，37(2): 266-270.

顾含真，陆领倩，袁勤生，等. 2006. 超氧化物歧化酶两种测活方法的比较[J]. 药物生物技术，13(5): 377-379.

何献军，梁晓冬，吕晓峰，等. 2010. 超氧化物歧化酶应用研究状态[J]. 中国医药指南，8(15): 37-39.

李鹤宾，洪璇，黄秀梅. 2012. 近海温泉中嗜热菌 Geobacillus sp. ZH1 锰超氧化物歧化酶的克隆与表达[J]. 台湾海峡，31(3): 375-379.

李祖明. 2016-12-14. 一株具有抗氧化活性的类球红细菌及其菌剂的制备方法和用途: CN201610797942.6[P].

刘莉莎，郝苏丽，范慧红. 2009. 超氧化物歧化酶的活性测定[C]//中国药学会生化与生物技术药物专业委员会. 第六届全国 SOD 学术研讨会论文集. 苏州: 中国药学会.

田亚平，江朝光. 1992. Mn-SOD 定量测定及癌症患者血清中 Mn-SOD 变化的研究[J]. 解放军医学院学报，13(1): 77-78.

王炳娟，李玲霞，邹洪. 2008. 邻苯三酚自氧化法测定 SOD 活性的电化学研究[J]. 现代仪器，(2): 29-30, 38.

王景龙，屈海龙，杨延玲，等. 2011. 羊布氏菌 SOD 基因重组酿酒酵母菌株的构建及鉴定[J]. 中国生物制品学杂志，24(6): 639-642.

郑洲. 2006. 南极嗜冷菌 *Marinomonas* sp. NJ522 的低温超氧化物歧化酶及其生境适应性研究[D]. 青岛: 中国海洋大学博士学位论文.

周鹏. 2017. Artermin 和 SOD2 基因在子宫内膜相关疾病中的表达及临床意义[D]. 合肥: 安徽医科大学硕士学位论文.

Chih M C, Wen K, Lin K H. 2014. Cloning and gene expression analysis of sponge gourd ascorbate peroxidase gene and winter squash superoxide dismutase gene under respective flooding and chilling stresses[J]. Horticulture, Environment, and Biotechnology, 55(2): 129-137.

Feller G, Payan F, Theys F, *et al*. 1994. Stability and structural analysis of alpha-amylase from the Antarctic psychrophile *Alteromonas haloplanctis* A23[J]. EUR J. Biochem., 222: 441-447.

Jiang W Q, Yang L, He Y Q, *et al*. 2019. Genome-wide identification and transcriptional expression analysis of superoxide dismutase (SOD) family in wheat (*Triticum aestivum*)[J]. Peer J., 7: e8062.

Kim B M, Rhee J S, Park G S, *et al*. 2011. Cu/Zn-and Mn-superoxide dismutase (SOD) from the copepod *Tigriopus japonicus*: molecular cloning and expression in response to environmental pollutants[J]. Chemosphere, 84(10): 1467-1475.

Lee H J, Kwon H W, Koh J U, *et al*. 2010. An efficient method for the expression and reconstitution of thermostable Mn/Fe superoxide dismutase from *Aeropyrum pernix* K1[J]. Journal of Microbiology & Biotechnology, 20(4): 727.

Merlino A, Krauss I R, Rossi B, *et al*. 2012. Identification of an active dimeric intermediate populated during the unfolding process of the cambialistic superoxide dismutase from *Streptococcus mutans*[J]. Biochimie, 94(3): 768-775.

Raimondi S, Uccelletti D, Matteuzzi D, *et al*. 2008. Characterization of the superoxide dismutase SOD1 gene of *Kluyveromyces marxianus* L3 and improved production of SOD activity[J]. Appl. Microbiol. Biotechnol., 77(6): 1269-1277.